煤层气理论及应用

（第二版）

[美] 普拉莫德·塔库尔　史蒂文·J. 沙茨尔　卡西·阿米尼安
　　加里·罗德维尔特　摩根·H. 莫瑟　约瑟夫·S. 达米科　编著

徐旺林　赵振宇　黄道军　孙远实　译

石油工业出版社

内 容 提 要

本书系统介绍了美国煤层气勘探开发理论及相关先进技术，内容涵盖煤层气藏的成因、地质特征、储量预测、储层特征，煤层气直井、水平井及其应用，煤层气采气工程、加工与利用，阐述了煤层气从资源到加工和利用技术的各个环节，对煤层气资源研究具有重要的理论和实践意义。

本书可供从事煤层气勘探及开发的科研人员及高等院校相关专业师生参考阅读。

图书在版编目（CIP）数据

煤层气理论及应用：第二版 /（美）普拉莫德·塔库尔
（Pramod Thakur）等编著；徐旺林等译. — 北京：石油
工业出版社，2024.4
书名原文：Coal Bed Methane: Theory and
Applications, Second Edition
ISBN 978-7-5183-6611-8

Ⅰ. ①煤… Ⅱ. ①普… ②徐… Ⅲ. ①煤成气 Ⅳ.
①P618.13

中国国家版本馆 CIP 数据核字（2024）第 062214 号

Coal Bed Methane: Theory and Applications, Second Edition
Edited by Pramod Thakur, Steven J. Schatzel, Kashy Aminian, Gary Rodvelt, Morgan H. Mosser, Joseph S. D'Amico
ISBN: 9780128159972
Copyright © 2020 Elsevier Inc. All rights reserved.
Authorized Chinese translation published by Petroleum Industry Press.

《煤层气理论及应用》（徐旺林 赵振宇 黄道军 孙远实 译）
ISBN: 9787518366118
Copyright © Elsevier Inc. and Petroleum Industry Press. All rights reserved.

No part of this publication may be reproduced or transmitted in any form or by any means, electronic or mechanical, including photocopying, recording, or any information storage and retrieval system, without permission in writing from Elsevier (Singapore) Pte Ltd. Details on how to seek permission, further information about the Elsevier's permissions policies and arrangements with organizations such as the Copyright Clearance Center and the Copyright Licensing Agency, can be found at our website: www.elsevier.com/permissions.
This book and the individual contributions contained in it are protected under copyright by Elsevier Inc. and Petroleum Industry Press (other than as may be noted herein).
This edition of Coal Bed Methane: Theory and Applications, Second Edition is published by Petroleum Industry Press under arrangement with ELSEVIER INC.
This edition is authorized for sale in China only, excluding Hong Kong, Macau and Taiwan. Unauthorized export of this edition is a violation of the Copyright Act. Violation of this Law is subject to Civil and Criminal Penalties.

本版由 ELSEVIER INC. 授权石油工业出版社有限公司在中国大陆地区（不包括香港、澳门以及台湾地区）出版发行。
本版仅限在中国大陆地区（不包括香港、澳门以及台湾地区）出版及标价销售。未经许可之出口，视为违反著作权法，将受民事及刑事法律之制裁。
本书封底贴有 Elsevier 防伪标签，无标签者不得销售。

> **注意**
>
> 本书涉及领域的知识和实践标准在不断变化。新的研究和经验拓展我们的理解，因此须对研究方法、专业实践或医疗方法作出调整。从业者和研究人员必须始终依靠自身经验和知识来评估和使用本书中提到的所有信息、方法、化合物或本书中描述的实验。在使用这些信息或方法时，他们应注意自身和他人的安全，包括注意他们负有专业责任的当事人的安全。在法律允许的最大范围内，爱思唯尔、译文的原文作者、原文编辑及原文内容提供者均不对因产品责任、疏忽或其他人身或财产伤害及/或损失承担责任，亦不对由于使用或操作文中提到的方法、产品、说明或思想而导致的人身或财产伤害及/或损失承担责任。

北京市版权局著作权合同登记号：01—2024—0823

出版发行：石油工业出版社
　　　　　（北京安定门外安华里 2 区 1 号楼　100011）
　　　网　　址：www.petropub.com
　　　编辑部：（010）64523544
　　　图书营销中心：（010）64523633
经　　销：全国新华书店
印　　刷：北京中石油彩色印刷有限责任公司

2024 年 4 月第 1 版　2024 年 4 月第 1 次印刷
787×1092 毫米　开本：1/16　印张：22.25
字数：540 千字

定价：150.00 元
（如出现印装质量问题，我社图书营销中心负责调换）
版权所有，翻印必究

撰 稿 人

卡西·阿米尼安（Kashy Aminian），西弗吉尼亚大学，摩根敦，西弗吉尼亚州，美国

约瑟夫·S. 达米科（Joseph S. D'Amico），达米科技术公司，林西克姆，马里兰州；北美煤层甲烷论坛，摩根敦，西弗吉尼亚州；提高石油采收率研究所，卡斯珀，怀俄明州；创新技术中心，赫恩登，弗吉尼亚州，美国

高岭（Ling Gao），印第安纳大学地质科学系，布卢明顿，印第安纳州，美国

理查德·哈马克（Richard Hammack），能源部国家能源技术实验室，匹兹堡，宾夕法尼亚州，美国

马克·V. 莱德克（Mark V. Leidecker），杰斯玛能源公司，霍尔布鲁克，宾夕法尼亚州，美国

斯蒂芬·W. 兰伯特（Stephen W. Lambert），斯伦贝谢公司数据和咨询服务中心，匹兹堡，宾夕法尼亚州，美国

玛丽亚·马斯塔勒兹（Maria Mastalerz），印第安纳大学印第安纳地质调查所，布卢明顿，印第安纳州，美国

摩根·H. 莫瑟（Morgan H. Mosser），莫瑟资源咨询有限责任公司，摩根敦，西弗吉尼亚州，美国

杰克·C. 帕辛（Jack C. Pashin），俄克拉何马州立大学布恩·皮肯斯地质学院，斯蒂尔沃特，俄克拉何马州，美国

奥尔加·波波娃（Olga Popova），美国能源部能源信息管理局，华盛顿特区，美国

加里·罗德维尔特（Gary Rodvelt），哈里伯顿能源服务公司，卡农斯堡，宾夕法尼亚州，美国

史蒂文·J. 沙茨尔（Steven J. Schatzel），国家职业安全与健康研究院匹兹堡矿业研究部火灾和爆炸分部，匹兹堡，宾夕法尼亚州，美国

阿恩特·施梅尔曼（Arndt Schimmelmann），印第安纳大学地质科学系，布卢明顿，印第安纳州，美国

丹尼尔·W.H. 苏（Daniel W.H. Su），国家职业安全与健康研究院匹兹堡采矿研究部地面控制分部，匹兹堡，宾夕法尼亚州，美国

普拉莫德·塔库尔（Pramod Thakur），矿山安全专家解决方案（ESMS）有限责任公司，摩根敦，西弗吉尼亚州，美国

前言
Preface

《煤层气理论及应用》是《煤层气：从资源前景到管道集输》一书的修订和升级版。第二版的出版发行虽然有多方面的原因，但主要目的是为了更新相关专业内容，同时使其更符合大学研究生课程教科书的要求。为了达到上述目的，除了最初的3位编辑/作者之外，另有3名北美煤层气论坛的理事会成员加入了编著团队。

在美国，由于天然气（页岩气生产）行业竞争激烈，以及政府法律、法规的限制，煤炭和煤层气产量有所下降，但在全球范围内，煤炭和煤层气产量仍在持续增长。煤炭所蕴含的能量（煤和煤层气）是全球已知石油和天然气储量总和的10倍。因此，无论从现在还是未来角度出发，探索各种途径开发这一巨大能源显得至关重要。《煤层气理论及应用》一书朝着这个方向又迈进了一步。

本书涵盖以下6篇内容，共分为29章。

（1）煤层气藏的成因、地质特征和储量预测。

（2）煤层气储层特征。

（3）直井及其应用。

（4）水平井及其应用。

（5）煤层气采气工程。

（6）煤层气处理与利用。

该书可作为学期课时为15周的研究生课程教材。开发利用煤层气资源需要3个领域的专业知识：采矿工程、石油和天然气工程、化学工程。煤层是煤层气的源头，同时也是煤层气的储集空间。能开采到3000ft深度的煤层，只占煤层中的很小一部分。煤层埋藏越深，煤层气丰度越高。全球煤层中，煤层气储量至少在$10000×10^{12} ft^3$以上。而埋藏较深的那部分煤层气储量，甚至可能以液态形式存在。当煤层的渗透率低于0.1mD时，通过直井开采煤层气的极限深度为4000ft左右。采用水平井和水力压裂技术是成功开发深层煤层气的技术关键，这一点已经在美国深层页岩气开发中得到了很好的证明。本书对这些课题进行了深入讨论。

本书还对通过二氧化碳封存提高煤层气采收率技术进行了简要讨论。煤层对二氧化碳的亲和力更强，它储存二氧化碳的能力是甲烷的3倍。甲烷的采收率几乎能提高到100%。

最后，煤炭中的剩余能量可以通过原位加热和燃烧来加以利用，从而产生一种由甲烷、一氧化碳和氢气混合而成的合成气。我们将这一过程称为"煤炭地下气化"（UCG），本书也对这一课题进行了简要讨论。几乎所有煤层气和合成气都需要经过处理之后，才能像天然气一样使用。

第二版保留了第一版的精髓部分，对煤层气从资源到加工和利用技术的各个环节进行了全方位讨论。

编者在此对所有为本书做出贡献的作者表示感谢。同时对主持本书编辑工作的艾米·夏皮罗（Amy Shapiro），以及在本书编撰过程中给予耐心指导的亚历山德拉·帕科沃斯卡（Aleksandra Packowska）致以诚挚的谢意。

我们衷心希望这本书能够通过煤层脱气来保证煤矿安全生产，并极大地促进煤层气的开发，以满足我们对天然气和合成气不断增长的需求。

普拉莫德·塔库尔
史蒂文·J.沙茨尔
卡西·阿米尼安
加里·罗德维尔特
摩根·H.莫瑟
约瑟夫·S.达米科

Preface to the first edition / 第一版前言

　　煤炭是当今世界上最丰富、最经济的化石燃料。在过去 250 年的时间里，它为世界经济的增长和稳定发挥了至关重要的作用。深度 3000ft 以内的可采煤炭总储量估计为 1×10^{12}t，而深度为 10000ft 的储量估计为 $(17\sim30)\times10^{12}$t。煤层气和煤在本质上是同源的。煤层（可开采和不可开采）中蕴藏着大量甲烷（$10000\times10^{12}\sim30000\times10^{12}$ft^3）。全世界有 70 个国家每年开采近 80×10^8t 煤炭，生产 3×10^{12}ft^3 煤层气。按照这个速度，煤炭和煤层气在 21 世纪和 22 世纪仍将是主要的能源来源。

　　煤层气从一开始就一直困扰着采煤业。开采煤炭时，甲烷就会释放到矿井的空气中。当甲烷含量在 4.5%~15% 之间时，就会产生爆炸。在世界各地的煤矿开采史上，因甲烷发生爆炸而造成的矿难比比皆是。据估计，仅在美国就有约 8000 人死亡。其他许多国家的死亡人数要高得多。欧洲开始通过采用横向井眼来排出煤炭采空区的煤层气，努力缓解煤矿的矿难，但美国直到 20 世纪 70 年代才开始在开采前和开采后认真开展煤层脱气工作。煤炭行业和前美国矿务局经常集中各种资源，使煤矿的工作场所变得更为安全，并提高煤炭产量。取得的主要成果如下：

　　(1) 矿井内水平钻井（1974—1980 年）。钻机和仪器系统可在 5~6ft 厚的煤层中钻出长达 3000ft 的井眼，并在开始采煤前对煤层进行脱气。

　　(2) 在采空区上方钻垂直井（1975—1983 年）。欧洲的横向井眼无法应对美国高产的长壁采煤工作面，因为美国的长壁工作面采煤速度快，因此甲烷排放量大。在带鼓风机的长壁采空区上方钻直井可以捕获总排放量的 70%~80%，从而实现极高的开采速度，产量达 70~80t/（人·d）。

　　(3) 煤层大规模水力压裂（1984—1994 年）。这项技术可以对较深的煤层（2000~3300ft）进行脱气处理，促进了煤层气的商业开发。

　　(4) 从地面钻水平井开采煤层气（2001—2010 年）。随着钻井过程中对钻头实时监测的新型仪器的发展，使得从地面向煤层中钻探 5000ft 长的水平井眼成为可能。虽然这项技术适用于所有深度的煤层，但尤其适用于埋藏深、厚度大和含气丰富的煤层。通过将这种技术与水平段压裂技术相结合，可以成功开采世界上的深层煤层气。正是这种技术彻底改变了美国马塞勒斯页岩的天然气生产。

　　因此，毫不夸张地说，煤层气曾一直困扰着采煤业，如今却成了福音——为社会提供了另外一种可供利用的能源。

  这些新技术为大规模煤层气开发打开了方便之门，大家现在能明显意识到这一点。目前，美国10%的天然气产量来自煤层，但如果埋藏深、厚度大的煤层气能够投入生产，这一比例很容易提高到20%。

  北美煤层气论坛成立于1985年，旨在通过从煤层中生产甲烷来促进煤矿安全，同时增加能源供应。它是一个非营利性组织，总部设在美国西弗吉尼亚州。它每年都会就煤层气生产和矿井甲烷控制的相关问题举办一到两次研讨会。《煤层气：从资源前景到管道集输》一书是该论坛25周年纪念论文集。该书共分18章，涵盖了这一宏大的主题。该书旨在成为美国许多大学教授本科生和研究生课程的教科书。

  编者谨向在25周年论坛上撰写和发表论文的所有作者表示衷心感谢。由于没能及时找到合适的出版商，该书的出版被严重拖延。我们要感谢爱思唯尔，特别是路易莎·哈钦斯（Louisa Hutchins），感谢他们为本书的出版提供了巨大支持。尽管我们尽最大努力避免出错，但文中仍可能存在一些小错误。如果细心的读者能够指出这些问题，我们将不胜感激。我们衷心希望并承诺在这本非常实用的书的第二版中纠正这些错误。

  我们对有机会一起合作出版这本书心存感激，希望煤矿安全生产并增加美国家庭的天然气供应。

普拉莫德·塔库尔
史蒂文·J.沙茨尔
卡西·阿米尼安

目录

第1篇 煤层气藏的成因、地质特征和储量预测

1 煤层气的成因 ············ 3
- 1.1 引言 ············ 3
- 1.2 煤层气的成因 ············ 4
- 1.3 结论 ············ 15
- 参考文献 ············ 15

2 煤层和页岩中天然气的成因 ············ 21
- 2.1 概述 ············ 21
- 2.2 煤层气和页岩气组分 ············ 22
- 2.3 结论 ············ 27
- 参考文献 ············ 28

3 北美煤层气藏地质特征 ············ 29
- 3.1 概述 ············ 29
- 3.2 地质因素 ············ 31
- 3.3 结论 ············ 48
- 参考文献 ············ 48

4 美国本土48州煤层气——基准数据(2010) ············ 54
- 4.1 引言 ············ 54
- 4.2 煤层气生产 ············ 61
- 4.3 数据的启示 ············ 77
- 4.4 未来发展趋势 ············ 78

5 著名的煤层气田 ············ 80
- 参考文献 ············ 83

第 2 篇　煤层气储层特征

6　煤层中天然气的储集 ········· 87
6.1　煤层中的天然气 ········· 87
6.2　煤层中气体吸附影响因素 ········· 90
6.3　吸附能力的测定 ········· 91
6.4　气体含量测量 ········· 93
参考文献 ········· 95

7　煤层气藏中气体的传输 ········· 101
7.1　煤基质中天然气的传输 ········· 101
7.2　天然气通过割理系统传输 ········· 102
7.3　割理系统性质评价 ········· 105
参考文献 ········· 108

8　煤层气储量计算 ········· 112
8.1　煤层气原始地质储量 ········· 112
8.2　煤层气储量 ········· 114
参考文献 ········· 115

9　煤层气藏物质平衡方程 ········· 117
9.1　气藏物质平衡方程（MBE） ········· 117
9.2　煤层气藏物质平衡方程 ········· 118
9.3　煤层气藏流动物质平衡方程 ········· 120
参考文献 ········· 121

10　生产特征及动态预测 ········· 122
10.1　煤层气藏生产特征 ········· 122
10.2　煤层气前景评价 ········· 123
10.3　生产预测 ········· 124
参考文献 ········· 128

11　煤层气生产建模和模拟 ········· 130
11.1　煤层气藏生产特征预测 ········· 130
11.2　油藏模拟 ········· 130
11.3　煤层气藏数值模拟器 ········· 131
11.4　敏感性分析 ········· 132
参考文献 ········· 133

12　提高煤层气采收率 ········· 135
12.1　提高采收率 ········· 135

| 12.2 | 建模和模拟 | 137 |
| 参考文献 | | 137 |

第3篇 直井及其应用

13 改进电缆测井 · 143
- 13.1 煤层测井评价基本工具 · 143
- 13.2 先进地层评价工具 · 148
- 13.3 地层力学性质 · 151
- 参考文献 · 152

14 直井建井的改进 · 153
- 14.1 最新的钻井技术 · 153
- 14.2 套管设计要点 · 155
- 14.3 套管附件 · 156
- 14.4 地层隔离 · 161
- 14.5 水泥固井最佳实践 · 164
- 14.6 水泥测试得出最佳配比 · 165
- 14.7 直井封堵报废 · 167
- 参考文献 · 168

15 强化水力压裂技术 · 170
- 15.1 导言 · 170
- 15.2 完井方法 · 170
- 15.3 多级压裂技术 · 173
- 15.4 水力压裂 · 183
- 15.5 对环境负责的工艺 · 194
- 参考文献 · 197

16 煤层气直井产量和递减分析 · 199
- 16.1 非稳态流动 · 199
- 16.2 稳态阶段天然气产量 · 204
- 16.3 天然气产量递减分析 · 205
- 参考文献 · 209

第4篇 水平井及其应用

17 水平井钻井历史及技术 · 213
- 17.1 水平井钻井历史 · 213

17.2	水平井钻井方法	214
17.3	矿井内水平钻井	214
17.4	从地面钻水平井	222
参考文献		223

18 矿井内水平井钻井及应用 224

18.1	煤矿脱气	224
18.2	从煤层中采气	225
18.3	浅层或衰竭油田的采油	226
18.4	螺旋钻井采煤技术的改进	227
18.5	采出水通过水平井跨隔离柱从一个采煤区排放到另一个采空区	227
参考文献		227

19 从地面钻水平井及其应用 228

19.1	煤矿脱气应用	228
19.2	浅煤层气开发	229
19.3	深层煤层气生产	230
19.4	深层页岩油气生产	232
参考文献		234

20 水平井水力压裂 235

20.1	简介	235
20.2	套管完井和诊断测试	236
20.3	泵送桥塞—射孔联作工艺	237
20.4	投球和压裂滑套组合压裂	237
20.5	连续油管压裂滑套压裂	238
20.6	连续油管和喷砂射孔工具	239
20.7	水力压裂	239
20.8	压裂液考虑因素	239
20.9	支撑剂考虑因素	240
20.10	地面到煤层水平段的封堵	242
20.11	井筒注水	242
20.12	水泥浆	242
20.13	稳定的聚合物凝胶体系	242
参考文献		243

21 水平井产量及递减分析 244

21.1	受扩散控制的水平井稳态产量	244
21.2	定压生产的水平井稳态产量	245

21.3	根据煤层"比天然气产量"进行产量预测	248
21.4	天然气在水平管道中的流动	249
参考文献		250

22 利用水平井进行 CO_2 封存及煤炭地下气化 ... 252

22.1	CO_2 封存	252
22.2	CO_2 封存计算机建模	255
22.3	塔库尔 CO_2 封存方法	256
22.4	美国现场实施 CO_2 封存项目	256
22.5	煤炭地下气化	257
22.6	煤炭地下气化生产出来的合成气处理工艺	261
参考文献		263

第 5 篇　煤层气采气工程

23 压裂后工程设计 ... 267

23.1	煤层气藏	267
23.2	煤层气藏完井方式	269
23.3	井口设备	270

24 煤层气田产出水管理 ... 276

24.1	煤层气藏产出水	278
24.2	煤层气产出水管理——现行做法	279
24.3	煤层气产出水处理	285
参考文献		291

25 初步集输和中间增压 ... 293

25.1	简介	293
25.2	集气系统	293
25.3	脱水（去除水蒸气）	293
25.4	煤层气压缩	295
参考文献		296

26 煤层气井封堵 ... 297

26.1	引言	297
26.2	制定矿井穿越开采前井眼封堵方案	297
26.3	用于封堵脱气井眼和煤层中水平段的主要介质材料	298
26.4	聚合物凝胶技术演变	299
26.5	凝胶的化学成分说明	300

26.6 实验室和地面凝胶试验 ··· 301
26.7 水平井眼中的凝胶设计 ··· 302
26.8 凝胶混合及泵送程序 ·· 302
26.9 结论 ··· 311
参考文献 ··· 311

第6篇 煤层气处理与利用

27 煤层气集输、压缩和脱水工艺 ··· 315
27.1 世界化石燃料储量对比 ··· 315
27.2 煤层气井型 ·· 316
27.3 为什么开采和利用煤层气 ·· 318
27.4 脱水工艺 ·· 320

28 煤层气处理及相关费用 ··· 322
28.1 达米科技公司（DTC）天然气处理厂 ··· 322
28.2 脱 CO_2 ··· 323
28.3 脱氮工艺 ·· 323
28.4 煤层气加工应用指南 ·· 325
28.5 煤层气原料气杂质对成本的影响 ··· 325
28.6 硫化氢 ··· 325

29 煤层气的利用与经济效益 ·· 327
29.1 化石燃料探明储量 ·· 328
29.2 燃料热值的对比 ··· 328
29.3 美国能源消费 ··· 329
29.4 热力学效率 ·· 330
29.5 天然气发电 ·· 332
29.6 煤层气变成管道天然气 ··· 333
29.7 压缩天然气（CNG） ·· 333
29.8 液化天然气 ·· 334
29.9 天然气转化成液体燃料 ··· 335
29.10 能源类型（美国） ·· 339

第1篇 煤层气藏的成因、地质特征和储量预测

史蒂文·J.沙茨尔

1 煤层气的成因

高岭[1]，玛丽亚·马斯塔勒兹[2]，阿恩特·施梅尔曼[1]

1 印第安纳大学地质科学系，布卢明顿，印第安纳州，美国；
2 印第安纳大学印第安纳地质调查所，布卢明顿，印第安纳州，美国

1.1 引言

煤层气（CBM）是指储集在煤层中的非常规天然气。在过去 20 年中，煤层气已经发展成为美国重要的能源资源（图 1.1），煤层气产量从 1989 年的 $91×10^9 ft^3$ 增至 2008 年的 $1966×10^9 ft^3$，目前约占美国天然气总产量的 9%。由于煤层气在燃烧过程中不释放有害物质，也不会产生灰尘，单位能量产生的二氧化碳排放量低于煤炭、石油甚至木材[1]，因此预计在未来几十年内，煤层气将在我们的能源结构中充当环境友好型能源角色。

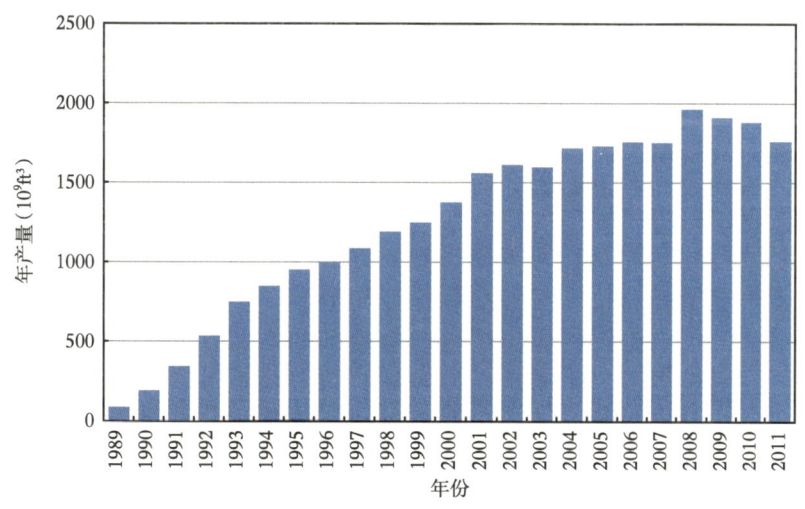

图 1.1 美国煤层气年产量示意图

$1×10^9 m^3 = 35.289×10^9 ft^3 = 352.89×10^8 ft^3$；数据来自 2009 年的美国能源部能源信息管理局

美国煤炭储量巨大，据保守估计，美国煤层中的煤层气储量超过 $700×10^{12} ft^3$（$19.8×10^{12} m^3$）[2]，其中在当今技术条件下具有经济开采价值的储量约 $100×10^{12} ft^3$——大致相当于美国目前 5 年的天然气消费量总和。

20世纪80年代，人们就已经意识到煤层气是一种有待开发的能源[3-5]，并引发了业界对煤层气勘探和生产的大量研究[6-12]。北美的一些蕴含丰富煤炭资源的盆地已经开始大量开发煤层气，例如粉河盆地（Powder River Basin）[13-14]、圣胡安盆地（San Juan Basin）[7]和黑勇士盆地（Black Warrior Basin）[15]。其他盆地如伊利诺伊盆地（Illinois Basin）[10,16]、森林城市盆地（Forest City Basin）[17-18]和密歇根盆地（Michigan Basin）[19-20]在煤层气资源方面，未来也有着巨大的潜力（图1.2）。

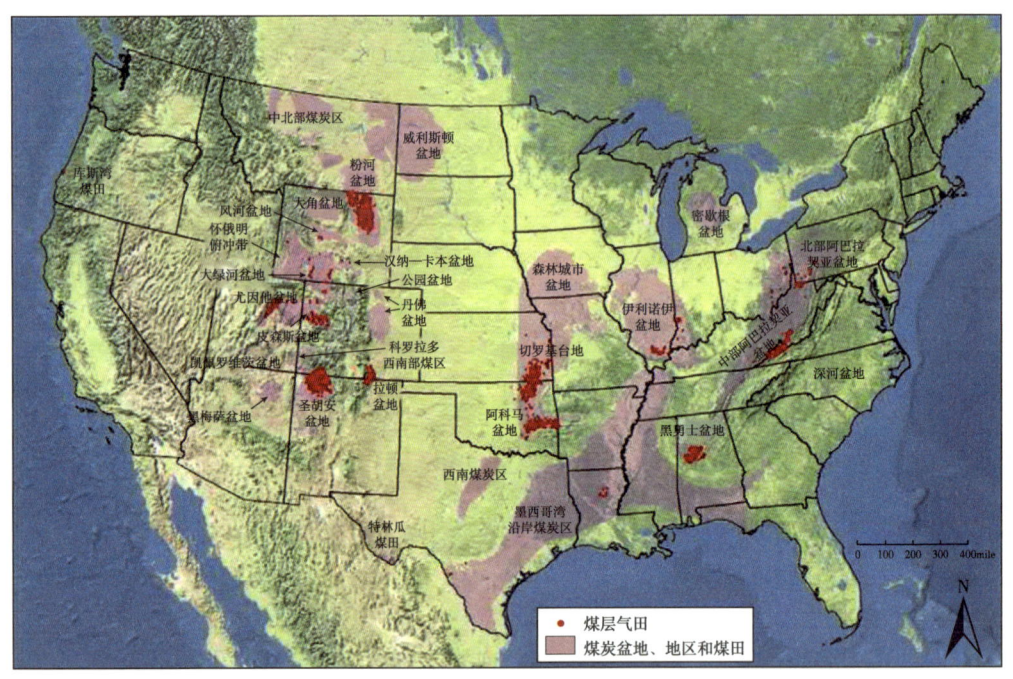

图1.2 美国本土48个州生产煤层气的盆地（数据来源：2009年美国能源部能源信息管理局）

本章的主要目的包括以下几个方面：（1）阐述煤层气的地球化学和微生物成因；（2）评价控制煤层气组分和形成的地质和环境因素；（3）分析用于区分不同煤层气成因类型的岩石学、化学和同位素指标；（4）讨论煤层气成因和形成对其勘探和生产的影响。

1.2 煤层气的成因

从技术角度而言，煤层气即从煤层中开采的天然气。尽管有些共生煤层气的组分可能是从其他地层运移到煤层中的，但大多数煤层气是通过微生物、热解作用，也有可能是煤层中的有机物在催化作用下降解而在原位形成的。煤层气的主要成分是甲烷（CH_4），其中还含有二氧化碳（CO_2）、氮气（N_2）以及较重组分的碳氢化合物，如乙烷（C_2H_6）、微量丙烷（C_3H_8）和丁烷（C_4H_{10}）。

通常来说，传统意义上认为煤层气由生物成因、热力成因或者多成因共同作用而成。生物成因煤层气是指在低温（通常低于150°F或56°C）条件下，由甲烷微生物群落分解煤炭有机物而形成的[7]。许多浅层和未热成熟煤层均含有生物成因煤层气，例如粉河盆地

（Powder River Basin）。与此相反，热力成因煤层气主要是煤层中的有机物通过化学降解和热裂解作用而形成，其形成温度在100℃以上，它高于微生物产甲烷活动在生物化学上变得不可能的热阈值[3,21]。热力成因煤层气最开始从高挥发性烟煤中产生，其镜质组反射率R_o介于0.6%~0.8%[7]。热力成因煤层气生成量在R_o为1.2%时达到最大，在R_o为3.0%时，煤中的有机氢库已消耗殆尽，剩余的有机碳主要以凝析的芳香烃形式存在，这时煤的热力成因煤层气生成量可忽略不计。因此，与等级相对较低的煤相比，等级较高的煤会生成更多的热力成因煤层气。

了解煤层气的成因有助于制定高效、成功的煤层气勘探策略和方案[7,20]。因为盆地边缘温度较低，这些区域将以生物成因煤层气为主，埋藏浅的煤层将是重要的勘探开发目标；而且这些煤层中有机质通常尚未成熟，储层裂缝发育，有利于煤层气以较快的速度开采。与生物成因煤层气不同，热力成因煤层气通常在较深、热成熟度高的煤层中成藏[6,11,18]，少见张开的裂缝网络。而混合成因的煤层气（热力成因煤层气和生物成因煤层气并存）盆地给煤层气的勘探和开发策略提出了更大的挑战，具体取决于当地的地质和水文条件。因此，研究煤层气的成因已成为保障煤层气成功勘探的先决条件[6-7,10,12,22-23]。

1.2.1 研究煤层气成因的方法

最初，研究人员利用煤的等级来分析伴生煤层气的成因。通常认为镜质组反射率$R_o<0.3\%$的低等级煤层蕴含生物成因煤层气，而高等级煤则含有热力成因煤层气[24]。然而，随着对次生生物成因煤层气[6-7]认识的深入，发现在镜质组反射率较高（0.6%~0.8%）的煤层中[7,25]，次生生物成因煤层气占生物成因煤层气的绝大部分。这样，煤层气中化学成分以及CH_4与大分子碳氢化合物的比例（煤层气干度）也就成为评估煤层成因的重要指标之一[26-30]（表1.1）。然而，这些化学成分指标可能会因地质条件的不同而有很大差异，因此有时会在区分生物成因煤层气和热力成因煤层气时变得非常模糊和困难。

表1.1 区分热力成因煤层气和生物成因煤层气的常用指标

参数	煤层气成因		参考文献
	热力成因	生物成因	
镜质组反射率（%）	0.6~3.0	0.3~0.8	[6-7]
碳氢化合物指数 $[CH_4/(C_2H_6+C_3H_8)]$	<20	>1000	[27,31]
气体湿度指数①（%）$C_{2+}=(C_2H_6+C_3H_8+C_4H_{10}+C_5H_{12})/(CH_4+C_2H_6+C_3H_8+C_4H_{10}+C_5H_{12})$	>3	<3	[6]
CO_2含量（%, vol.）	2~15	<5	[32]
CH_4的$\delta^{13}C$（‰, VPDB）	>50	<55	[22,28,33]
CH_4的δD（‰, VSMOW）	-275~-100	-400~-150	[22]
$\delta^{13}C_{CO_2}-\delta^{13}C_{CH_4}$	<40‰	>60‰	[32]

① 气体湿度指数有时用气体干度$C_1/(C_2+C_3)$表示，气体干度的正式名称为碳氢化合物指数。C_1—甲烷；C_2—乙烷；C_3—丙烷。

在过去30年中，稳定同位素分析技术的进步使得利用单一气体成分，如碳 $^{13}C/^{12}C$ 和氢 $^{2}H/^{1}H$（或 D/H）稳定同位素比值对天然气进行分类成为可能。同位素比值通常用 $\delta^{13}C$ 和 δD（或 $\delta^{2}H$）来表示，负值越大，表示重质同位素 ^{13}C 和 D 相对消耗量越大[34]。Schoell[28] 首先根据 CH_4 的 $\delta^{13}C$ 数据集提出，$\delta^{13}C_{CH_4}$ 值低于 -55‰代表煤层气为生物成因，而大于 -55‰则代表热力成因（表1.1）。人们后来认识到，-55‰的临界值只是一个近似值，因为生物成因 CH_4 的 $\delta^{13}C_{CH_4}$ 值范围很广，从 -110‰到 -40‰不等[33,35]，这取决于原始有机基质的同位素组成、生化甲烷生成路径和环境等因素[6,22,36]。因此，如果 $\delta^{13}C_{CH_4}$ 值在 -55‰~-40‰范围内，那么仅凭碳同位素就无法确定生物成因煤层气与热力成因煤层气两者的比例。幸运的是，以 δD 值表示的氢同位素比值为确定煤层气成因提供了第2种完全独立于前者的同位素参数。与 $\delta^{13}C_{CH_4}$ 值相比，δD_{CH_4} 值的范围要大得多。热力成因煤层气的 δD_{CH_4} 值为 -275‰~-100‰，而生物成因煤层气则为 -400‰~-150‰[22]。由于一些热力成因煤层气和生物成因煤层气的 δD_{CH_4} 值存在相当大的重叠（图1.3a），因此仅凭 δD_{CH_4} 对不同成因的煤层气进行划分有明显的局限性。然而，将基于煤层气组分（如 CH_4、C_2H_6、C_3H_8、CO_2）的碳和氢稳定同位素比值与煤层气化学组分数据相结合，可大大提高分析结果的可信度[11,22]（图1.3）。

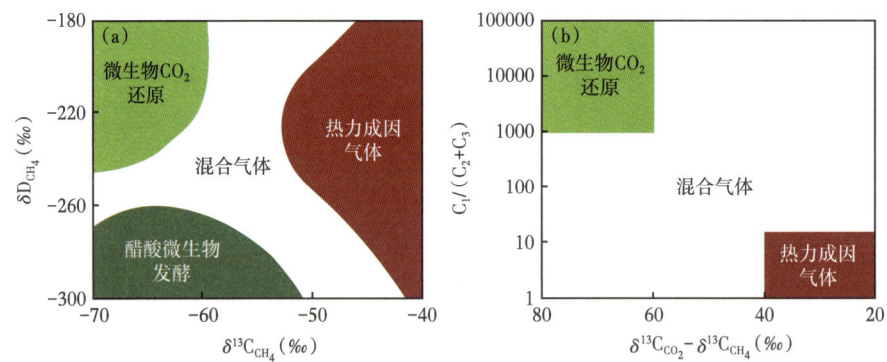

图1.3　基于化学成分和特定化合物同位素组成的天然气成因分析（据文献[22]修改）

(a) 甲烷的碳和氢同位素比值将生物成因煤层气和热力成因煤层气加以区分，以及通过二氧化碳还原途径形成的生物成因煤层气和醋酸发酵途径形成的生物成因煤层气区分出来；(b) 碳氢化合物指数 $C_1/(C_2+C_3)$［即 $CH_4/(C_2H_6+C_3H_8)$］和 CO_2 与 CH_4（$\Delta^{13}C_{CO_2-CH_4}=\delta^{13}C_{CO_2}-\delta^{13}C_{CH_4}$）之间的碳同位素差异

1.2.2　热力成因煤层气

1.2.2.1　热力成因煤层气的形成和特征

热力成因煤层气是在煤化过程中的高温条件下形成的。煤化过程包括煤炭沉积/埋藏后不久发生的和在热成熟过程中持续进行的物理和化学变化（图1.4）[37-38]。在煤化过程中，残留固体有机物中的碳逐渐变成芳香化合物，而分子量相对较低的富氢脂肪族成分（如 CH_4、C_2H_6）则释放出来，并随水和二氧化碳一起排出，从而形成煤层气[39]。

一般而言，热力成因煤层气的形成可分为两个阶段，即早期阶段和主要阶段。早期阶段煤层气主要来自 C 级高挥发性烟煤（R_o 约为 0.6%）中的富氢煤（图1.5），通常含有大量 C_2H_6、C_3H_8 和其他湿气成分[7]。通过脱羧、脱水作用使杂原子键破坏和有机官能团丧失，

从而形成 CO_2 和 H_2O 这些重要的副产品。在镜质组反射率约为 0.7% 的煤级中，煤中的羧基基本被消除[21,40]，在更高阶的煤中产生的 CO_2 量也很少[10]。

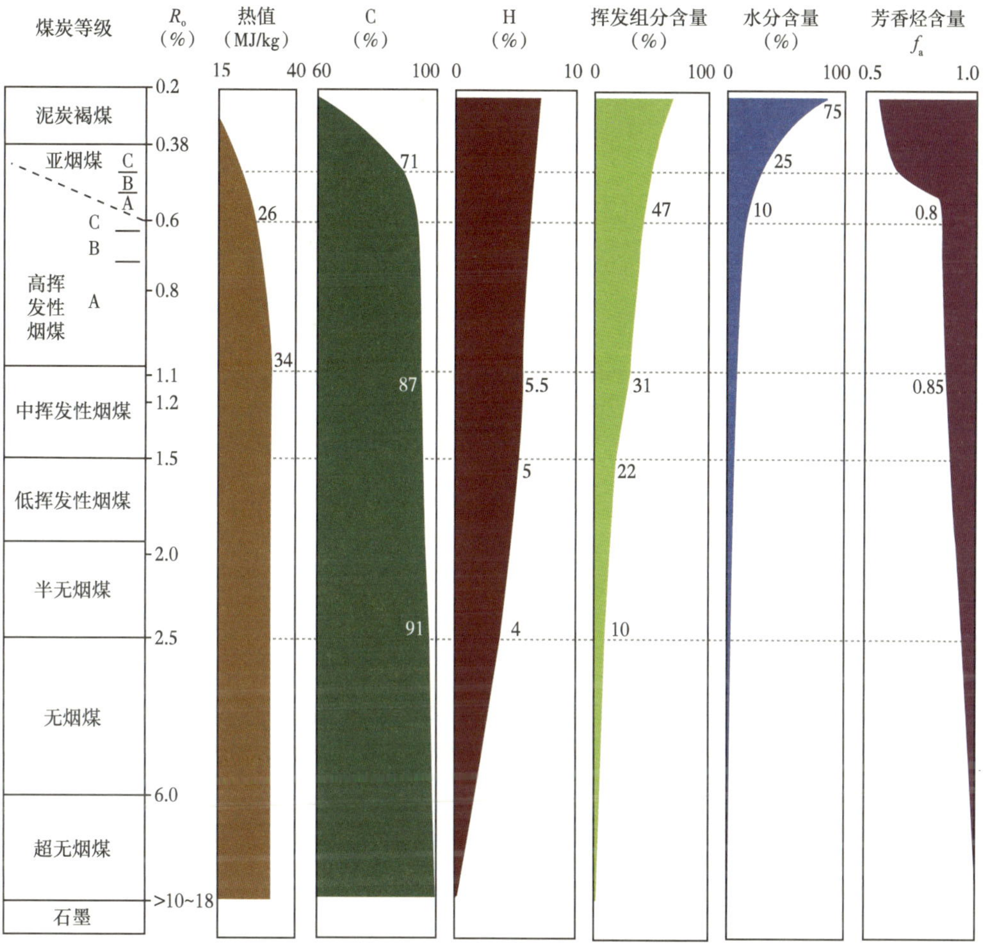

图 1.4　煤炭在煤化过程中的物理和化学变化（据文献 [37] 修改，基于干燥、无灰条件下的碳、氢、挥发物和水分的重量百分比）

热值 = 碳热值；芳香烃含量 f_a=[（C/H）-$H_{aliphatic}^*$/（$H_{aliphatic}$/$C_{aliphatic}$）]/（C/H），
其中 C/H 为有机碳/氢的原子比，$H_{aliphatic}^*$=$H_{aliphatic}$/H_{total}[38]

随着温度和压力的升高，煤化作用会进一步导致整个有机氢库的歧化，因为富氢液体和气态碳氢化合物会在气体的主要形成阶段释放出来（R_o > 0.8%），使得残留的固体有机物因为缺少氢组分而出现芳香化。液态碳氢化合物和湿气（即 C_2H_6 和更大分子碳氢化合物气体）的生成峰值出现在 R_o 约为 1.1% 附近，位于 B 级高挥发性烟煤和中挥发性烟煤之间的边界处。当 R_o > 1.2% 时，液态碳氢化合物和湿气的形成迅速下降。同时，CH_4 的生成量快速增加（图 1.5），因为在较高的温度和煤化程度下，煤中剩余的脂肪族分子和之前形成的超过两个碳原子数的碳氢化合物（C_{2+}）会发生热裂解，形成新的 CH_4。当煤阶达到 R_o 约为 1.8% 时，CH_4 仍位于有效的生成窗口内，但当镜质组反射率越高时，CH_4 的形成就会急剧下降，当 R_o 约为 3.0% 时，实际上 CH_4 的形成就停止了（图 1.5）。

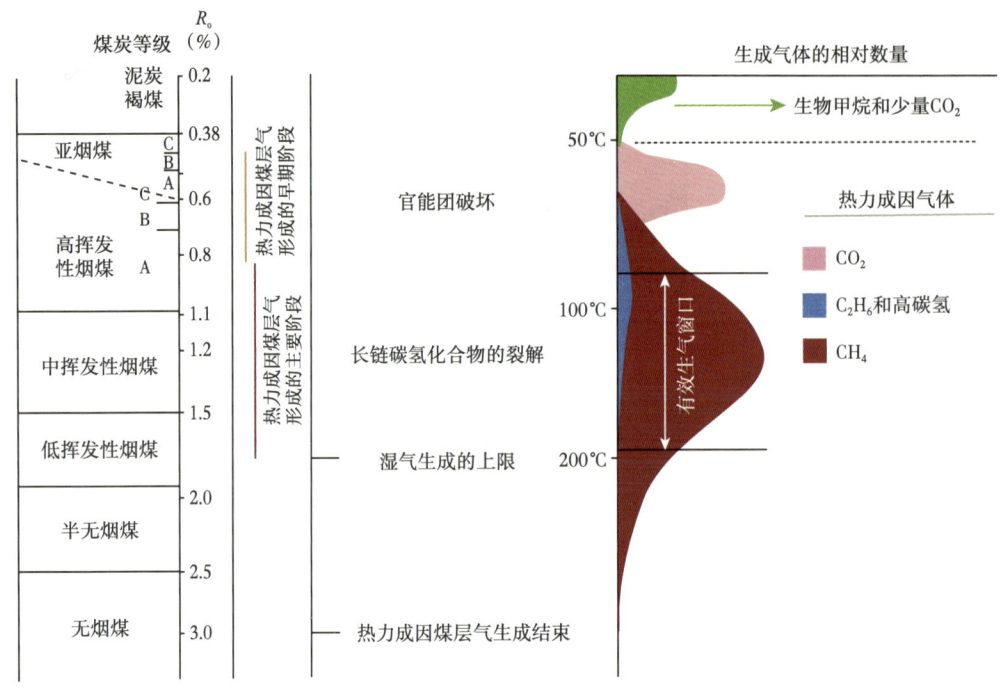

图 1.5　煤层中热力成因煤层气形成过程

一些研究根据经验对煤层在整个煤化过程中形成的 CH_4 总量进行了预测[41-42]，并认为形成的 CH_4 总量受煤炭等级和成分的影响。Berner 等[43]根据镜质组反射率 R_o 与预测的热力成因煤层气组分相对丰度之间的经验关系，建立了以下公式来量化煤化过程中形成的 CH_4、C_2H_6 和 C_3H_8 总量。

$$CH_4 = 9.1\ln R_o + 93.1 \qquad (1.1)$$

$$C_2H_6 = -6.3\ln R_o + 4.8 \qquad (1.2)$$

$$C_3H_8 = -2.9\ln R_o + 1.9 \qquad (1.3)$$

基于实验室加热实验，Tang 等人[44]认为 R_o 大于 0.7% 的煤层可产生大量 CH_4，并得出主要热力成因煤层气形成的临界值与 A 级高挥发性烟煤（R_o 约为 1.0%）相吻合的结论（图 1.5）。

除 CH_4 外，热力成因煤层气还含有 CO_2、C_2H_6、C_3H_8、C_4H_{10}、N_2，偶尔还含有 H_2S。早期在 R_o 为 0.6%~0.8% 之间时生成的气体相对较湿，C_{2+} 体积分数通常大于 3%，CO_2 含量较高，体积分数大于 10%。$CH_4/(C_2H_6 + C_3H_8)$ 的体积比通常小于 100（表 1.1）。相比之下，在 $R_o > 1.2\%$ 的热力成因煤层气形成的主要阶段，该时期形成的煤层气更干燥（即含有较少的 C_{2+}），因为这时 C_{2+} 的气体容易发生热裂解而形成 CH_4（图 1.5）。事实上，并非所有的热力成因煤层气都是湿气，这就需要根据多个诊断指标进行详细的地球化学分析和细致的解释。

与生物成因的 CH_4 相比，热力成因的 CH_4 通常富含 ^{13}C，但并非所有的情况都是如此，生物成因 CH_4 的 $\delta^{13}C$ 范围在 $-55‰\sim-20‰$ 之间。热力成因 CH_4 的 δD_{CH_4} 值变化范围为 $-275‰\sim-100‰$，它与生物成因 CH_4 的氢同位素范围部分重叠（图 1.3a）。通过比较印第安纳州（Indiana）西南部和肯塔基州（Kentucky）西部具有可比性煤层中 CH_4 和 C_2H_6 的特定化合物 δD 值，发现生物成因煤层气和热力成因煤层气之间有明显区别[11]。在肯塔基州西部的热力成因煤层气中，CH_4 和 C_2H_6 的 δD 值相似，但在印第安纳州西南部以生物成因为主的煤层气中，δD_{CH_4} 值远远低于相应的 $\delta D_{C_2H_6}$ 值（图 1.6）。印第安纳州西南部煤层气[11] 中的 C_2H_6 和其他较重的碳氢化合物，只有少量是热力成因形成的。在镜质组反射率约为 0.60% 时，煤层中已经生成了少量早期热力成因煤层气。据推测，印第安纳州西南部以生物成因为主的煤层气中，C_{2+} 煤层气部分被生物降解并发生了同位素裂解，尤其是 C_3H_8。随着热力成因煤层气中 C_{2+} 气体生物降解程度增加，CH_4 的碳同位素特征会向生物成因煤层气的特征值转变[45-46]。与其用气体湿度低和 $\delta^{13}C_{CO_2}$ 值高达 +20‰ 的[45-46] 这些可能导致生物成因煤层气误判的不充分证据，还不如对干气进行仔细分析，以确定是否存在生物降解的热力成因煤层气。

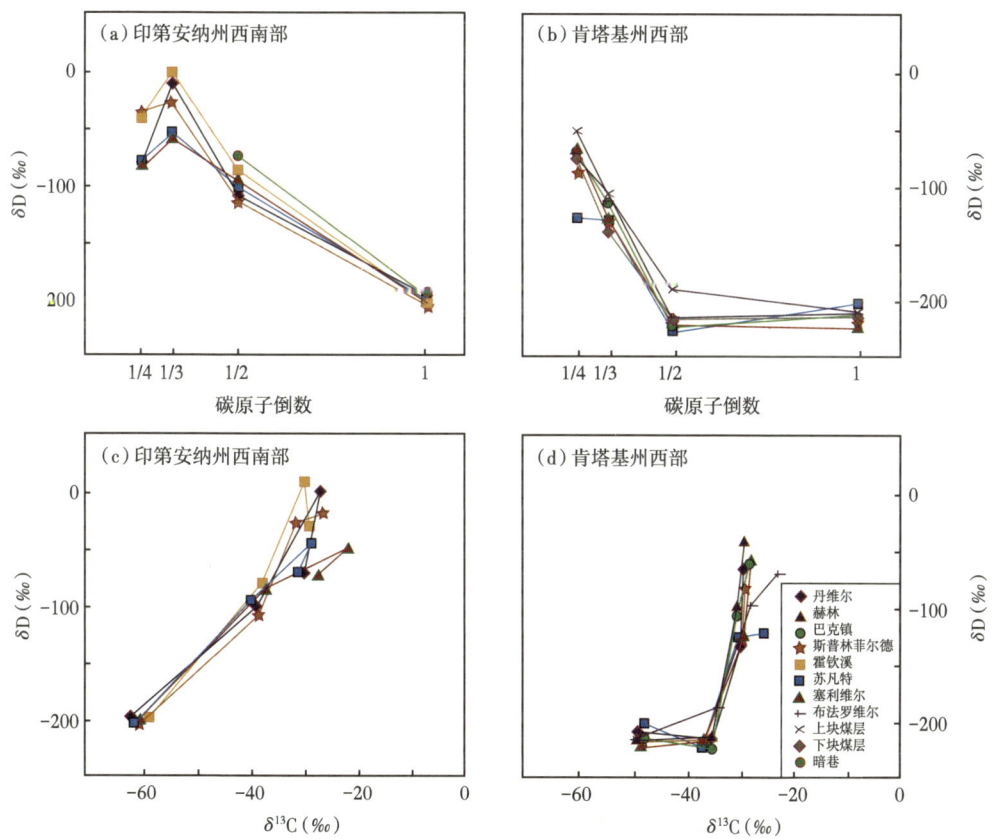

图 1.6 CH_4 到直链 $n\text{-}C_4H_{10}$ 和组合 C_4H_{10} 的特定化合物 $\delta^{13}C$ 和 δD 值用来区分印第安纳州西南部的生物成因煤层气和肯塔基州西部的热成因煤层气（据文献 [11] 修改）

1.2.2.2 热力成因煤层气分布和产能的控制因素

以往的研究表明，煤层气的产能取决于几个关键因素，即沉积系统、煤层分布、煤炭等级、大地构造、构造环境、煤层气含量、渗透率、流体力学和水文地球化学[6,9,47-48]。充分认识这些影响煤层气吸附量的地质和水文控制因素，对于制定高效、成功的勘探开发方案至关重要。下面主要以圣胡安盆地为例，对控制热力成因煤层气的分布因素进行讨论。圣胡安盆地已经展开了大量研究，并以其成熟的热力成因煤层气生产而闻名[4,7-8,49]。

位于新墨西哥州西北部和科罗拉多州西南部的圣胡安盆地（图1.7a）是世界上煤层气产量最高的盆地之一，2006年产量占美国煤层气产量的65%左右[50]。根据对地质和水文特征的研究以及大量可用的分析结果（如煤层气干度、同位素、煤炭等级、烃源岩中的生物标志化合物）[4,7,49]，圣胡安盆地的煤层气主要是热力成因形成的。

煤层既是煤层气的烃源岩，也是煤层气的储层，因此煤层的分布对煤层气的产能有着重要的影响。煤层厚度和范围与大地构造、储层构造和沉积环境密切相关，这些因素对煤层气的运移路径和分布均有很大影响[6,51]。区域地下热流也会对煤化过程和热力成因煤层气产量造成影响。热力成因煤层气通常要求煤层埋藏深，要达到裂解反应所需的温度。例如，圣胡安盆地的上白垩统弗里特兰煤层厚度适中，其最大埋藏深度达4000ft（1219m），因此成为煤层气的主要产区（表1.2）。虽然大多数热力成因煤层气是在煤层深埋过程中产生的，但如果构造活动造成异常高的热流，那么在相对较浅的深度也会形成一些热力成因煤层气[42]。

表1.2 圣胡安盆地和粉河盆地热力成因煤层气与生物成因煤层气的分布和产能控制因素对比

煤层气分布及产能控制因素	圣胡安盆地的热力成因煤层气	粉河盆地生物成因煤层气	参考文献
沉积体系及煤炭分布	埋藏深（最大深度为4000ft；1219m）；煤带的净煤炭厚度为30~70ft（9~21m）；单煤层厚度为6~30ft（1.8~9m）	埋藏浅（<2500ft；762m）；煤带的净煤厚度为50ft至大于215ft（15m至大于65m）；单煤层厚度大于60ft（18m）	[6,9,52]
煤炭等级	镜质组反射率（R_o）为0.4%~1.5%	镜质组反射率（R_o）为0.3%~0.4%	[6]
大地构造及构造背景	盆地北部和西北部因隆起而裂缝发育；盆地中北部受挤压	节理发育良好；水体较强	[9,53]
渗透率	5~60mD	10mD至大于1000mD	[9,54]
煤层气含量	150ft³/t至大于500ft³/t（4.7cm³/g至大于15.6cm³/g）	16~76ft³/t（0.5~2.4cm³/g）	[9]
水动力环境	盆地中北部自流超压；盆地其余大部分地区处于低压状态	正常压力到自流压力	[9]
水文地球化学	咸地层水；盆地中北部为碳酸氢盐水；盆地西北部含氯量低，TDS含量中等至偏高①	地层水为淡水（含氯量小于2mol/L）；SO_4^{2-}含量极低（<10×10⁻³mol/L）；TDS含量低	[9,55-57]

① TDS（总溶解固体）：溶解在水中的离子，如Ca^{2+}、Na^+、Mg^{2+}、Fe^{2+}、HCO_3^-、Cl^-、CO_3^{2-}等。

煤的等级是控制热力成因煤层气形成的最重要因素之一。如第1.2.2节所述，煤层中热力成因煤层气主要在C级高挥发性烟煤（R_o约为0.6%）中形成，而且煤层必须达到一定的热成熟度阈值（R_o在0.8%~1.0%之间）才能产生大量热力成因煤层气。例如，弗里特

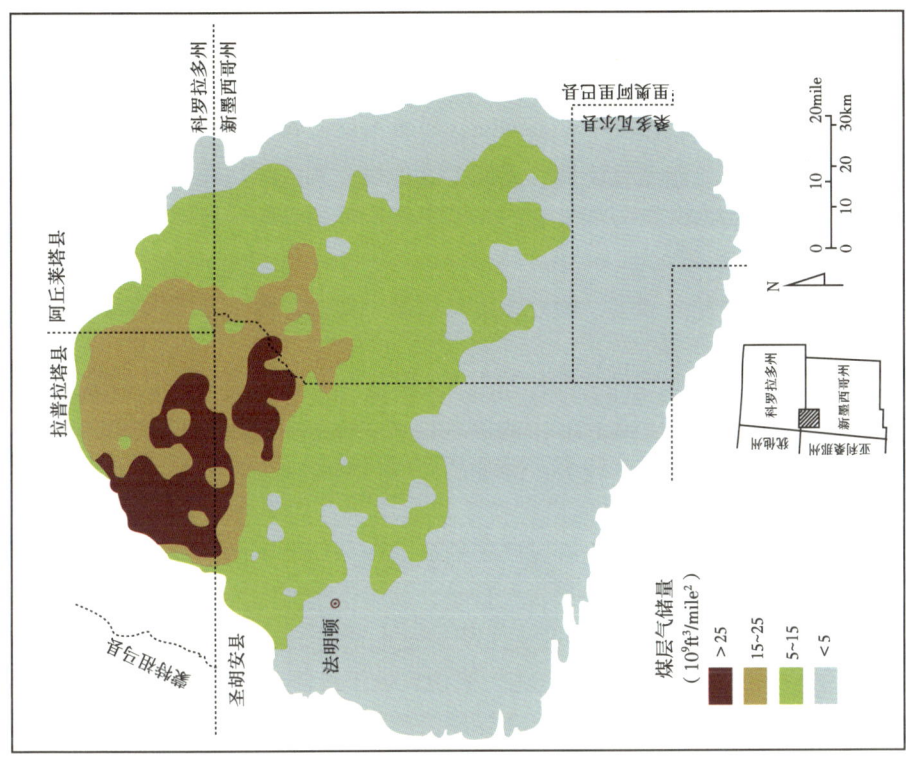

(a) 煤炭等级分布

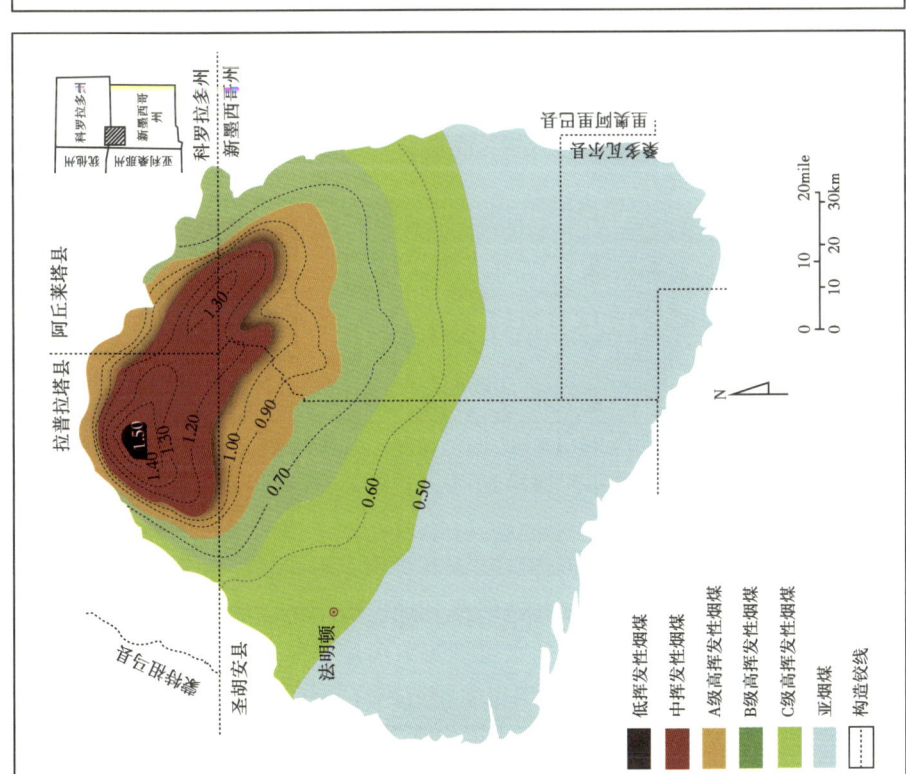

(b) 煤层气储量分布

图1.7 圣胡安盆地上白垩统弗鲁特兰煤层煤炭等级及煤层气储量分布规律（$1×10^9ft^3/mile^2=1.09×10^7m^3/km^2$，据文献[7]修改）

兰煤层的热成熟度，以镜质组反射率表示，范围在 0.4%~1.5% 之间（表 1.2，图 1.7a），盆地中煤层气地质储量最大的位置刚好与煤炭等级最高的位置相吻合（图 1.7b）。

煤层气的产能取决于气体沿着煤层中节理和裂缝流向井底的能力。目前的地应力方向可能会对煤层气产能有着重要的影响，例如，当最大水平主应力（S_{Hmax}）方向与割理和裂缝正交时，会降低煤层气的渗透率[9,51]。盆地的抬升和上覆沉积岩层的剥蚀可能会导致浅层煤层中气体的运移和散失。新生代晚期，圣胡安盆地最北部的断裂和隆起产生了一条构造铰线。因此，盆地北部和西北部裂缝发育的煤层可能会导致煤层气散失，从而使得这些地区保存下来的煤层气减少[9,58]。

煤层中的煤层气含量越高，煤层气的产能也就越高。然而，在不同的煤层之间，甚至同一煤层内煤层气含量都存在很大差异，这取决于当地的水文地质和储层条件[59]。圣胡安盆地煤层中的煤层气含量从盆地的南部和西南部（图 1.7b 中的蓝色和绿色区域）的小于 150ft^3/t（4.7cm^3/g），增加到中部（图 1.7b 中的橙色区域）的 200~400ft^3/t（6.2~12.4cm^3/g），并在盆地中北部（图 1.7b 中的红色区域）达到峰值，大于 500ft^3/t（大于 15.6cm^3/g）[9]。

煤层中气体、水的渗透率和运移通道主要受煤层中张开的裂缝、节理数量和几何形状控制。较高的渗透率有利于解吸附之后煤层气的流动和产量的提高，但渗透率太高可能会导致产水量急剧上升。产出的地层水通常是盐水，如果不重新注入地下，可能会对环境造成危害。根据 Lucia[60] 和 Scott[61] 的研究，圣胡安盆地产量最高的煤层气井的渗透率在 0.5~100mD 之间，这一渗透率值对于煤层气生产来说，处于最佳渗透率范围之内（表 1.2）。

煤层气田的水动力环境对煤层气藏动态和煤层气产能起着决定性作用。煤层中形成的煤层气最初是在静水压力或地层水压力的作用下得以保存下来。在煤层气开发过程中，首先将地层水从煤层中排出，通过降低静水压力、使煤层气解吸、增加游离气相（即气泡）和建立压力梯度的作用，从而使游离气进入到生产井中。然而，静水压力的持续下降可能会导致水层压力下降，并引发环境问题。因此，必须仔细监测盆地的水文地质情况。

1.2.3 生物成因煤层气

1.2.3.1 生物成因煤层气的形成和特征

生物成因煤层气是泥炭和煤炭中的有机物在低温环境下通过微生物发酵分解作用形成的产物。泥炭到亚烟煤（R_o 通常小于 0.3%）[6,24] 早期埋藏的有机物通过微生物发酵分解作用产生初级生物成因煤层气[6]。由此形成的 CH_4 通常以"沼气"气泡形式存在，或溶解在水中，在压实过程中进入到周围的沉积物中[6-7,14]。由于埋藏较浅，原生生物成因煤层气无法形成有经济价值的气藏，除非在寒冷地区，它可能在冻土层中凝固成甲烷水合物（即可燃冰）[62-63]。

微生物作用产生的 CH_4 只有在有机物埋藏较深并且有上覆盖层的情况下才能在沉积物中聚集成藏。在许多情况下，煤层会间歇性地埋藏到地层温度足以消灭微生物的深度。随后煤层隆起会使得地层冷却，并且大气中的水可能流入可渗透的煤层中，使煤层再次与甲烷微生物群落接触。将新形成的煤层气称为次生生物成因煤层气[6-7]。大多数得以保存下来的煤层气可能都是次生气体，因为在许多高等级煤中都发现了晚期生物成因煤层气[6-7,22]。

甲基发酵或 CO_2 还原均可形成生物成因的 CH_4。这两种途径在生物化学和稳定同位素分馏方面都有所不同[6,28,33]。图 1.8 将生物 CH_4 的形成过程分为 4 个阶段[64-66]：（1）发酵厌氧微生物将煤层中复杂的有机分子分解为简单的有机酸和醇。(2) 产生 H_2 和生成乙酸的微生物在缺氧条件下将脂肪酸和醇转化为乙酸、H_2、CO_2 或甲酸盐。第 3、4 阶段指的是另一种形成 CH_4 途径，即(3) 消耗 H_2 的甲烷菌利用可获得的 H_2 将甲酸盐或 CO_2 转化为 CH_4，或(4) 嗜醋甲烷菌利用乙酸盐产生 CH_4 和 CO_2。根据 Strąpoć 等人提出的自由能计算方法[67]，在煤层中有机物生物降解过程的最后阶段，利用 H_2 形成 CH_4 优于均质乙酸形成 CH_4 和乙酸分解形成 CH_4。醋酸发酵停止后，CO_2 还原通常是 CH_4 形成的主要途径，尽管在某些条件下两种途径可同时发生[22]。因此，后期生物成因 CH_4 主要是由于 CO_2 的还原作用形成的。

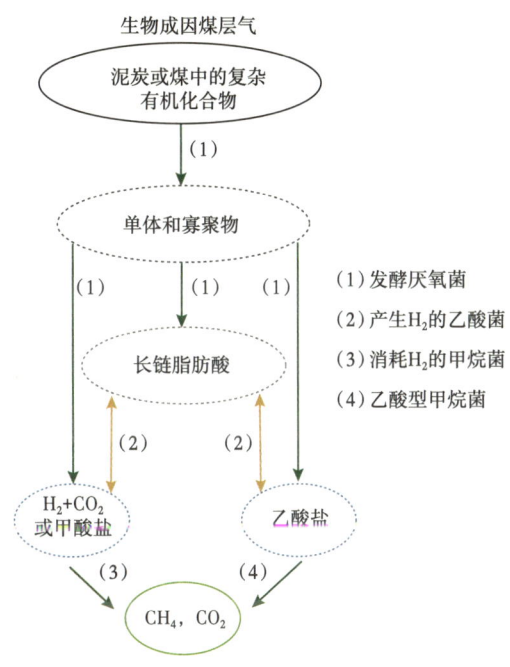

图 1.8　生物成因甲烷的形成途径（据文献[64]修改）

实线椭圆表示原材料和最终产物；虚线椭圆表示中间产物。(2) 中的双箭头代表可逆反应

煤层中的生物成因煤层气主要由 CH_4 组成，只含有微量的 C_{2+} 碳氢化合物（即干气）。CO_2 体积分数通常低于 5%。这与通常含有更多 C_{2+} 碳氢化合物和 CO_2 的热力成因煤层气形成鲜明对比。生物成因的 CH_4，其 δD_{CH_4} 和 $\delta^{13}C_{CH_4}$ 值范围很广，分别为 -400‰~-150‰ 和 -110‰~-50‰（图 1.3）。在甲基型发酵过程中，CH_4 中的氢主要来自母体有机物的甲基，而通过 CO_2 还原形成的 CH_4 则完全依赖于地层水中的氢。相对于水中的氢，有机氢的 D 含量往往会严重减少。因此，微生物 CO_2 还原形成的 CH_4 的 δD_{CH_4} 值（-250‰~-150‰）往往高于甲基发酵形成的 CH_4 的 δD_{CH_4} 值（-400‰~-250‰）。就碳稳定同位素比而言，与 CO_2 还原有关的 $\delta^{13}C_{CH_4}$ 值（-110‰~-55‰）往往比与甲基发酵有关的值（-70‰~-40‰）更低[6,22]。

1.2.3.2　生物成因煤层气分布和产能的控制因素

煤层中生物成因煤层气的形成、分布和产能控制因素与热力成因煤层气的控制因素基本类似，但其所起的作用和贡献大小可能有所不同（表1.2）。怀俄明州东北部和蒙大拿州西南部的粉河盆地是一个很好的生物成因煤层气例子。古新统联合堡组（Fort Union）通格河（Tongue River）段是目前主要的煤层气产层，其煤层的地质和化学特征显示煤层气主要是生物成因[6,57]。煤层气的化学和同位素分析表明，煤层气的形成途径是通过微生物甲基发酵[12,22]。

由于微生物形成CH_4的温度通常限制在56℃以下[7]，而30℃是微生物形成CH_4的最佳温度[67-69]，因此活跃的生物成因煤层气产层通常比热力成因煤层气产层深度要浅。例如，粉河盆地最主要的生物成因煤层气产层——古新统联合堡组气层的深度不到2500ft（762m）。同样，在伊利诺伊盆地，宾夕法尼亚煤层中已记录有一个活跃的生物成因气层，深度不到700ft（213m）[31,67]。

煤层的等级限制了生物成因煤层气的形成总量。$R_o > 0.8\%$的煤炭表明原始微生物群落无法在煤化过程的高温下存活，即使煤层最终冷却下来，并通过渗入煤层的大气水与新的产甲烷微生物群落接触，但由于发酵过程在降解高芳烃和交联有机大分子方面效果较差，因此高等级煤层也无法生成大量生物成因煤层气[31,67]。在整个粉河盆地，古新统联合堡组煤层的等级相对较低，从褐煤到C级亚烟煤不等（R_o为0.3%~0.4%），代表美国煤层气商业开发的最低等级煤层。C级、B级高挥发性烟煤是伊利诺伊盆地生物成因煤层气的来源[31,67]。

褶皱、断层的位置和几何形状取决于大地构造和构造背景，可能会对大气中的水向煤层补给产生重大影响。地层水的渗入不仅会降低地层水的盐度和温度，使煤层适合微生物群落生存，还可能使煤层重新与甲烷微生物接触[70]。因此，大地构造和构造背景对于评估生物成因煤层气能否形成至关重要。尽管目前能够记录粉河盆地东缘联合堡组煤层节理走向的数据有限，但节理总体上呈东—东北走向，几乎与盆地的轴线垂直[51,71]，从而有效防止了节理受压缩而闭合。这些煤层裂缝发育，很可能是因为煤层的灰质含量低、镜质组含量相对较高，从而增加了煤层的脆性[9]。因此，联合堡组煤层和相关的砂岩互层是很好的含水层，能获得充分的淡水补给。

煤层中的天然气含量是控制包括生物成因煤层气在内的所有煤层气产能的重要参数。煤层中的含气量在煤层中短距离范围内，甚至单个煤层在垂向上都会有明显的差异，伊利诺伊盆地东部就有这样的情况，盆地含气量从很少到超过150ft^3/t（4.7cm^3/g）不等[31,72]。其中一个根本原因可能是短距离内矿物成分的变化，以及有效微孔、中孔的差异影响了煤层吸附天然气的能力[73]。粉河盆地的煤层气含量虽然远低于圣胡安盆地（表1.2），但粉河盆地的煤层气产量却很高，这表明煤层中含气量虽然低，但是巨大的煤层体积弥补了含气量低的不足。同时，这也表明，粉河盆地的煤层中可能含有大量自由气（即未吸附的煤层气）。在低阶煤中，自由气似乎在煤层气总量中占很大比例[74]。

联合堡组煤层的渗透率非常高，在10mD到几达西之间[54]（表1.2），再加上煤层的厚度可观，使得联合堡组主要含水层的质量得到保证。煤层中地层水的化学性质对生物成因煤层气形成至关重要，并影响煤层气的分布和产量。有效生成生物成因煤层气要求地层水氯含量（<2mol/L）和硫酸盐浓度（<10×10^{-3}mol/L）相对低且处于缺氧环境[3,6,31,56]。淡水、硫酸盐含量相对低的地层水是粉河盆地能够形成具有经济价值煤层气藏的重要先决条件。即使煤层通过补给获得含氧量较高的大气水，煤层中大量的强还原性有机物和硫化物

矿物也会迅速消耗游离 O_2[75]，使煤层中的地层水缺氧。

1.2.4 煤层气催化成藏假说

几个大型商业开发的低阶煤层气案例中，几乎没有或根本没有生物成因天然气的证据。例如，加拿大西部沉积盆地（如科贝特地区）[76]和印度[77]，这些煤层气的化学特征与热力成因煤层气相似，但热成熟度测量证据显示，地层温度没有高到可以形成热力成因煤层气。这些发现为非生物成因煤层气的形成提供了另一种途径。Butala 等[78]提出了用过渡金属（例如可采用镍和铁）的催化作用来解释烟煤中低温环境形成煤层气的原因，这一观点与其他研究人员在烃类气体形成方面的实验结果一致[79]。Mango 研究的最新数据有力地表明，海相页岩具有天然催化能力，可在 50℃ 的低温环境下（即比热解裂解所需的温度低 300℃）将部分干酪根和沥青转化为碳氢化合物气体。Mango 等提出的非线性动力学催化途径与高温热解裂解反应产生的热力成因天然气有本质区别，但生成了类似实验室内 50℃ 条件下形成的湿气[80-81]。Wei 等最近的研究[82-83]也为页岩中催化强化 CH_4 的形成提供了有力支持。煤层气催化成因假说可以顺理成章地从富含有机物的海相页岩扩展到煤层。在催化成因成为公认的煤层气形成途径之前，还有待进一步的研究。

1.3 结论

煤层气的成因可能是生物成因、热力成因、混合成因，也可能是催化成因。为了区分不同的煤层气形成途径，需要综合应用多组分和气体同位素参数，从而制定高效、成功的煤层气勘探策略。本章回顾了煤层气的形成途径，并总结了热力成因煤层气和生物成因煤层气的组分和同位素特征。

煤层中气体的含量和产能取决于诸多因素，而这些因素往往是相互关联的。煤层中生物成因煤层气的形成、分布和产能的控制因素与热力成因煤层气形成的控制因素基本相似，其中包括煤阶、大地构造、区域构造背景、煤层渗透率、流体动力学、地层水的水文地球化学等。但是，对于不同成因的煤层气，这些因素在其中所起的作用可能大不相同。例如，高阶煤有利于热力成因煤层气的形成，而低阶煤通常更利于生物成因煤层气的生成。本章以圣胡安盆地（主要为热力成因煤层气）和粉河盆地（以生物成因煤层气为主）为例，对这些控制因素进行了对比分析。

热力成因煤层气田的勘探应侧重于成熟度较高、埋藏较深的煤层。相比之下，以生物成因为主的煤层气田，勘探应侧重于靠近盆地边缘的浅煤层，因为那里的有机物成熟度较低，并且裂缝发育，有助于煤层气井产量的提高。

参 考 文 献

[1] U.S. Environmental Protection Agency. http：/www.epa.gov/cleanenergy/energy-and-you/affect/natural-gas.html.

[2] Rice D D. Coalbed methane—an untapped energy resource and an environmental concern：U.S. Geological Survey Fact Sheet FS-019-97. 1997. http：/energy.usgs.gov/factsheets/Coalbed/coalmeth.html.

[3] Rice D D, Claypool G E. Generation, accumulation, and resource potential of biogenic gas.AAPG Bull,

1981, 65: 5-25.

[4] Rice D D. Relation of natural gas composition to thermal maturity and source rock type in San Juan Basin, northwestern New Mexico and southwestern Colorado. AAPG Bull, 1983, 67: 1119-1281.

[5] Dugan T A, Williams B L. History of gas produced from coal seams in the San Juan Basin. In: Fassett J E, editor. Geology and coalbed methane resources of the Northern San Juan Basin, Colorado and New Mexico. Denver: Rocky Mt. Assoc. Geologists, 1988: 1–9.

[6] Rice D D. Composition and origins of coalbed gas. In: Law B E, Rice D D, editors. Hydrocarbons from coal. AAPG Studies in Geology 38, 1993: 159–185.

[7] Scott A R, Kaiser W R, Ayers Jr W B. Thermogenic and secondary biogenic gases, San Juan Basin, Colorado and New Mexico—implications for coalbed gas producibility. AAPG Bull, 1994, 78: 1186–1209.

[8] Whiticar M J. Correlation of natural gases with their sources. In: Magoon L, Dow W, editors. The petroleum system—from source to trap. AAPG Memoir 60, Tulsa: American Association of Petroleum Geologists, 1994: 261–284.

[9] Ayers Jr W B. Coalbed gas systems, resources, and production and a review of contrasting cases from the San Juan and Powder River Basins. AAPG Bull, 2002, 86: 1853–1890.

[10] Faiz M, Hendry P. Significance of microbial activity in Australian coal bed methane reservoirs—a review. Bull Can Petrol Geol, 2006, 54: 261–272.

[11] Strąpoć D, Mastalerz M, Eble C, et al. Characterization of the origin of coalbed gases in southeastern Illinois Basin by compound-specific carbon and hydrogen stable isotope ratios. Org Geochem, 2007, 38: 267–287.

[12] Flores R M, Rice C A, Stricker G D, et al. Methanogenic pathways of coalbed gas in the Powder River Basin, United States: the geologic factor. Int J Coal Geol, 2008, 76: 52–75.

[13] Montgomery S L. Powder River Basin, Wyoming: an expanding coalbed methane (CBM) play. AAPG Bull, 1999, 83: 1207–1222.

[14] Flores R M. Coalbed methane in the Powder River Basin, Wyoming and Montana: an assessment of the Tertiary-Upper Cretaceous coalbed methane total petroleum system.U.S. Geological Survey Digital Data Series, DDS-69-C, 2004: 56.

[15] Pashin J C, McIntyre M R. Temperature-pressure conditions in coalbed methane reservoirs of the Black Warrior Basin: implications for carbon sequestration and enhanced coalbed methane recovery. Int J Coal Geol, 2003, 54: 167–183.

[16] Tedesco S A. Positive factors dominate negatives for Illinois Basin coalbed methane. Oil Gas J, 2003, 101: 28–32.

[17] Tedesco S A. Coalbed methane potential assessed in Forest City Basin. Oil Gas J, 1992, 90: 68–72.

[18] McIntosh J C, Martini A M, Petsch S, et al. Biogeochemistry of the Forest City Basin coalbed methane play. Int J Coal Geol, 2008, 76: 111–118.

[19] Martini A M, Walter L M, Ku T C W, et al. Microbial production and modification of gases in sedimentary basins: geochemical case study from a Devonian Shale gas play, Michigan Basin. AAPG Bull, 2003, 87: 1355–1375.

[20] Martini A M, Walter L M, McIntosh J C. Identification of microbial and thermogenic gas components from Upper Devonian black shale cores, Illinois and Michigan basins. AAPG Bull, 2008, 92: 327–339.

[21] Hunt J M. Petroleum geochemistry and geology. San Francisco: W.H. Freeman and Co., 1979: 617.

[22] Whiticar M J. Carbon and hydrogen isotope systematic of bacterial formation and oxidation of methane. Chem Geol, 1999, 161: 291–314.

[23] Dai J, Ni Y, Zou C, et al. Stable carbon isotope of alkane gases from the Xujiahe coal measures and

implication for gas-source correlation in the Sichuan Basin, SW China. Org Geochem, 2009, 40: 638–646.

[24] Claypool G E, Kaplan I R. The origin and distribution of methane in marine sediments. In: Kaplan I R, editor. Natural gases in marine sediments. New York: Plenum Press, 1974: 99–139.

[25] Russell N J. The vitrinite reflectivity and thermal maturation of coal. In: Paterson L, editor. Methane drainage from coal. Australia: Commonwealth Scientific and Industrial Research Organization, 1990: 19–26.

[26] Stahl W. Carbon isotope ratios of German natural gases in comparison with isotope data of gaseous hydrocarbons from other parts of the world. In: Tissot B, Bienner F, editors. Advances in organic geochemistry. Paris: Editions Technip, 1973: 453–462.

[27] Bernard B B. Light hydrocarbons in marine sediments. Texas A & M Univ., 1978: 144.

[28] Schoell M. The hydrogen and carbon isotopic composition of methane from natural gases of various origins. Geochim Cosmochim Acta, 1980, 44: 649–661.

[29] Schoell M. Genetic characterization of natural gases. AAPG Bull, 1983, 67: 2225–2238.

[30] Whiticar M J. Stable isotope geochemistry of coals, humic kerogens and related natural gases. Int J Coal Geol, 1996, 32: 191–215.

[31] Strąpoć D, Mastalerz M, Schimmelmann A, et al. Variability of geochemical properties in a microbially-dominated coalbed gas system from the eastern margin of the Illinois Basin. Int J Coal Geol, 2008, 76: 98–110.

[32] Smith J W, Pallasser R J. Microbial origin of Australian coalbed methane. AAPG Bull, 1996, 80: 891–897.

[33] Whiticar M J, Faber E, Schoell M. Biogenic methane formation in marine and freshwater systems: CO_2 reduction vs. acetate fermentation-isotopic evidence. Geochim Cosmochim Acta, 1986, 50: 693–709.

[34] Coplen T B. New guidelines for reporting stable hydrogen, carbon, and oxygen isotoperatio data. Geochim Cosmochim Acta, 1996, 60: 3359–3360.

[35] Jenden P D, Kaplan I R. Comparison of microbial gases from the Scripps Submarine Canyon: implications for the origin of natural gas. Appl Geochem, 1986, 1: 631–646.

[36] Valentine D J, Chidthaisong A, Rice A, et al. Carbon and hydrogen isotope fractionation by moderately thermophilic methanogens. Geochim Cosmochim Acta, 2004, 68: 1571–1590.

[37] Stach E, Mackowsky M T, Teichmüller M, et al. Stach's textbook of coal petrology. 3rd ed. Berlin, Stuttgart: Gebrüder Borntraeger, 1982: 38–46.

[38] Brown J K, Ladner W R. A study of the hydrogen distribution in coal-like materials by high resolution NMR spectroscopy, II. A comparison with infra-red measurement and the conversion to coal structure. Fuel, 1960, 39: 87–96.

[39] Tissot B P, Welte D H. Petroleum formation and occurrence. New York: Springer-Verlag, 1984: 699.

[40] Cook A C, Struckmeyer H. The role of coal as a source rock for oil. In: Glenie R C, editor. Proceedings 2nd Southeastern Australia Oil Exploration Symposium, 1986: 19–32.

[41] Jüntgen H, Karweil J. Formation and storage of gas in bituminous coals, pt. 1 gas storage. Erdöl und Kohle-Erdgas-Petrochemie, 1966, 19: 229–344.

[42] Meissner F F, Woodward J, Meissner F F, et al. Cretaceous and lower tertiary coals as sources for gas accumulations in the rocky mountain area. Denver, CO: Rocky Mt. Assoc. Geologists, 1984: 401–430.

[43] Berner U, Faber E. Maturity related mixing model for methane, ethane and propane, based on carbon isotopes. Org Geochem, 1988, 13: 67–72.

[44] Tang Y, Jenden P D, Teerman S C. Thermogenic methane formation in low-rank coalspublished models and results from laboratory pyrolysis of lignite. In: Manning D A C, editor. Organic geochemistry—advances and applications in the natural environment. Manchester, England: Manchester University Press, 1991: 329-331.

[45] Larter S, di Primio R. Effects of biodegradation on oil and gas field PVT properties and the origin of oil rimmed gas accumulations. Org Geochem, 2005, 36: 299-310.

[46] Jones D M, Head I M, Gray N D, et al. Crude-oil biodegradation via methanogenesis in subsurface petroleum reservoirs. Nature, 2008, 451: 176-181.

[47] Kaiser W R, Hamilton D S, Scott A R, et al. Geological and hydrological controls on the producibility of coalbed methane. J Geol Soc Lond, 1994, 151: 417-420.

[48] Scott A R. Review of key hydrogeologic factor affecting coalbed methane producibility and resource assessment. Oklahoma Geological Survey Open File Report 6-99, 1999: 25.

[49] Formolo M, Martini A, Petsch S. Biodegradation of sedimentary organic matter associated with coalbed methane in the Powder River and San Juan Basins, U.S.A. Int J Coal Geol, 2008, 76: 86-97.

[50] U.S. Department of Energy. Energy Information Administration (EIA). 2007. http: /www.eia.doe.gov/oil_gas/rpd/cbmusa2.pdf.

[51] Scott A R. Hydrogeologic factors affecting gas content distribution in coal beds. Int J Coal Geol, 2002, 50: 363-387.

[52] Ayers Jr W B, Ambrose W A, Yeh J. Coalbed methane in the Fruitland Formation, San Juan Basin: depositional and structural controls on occurrence and resources. In: Ayers Jr W B, et al., editors. Geological and hydrologic controls on the occurrence and producibility of coalbed methane, fruitland formation, San Juan Basin. Chicago: Gas Research Institute, 1994: 9-46.

[53] Tyler R. Structural setting and coal fracture patterns of foreland basins: controls critical to coalbed methane producibility. In: Kaiser W R, Scott A R, Tyler R, editors. Geology and hydrology of coalbed methane producibility in the United States: analogs for the world. University of Texas at Austin, Bureau of Economic Geology, 1995: 1-50.

[54] Pratt T J, Mavor M J, De Bruin R P. Coal gas resource and production potential of subbituminous coal in the Powder River Basin: University of Alabama College of Continuing Studies. In: Proceedings of the 1999 international coalbed methane symposium, 1999: 23-34.

[55] Larson L R, Daddow R L. Ground-water-quality data from the southern Powder River Basin, northeastern Wyoming. USGS Open-file Report 83-939: 56.

[56] Martini A M, Walter L M, Budai J M, et al. Genetic and temporal relations between formation waters and biogenic methane: Upper Devonian Antrim Shale, Michigan Basin, USA. Geochim Cosmochim Acta, 1998, 62: 1699-1720.

[57] Rice C A, Flores R M, Stricker G D, et al. Chemical and stable isotopic evidence for water/rock interaction and biogenic origin of coalbed methane, Fort Union Formation, Powder River Basin. Int J Coal Geol, 2008, 76: 76-85.

[58] Zhou Z, Ballentine C J, Kipfer R, et al. Noble gas tracing of groundwater/coalbed methane interaction in the San Juan Bain, USA. Geochim Cosmochim Acta, 2005, 69: 5413-5428.

[59] Scott A R, Kaiser W R. Factors affecting gas-content distribution in coal beds: a review (exp. Abs.). In: Expanded abstracts volume, Rocky Mountain Section meeting: AAPG Geologists, 1996: 101-106.

[60] Lucia J L. Petrophysical parameters estimated from visual descriptions of carbonate rocks: a field classification of carbonate pore space. J Petrol Tech, 1983: 629-637.

[61] Scott A R. Factors affecting gas content distribution in coal beds. In: Kaiser W R, et al., editors. Geology and hydrology of coalbed methane producibility in the United States: analogs for the world. Tuscaloosa, AL: The University of Alabama, 1995: 205–250.

[62] Bily C, Dick J W L. Naturally occurring gas hydrates in the Mackenzie delta, Northwest Territories. Bull Can Petrol Geol, 1974, 22: 340–352.

[63] Collett T S. Geologic and engineering controls on the production of permafrost-associated gas hydrates accumulations. Proceedings of the 6th International Conference on Gas Hydrates, Vancouver, Canada, 2008.

[64] Zinder S H. Physiological ecology of methanogens. In: Ferry J G, editor. Methanogenesis. New York: Chapman & Hall, 1993: 128–206.

[65] Winfrey M R. Microbial production of methane. In: Altas R M, editor. Petroleum microbiology. New York: Macmillan, 1984: 153–219.

[66] Faiz M M. Microbial influences on coal seam gas reservoirs—a review. In: Proceedings of the Bac-Min conference, The Australian Institute of Mining and Metallurgy Publication Series No. 6, 2004: 133–142.

[67] Strąpoć D, Picardal F W, Turich C, et al. Methane-producing microbial community in a coal bed of the Illinois Basin. Appl Environ Microbiol, 2008, 74: 2424–2432.

[68] Stams A J M, Hansen T A. Fermentation of glutamate and other compounds by *Acidaminobacter hydrogenoformans* gen. nov. sp. nov., an obligate anaerobe isolated from black mud. Studies with pure cultures and mixed cultures with sulfate-reducing and methanogenic bacteria. Arch Microbiol, 1984, 137: 329–337.

[69] Green M S, Flanegan K C, Gilcrease P C. Characterization of a methanogenic consortium enriched from a coalbed methane well in the Powder River Basin, U.S.A. Int J Coal Geol, 2008, 76: 34–45.

[70] Ulrich G, Bower S. Active methanogenesis and acetate utilization in Powder River Basin coals, United States. Int J Coal Geol, 2008, 76: 25–33.

[71] Glass G D. Analyses and measured sections of 53 Wyoming coal samples. Wyoming Geological Survey Report of Investigations 11, 1975: 219.

[72] Drobniak A, Mastalerz M, Rupp J, et al. Evaluation of coalbed gas potential of the Seelyville Coal Member, Indiana, USA. Int J Coal Geol, 2004, 57: 265–282.

[73] Mastalerz M, Drobniak A, Strąpoć D, et al. Variations in pore characteristics in high volatile bituminous coals: Implications for coalbed gas content. Int J Coal Geol, 2008, 76: 205–216.

[74] Bustin R M, Clarkson C R. Free gas storage in matrix porosity: a potentially significant coalbed resource in low rank coals. International coalbed methane symposium, Tuscaloosa, AL, 1999: 197–214.

[75] Jin H, Schimmelmann A, Mastalerz M, et al. Coalbed gas desorption in canisters: consumption of trapped atmospheric oxygen and implications for measured gas quality. Int J Coal Geol, 2010, 81: 64–72.

[76] Mastalerz M, Drobniak A. Depositional setting and coalbed methane potential in the Corbett area, Alberta, Canada. Unpublished report, Calgary: Nexen, 2007.

[77] Ramaswamy G A. A field evidence for mineral-catalyzed formation of gas during coal maturation. Oil Gas J, 2003, 100: 32–36.

[78] Butala S J M, Medina J C, Taylor C R T Q, et al. Mechanisms and kinetics of reactions leading to natural gas formation during coal maturation. Energy Fuel, 2000, 14: 235–259.

[79] Mango F D. Transition metal catalysis in the generation of natural gas. Org Geochem, 1996, 24: 977–984.

[80] Mango F D, Jarvie D M. Low-temperature gas from marine shales. Geochem Trans, 2009: 10. https://doi.org/10.1186/1467-4866-10-3.

[81] Mango F D, Jarvie D M. Low-temperature gas from marine shales: wet gas to dry gas over experimental time. Goechem Trans, 2009: 10. https://doi.org/10.1186/1467-4866-10-10.

[82] Wei L, Schimmelmann A, Mastalerz M, et al. Catalytic generation of methane at 60–100°C and 0.1–300 MPa from source rocks containing kerogen Types Ⅰ, Ⅱ, and Ⅲ. Geochim Cosmochim Acta, 2018, 231: 88–116. https://doi.org/10.1016/j.gca.2018.04.012.

[83] Wei L, Gao Z, Mastalerz M, et al. Influence of water hydrogen on the hydrogen stable isotope ratio of methane at low versus high temperatures of methanogenesis. Org Geochem, 2019, 128: 137–147. https://doi.org/10.1016/j.orggeochem.2018.12.004.

2 煤层和页岩中天然气的成因

史蒂文·J. 沙茨尔[1]，丹尼尔·W.H. 苏[2]

1 国家职业安全与健康研究院匹兹堡矿业研究部火灾和爆炸分部，匹兹堡，宾夕法尼亚州，美国；

2 国家职业安全与健康研究院匹兹堡采矿研究部地面控制分部，匹兹堡，宾夕法尼亚州，美国

2.1 概述

在宾夕法尼亚州西南部，地下长壁采煤非常活跃，预计未来几年，这种局面仍将继续；该地区同时也在从地下页岩层中生产天然气。因此，该地区目前和即将出现许多页岩气井，这些井眼的目的层就位于目前活跃的长壁开采煤层附近。未来10年内，西弗吉尼亚州、宾夕法尼亚州、俄亥俄州将有1000多口非常规天然气井受到长壁采煤的影响。

煤矿附近出现气井的情况并不新鲜。1957年，宾夕法尼亚州环境保护部门发布了在煤矿附近布置气井的指南。1957年的宾夕法尼亚州气井支护研究报告用来指导7个州的气层布井，以确定距离采煤点的合理间距[1]。不过，1957年美国还没有出现长壁采煤，因此，当时的煤矿和现今长壁开采地面控制所要考虑的因素大不相同。尽管这一时期宾夕法尼亚州的许多煤矿一直在匹兹堡（Pittsburgh）煤层作业，但煤矿的上覆深度已普遍变得越来越大，这既影响了地面控制需要考虑的因素，也可能影响与储层特性相关的其他重要参数。

1957年宾夕法尼亚州的长壁支护设计指南旨在为非常规天然气布井提供一个受地面移动影响最小的井位，以保持井筒套管的完整性[2]。研究表明，在这些井点保持套管完整性的最大挑战是因长壁开采过程引发的相关岩层塌陷、断裂而导致的意外沉降。已开采煤层上方和下方地层的横向移动已通过实验和裂缝发展与延伸的数值建模所证实[3]。井场附近/井点位置所发生的这些地面运动和裂缝的形成改变了重要岩层（如煤层）的渗透性，事实已经证明，在符合1957年宾夕法尼亚州长壁采煤指南的地点，地层的参数值已经超出该位置开采过程所允许的范围。如果气井套管出现损坏，过载地层中的诱导裂缝网络将成为天然气流动的主要通道，并可能到达地下采矿工作面或抵达地表。

在气井和煤矿开采行业中，还没有因为长壁采煤距离过近而导致非常规气井套管损坏的案例。由于存在潜在的井眼泄漏或气体混合风险，一些燃气和煤炭行业出现的问题引起了监

管和许可机构的关注。宾夕法尼亚州的煤炭开采活动已延伸至地下储气库，这引发了改进相关程序和行业间合作的讨论。该地区面临的一个问题是存在一些老气井，而这些气井的位置资料可能非常不准确甚至没有。采煤过程中可能会遇到这种情况，但是无法对其进行可靠的预测。在宾夕法尼亚州西南部的老井、浅井附近曾有非常规天然气钻井，而这些老井套管的损坏令人担忧。2019 年，在尤蒂卡（Utica）页岩气井进行水力压裂施工过程中就发生了一起施工流体涌入到一口浅层生产井中的事件。幸运的是，此次事故没有造成工人及其他人员伤亡，但是使得气井作业者选择采用其他类型的套管，以避免类似事件的发生。

2.2 煤层气和页岩气组分

由于天然气合采对气井和煤矿工人有潜在的安全风险，因此，一旦发生天然气泄漏就能够识别出来，对这些行业来说无疑是非常有益的。有一种技术可以根据天然气组分来区分气体来源。虽然稳定同位素分析是区分天然气来源的有力工具，但这并不是本章讨论的重点。稳定同位素数据为区分热力成因 CH_4 和生物成因 CH_4 二者奠定了坚实的基础[4-5]。在北阿巴拉契亚盆地宾夕法尼亚亚系煤层和泥盆系页岩中，所形成的天然气都可能是热力成因。如果标准色谱分析能够为区分气体组分提供依据，这样就可以测试更多的样本，以更快的速度提供实验结果。本章提出了通过气相色谱法及其解释成果对主要产出的气体和大气组分进行分析，从而识别事件的可行方法。

2.2.1 美国盆地不同类型有机质经过热成熟产生的天然气

泥盆系页岩和宾夕法尼亚亚系煤层在热量和压力的作用下都会产生气态副产品，这两者的有机物来源类型不同。泥盆系页岩中含有Ⅱ类有机质，由氢和脂肪族化合物含量相对较高的物质组成，通常是叶角质层和孢子，如图 2.1 所示，页岩中的主要成分是一些海洋来源的物质[6]。

北阿巴拉契亚盆地的宾夕法尼亚亚系沉积时期的煤层由Ⅲ类有机质组成。与Ⅱ类有机质一样，在热应力作用和成熟过程中，也会产生 CO_2 和 H_2O。本章前面讨论了煤化过程中不同阶段的副产品（3 类有机物）。与Ⅱ类有机质相比，Ⅲ类有机质中陆源植物含量较高，形成天然气的可能性通常较低。由于有机质受热过程的速度不同（如不同的地热梯度、火成岩侵入体的出现[7]），这些有机质类型的差异会形成一系列化学副产品和反应。

不同的有机质类型和成熟度会形成一系列

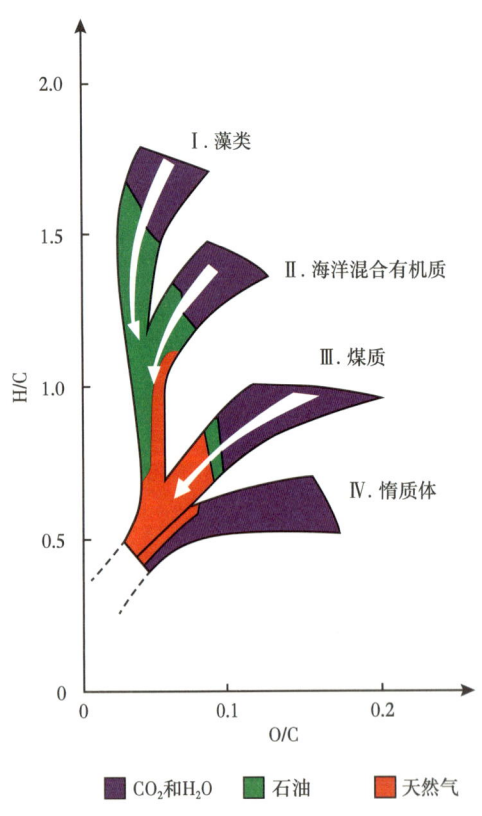

图 2.1 有机质类型及化学成分随等级变化
（据文献[6]修改）

气态副产物。之前的研究已根据镜质组反射率对图 2.2 所示的北阿巴拉契亚盆地泥盆系页岩和宾夕法尼亚亚系煤层等级进行了划分。

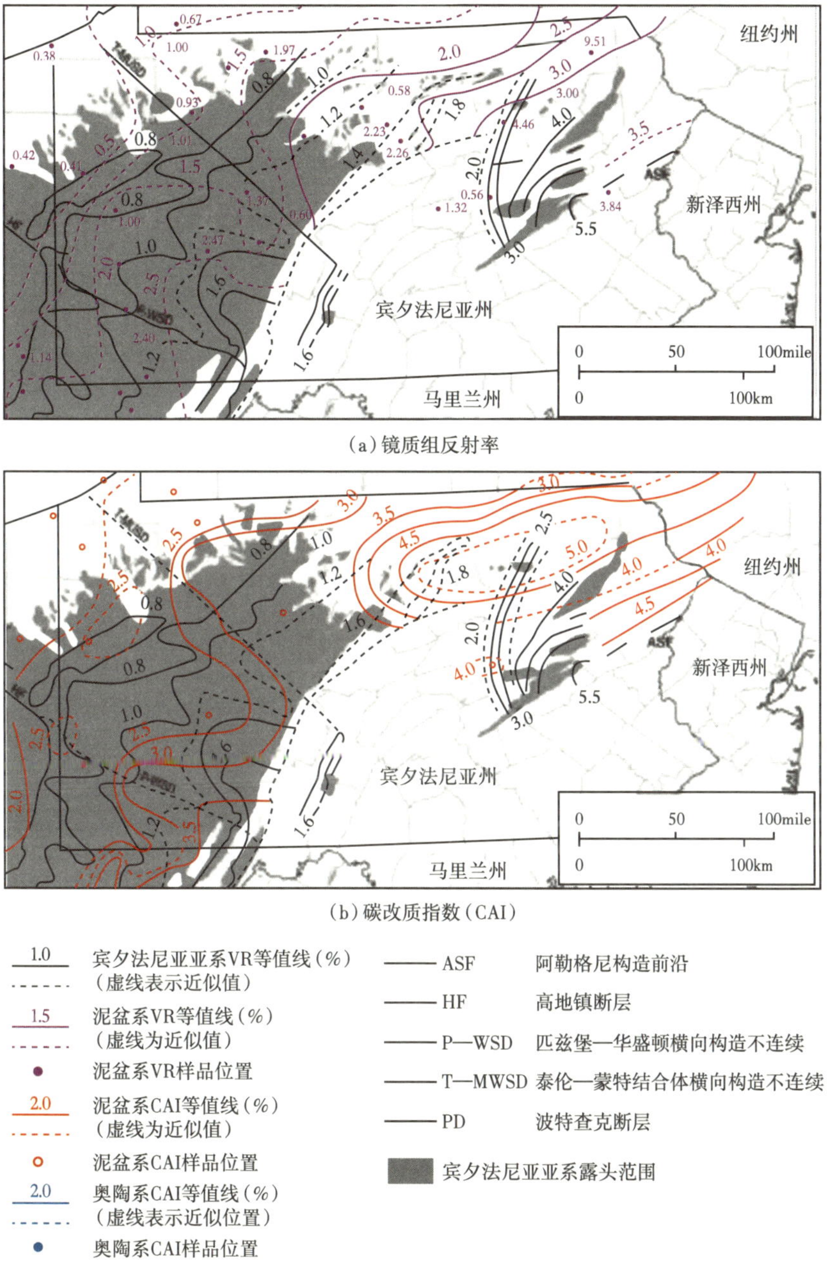

(a) 镜质组反射率

(b) 碳改质指数（CAI）

图 2.2 北阿巴拉契亚盆地宾夕法尼亚亚系煤层和泥盆系页岩的有机质等级图（据文献 [8] 修改）

宾夕法尼亚亚系煤层和泥盆系马塞勒斯（Marcellus）页岩层的镜质组反射率值如图 2.2a 所示。在宾夕法尼亚州西南部，煤层的 R_o 为 0.8%~1.1%。在同一地区，马塞勒斯页岩的热成熟度 R_o 为 1.5%~2.5%[8]。同一区域煤层单元的碳改质指数（CAI）成熟度数据如图 2.2b 所示。页岩等级的碳改质指数（CAI）数据与煤阶等值线相比略有变化。很多参数可作为有机质的等级划分指标[9]。一般来说，不同的有机质热成熟度指标可能不一致。随着煤阶的提高，部分镜质体物质会出现变迁并发生化学变化，从而使热成熟度的解释变得复杂。不过，宾夕法尼亚亚系和泥盆系有机质之间相对较大的等级差异依然存在于页岩和煤层有机质之间。

密歇根盆地安特里姆（Antrim）页岩的等级评价结果如图 2.3 所示[10]。

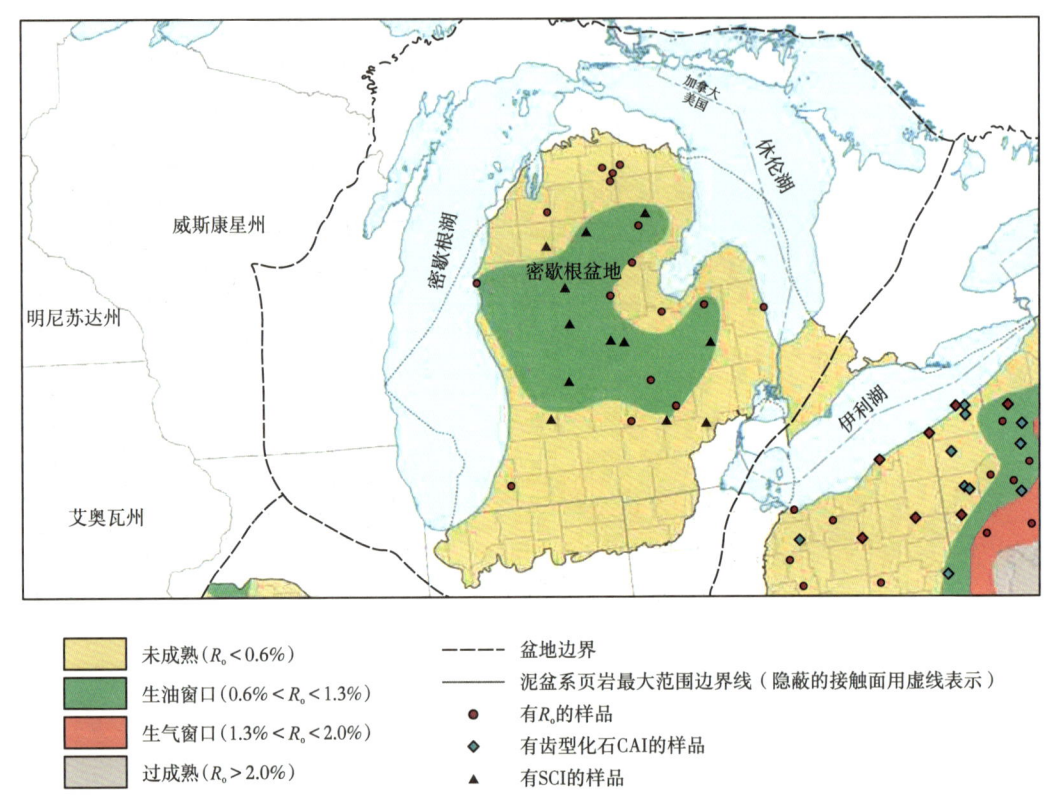

图 2.3 密歇根盆地安特里姆页岩有机质等级展布（据文献 [10] 修改）

根据密歇根盆地安特里姆页岩镜质组反射率，发现泥盆系页岩地层显示出不同的等级。尽管岩层的年代均为泥盆纪，但所含有机质（Ⅱ类）的 R_o 从约 0.6% 及以下到约 1.3% 不等，与宾夕法尼亚州西南部北阿巴拉契亚盆地煤层中的有机质非常相似。北阿巴拉契亚盆地泥盆系页岩有机质等级高于密歇根盆地，地热梯度和包括埋藏深度及是否存在火成岩侵入体在内的地质历史等都会对有机质等级造成影响。

沃斯堡盆地巴奈特（Barnett）页岩中有机质等级数据如图 2.4 所示[11]。

如图 2.4 所示，有机质 R_o 的范围一般在 0.7%~1.7% 之间，除了一些异常值高于或低于此范围。这些异常值与原油中的镜质组反射率向红河（Red River）和弯拱（Bend Arches）方向降低以及向瓦奇塔（Ouachita）逆冲褶皱带方向增加的总体趋势相对应。与北阿巴拉契亚盆地和密歇根盆地的泥盆系页岩相比，巴奈特页岩在地质上要年轻得多（主要是密西西比页岩）。从图 2.2、图 2.4 中可以看出，沃斯堡盆地巴奈特页岩和北阿巴拉契亚盆地煤层的有机质等级出现明显的重叠。

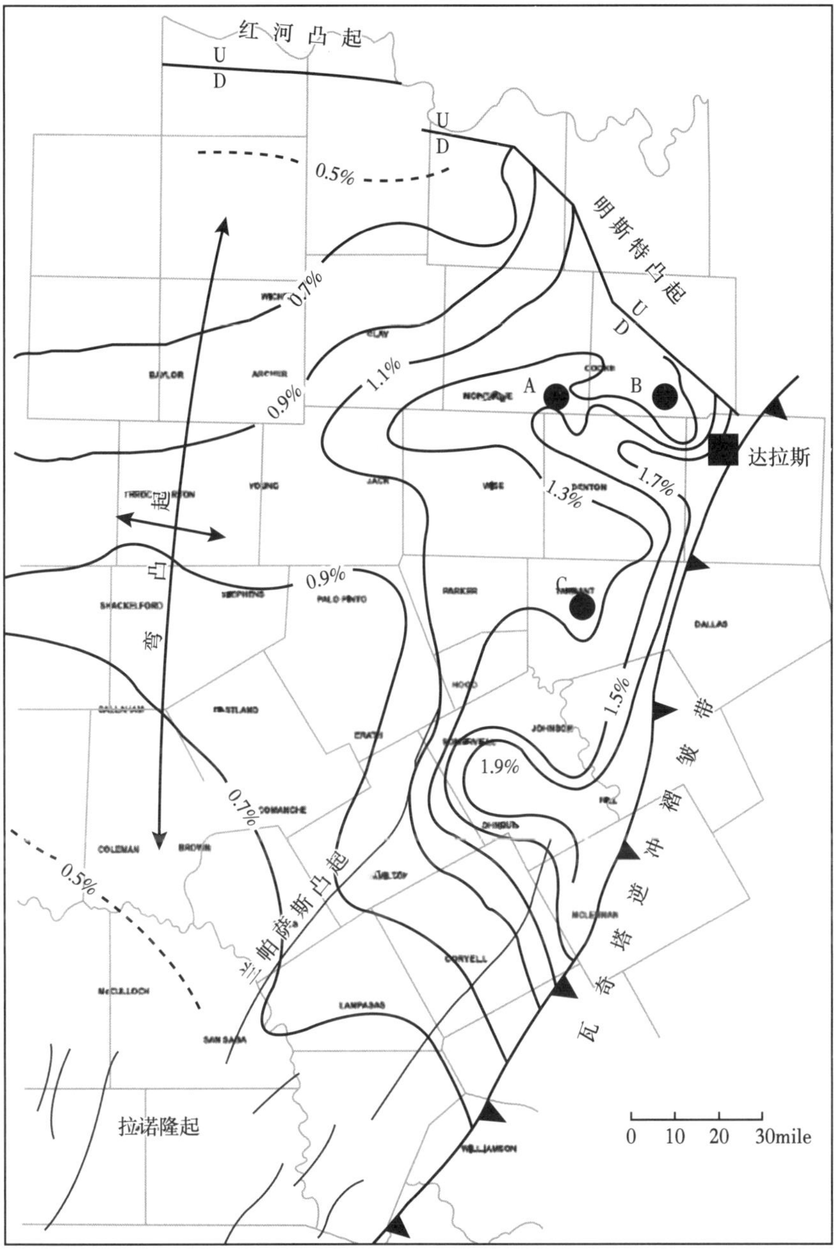

图 2.4 沃斯堡盆地巴奈特页岩有机质等级（据文献 [11] 修改）

2.2.2 气体组分和分子比的解释

不同来源的气体组分图可以揭示有机质的等级和类型指标。马塞勒斯（Marcellus）页岩、巴奈特（Barnett）页岩和安特里姆（Antrim）页岩的气体数据如图 2.5 所示[12-13]。此外，图中还显示了煤层气井、地下储气库样品以及美国矿业局北阿巴拉契亚盆地水平井的历史数据。

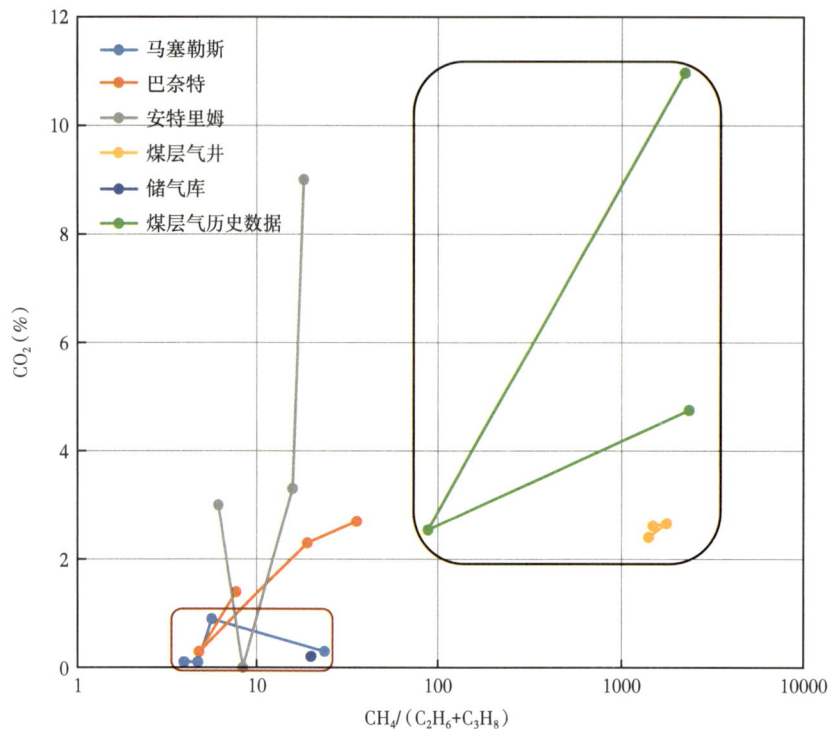

图 2.5 从宾夕法尼亚亚系煤层、泥盆系页岩和密西西比页岩及地下储气库气
井中采出的气态碳氢化合物和二氧化碳的值

除一个来自密歇根盆地巴奈特页岩的样品和一个沃斯堡盆地安特里姆页岩的样品外，
划线区域中显示的是北阿巴拉契亚盆地的煤层样本（黑线）和页岩样本（红线）[12-15]

气体湿度（即 CH_4 与 CH_4—C_5H_{12} 碳氢化合物的比例）可用来指示有机质等级和天然气来源[4-5]。页岩气显示的碳氢化合物指数 [$CH_4/(C_2H_6+C_3H_8)$] 低于北阿巴拉契亚盆地的煤层气，来源于Ⅱ类有机质，一般来说，Ⅱ类有机质比Ⅲ类煤炭有机质能生成更多的天然气。保存在地下储气库中的天然气来源多样，包括马塞勒斯页岩气、浅层常规天然气及来自该地区以外的天然气，这些天然气通常来自Ⅱ类干酪根，其有机质等级超过了图 2.4 中所示的宾夕法尼亚州西南部煤炭镜质组反射率和 CAI 的范围。煤层官能团中的氮和附着在煤层中的有机质，随着煤层的热成熟会产生氮气（N_2）。Scott[16] 在圣胡安盆地研究发现，随着深度的增加和有机质等级的提高，氮气（N_2）的形成量也在减少。在这组数据中，产出的天然气中的氮气（N_2）与有机质等级之间并没有明确的关系。

碳氢化合物指数与 CH_4/CO_2 浓度的关系如图 2.6 所示。

除了安特里姆页岩和巴奈特页岩数据外，页岩气和储气库中天然气的 CH_4/CO_2 比率均大于煤层气。安特里姆页岩和巴奈特页岩有机质的等级与宾夕法尼亚州西南部煤层样本有机物的等级出现重叠，这也合理解释了数据集 CH_4/CO_2 比值重叠的现象。煤层气中的 CO_2 浓度变化很大。煤层中 CO_2 的产量除了因煤层等级而异之外，火成岩侵入、高压、地下水流入也会大大提高煤炭的 CO_2 产量[17]。Trevits 等[18] 认为，宾夕法尼亚州西南部靠近西弗吉尼亚州边界地区的 CO_2 浓度较高是由于火成岩活动所致。在历史数据库中，一些煤层气样品也来自该地区，其 CO_2 浓度在 11.0%~14.8% 之间。这些最高的 CO_2 值比数据集中所有其他的测定值都高出一个到两个数量级。

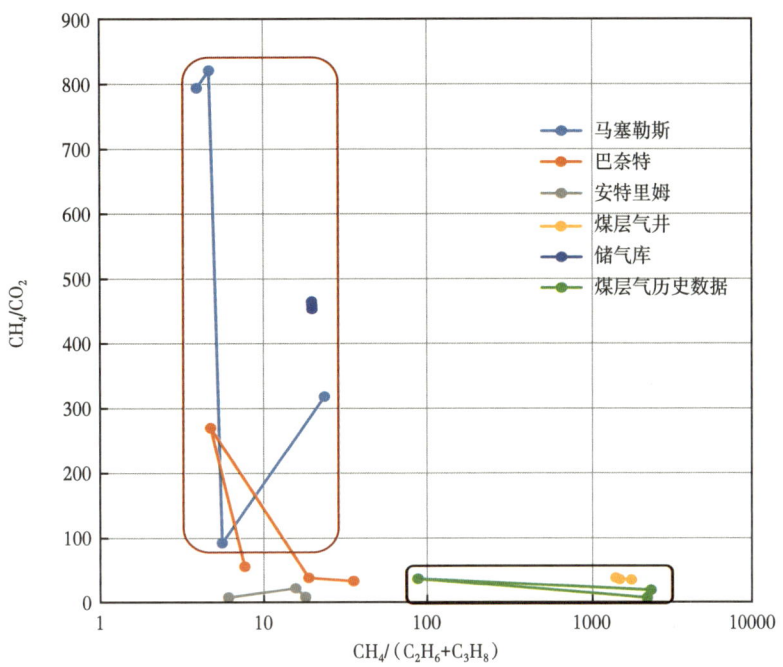

图 2.6　来自宾夕法尼亚亚系煤炭、泥盆系页岩和密西西比页岩及地下储气库井的产出气中碳氢化合物和 CH_4/CO_2

除密歇根盆地的一个巴奈特页岩样品外，划线区域显示的是北阿巴拉契亚盆地煤炭样品（黑线）和页岩样品（红线）分析结果[12-15]

2.3　结论

在未来 10 年内，宾夕法尼亚州、西弗吉尼亚州和俄亥俄州地区将有大量非常规天然气井受到长壁采煤的影响，因此，目前正在开展相关研究，目的是为相关法规更新提供支持，使页岩气开发这一进程能够安全进行，不会对工人或公众造成危害。虽然没有发生过与长壁采煤相关的气井渗漏事件，但利益有关组织一直强调有必要对潜在的气井泄漏以及可能出现的同成因天然气混合的情况进行评估。通过对美国页岩气藏、煤层气井和储气库的气体色谱数据进行的研究表明，有可能将宾夕法尼亚州西南部的北阿巴拉契亚盆地的煤层气与其他成因的天然气区分开来。碳氢化合物指数 $[CH_4/(C_2H_6+C_3H_8)]$ 与 CO_2 浓度或 CH_4/CO_2 的对比图可以显示与每个来源有机质相关的组分参数特征。这些发现与目前对不同类型有机质热成熟的理解是一致的。在这个有限的数据集中，观察到巴奈特页岩和安特里姆页岩的数据与马塞勒斯页岩中的发现有一些重叠，它与这些烃源岩的有机质等级相似是一致的。

参 考 文 献

[1] Commonwealth of Pennsylvania, Department of Mines and Mineral Industries, Oil and Gas Division. Pennsylvania gas well pillar study, Harrisburg, PA, 1957: 28.

[2] Zhang P, Dougherty H, Su D W H, et al. Influence of longwall mining on the stability of chain pillars. In: Proceedings of the thirty-eighth international conference on ground control in mining, society for mining, metallurgy and exploration, Englewood, CO, 2019: 38–48.

[3] Su D W H, Zhang P, Dougherty H, et al. Longwall-induced subsurface deformations and permeability changes-shale gas well casing integrity implication. In: Proceedings of the thirty-eighth international conference on ground control in mining, society for mining, metallurgy and exploration, Englewood, CO, 2019: 49–59.

[4] Rice D D. Controls of coalbed gas composition. In: The 1993 International Coalbed Methane Symposium Proceedings, The University of Alabama, Tuscaloosa, II, 1993: 577–588.

[5] Gao L, Masterlerz M, Schimmelmann A. The origins of coalbed methane. In: Thakur P, Schatzel S J, Aminian K, editors. Coalbed methane: from prospect to pipeline. San Diego, CA: Elsevier, 2014: 420.

[6] Staplin F L, Dow W G, Milner C W D, et al. How to assess maturation and paleotemperatures. In: Society of economic petrologists, 1982.

[7] Raymond A E, Murchison D G. Effect of igneous activity on molecular-maturation indices in different types of organic matter. Org Geochem, 1992, 18(5): 725–735.

[8] Ruppert L F, Hower J C, Ryder R T, et al. Geologic controls on thermal maturity patterns in Pennsylvanian coal bearing rocks in the Appalachian Basin. Int J Coal Geol, 2010, 81: 169–181.

[9] Schweinfurth S F. An introduction to coal quality, Chapter C. In: Peirce B, Dennen K O, editors. The national coal resource assessment overview, U.S. Geological Survey professional paper 1625-F. Reston, VA: US Geological Survey, 2009.

[10] East J A, Swezey C S, Repetsky J A, et al. Thermal maturity map of Devonian Shales in Illinois Michigan and Appalachian Basins of North America. US Geological Survey, 2012: 3214.

[11] Tian Y. An investigation of regional variations of Barnett Shale reservoir properties, and resulting variability of hydrocarbon composition and well performance. Master of Science thesis, Texas A & M University, 2010: 114.

[12] Kim A G. The composition of coalbed gas, US Bureau of Mines RI 7762. Washington DC: US Dept of Interior, 1973.

[13] Bullin K A, Krouskop P E. Compositional variety complicates processing plans for US shale gas. Oil Gas J, 2009, 107(10): 50–55.

[14] Gas sample analyses from CBM wells. Commercial laboratory report of gas chromatography results: 3.

[15] Gas sample analyses from underground gas storage wells. Commercial laboratory report of gas chromatography results: 3.

[16] Scott A R. Composition and origin of coalbed gases from selected basins in the United States. In: The 1993 International Coalbed Methane Symposium Proceedings, The University of Alabama, Tuscaloosa, I, 1993: 207–216.

[17] Ayers Jr W B. Coalbed gas systems, resources, and production and a review of contrasting cases from the San Juan and Powder River basins. AAPG Bull, 2002, 86: 1853–1890.

[18] Trevits M A, Schatzel S J, LaScola J C. The constituents of coalbed gas, abstracts with programs. In: Geological Society of America annual meeting, October 21–24, 1991, San Diego California, 1991, 23: 5.

3 北美煤层气藏地质特征

杰克·C. 帕辛

俄克拉何马州立大学布恩·皮肯斯地质学院，斯蒂尔沃特，俄克拉何马州，美国

3.1 概述

煤层气是北美地区天然气来源不可或缺的一部分，目前占美国干气总产量的4%，加拿大干气总产量的9%。这些气藏已经进入开发的中后期，因此近年的许多研究都集中在通过注入CO_2和N_2[1-4]及通过微生物作用[5-7]来提高煤层气的采收率。与此同时，煤层气产业正在全球发展壮大，澳大利亚、中国和印度正在开发其重点煤层气资源。北美的经验有助于指导煤层气行业的发展，并可作为了解煤层气生产的地质控制因素的范例。本章对控制煤层气分布和产能的基本地质因素现阶段的认识进行了回顾。图3.1所示的北美主要煤层气商业开发盆地的大量例子，指出了认识煤层气储层地质的各种至关重要因素。

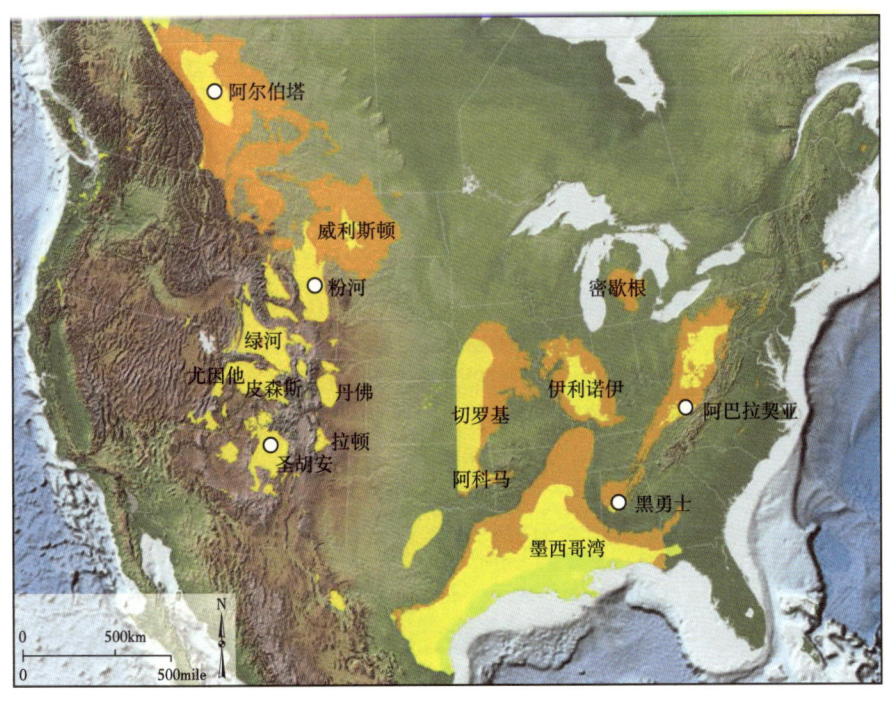

图3.1 北美煤炭盆地概图（资料来源：国家能源技术实验室）

煤层属于连续型非常规储层，煤层气的储集机理和开采机制相对简单。煤层是一种微孔有机介质，煤层中的绝大多数天然气都以吸附状态储存在孔隙表面，如图3.2所示；也就是说，煤层气通过范德华力附着在微孔结构的表面。这些作用力解决了自由表面的电荷不平衡问题，使煤层能够在相同的温度和压力条件下储存气体的浓度远高于理想气体定律计算出的气体浓度。当储层压力低于饱和压力点（即临界解吸附压力）时，天然气就会从微孔结构中通过解吸附变成游离气，流向井筒，并通过井筒流至地面，在加工处理后进入天然气市场。从分子尺度到沉积盆地尺度，天然气的浓度和储层压力能有效降低的程度均受一系列地质因素的控制。事实上，充分了解煤层气勘探区的地质情况是成功识别商业潜力煤层气储层和使用合理技术开发这些资源潜力的关键[8-11]。

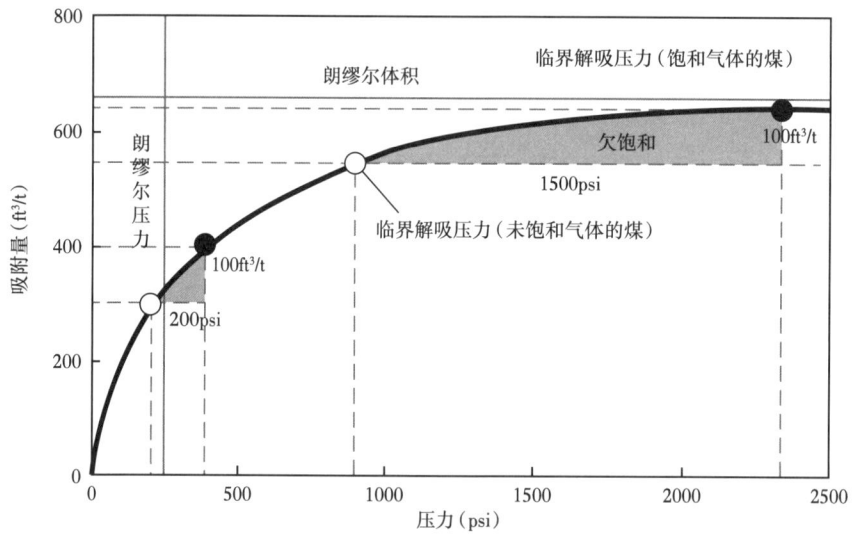

图3.2　理想化的吸附等温线

显示了朗缪尔参数和等温线形状对达到临界解吸压力和大量天然气开发所需要的降压程度的影响

本章讨论的地质因素包括地层学、沉积学、构造地质学、水文学、地热学、煤层质量及天然气储集情况，如图3.3所示。以下章节将对这些地质因素与煤层气资源特征和开发动态之间的相关性进行讨论。文中引用的例子均来自已经探明的煤层气盆地，包括黑勇士盆地、阿巴拉契亚盆地、圣胡安盆地、阿尔伯塔盆地和粉河盆地。这些例子充分说明不同地质变量组合对煤层气资源分布和煤层气藏开发动态的影响。

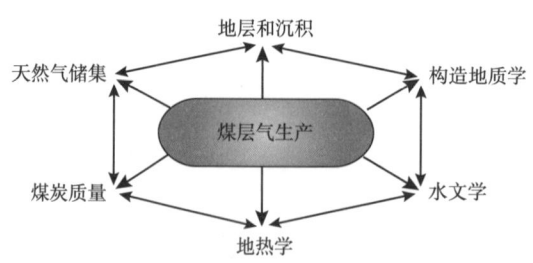

图3.3　影响煤层气资源分布及其产能的主要地质因素

3.2 地质因素

3.2.1 地层和沉积

在对煤层气储层进行评价时，必须考虑地层学和沉积学这两个关键因素，因为煤层的厚度和连续性，以及储层的几何形状和性质，在很大程度上都是由原始沉积环境决定的。煤层是石化的泥炭，是一种富含有机质的土壤类型，具有沼泽和沼泽洼地等湿地的特征。因此，不同地质时期煤层气储层的分布与形成泥炭的湿地植物群落的演变有着千丝万缕的联系，如图3.4所示。

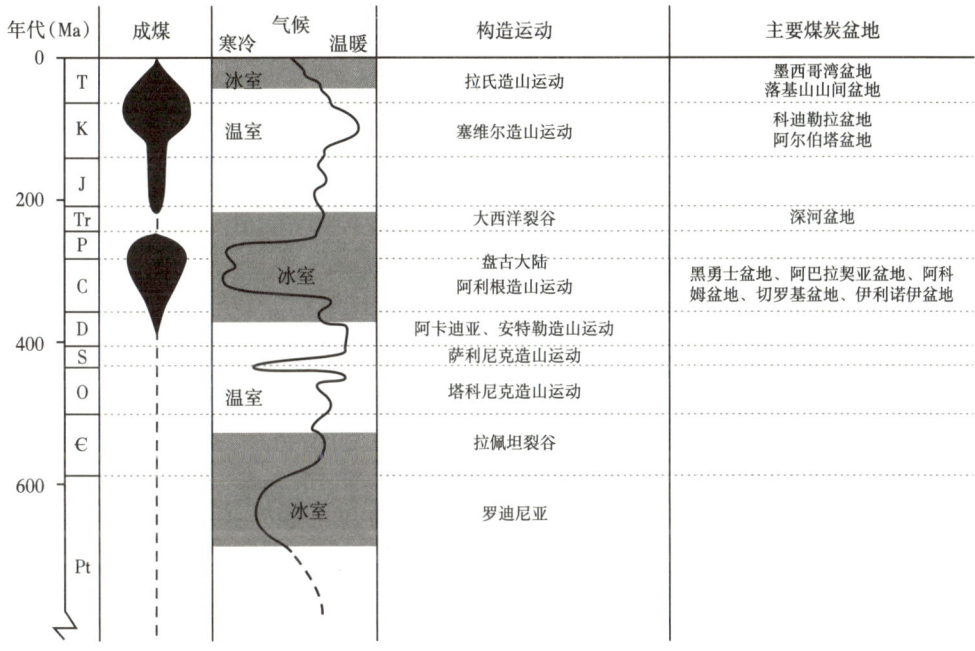

图 3.4 不同地质年代煤炭和煤层气的分布

已知最古老的煤质物质是加拿大地盾前寒武系叠层石中发现的类似于沼泽煤层的藻类细丝，而已知最古老的重要煤层则是在东欧志留纪形成，即第一批维管植物（硅藻植物）演化之后不久[12]。植物在志留纪晚期和泥盆纪辐射开来，到了密西西比亚系沉积期，主宰晚古生代湿地社区的裸子植物群（即种子植物，包括狼尾草、菖蒲和种子蕨类植物）已经形成。

虽然在弗吉尼亚州的阿巴拉契亚地区开采过早密西西比亚系沉积期的无烟煤，但具有重要经济意义的最古老煤层则是位于弗吉尼亚州西南部阿巴拉契亚前陆盆地的早宾夕法尼亚亚系沉积期波卡洪塔斯组[13]。波卡洪塔斯组是冶金用煤战略储备资源，在地质学上，是北美投入开发的最古老的煤层气层[14-16]。在北美东部的几个盆地，包括黑勇士盆地、阿科马前陆盆地、切罗基盆地和伊利诺伊克拉通盆地（图3.1），都有大量宾夕法尼亚亚系沉积期的烟煤煤层。宾夕法尼亚亚系沉积期含煤地层在古赤道附近沉积，当时盘古超大陆正在形成。南半球的冰川作用推动了全球海平面高频率、大幅度的变化。这种构造和气候活动有利于形成厚度大、周期性的沉积地层，地层中包括种类繁多的海洋、滨海和陆地沉积物。其结果是在整个地层剖面中分布着许多薄煤层（厚度为 1~12ft）（图 3.5）[17]。在北美洲，二叠纪至侏罗纪地层中的煤层几乎没有经济价值，只有北卡罗来纳州三叠纪时期的深河盆地有一个仅存的煤层气勘探区，沉积在盘古断裂时的大陆裂谷盆地中[18]。

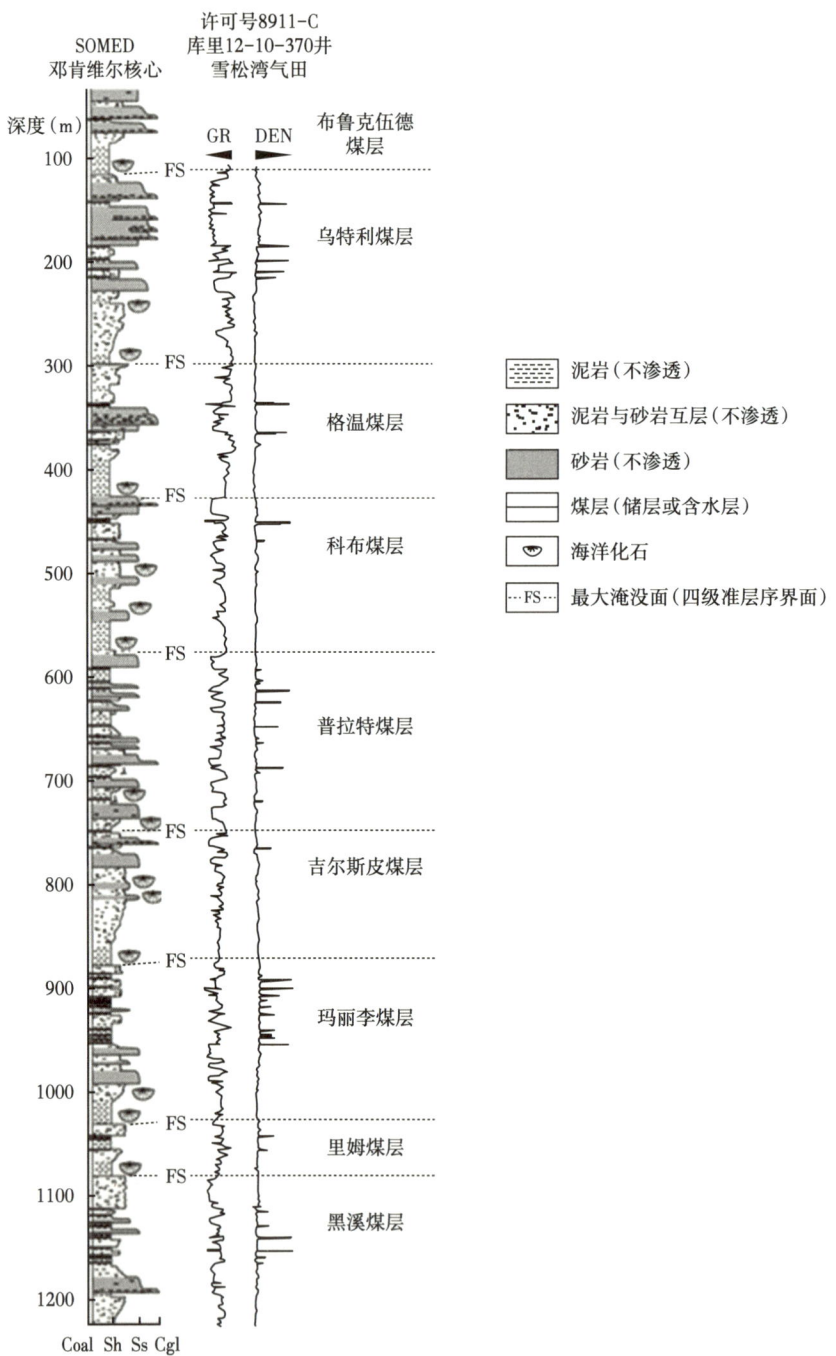

图 3.5 黑勇士盆地中波茨维尔组（Pottsville）地层柱状图和地球物理测井图 [17]

美国和加拿大的大部分煤层气产量来自北美西部内陆地区的白垩系烟煤。事实上，科罗拉多州和新墨西哥州圣胡安盆地的高产储层占美国煤层气产量的40%以上。白垩系产量较大的其他盆地包括拉顿盆地、尤因他盆地和阿尔伯塔盆地（图3.1）。西部内陆地区白垩系含煤地层的沉积过渡环境与宾夕法尼亚亚系沉积期的沉积地层形成了强烈的对比。白垩纪时，盘古大陆已经解体，北美洲漂移到温带地区，湿地主要为被子植物（开花植物）。如图3.4所示，晚白垩世时期标志着温室条件达到最佳，在此期间，没有明显的冰盖存在，无法推动高频率、大幅度的海平面变化。沉积作用主要沿着宽阔的亚热带大陆海道西缘进行，该海道西侧以塞维尔造山带为界。在以海浪为主的海岸线后沉积了厚厚的煤层（厚度为5~30ft，即1.5~9.1m），如图3.6所示[19-22]。

通常认为小规模的海平面上升会导致海岸线砂岩单元在垂向上发生堆积，同时形成了大面积的后岸湿地群。在剖面上，宾夕法尼亚亚系煤层气储层分布厚度通常达数千英尺，而白垩系煤层气储层则往往集中在厚度小于500ft（152m）的孤立煤层中。在含多个煤层的地方，往往只有一个煤层在合理的深度范围内，且符合质量要求，在某个特定区域具有商业开采价值。

古新世—始新世含煤地层广泛分布于西部内陆的粉河盆地、威利斯顿盆地和墨西哥湾盆地。这些盆地蕴藏着巨大的褐煤和亚烟煤资源。怀俄明州粉河盆地的煤层气开发非常成功，目前约占美国煤层气总产量的25%。粉河盆地是拉氏造山运动时期形成的一个大型山间盆地，该盆地最初由一个大型泥质湖泊占据，图3.7[23]所示的联合堡组莱博（Lebo）页岩层就是该湖泊的代表性地层。湖泊的沉积为联合堡组通格河段（Tongue River）独特的煤层聚集创造了条件，这些煤层的厚度超过300ft（91m）。有一种观点认为，通格河段煤层是由盆地三角洲填充作用而形成的[19,24]，而另一种观点则倾向于在排水前湖床的支流系统的河间地上发展广泛的泥炭沼泽[25-27]。无论其起源如何，构成通格河段的页岩、砂岩和煤层的非均质性组合强调了在评估和开发煤层甲烷资源时必须考虑储层沉积相的厚度和连续性的变化。

3.2.2 构造地质

沉积盆地的构造框架在沉积伊始便开始形成，并在整个区域的埋藏和剥蚀过程中不断演变。褶皱和断层会改变最初的沉积框架，是煤层气储层形状和连续性的基本控制因素。此外，天然裂缝网络是天然气流动通道的主要组成部分，使得煤层气具有商业开采价值，并对煤层及其中间夹层的水力封闭程度起决定作用[28-29]。

北美沉积盆地的构造历史多种多样，其中含煤地层敏感记录了盆地形成过程中相关动态挤压和拉伸应力变化。煤层气储层中的挤压构造包括北美东部阿巴拉契亚—瓦奇塔造山带和西部科迪勒拉造山带发育过程中形成的各种褶皱和逆冲断层[30-31]。大规模褶皱将地层中的煤层带到盆地边缘的地表，因此对盆地流体力学产生重大影响，本章后面将对此进行讨论。盆地内部的构造复杂程度差异也很大。有些盆地，如阿尔伯塔盆地的大部分地区，构造简单，由平缓倾斜的地层组成，内部变形很小。在含小规模褶皱的盆地中，高产的甜点区域与构造铰线变形的位置相关，如图3.8所示[30,32-33]。与此相反，沉积盆地内部的延伸断层形成地垒、地堑及半地堑体系，从而将煤层气储层划分为具有不同生产特征的构造断块。

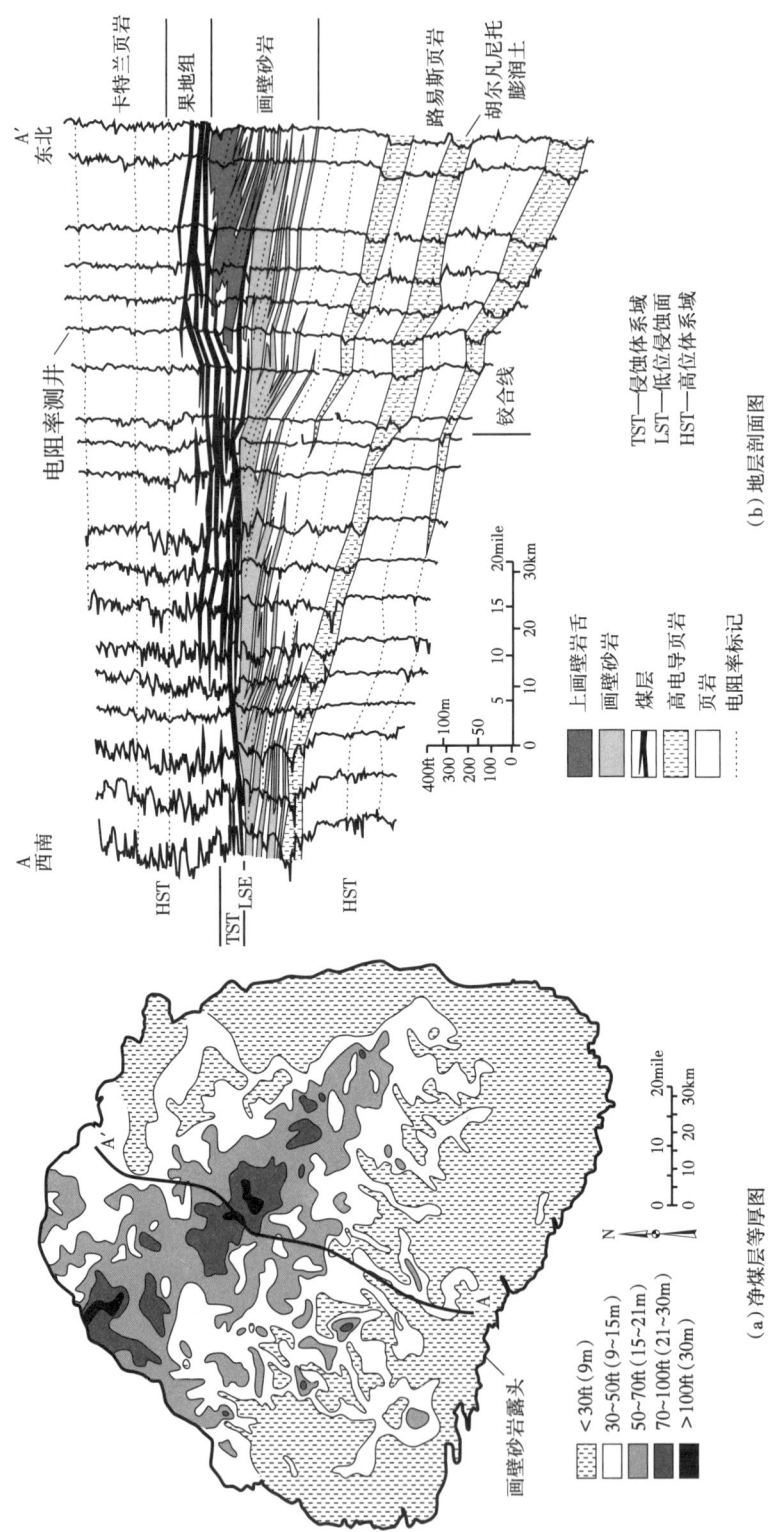

图 3.6 圣胡安盆地果地组及相关地层的沉积框架[19]

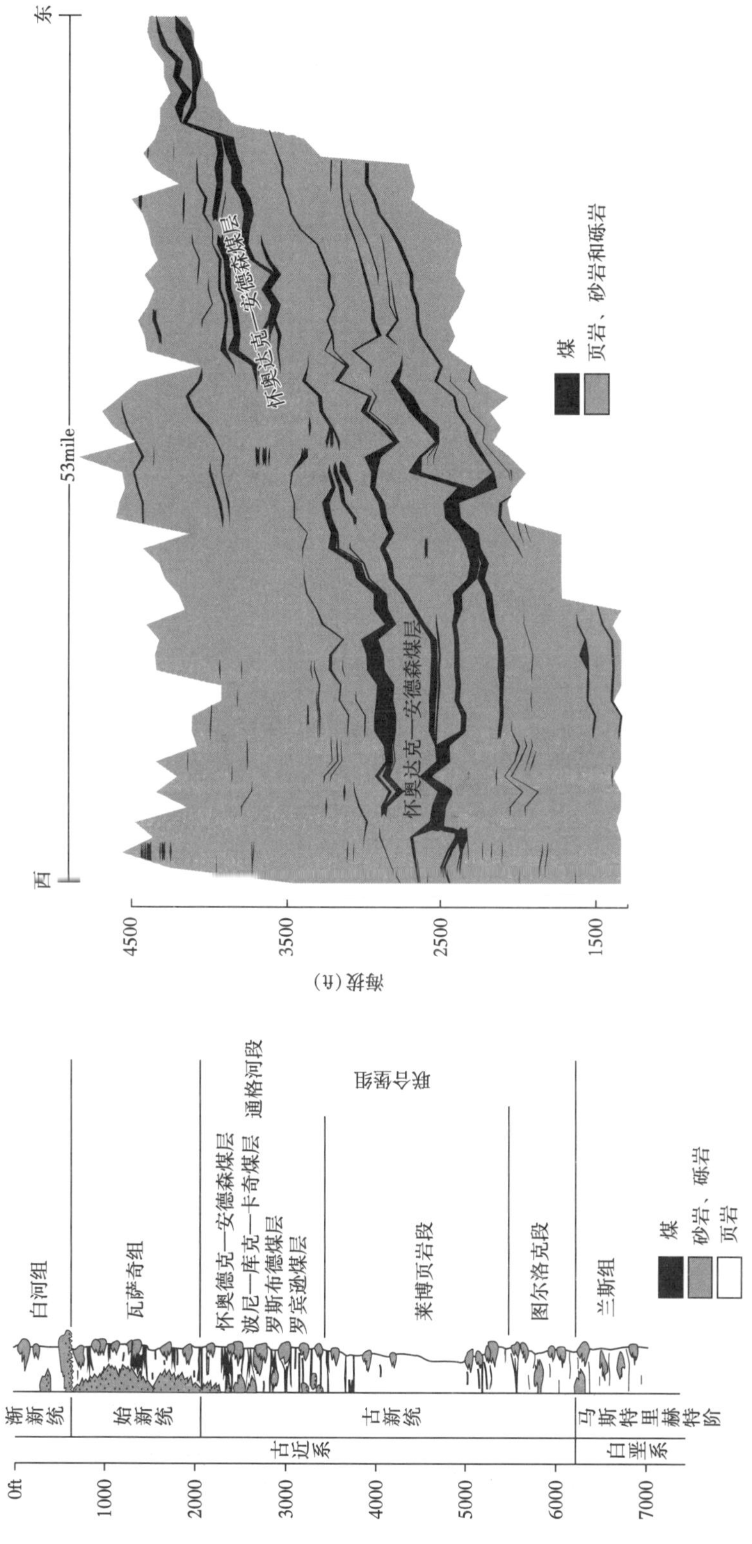

（a）地层柱状图

（b）联合堡组主要煤层结构区域剖面图

图 3.7　怀俄明州粉河盆地联合堡组及相关地层沉积框架[23]

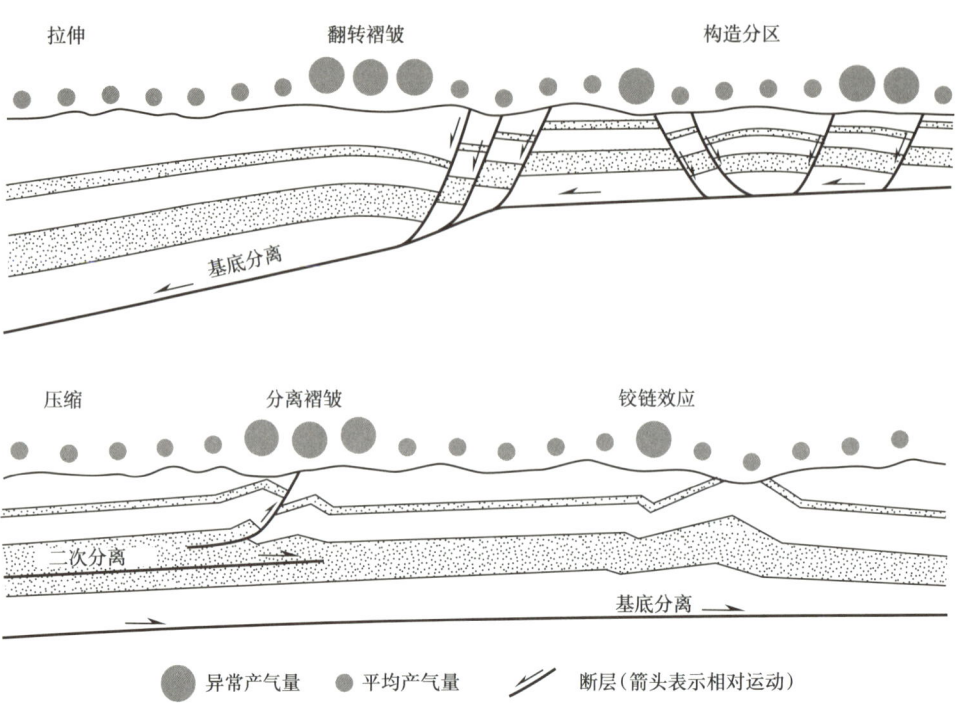

图 3.8 黑勇士盆地受构造控制煤层气产量的通用模型[32]

裂缝网络是含煤地层非均质性的主因，包括煤中的割理系统，页岩、砂岩和碳酸盐岩围岩的节理系统，以及与断层相关的剪切裂缝（图 3.9）。割理和节理系统是由系统裂缝和交叉裂缝组成的正交裂缝系统。这类裂缝没有发生与裂缝面平行的位移，是在正应力作用下形成的，通常为张开的裂缝。系统裂缝沿平行于最大水平应力方向延伸，往往是平面的，具有很好的横向连续性。相比之下，交叉裂缝起连通作用，通常呈曲线状，表面不规则，遇到系统裂缝时即终止。如图 3.10 所示，在煤层中，系统裂缝称为面割理，而交叉裂缝称为端割理。

图 3.9 黑勇士盆地布鲁克伍德煤层的矿井矿壁[29]

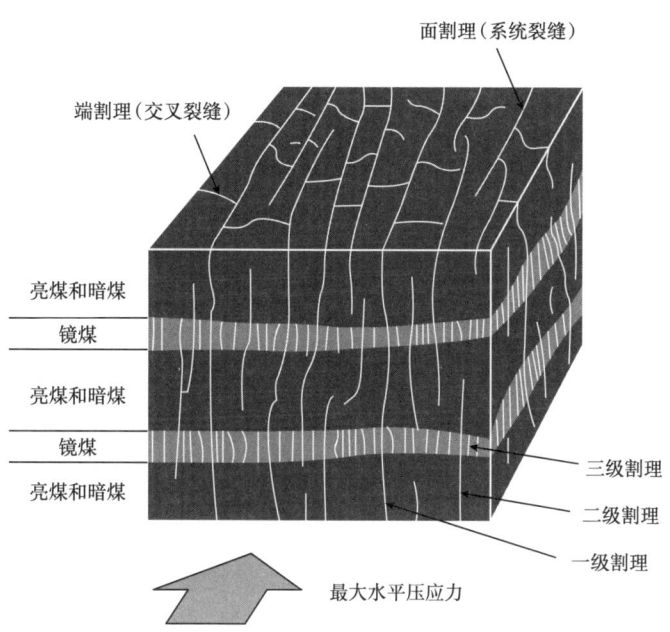

图 3.10　压裂时煤带中的割理和最大水平压应力关系方块图

系统裂缝通常在走向上与沉积盆地甚至大陆的大部分地区保持一致[34]。与褶皱、断层相关的局部正交裂缝网络通常叠加在区域断裂网络之上。

割理系统是受地层约束的裂缝网络，仅限于所在的地层。割理系统通常表现出几何层次结构，一级或主割理切割完整的煤层或煤床，二级割理切割煤层或煤床的一部分，三级割理则限于镜质体条带中（即图 3.10[28]中看到的煤中明亮、有光泽的条带）。裂缝间距通常在小于 1mm 到 10cm 之间，一般随着煤层热成熟度的增加而缩小[35-36]。裂缝间距与热成熟度的关系表明，在煤层埋藏和加热过程中，有机质挥发和收缩形成的相关内应力是裂缝形成的重要机制。

页岩、砂岩和碳酸盐岩中的节理在几何形态上类似于裂缝，但间距往往比裂缝大至少一个数量级（1~10m）。在砂岩和碳酸盐岩中，有机质挥发和基质收缩是割理形成的重要机制，而构造应力和孔隙压力变化则是节理形成的重要机制[37]。不同类型的岩石具有不同的力学性质，这些岩石类型之间的交互作用是岩石非均质性的重要成因，有利于受地层约束的节理网络以及跨地层构造元素的形成。因此，脆性砂岩和碳酸盐岩层中的节理间距往往比韧性较强的页岩层中的节理间距更小。此外，特定岩石类型的节理间距往往随着岩层厚度的增加而增大。具有不同间距和方向的地层控制裂缝及跨地层裂缝网络的垂向叠加，是含煤储层非均质性强的一个重要原因，这种地下非均质性识别非常困难，但对煤层气储层的开发动态有很大影响[29]。

断层从根本上破坏了地层的连续性，尤其是在断层切穿层理的地方（图 3.8、图 3.10）。节理和割理均是张开的裂缝，沿着断层面的地层发生错位，众多该类型裂缝的出现说明其是在剪应力作用下形成的。可根据几何形状和相对位移对断层进行分类。煤层中常见的断层类型包括正断层、高角度逆断层、小角度逆冲断层、斜滑断层和走向滑动断层。断层带可能是复杂的变形带，沿断层面分布着严重变形的断层碎屑，大量的倾斜剪切裂缝从断层碎屑带一直延伸到地层中[38]。与断层同向倾斜的剪切裂缝称为同向剪切，而与断层反向倾斜的剪切裂缝称为反向剪切。

断层既可以起到封隔储层的作用，也可以作为天然气在地层之间流动的通道，这取决于断层中岩石是封闭类型还是导流类型、岩石排列方式，以及断层带内的结构和矿物胶结程度。Pashin等人[29]研究发现，在黑勇士盆地中，钻遇断层的气井往往很少出水或出气，显然这是由多方面因素造成的。首先，断层导致地层不连续，限制了附近气井的泄气面积。其次，沿着有导流能力的断层带进行水力压裂可能没有效果，因为这类断层会发生压裂液漏失。最后，断层带可能发生方解石和其他矿物胶结，从而降低煤层和邻近地层的裂缝孔隙度。

3.2.3 水文条件

产水是降低煤层压力的主要机理，因此，研究煤层气储层的水文情况、煤层气采出水的管理措施与研究煤层中天然气的分布和产能具有同样的重要性。此外，通常将煤层气藏视为水动力气藏，因为盆地的水文条件决定了储层压力、水的化学性质和气体化学性质[8-9,11,39]。本节对渗透率、水的化学性质和储层压力有关基本知识进行了回顾，并介绍了北美煤层气储层的基本水动力模型。

3.2.3.1 孔隙度和渗透率

与硅质岩石和碳酸盐岩相比，煤层属于应力敏感岩石类型。当上覆应力压缩煤层并使裂缝系统闭合时，煤层的渗透率会随着深度的增加而成倍下降[40]。在地表附近，煤层的渗透率能达到达西级，并且总孔隙度可超过5%[41]。例如，在粉河盆地，许多浅层煤层气储层的渗透率大于3D。相比之下，在2000ft（610m）或更大的深度，许多煤层的渗透率约为1mD，孔隙度低于0.1%。黑勇士（Black Warrior）盆地就是一个很好的例子，在这里，渗透率与地层深度关系密切，直接影响储层的开发动态[40,42-43]，在阿巴拉契亚盆地的CO_2封存和提高采收率试验中也观察到了类似的情况[44]。

不过，需要指出的是，渗透率的局部变化主要是因为煤层的非均质性引起的。因此，同一煤层内某个给定深度的渗透率通常相差一个数量级以上。在有利的构造应力条件下，例如在圣胡安盆地，一些煤层在深度超过3000ft（914m）的地方的渗透率可达数百毫达西[19,45]。地质构造对渗透性有很大影响。在弗吉尼亚州西南部阿巴拉契亚盆地的弗莱恩潘（Frying Pan）背斜中，最终采收率最高的直井位于构造顶部的浅层、渗透性好的煤层中（图3.11）。在这里，正的构造曲率有助于使可能含有自由气的裂缝保持张开。侧翼的采收率低，是因为两翼的上覆应力增加，构造曲率减小使得渗透率下降所致。这些区域中，通过在波卡洪塔斯3号煤层中钻羽状水平井，使采收率有所提高。

煤层气储层的渗透率会随着生产过程而变化。在煤层气的开采过程中，煤层基质发生收缩，割理的开度会变大，从而使煤层的渗透率增加；而随着气体的吸附，基质膨胀，又会使渗透率降低[46-47]。在某些情况下，在气井的生产寿命周期内，基质收缩可能使基质渗透率出现数量级的增长。然而，地质力学模型表明，渗透率随时间的变化存在很大的差异，反映了基质收缩、上覆应力、构造应力、杨氏模量和泊松比之间微妙的相互作用[48]。

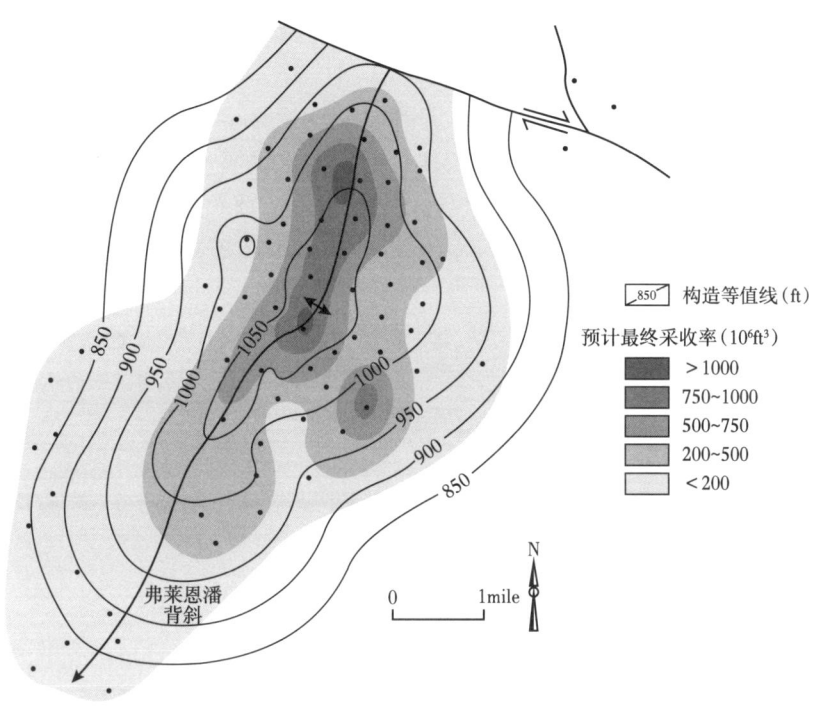

图3.11 弗吉尼亚州西南部阿巴拉契亚盆地弗莱恩潘（Frying Pan）背斜构造等值线图

3.2.3.2 水的化学性质

从煤层气储层中采出来的地层水性质差异很大，既有几乎可以饮用的淡水，也有矿化度高的盐水[49]。使用环保的方式处理采出的地层水是煤层气开发的核心问题。这一点在粉河盆地和黑勇士盆地尤为明显，因为该地区采出水地下回注处理受到限制，所以煤层气的采出水主要通过河流排放。煤层气储层产出的水主要是碳酸氢钠型和氯化钠型。已投入商业开发煤层气储层的采出水中，碳酸氢根盐水的总溶解固相（TDS）含量通常在300~3000mg/L之间，而氯根盐水的总溶解固相（TDS）含量通常在3000~60000mg/L之间。

总溶解固相（TDS）含量低的重碳酸盐水形成沿盆地边缘分布的淡水羽流，水源由盆地边缘的大气补给维持（图3.12）。这种类型的羽流中，沿着黑勇士盆地和圣胡安盆地向上抬升的构造边缘补给的羽流最为有名，那里的煤层出露地表[19,39,50]。尤因他盆地的补给系统比较特殊，淡水是沿断层带向下渗入煤层中[51-52]。在地下浅层，钙镁硫酸盐水和碳酸氢盐水进入碳酸氢钠型水，硫酸盐水和碳酸氢盐水之间的界面是微生物生成CH_4的重要区域。与黏土矿物的阳离子交换和碳酸盐沉淀导致地层水中钙、镁离子含量减少，而钠离子含量增加，微生物作用过程有利于硫酸盐还原成硫化物，并使地层水富含碳酸氢盐[49,53]。

有研究认为某些盆地的内部也存在微生物形成CH_4现象，在这些盆地中，即使地层水中含盐，煤层中的有机化合物和地层水仍支持微生物群落。例如，在粉河盆地，煤层的热成熟度不足以产生热力成因碳氢化合物，地球化学数据表明，所有产生的天然气实际上都是生物成因[54-55]。CH_4生成有两条主要的代谢途径：甲基型发酵和CO_2还原（图3.13）。

这些途径可通过分析 CH_4 中的碳和氘同位素来区分[56-57]。大多数煤层气储层都沿着热力成因生气和微生物 CO_2 还原生气之间的走廊分布。一个明显的例外可能是粉河盆地的浅煤层气，那里的低阶煤可能实现甲基型发酵生成 CH_4[55]。然而，由于煤和地层水同位素分馏过程的问题，使得这一解释并不十分确定[58]。代谢途径会对煤层气中的杂质产生影响。例如，甲基型发酵会产生大量的 CO_2 和 CH_4，而 CO_2 会随着 CO_2 还原过程中产生 CH_4 而被消耗掉。事实证明，引入微生物群落和营养液可有效生成新的天然气，并使天然气产量增加或保持稳定[5-6]。

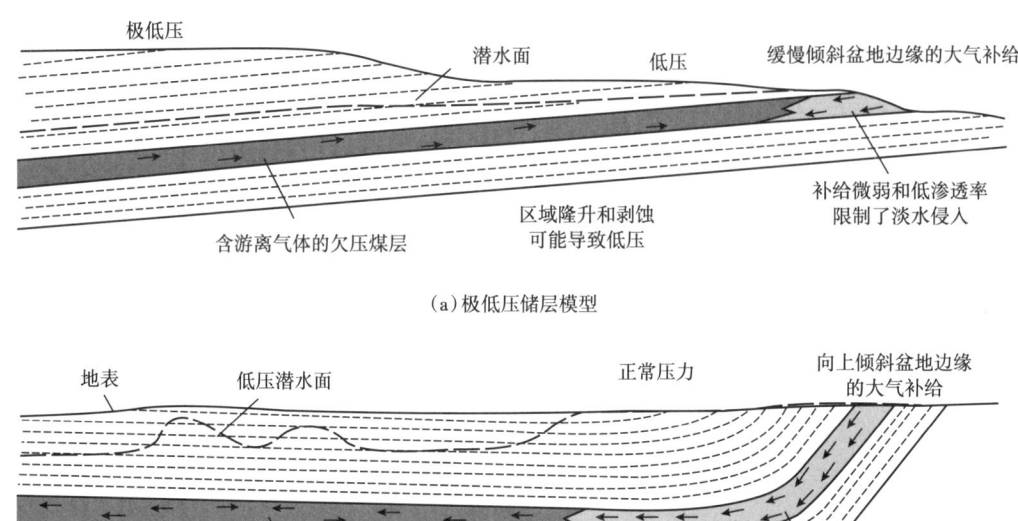

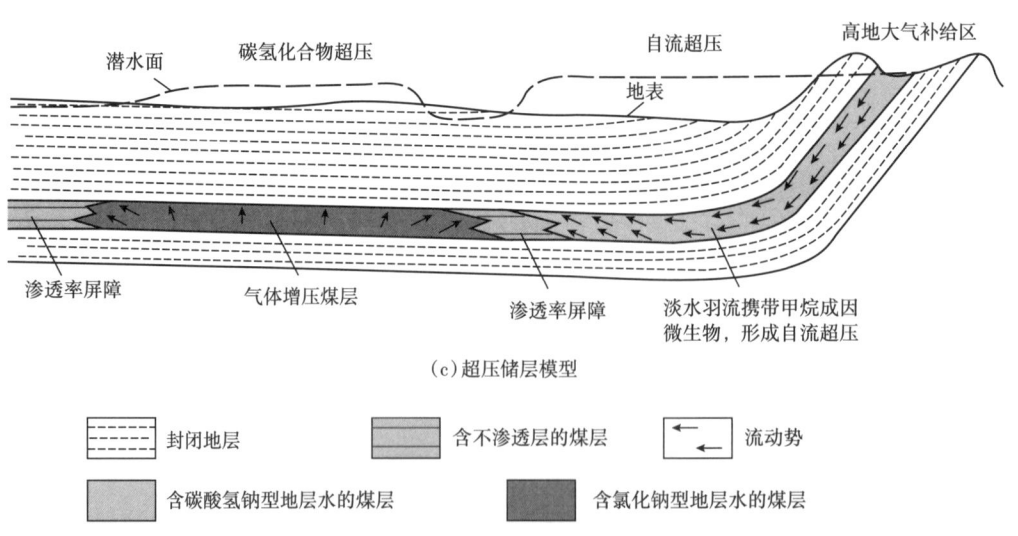

图 3.12　煤层气储层理想化流体力学模型

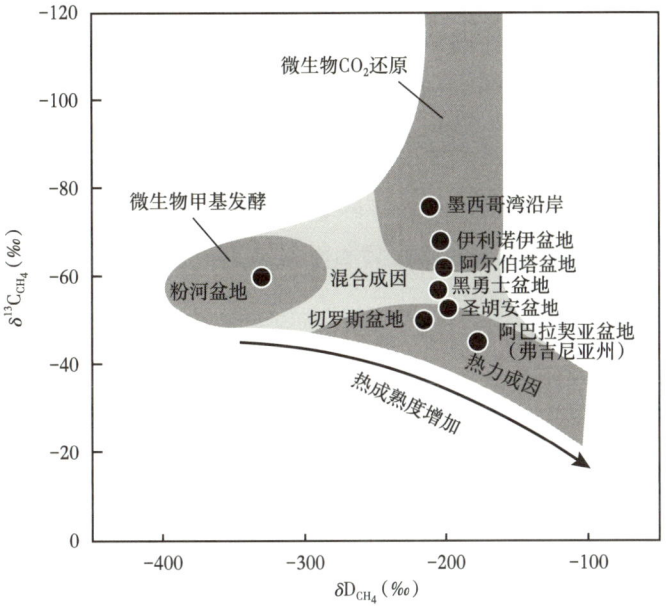

图 3.13　北美部分盆地煤层气通用稳定同位素组成交会图

3.2.3.3　煤层气藏压力

煤层气储层的压力状况是勘探和开发过程中必须考虑的另一个非均质性来源（图 3.14）。沉积盆地的压力主要由两部分组成：岩石静压和静水压力，岩石静压是由上覆岩层重量引起的压力（梯度约为 1.0psi/ft，22.6kPa/m），静水压力是由储层流体引起的方向相反的压力（即孔隙压力）。许多储层的正常静水压力梯度约为 0.43psi/ft，9.7kPa/m，在这种情况下，煤层气储层中的水位会上升到地面。例如，在黑勇士盆地，正常储层压力与淡水羽流有关，淡水羽流由构造抬升的区域补给，该补给区与图 3.12 所示的盆地内部具有相似的海拔[59]。

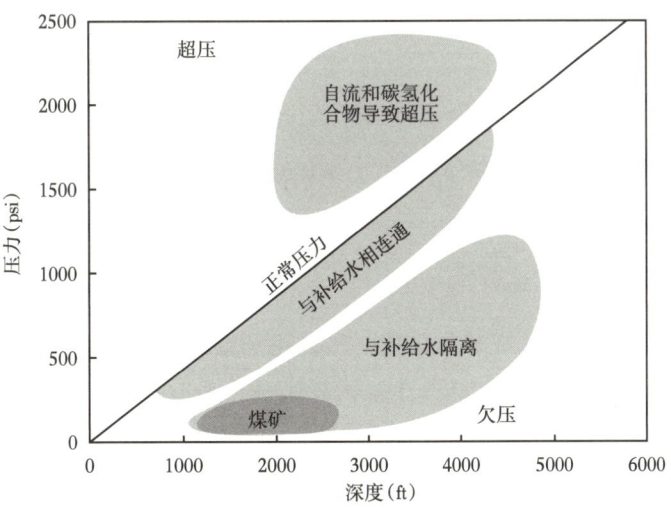

图 3.14　北美煤层气储层压力—深度图

异常储层压力包括超压和欠压,超压是指储层压力可使水上升到地面以上,欠压是指储层压力不足以使水上升到地面(图3.12、图3.14)。超压有两种基本形式:自流超压和碳氢化合物超压。自流超压是由高出盆地内部的补给区造成的。圣胡安盆地就是一个著名的自流超压例子,该盆地中的霍格贝克单斜的高位补给区形成了一条超压通道,而这正是世界上最盛产煤层气的区带[60]。碳氢化合物超压通常出现在地质年代较年轻的地层中,这些地层被低渗透性屏障所包围,阻止了碳氢化合物的运移。皮森斯(Piceance)盆地的卡梅奥(Cameo)煤层就是一个碳氢化合物超压的例子,在该盆地中心附近的低渗透环境中产生了大量热力成因碳氢化合物[11]。

造成地层欠压的原因很多,包括与补给水的连接被阻断、地质年代较老的沉积盆地中岩石的热收缩和断裂,以及人为因素,如与生产井和煤矿有关的流体开采[61]。阿巴拉契亚地区记录了有关煤矿开采导致地层压力衰竭的情况。例如,在黑勇士盆地,深部长壁采煤导致原本属于正常压力的淡水羽流内部出现大量压力汇[39,59]。淡水羽流盆地向下是一大片天然低压区,说明其与补给水不连通。在自流超压区以南的圣胡安盆地也存在类似的欠压区域[19]。阿尔伯塔盆地白垩系马蹄峡谷煤层就是一个明显的欠压例子,该煤层气区域发育在一大片没有补给水的水平地层中,研究认为更新世之后约3km长的冰川融化是造成该区域欠压的原因之一[62]。产水量低是严重欠压煤层的生产特征[39,42],马蹄峡谷储层的大部分地区没有产水,那里的静水压力梯度低至0.04psi/ft(0.9kPa/m)[63]。

3.2.4 地热分析

沉积盆地形成过程中,地层的埋藏和剥蚀会导致储层温度发生显著变化,从而影响碳氢化合物的生成、排出和滞留[64]。这些变化对煤层形成和保留商业价值天然气量的能力有很大影响。研究认为,当有机物的温度达到约100℃时,就会开始产生大量的煤层气。在煤层中,热成因煤层气窗口的下限大约对应的镜质组反射率(R_o)为0.8%[65]。封闭系统热解实验表明,煤层中产生的CH_4比煤层基质中可保留的CH_4多4~10倍[66]。如果煤层的封闭性较差,多余的气体将通过邻近地层排出;如果煤层的封闭性较好,多余的气体将沿着煤层运移;如果煤层的封闭性和渗透能力较低,多余的气体将形成超压和割理。煤层的水力封闭性对煤层气的开发也很重要,这是因为在提高采收率的过程中,可以最大限度地减少来自非煤层的产水量,并使CO_2或N_2等注入流体保留在目标储层中。

煤层的吸附能力不仅取决于压力,还取决于温度。事实上,如果其他因素保持不变,煤层的吸附能力会随着储层温度的降低而大幅增加[67-68]。在热力成因生烃对应的温度下,煤层的吸附能力相对较弱。因此,在区域隆起和剥蚀过程中大幅降温的盆地中,煤层的气体饱和度较低,除非气体从其他来源运移进来,通过裂缝重新吸附,或由晚期微生物作用生成生物成因甲烷[11,69]。

最近的一项建模研究揭示了储层温度、气体饱和度和区域性剥蚀之间的复杂关系[70]。研究结果表明,在地热梯度低于20℃/km的盆地,区域抬升会导致剥蚀早期天然气明显的欠饱和(图3.15)。在地热梯度高于30℃/km的盆地,早期抬升实际上会降低吸附能力,从而有利于维持储层饱和天然气的条件。无论地热梯度如何,如果没有其他地区的气体运移进来,预计上覆岩层剥蚀厚度大于1.5km的盆地中热力成因气藏均会出现欠饱和。许多古生代煤炭盆地,如黑勇士盆地、阿科马盆地和阿巴拉契亚盆地,被剥蚀的上覆岩层厚度大于 2km，因此预测热力成因天然气的饱和度明显偏低。相比之下，地质年代年轻的煤炭盆地，如科迪勒拉地区的中生代盆地，还没有像古生代盆地那样被剥蚀。因此，预测这些盆地中已进入热力成因生气窗口的地区，储层条件下的气体为饱和或接近饱和状态。

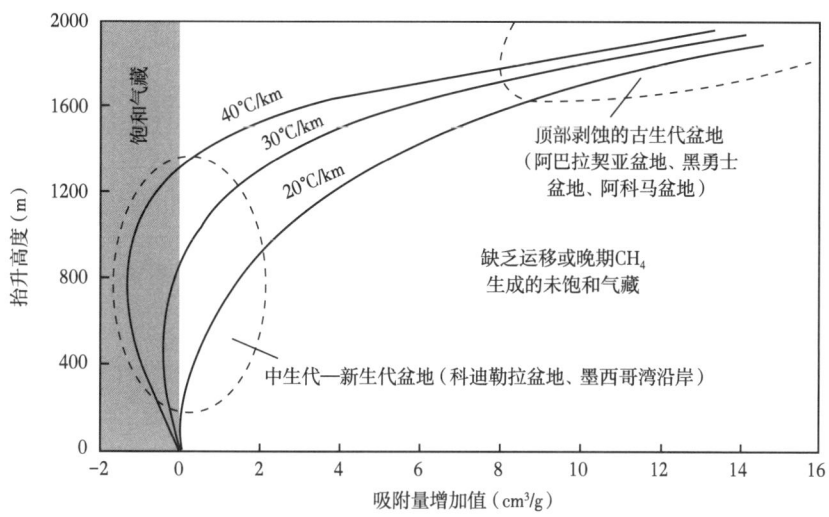

图 3.15　隆起、地热梯度、吸附量和气体饱和度之间的关系

3.2.5　煤层质量

煤层质量包括一系列煤层类型、等级和级别参数，这些参数分别描述了煤的成分、纯度和热成熟度，并决定了煤层可能生成、滞留和传输的气体成分和数量。可简单将有机物重量在总重量中占比大于 50% 的任何岩石视为煤炭。其他富含有机物的岩石类型，如黑色页岩，对煤层气产量也有贡献，但绝大多数气体来自真正的煤层。

3.2.5.1　煤层分类

从类型上看，北美煤层主要是亮带煤层，主要由镜煤和亮煤（亮带）组成，以及少量的暗煤和丝炭（暗带）。煤素质是煤的基本有机成分，主要分为 3 类：镜质体、惰质体和脂质体。镜质体是木质材料的玻璃化残留物，按重量计算，通常占北美煤层气产层的 60%~90%。镜质体在反射光下呈灰色。煤炭的剩余部分主要是惰质体，是氧化的植物和真菌残骸，形成过程包括暴露在大气中及灾难性的沼泽大火等。惰质体在反射光下呈白色。脂质体来自叶子、角质层、孢粉和藻类中的蜡质有机物，按重量计算，在北美煤层气产层中占比通常小于 5%。这些煤素质具有明显的荧光性，在反射光下呈深灰色。

不同类型的煤素质在形成、储存和传输碳氢化合物的能力方面各不相同。主要的煤素质组分类似于沉积岩中的干酪根，干酪根是不溶于碱性水溶剂和普通有机溶剂的分散有机物。根据化学成分，特别是图 3.16 所示的碳、氢和氧的比例，将干酪根和煤素质分为Ⅰ—Ⅳ 4 种有机物类型[71-72]。Ⅰ型有机物富含氢，极易生油。藻质体是一种由藻类衍生的脂质体煤素质，是Ⅰ类煤素质特征。藻质体不是北美煤层的主要成分，但却是澳大利亚许多煤层的重要成分，这些煤层被证明是重要的煤层气储层。Ⅱ型有机物的 H/C 值低于Ⅰ型有机物，包括大多数脂质体煤素质，如来自孢粉、叶子和角质层等植物蜡质部分的孢子体和角质体。Ⅱ型有机物容易生油，但生油量低于Ⅰ型有机物。Ⅲ型有机物来源于腐殖质（包括木材），以镜质体煤素质为代表。Ⅲ型有机物的 H/C 值低于 1.00，O/C 值范围很广，随着煤炭等级从褐煤到无烟煤的变化而降低。镜质体煤素质通常易生成气体，也可储存大量天然气[73]。富氢镜质体的含氢量大于 5.5%（按重量计），常见于中生代—新生代煤层中。富氢镜质体可能倾向生成石油[74-75]；不过，煤的生油潜力还存在争议[76]。Ⅳ型有机物包括惰质体煤素质，与其他类型的有机物相比，其 H/C 值和 O/C 值较低。Ⅳ型有机物没有产生碳氢化合物的潜力，但具有足够的孔隙度和内表面积，可储存大量气体[77]。

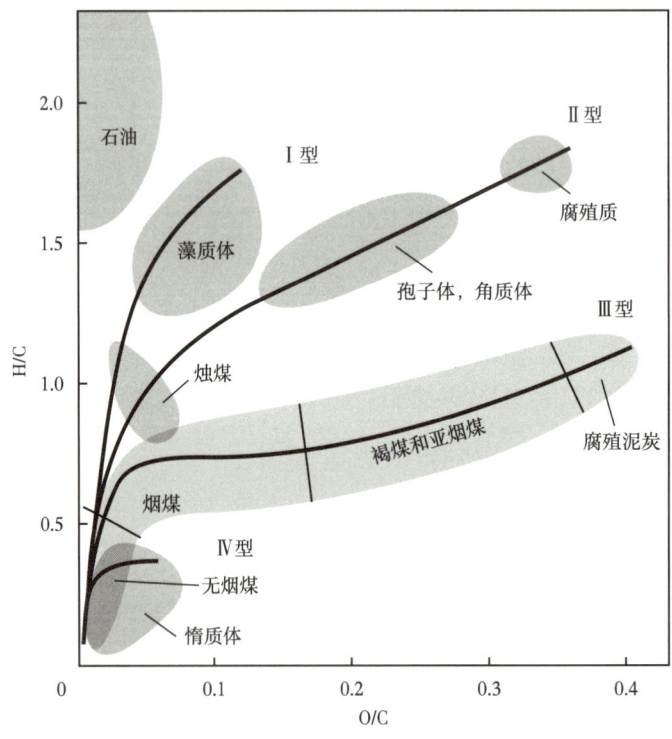

图 3.16 煤中有机物的 H/C 和 O/C 示意图

3.2.5.2 煤层等级

煤层的类型泛指煤层中的成分，而煤层的等级则指纯度。与煤层气储层关系最紧密的煤层等级参数包括灰分含量、硫含量和矿物质含量[78-80]。灰分是煤炭燃烧后的残留物，根据质量分数可得到煤炭无机物含量的近似值。矿物质含量也用质量分数表示，可使用帕尔公式根据灰分含量推算，该公式考虑了燃烧过程中矿物质损耗，如黏土矿物等所损失的水分和黄铁矿所损失的硫。煤层中常见的矿物种类繁多，通常包括石英、长石、黏土矿物系列、碳酸盐矿物和黄铁矿。碎屑矿物是在洪水和火山灰沉降等事件中与泥炭一起沉积下来的，因此也是煤基质的一部分。割理中也常见填充的矿物，包括碳酸盐、硅酸盐和硫化物等矿物系列。矿物质会稀释有机物质，从而降低煤层的吸附能力。在对煤层进行评价的时候，煤层中矿物质的体积分数要比质量分数更为重要，Scott 等人[81]提出了评价矿物质和灰分含量对煤层气储量影响的基本方法。

煤层中的硫主要来自黄铁矿，是硫酸盐通过微生物作用还原形成的[82]。最终分析报告通常含有3种形式的硫：黄铁矿硫、有机硫和硫酸盐硫。黄铁矿硫是存在黄铁矿中的硫，占煤层中硫的大部分。有机硫是与有机物结合在一起的硫，而硫酸盐硫则是通过氧化和风化产生的硫。由此可以看出，黄铁矿硫与煤层气藏的评价关系最大。事实上，在预测矿物质体积时，应考虑到黄铁矿的密度相对于煤层中其他矿物成分要高的特点，尤其是在含硫量较高的煤层中更应注意这一点。

3.2.5.3 煤炭煤化程度

煤层的许多基本特性都受热成熟度的影响，包括煤层容纳气体的能力和地质力学性质，因此，煤层等级是煤层气藏评价时的一个极其重要的、表征煤层质量的参数。煤层气行业最常用的煤层等级分类方法是根据煤层镜质组反射率、挥发性物质（干燥，无灰分条件）和水分（无灰分条件）来进行划分的。等级划分参数可用来跟踪从褐煤到无烟煤的煤化过程。此外，煤层生成、排出的碳氢化合物的类型和数量与煤层成熟度密切相关，可根据确定的煤层等级来衡量。

当水分低于75%，含碳量（干燥，无灰）大于60%，且不含游离纤维素时，泥炭向褐煤的转化就完成了。随着煤炭等级从褐煤到次烟煤，木质素和剩余的纤维素物质会转化为腐殖化合物。在煤层等级低于烟煤时，形成的主要挥发性化合物是H_2O和CO_2，CH_4的形成主要是靠生物作用，绝大多数气体是通过压实作用排出的[83]。此外，褐煤等级（R_o约为0.35%）的脂质素开始生成石油[84]。

当煤炭接近烟煤等级时，挥发组分开始离开煤层，是导致体积变化的主要因素。当煤炭从高挥发性烟煤等级（C级）向中挥发性烟煤等级过渡时，水分从15%下降到1%。热力成因生油窗口的下边界与次烟煤—烟煤过渡阶段（R_o约为0.50%）相对应，而生油峰值与高挥发性等级（B级和A级）烟煤（R_o为0.70%~1.10%）相对应[85]。大多数石油是在50~150℃的温度条件下生成的，同时也会产生大量的CO_2。显然，大部分热力成因气态碳氢化合物的生成是从B级高挥发性烟煤和A级烟煤之间的边界处开始（R_o约为0.80%）[65,86]。大部分CH_4是在100~225℃的温度范围内形成的，同时也会产生大量的N_2。碳氢化合物的热裂解是热力生气窗口中的一个重要过程，并且当煤炭达到无烟煤等级（R_o<2.00%）时，碳氢化合物的形成就已有效完成。

如前所述，煤层产生CH_4的能力是基质可容纳CH_4的数倍，因此是天然气的重要烃源岩。虽然煤层中含有大量可以生油的有机物，但亮带煤的排油能力并不确定[76]。事实上，煤的芳香族网状结构能够储存大量的石油，这些石油有可能在排出的过程中裂解成气体。在生油窗口内，镜质体通常会发出荧光并抑制镜质组反射率，这表明煤基质中存在石油。这种石油显然会成为气体存储的障碍，从而对煤层存储和传输天然气的能力产生不利影响。这种现象在白垩系和古近系—新近系煤层中尤为常见，在圣胡安盆地南部，生油窗口内的煤层，其气藏生产动态通常较差[87-88]。相比之下，在加拿大西部储层低压的马蹄峡谷地区，已经证明生油窗口内的煤层气开发是成功的[63]。煤化过程中的超压也可能会抑制镜质组反射率，从而导致低估煤层的热成熟度[89]。

煤层中的割理通常与煤层等级有关，反映了煤层在热成熟过程中逐渐脱挥发组分的过程及机械性能的变化[35-36]。褐煤和次烟煤的割理通常不发育，而中挥发性烟煤和低挥发性烟煤的割理间距通常在几厘米或几毫米之间。例如，Pashin等人[90]观察到，黑勇士盆地中储层的割理系统主要局限于热力成因生气窗口内的煤层中，这表明煤层生气过程是一种重要的割理形成机制。在北美盆地，无烟煤通常缺乏割理，而是含有贝壳状裂缝，外观呈玻璃状，表明裂隙已经消融。与此相反，中国的一些无烟煤具有微细的割理[91]，说明割理系统可以在较高等级的煤层中保存下来。

煤炭等级对煤层的力学性质影响也很大。煤层的强度和脆性取决于煤炭的等级和成分，而哈德格罗夫可磨性指数（HGI）是一种常用的代表这些属性的参数[92-93]。一般来说，如图3.17所示，中、低挥发性烟煤的可磨性最强[94]。因此，水力压裂在可磨性高的煤层中效果似乎最好。在圣胡安盆地，洞穴完井在中挥发性烟煤和低挥发性烟煤中最为有效[95]。

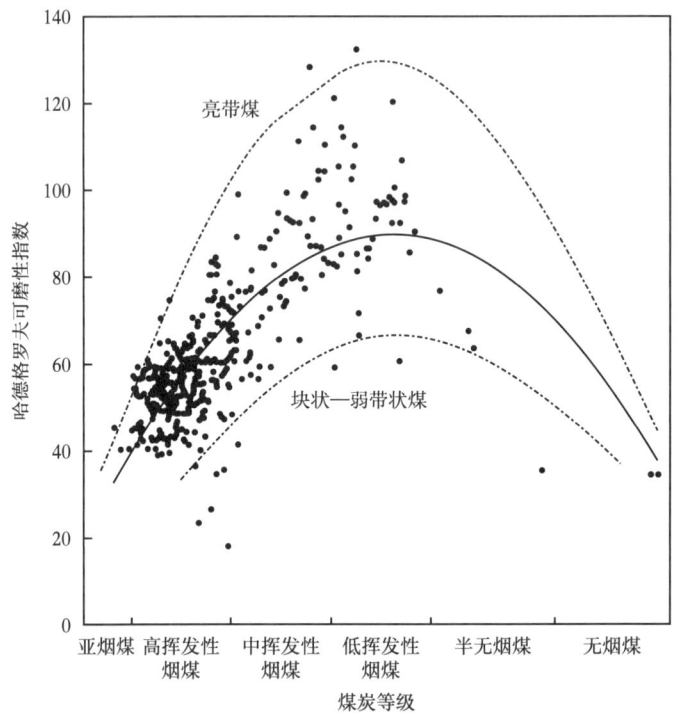

图3.17　哈德格罗夫可磨性指数（HGI）与煤炭等级和煤炭类型的关系

3.2.6　煤层气储集机理

根据压力—温度条件和气体饱和度的不同，煤层气可能以吸附和游离状态储存在煤层中。典型储层条件下，由于煤层的孔隙度较低，绝大多数气体都是以吸附状态储存在地下。朗缪尔等温曲线描述了恒定温度条件下煤层中气体容纳量随压力的变化（图3.2）。朗缪尔参数，特别是朗缪尔体积和朗缪尔压力，对于描述总气体容量和吸附等温曲线的形状非常重要。朗缪尔体积是物质在无穷大压力下的总吸附量，而朗缪尔压力则是储集量等于朗缪尔体积二分之一时的压力。朗缪尔体积描述了等温曲线的高度，而朗缪尔压力则提供了关于曲线形状的重要信息。所有吸附等温曲线在靠近原点处，斜率都非常陡峭，随着压力的增加，斜率逐渐变平缓。朗缪尔压力值低的吸附等温曲线在压力升高时趋于平缓，而朗缪尔压力值高的吸附等温曲线在压力升高时往往倾向于斜率不变。

煤层的吸附能力受多种因素的影响，包括煤素质成分、灰分含量和煤层等级。亮带煤层中的煤层气储量主要受镜质体和惰质体煤素质的影响[73,77]。矿物质会降低煤层中的有机物含量，因此煤层气容量与矿物质和灰分含量呈负相关关系。包括水分、挥发成分和镜质组反射率在内的煤层等级表征参数与吸附量密切相关[96-98]。一般来说，煤层的吸附能力随煤层等级提高而增加。

不同煤层的气体含量和饱和度差异很大，大多数煤层都处于欠饱和状态（图 3.18）[99]。临界解吸压力是煤层基质能够饱和天然气的最大压力（图 3.2），高于该压力时，煤层处于欠饱和状态，气体几乎完全以吸附状态储存；低于该压力时，煤层的气体饱和度过高，因此会从基质中解吸、进入张开的孔隙和割理中。在阿尔伯塔盆地和黑勇士盆地压力极低的煤层中，发现了含饱和气体的煤层中存在部分自由气[59,63]。在粉河盆地，发现背斜的顶部区域聚集了大量的游离气，表明圈闭中存在部分常规储量[24]。

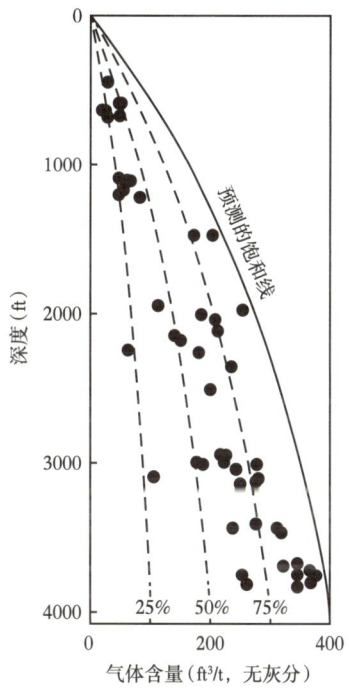

图 3.18　气体含量与深度关系图

了解等温曲线的形状对于分析煤层气的产能非常重要。在压力较高时，等温曲线的斜率较小，含气量仅为 100ft³/t 的中等欠饱和煤层可能需要大幅降低储层压力才能达到临界解吸压力。相比之下，在等温曲线斜率较大的低压条件下，类似的欠饱和煤层可能只需要适度降低储层压力就能使煤层中气体达到饱和。因此，要成功开发大量煤层气资源，就必须将储层压力降低到吸附等温曲线斜率较大的位置。事实上，在原始储层条件处于吸附等温曲线陡峭区域的盆地中，对于煤层气的成功开发是有利的[42]。高压储层可能需要选择性地对高饱和煤层进行完井生产，而且开发过程中可能需要大量排水，才能将储层压力降低到临界解吸压力以下。在这种情况下，渗透率低的深煤层的问题尤其严重。另外，在渗透率高且水动力条件有利的地方，如圣胡安盆地的高产通道，即使是异常高压的储层也能迅速减压，并进入等温曲线的陡峭区域[88]。

3.3 结论

北美煤层气储层在地质上丰富多样，每个生产煤层气的盆地都具有独特的沉积、构造、水动力、岩石学和岩石物理特征。煤层气资源主要集中在宾夕法尼亚亚系、白垩系和古近系—新近系中，这些地层中的储层结构反映了各个时期的沉积、构造、气候和生物因素之间的联系。褶皱、断层和裂缝记录了所在盆地在埋藏和随后抬升过程中发生的构造变化过程，是煤层几何形状、连续性和传导率的基本控制因素。

煤层可被视为水动力储层，会对无数地质过程做出反应。煤层的孔隙度和渗透率对应力高度敏感，因此，不同盆地的储层性质因上覆应力、构造应力和液柱压力的不同而有很大差异。盆地边缘的补给水对地层水的化学性质和储层压力有很大影响。水的化学成分从淡水到高盐水不同，这就要求在生产煤层气的盆地内采取不同的水管理策略。根据盆地水动力和地热性质的不同，储层会出现欠压、常压或超压的情况。此外，区域水动力框架和地热史决定了煤层中生物成因和热力成因气体充注的分布和强度。

大多数储层为亮带煤，以镜质体或容易形成天然气的Ⅲ型有机物为主。煤层中天然气的容量与煤层中矿物质的体积成反比，矿物质包括黏土矿物、石英、黄铁矿和碳酸盐。重要的煤层气储层等级从次烟煤到低挥发性烟煤不等。次烟煤到B级高挥发性烟煤相对于以热力成因生气为主的煤层来说，尚未成熟，因此这些煤层中主要为生物成因天然气，而等级较高的煤则蕴含热力成因天然气，在许多盆地中，热力成因天然气得到了后期生物成因天然气的补充。值得注意的是，煤层的吸附能力往往随着煤炭等级的提高而大幅增加。煤层的力学性质可能对水力压裂施工的效果起决定性作用，而煤层的力学性质也受到煤层等级的影响。

参 考 文 献

[1] Reeves S R. Geological sequestration of CO_2 in deep, unmineable coalbeds: an integrated research and commercial-scale field demonstration test. Soc Petrol Eng Pap SPE, 2001, 71749: 11.

[2] Gilliland E S, Ripepi N, Conrad M, et al. Selection of monitoring techniques for a carbon storage and enhanced recovery pilot test in the central Appalachian Basin. Int J Coal Geol, 2013, 118: 105–112.

[3] Pashin J C. Geologic considerations for CO_2 storage in coal. In: Singh T N, editor. Geologic carbon sequestration: understanding reservoir behavior. Berlin: Springer, 2016: 137–159.

[4] Bustin A M M, Bustin R M, Chikatamarla L, et al. Learnings from a failed nitrogen enhanced recovery pilot. Piceance Basin, Colorado. Int J Coal Geol, 2016, 165: 64–75.

[5] Scott A R. Improving coal gas recovery with microbially enhanced coalbed methane. In: Mastalerz M, Glikson-Simpson M, Golding S D, editors. Coalbed methane: scientific, environmental, and economic evaluation. Berlin: Springer, 1999: 89–110.

[6] Ritter D, Vinson D, Barnhart E, et al. Enhanced microbial coalbed methane generation: a review of research, commercial activity, and remaining challenges. Int J Coal Geol, 2015, 146: 28–41.

[7] Davis K J, Gerlach R. Transition of biogenic coal-to-methane conversion from the laboratory to the field: a review of important parameters and studies. Int J Coal Geol, 2018, 185: 33–43.

[8] Pashin J C, Ward W E II, Winston R B, et al. Regional analysis of the Black Creek–Cobb coalbed-methane

target interval, Black Warrior Basin, Alabama. Alabama Geol Surv Bull, 1991, 145: 127.

[9] Ayers Jr W B, Kaiser W R. Coalbed methane in the Upper Cretaceous Fruitland Formation, San Juan Basin, Colorado and New Mexico. Texas Bureau of Economic Geology Report of Investigations 218, 1994: 216.

[10] Gentzis T. Subsurface sequestration of carbon dioxide—an overview from an Alberta (Canada) perspective. Int J Coal Geol, 2000, 43: 287–305.

[11] Scott A R. Hydrogeologic factors affecting gas content distribution in coal beds. Int J Coal Geol, 2002, 50: 363–387.

[12] Diessel C F K. Coal-bearing depositional systems. Berlin: Springer-Verlag, 1992: 721.

[13] Bartholomew M J, Brown K E. The Valley coalfield (Mississippian age) in Montgomery and Pulaski Counties, Virginia. 124: Virginia Division of Mineral Resources Publication, 1992: 33.

[14] Lyons P C. The central and northern Appalachian Basin—a frontier region for coalbed methane development. Int J Coal Geol, 1998, 38: 61–87.

[15] Nolde J E, Spears D. A preliminary assessment of in place coal bed methane resources in the Virginia portion of the central Appalachian Basin. Int J Coal Geol, 1998, 38: 115–136.

[16] Milici R C, Hatch J R, Pawlewicz M J. Coalbed methane resources of the Appalachian Basin, eastern USA. Int J Coal Geol, 2010, 82: 160–174.

[17] Pashin J C, Hinkle F. Coalbed methane in Alabama. Alabama Geological Survey Circular 192, 1997: 71.

[18] Robbins E I, Wilkes G P, Textoris D A. Coals of the Newark rift system. In: Manspeizer W, editor. Triassic–Jurassic rifting: continental breakup and the origin of the Atlantic Ocean and passive margins, part B. Amsterdam: Elsevier, 1988: 649–678.

[19] Ayers Jr W B, Kaiser K R. Lacustrine interdeltaic coal in the Fort Union Formation (Paleocene), Powder River Basin, Wyoming and Montana, U.S.A. In: Armani R A, Flores R M, editors. Sedimentology of coal and coal-bearing sequences: International Association of Sedimentologists Special Publication 7, 1984: 61–84.

[20] Fassett J E, Hinds J S. Geology and fuel resources of the Fruitland Formation and Kirtland Shale of the San Juan Basin, New Mexico and Colorado. US Geological Survey Professional Paper 676, 1971: 76.

[21] Ryer T A. Deltaic coals of Ferron Sandstone Member of Mancos Shale: predictive model for Cretaceous coal-bearing strata of Western Interior. Am Assoc Pet Geol Bull, 1981, 65: 2323–2340.

[22] Ambrose W A, Ayers Jr W B. Geologic controls on transgressive–regressive cycles in the upper Pictured Cliffs Sandstone and coal geometry in the lower Fruitland Formation, northern San Juan Basin, New Mexico and Colorado. Am Assoc Petrol Geol Bull, 2007, 91: 1099–1122.

[23] Flores R M. Coalbed methane in the Powder River Basin, Wyoming and Montana: an assessment of the Tertiary–Upper Cretaceous coalbed methane total petroleum system. U.S. Geological Survey Digital Data Series DDS 69-C, 2004: 56.

[24] Ayers Jr W B. Coalbed gas systems, resources, and production and a review of contrasting cases from the San Juan and Powder River Basins. Am Assoc Pet Geol Bull, 2002, 86: 1853–1890.

[25] Flores R M. Coal deposition in fluvial paleoenvironments of the Paleocene Tongue River Member of the Fort Union Formation, Powder River area, Powder River Basin, Wyoming and Montana. Society of Economic Paleontologists and Mineralogists Special Publication 31, 1981: 169–190.

[26] Flores R M. Styles of coal deposition in Tertiary alluvial deposits, Powder River Basin, Montana and Wyoming. Geological Society of America Special Paper 210, 1986: 79–104.

[27] Flores R M, Bader L R. Fort Union coal in the Powder River Basin, Wyoming and Montana—a synthesis. U.S. Geological Survey Professional Paper 1625–A, PS1–PS71, 1999.

[28] Laubach S E, Marrett R A, Olson J E, et al. Characteristics and origins of coal cleat: a review. Int J Coal Geol, 1998, 35: 175-207.

[29] Pashin J C, Guohai J, Payton J W. Three-dimensional computer models of natural and induced fractures in coalbed methane reservoirs of the Black Warrior Basin. Alabama Geol Surv Bull, 2004, 174: 62.

[30] Pashin J C, Groshong Jr R H. Structural control of coalbed methane production in Alabama. Int J Coal Geol, 1998, 38: 89-113.

[31] Johnson R C, Flores R M. Developmental geology of coalbed methane from shallow to deep in Rocky Mountain Basins and in Cook Inlet-Matanuska basin, Alaska, U.S.A., and Canada. Int J Coal Geol, 1998, 35: 241-282.

[32] Pashin J C, Groshong Jr R H, Wang S. Thin-skinned structures influence gas production in Alabama coalbed methane fields, In: Tuscaloosa, Alabama, University of Alabama, Inter- Gas'95 Proceedings, 1995: 39-52.

[33] Pashin J C. Shale gas plays of the southern Appalachian thrust belt. In: Tuscaloosa, Alabama, University of Alabama, College of Continuing Studies, 2009 international coalbed & shale gas symposium proceedings, paper 0907, 2009: 14.

[34] Engelder T, Whitaker A. Early jointing in coal and black shale: Evidence for an Appalachian- wide stress field as a prelude to the Alleghanian orogen. Geology, 2006, 34: 581-584.

[35] Ting F T C. Origin and spacing of cleats in coal beds. J Press Vessel Technol, 1977: 624-626.

[36] Law B E. The relation between coal rank and cleat spacing: implications for the prediction of permeability in coal. In: Tuscaloosa, Alabama, University of Alabama College of Continuing Studies, 1993 international coalbed methane symposium proceedings, 1993: 435-442.

[37] Pollard D D, Aydin A. Progress in understanding jointing over the last century. Geol Soc Am Bull, 1988, 100: 1181-1204.

[38] Pashin J C. Stratigraphy and structure of coalbed methane reservoirs in the United States: an overview. Int J Coal Geol, 1998, 35: 207-238.

[39] Pashin J C. Hydrodynamics of coalbed methane reservoirs in the Black Warrior Basin: key to understanding reservoir performance and environmental issues. Appl Geochem, 2007, 22: 2257-2272.

[40] McKee C R, Bumb A C, Koenig R A. Stress-dependent permeability and porosity of coal and other geologic formations. Society of Petroleum Engineers Formation Evaluation, 1988: 81-91.

[41] Gan H, Nandi S P, Walker Jr P L. Nature of porosity in American coals. Fuel, 1975, 51: 272-277.

[42] Pashin J C. Variable gas saturation in coalbed methane reservoirs of the Black Warrior Basin: implications for exploration and production. Int J Coal Geol, 2010, 82: 135-146.

[43] Pashin J C, Clark P E, McIntyre-Redden M R, et al. SECARB CO_2 injection test in mature coalbed methane reservoirs of the Black Warrior Basin, Blue Creek Field. Alabama Int J Coal Geol, 2015, 144: 71-87.

[44] Ripepi N S. Carbon dioxide storage in coal seams with enhanced coalbed methane recovery: geologic evaluation, capacity assessment and field validation of the central Appalachian basin. Virginia Polytechnic Institute and State University, Blacksburg, VA, unpublished Ph.D. dissertation, 237.

[45] Riese W C, Perlman W L, Snyder G T. New insights on the hydrocarbon system of the Fruitland Formation coal beds, northern San Juan Basin, Colorado and New Mexico, USA. Geol Soc Am Spec Pap, 2005, 387: 73-111.

[46] Harpalani S, Chen G. Influence of gas production induced volumetric strain on permeability of coal. Geotech Geol Eng, 1995, 15: 303-325.

[47] Liu S, Harpalani S. A new theoretical approach to model sorption-induced coal shrinkage or swelling. Am Assoc Pet Geol Bull, 2013, 97: 1033–1049.

[48] Palmer I, Mansoori J. How permeability depends on stress and pore pressure in coalbeds: a new model. Society of Petroleum Engineers Reservoir Evaluation and Engineering, paper SPE 52607, 1998: 539–544.

[49] van Voast W A. Geochemical signature of formation waters associated with coalbed methane. Am Assoc Pet Geol Bull, 2003, 87: 667–676.

[50] Pashin J C, McIntyre-Redden M R, Mann S D, et al. Relationships between water and gas chemistry in mature coalbed methane reservoirs of the Black Warrior Basin. Int J Coal Geol, 2014, 126: 92–105.

[51] Lamarre R A. Hydrodynamic and stratigraphic controls for a large coalbed methane accumulation in Ferron coals of east-central Utah. Int J Coal Geol, 2003, 56: 97–110.

[52] Stark T J, Cook C W. Factors controlling coalbed methane production from helper, drunkards wash and buzzard bench fields, carbon and emery counties, Utah. American Association of Petroleum Geologists Search and Discovery Article 90090, 2009.

[53] Lee R W. Geochemistry of water in the Fort Union Formation of the Powder River Basin, southeastern Montana. US Geological Survey Water-Supply Paper 2076, 1981: 17.

[54] Gorody A W. The origin of natural gas in the Tertiary coal seams on the eastern margin of the Powder River Basin Wyoming. Geological Association Guidebook 50, 1999: 89–101.

[55] Flores R M. Microbes, methanogenesis, and microbial gas in coal. Int J Coal Geol, 2008, 76: 185.

[56] Whiticar M J. Correlation of natural gases with their sources. AAPG Mem, 1994, 60: 261–283.

[57] Whiticar M J. Stable isotope geochemistry of coals, humic kerogens and related natural gases. Int J Coal Geol, 1996, 32: 191–215.

[58] Vinson D S, McIntosh J C, Ritter D J, et al. Carbon isotope modeling of methanic coal biodegradation: metabolic pathways, mass balance, and the role of sulfate reduction, Powder River Basin, USA. Geol Soc Am Abstr Programs, 2012, 44 (7): 466.

[59] Pashin J C, McIntyre M R. Temperature-pressure conditions in coalbed methane reservoirs of the Black Warrior Basin, Alabama, U.S.A: implications for carbon sequestration and enhanced coalbed methane recovery. Int J Coal Geol, 2003, 54: 167–183.

[60] Kaiser W R, Hamilton D S, Scott A R, et al. Geological and hydrological controls on the producibility of coalbed methane. J Geol Soc Lond, 1994, 151: 417–420.

[61] Kaiser W R. Abnormal pressure in coal basins of the western United States. In: Tuscaloosa, Alabama, University of Alabama, 1993 International Coalbed Methane Symposium Proceedings 1, 1993: 173–186.

[62] Bachu S, Michael K. Possible controls of hydrogeological and stress regimes on the producibility of coalbed methane in Upper Cretaceous-Tertiary strata of the Alberta Basin. Can Am Assoc Petrol Geol Bull, 2003, 87: 1729–1754.

[63] Gentzis T. Coalbed natural gas activity in western Canada: the emergence of major unconventional gas industry in an established conventional province. In: Reddy K J, editor. Coalbed natural gas, energy and environment. New York: Nova Science Publishers, 2010: 377–399.

[64] Waples D W. Time and temperature in petroleum formation. Am Assoc Pet Geol Bull, 1980, 64: 916–926.

[65] Jüntgen H, Klein J. Entstehung von Erdgas aus kohligen Sedimenten. Erdöl und Kohle, Erdgas Petrochemistrie. Ergängsband, 1975, 1: 52–69.

[66] Zhang E, Hill R J, Katz B J, et al. Modeling of gas generation from the Cameo coal zone in the Piceance Basin. Col Am Assoc Petrol Geol Bull, 2008, 92: 1077–1106.

[67] Yang R T, Saunders J T. Adsorption of gases on coals and heat-treated coals at elevated temperature and

pressure. Fuel, 1985, 64: 616–620.

[68] Zhou L, Zhou Y, Li M, et al. Experimental modeling study of the adsorption of supercritical methane on a high surface activated carbon. Langmuir, 2000, 16: 5955–5959.

[69] Scott A R, Kaiser W R, Ayers Jr W B. Thermogenic and secondary biogenic gases, San Juan Basin, Colorado and New Mexico—Implications for coalbed gas producibility. Am Assoc Pet Geol Bull, 1994, 78: 1186–1209.

[70] Bustin A M M, Bustin R M. Coal reservoir saturation: impact of temperature and pressure. Am Assoc Pet Geol Bull, 2008, 92: 77–86.

[71] van Krevelen D W. Coal. Amsterdam: Elsevier, 1961: 362.

[72] Cornelius C D. Muttergesteinfazies als Parameter der Erdölbildung.Erdöl-Erdgas Zeitschrift, 1978, 3: 90–94.

[73] Mastalerz M, Gluskoter H J, Rupp J. Carbon dioxide and methane sorption in high volatile bituminous coals from Indiana, USA. Int J Coal Geol, 2004, 60: 43–55.

[74] Bertrand G. Geochemical and petrographic characterization of humic coals considered s possible petroleum source rocks. Org Geochem, 1984, 6: 481–488.

[75] Smith G C, Cook A C. Petroleum occurrence in the Gippsland Basin and its relationship to rank and organic matter type. Austr Petrol Explor Assoc J, 1984, 24: 196–216.

[76] Wilkins R W T, George S C. Coal as a source rock for oil: a review. Int J Coal Geol, 2002, 50: 317–361.

[77] Crosdale P J, Beamish B B, Valix M. Coalbed methane sorption related to coal composition. Int J Coal Geol, 1998, 35: 147–158.

[78] Spears D A, Caswell S A. Mineral matter in coals: cleat minerals and their origin in some coals from the English Midlands. Int J Coal Geol, 1986, 6: 107–125.

[79] Spears D A. Mineral matter in coals, with special reference to the Pennine Coalfields. Geol Soc Lond Spec Publ, 1987, 32: 171–185.

[80] Faraj S M, Fielding C R, MacKinnon I D R. Cleat mineralization of Upper Permian Baralaba/Rangal coal measures, Bowen Basin, Australia. Geol Soc Lond Spec Publ, 1996, 109: 151–164.

[81] Scott A R, Zhou N, Levine J R. A modified approach to estimating coal and gas resources: example from the Sand Wash Basin, Colorado. Am Assoc Pet Geol Bull, 1995, 79: 1320–1336.

[82] Casagrande D J. Sulphur in peat and coal. In: Scott A C, editor. Coal and coal-bearing strata: recent advances. London Geological Society Special Publication 32, 1987: 87–105.

[83] Levine J R. Coalification: the evolution of coal as a source rock and reservoir rock for oil and gas. American Association of Petroleum Geologists Studies in Geology 38, 1993: 39–77.

[84] Paterson D W, Bachtiar A, Bates J A, et al. Petroleum system of the Kutei Basin, Kalimantan, Indonesia. In: Howes J V, Noble R A, editors. Petroleum systems of SE Asia and Australasia. Indonesian Petroleum Association report 97–OR–35, 1997: 709–726.

[85] Hunt J M. Petroleum geochemistry and geology. San Francisco: Freeman, 1979: 617.

[86] Lewan M D, Kotarba M J. Thermal-maturity limit for primary thermogenic-gas generation from humic coals as determined by hydrous pyrolysis. Am Assoc Pet Geol Bull, 2014, 98: 2581–2610.

[87] Clayton J L, Rice D D, Michael G E. Oil-generating coals of the San Juan Basin, New Mexico and Colorado, U.S.A. Org Geochem, 1991, 17: 735–742.

[88] Meek R H, Levine J R. Delineation of four "type producing areas" (TPA's) in the Fruitland coal bed gas field, New Mexico and Colorado, using production history data. American Association of Petroleum Geologists Search and Discovery Article 20034, 2006.

[89] Quick J C, Tabet D E. Suppressed vitrinite reflectance in the Ferron coalbed gas fairway, central Utah: possible influence of overpressure. Int J Coal Geol, 2003, 56: 49–67.

[90] Pashin J C, Carroll R E, Hatch J R, et al. Mechanical and thermal control of cleating and shearing in coal: examples from the Alabama coalbed methane fields, USA. In: Mastalerz M, Glikson M, Golding S, editors. Coalbed methane: scientific, environmental and economic evaluation. Dordrecht, The Netherlands: Kluwer Academic Publishers, 1999: 305–327.

[91] Su X, Lin X, Zhao M, et al. The upper Paleozoic coalbed methane system in the Qinshui Basin. China Am Assoc Petrol Geol Bull, 2005, 89: 81–100.

[92] Hower J C, Wild G D. Relationship between Hardgrove grindability index and petrographic composition for high-volatile bituminous coals from Kentucky. J Coal Qual, 1988, 7: 122–126.

[93] Chelgani S C, Hower J C, Jorjani E, et al. Prediction of coal grindability based on petrography, proximate and ultimate analysis using multiple regression and artificial neural networks. Fuel Process Technol, 2008, 89: 13–20.

[94] Esterle J S. Mining and beneficiation. In: Ruiz I S, Crelling J C, editors. Applied coal petrology—the role of petrology in coal utilization. Amsterdam: Elsevier, 2008: 61–83.

[95] Young G B C, Kelso B S, Paul G W. Understanding cavity well performance. Soc Petrol Eng Pap, 1994, 28579: 16.

[96] Joubert J L, Grein C T, Bienstock D. Sorption of methane in moist coals. Fuel, 1973, 52: 181–185.

[97] Joubert J L, Grein C T, Bienstock D. Effects of moisture on the methane capacity of American coals. Fuel, 1974, 53: 186–191.

[98] Kim A G. Estimating methane content of bituminous coals from adsorption data. U.S. Bureau of Mines Report of Investigations 2845, 1977: 22.

[99] Levine J R, Telle W R. A coalbed methane resource evaluation in southern Tuscaloosa County, Alabama. In: Tuscaloosa, Alabama, University of Alabama, School of Mines and Energy Development Research Report 89-1, 1989: 90.

4 美国本土 48 州煤层气
——基准数据（2010）

斯蒂芬·W. 兰伯特

斯伦贝谢公司数据和咨询服务中心，匹兹堡，宾夕法尼亚州，美国

4.1 引言

从 20 世纪 70 年代中期开始，由美国矿业局牵头开始探索将油田开发技术应用到煤层气开发中的可能性，这些方法包括从地面向煤层中钻直井并完井，目的是在开始采煤之前产出地层中的煤层气。这些技术最初在美国黑勇士盆地和阿巴拉契亚盆地正在开采的煤矿，以及圣胡安盆地尚未投入开采的煤矿中进行尝试。这些尝试随后取得了成功，不仅证明煤层气可以在采煤之前很容易被采出，而且煤层气的采收率很高，具有潜在的商业价值。1977 年，新墨西哥州圣胡安盆地开始商业销售煤层气，1980 年底，亚拉巴马州黑勇士盆地也开始商业销售煤层气。迄今为止，在美国本土 48 州已有大约 30 个所谓的煤层气"开发区"（图 4.1）。本章中所说的"开发区"，在地理上可以指一个煤炭盆地，也可以指某个煤炭盆地中的特定含煤区域。

如图 4.2 所示，20 世纪 80 年代初，煤层气的开发井和生产井不到 100 口井，从 20 世纪 80 年代末到 2006 年是煤层气的快速扩张阶段。从 2007 年初开始，几乎所有盆地的新井投产速度都开始有所放缓，这主要是由于天然气价格下跌以及单井的产量降低所致。过去几年总产量下降的主要原因是粉河盆地开发的新井数量下降（图 4.3），以及圣胡安盆地高产气井的开井数量减少（图 4.4）。尽管如此，据国际勘探与产量数据库报告，2007 年初共有 36000 口生产井，煤层气日销售量约为 $49\times10^8 ft^3$。

根据最新统计，IHS 公司明确了 13 个"主力"煤层气产区并披露了相关数据。尽管近年来信息量在不断增加，对煤层气储量的预测也有所变化，但目前对煤层气储量的预测报告汇编显示，这 13 个煤层气产区的煤层气储量为 $483\times10^{12} ft^3$，其中可采储量为 $88\times10^{12} ft^3$。据报道，其中已采煤层气量为 $24\times10^{12} ft^3$，预测这 13 个主要煤层气产区的剩余可采储量为 $64\times10^{12} ft^3$。表 4.1、表 4.2 列出了美国本土 48 州所有 30 个煤层气产区预测的煤层气储量，并给出了这些煤层气储量所涵盖的总面积。表 4.3 对这些产区的大部分重要信息进行了汇总。将已经采出的煤层气总量与预测的可采储量进行对比，可以看出，剩余煤层气储量的开采潜力巨大。

第 1 篇　煤层气藏的成因、地质特征和储量预测

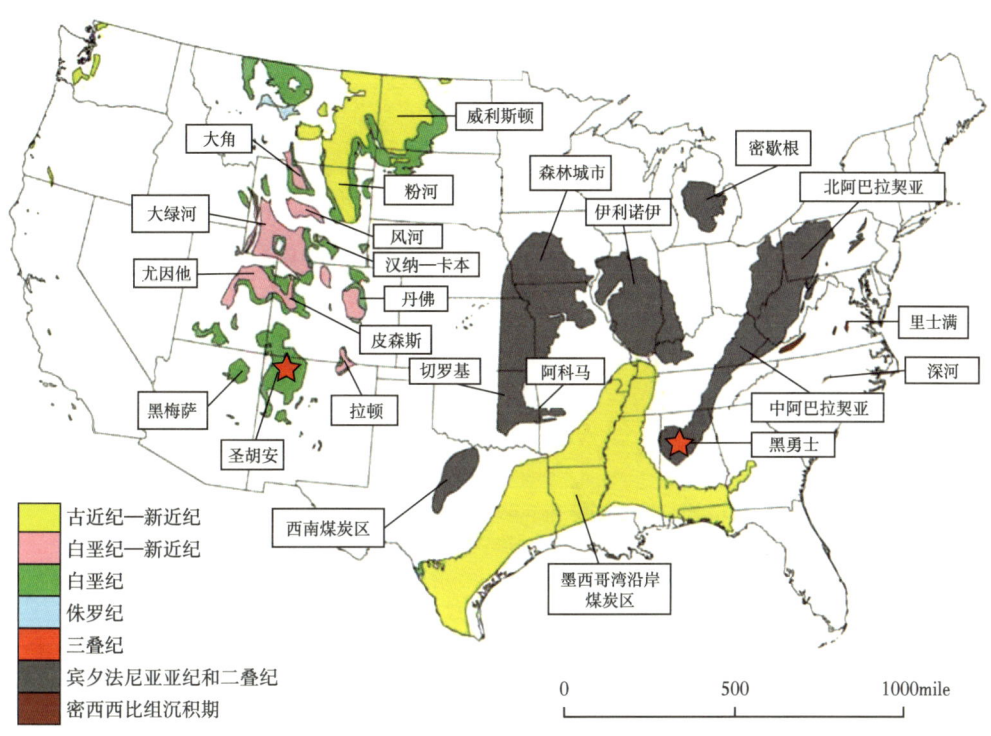

图 4.1　美国本土 48 州煤层气开发区的地质年代

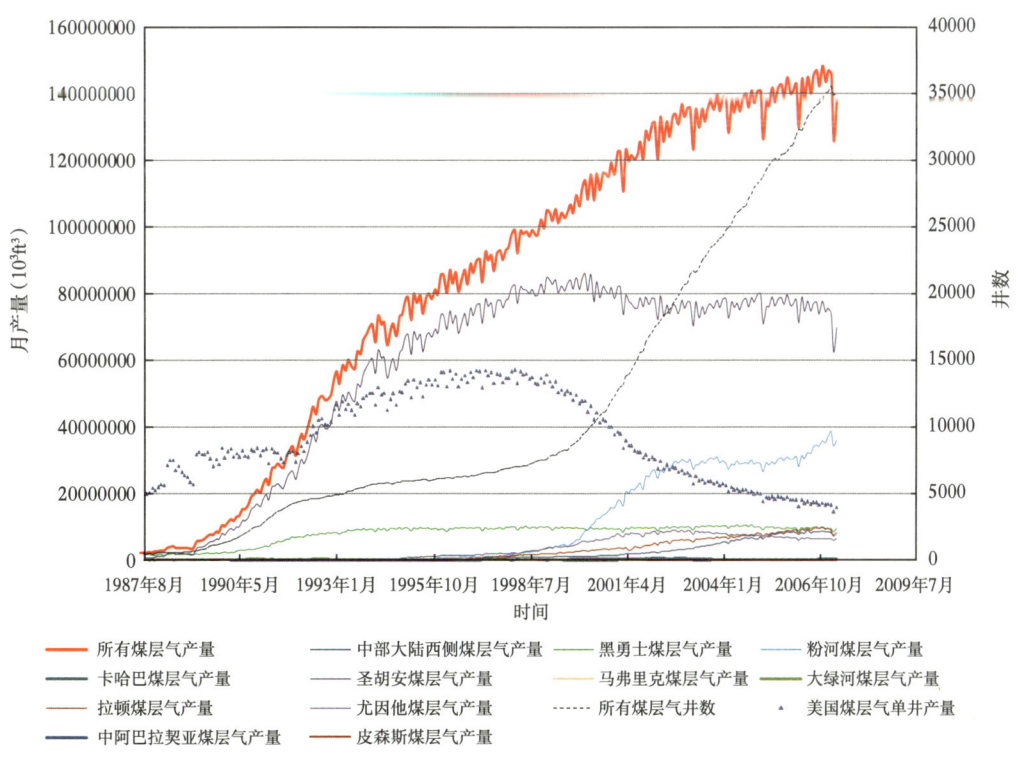

图 4.2　美国本土 48 州主要煤层气产区的月销售生产概况（数据来源：IHS）

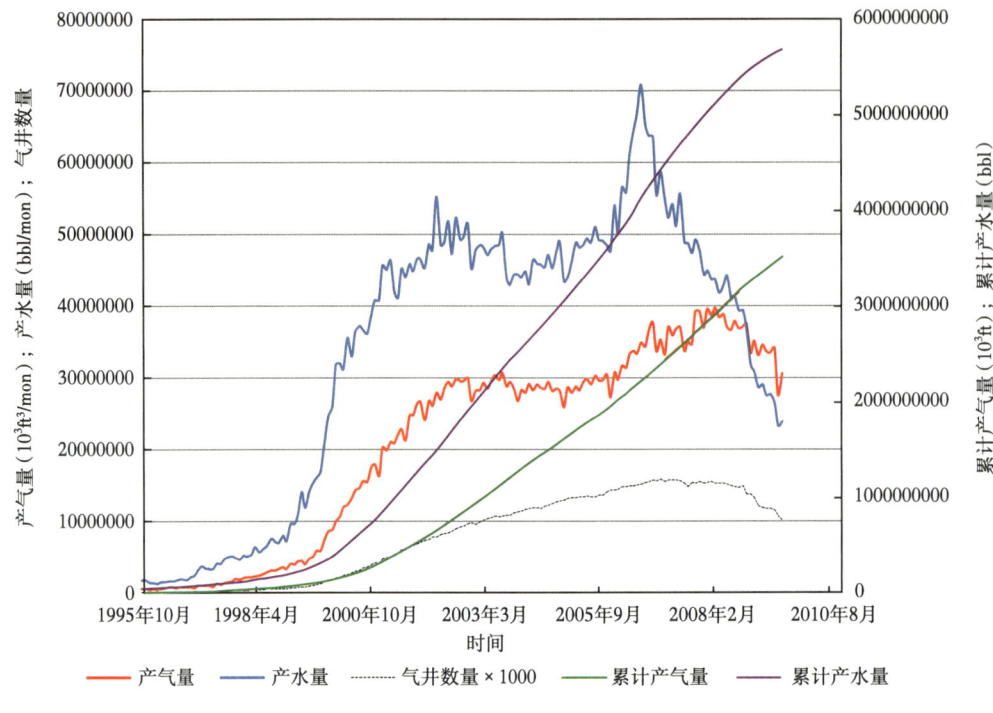

图 4.3 粉河盆地的月销售生产概况（数据来源：IHS）

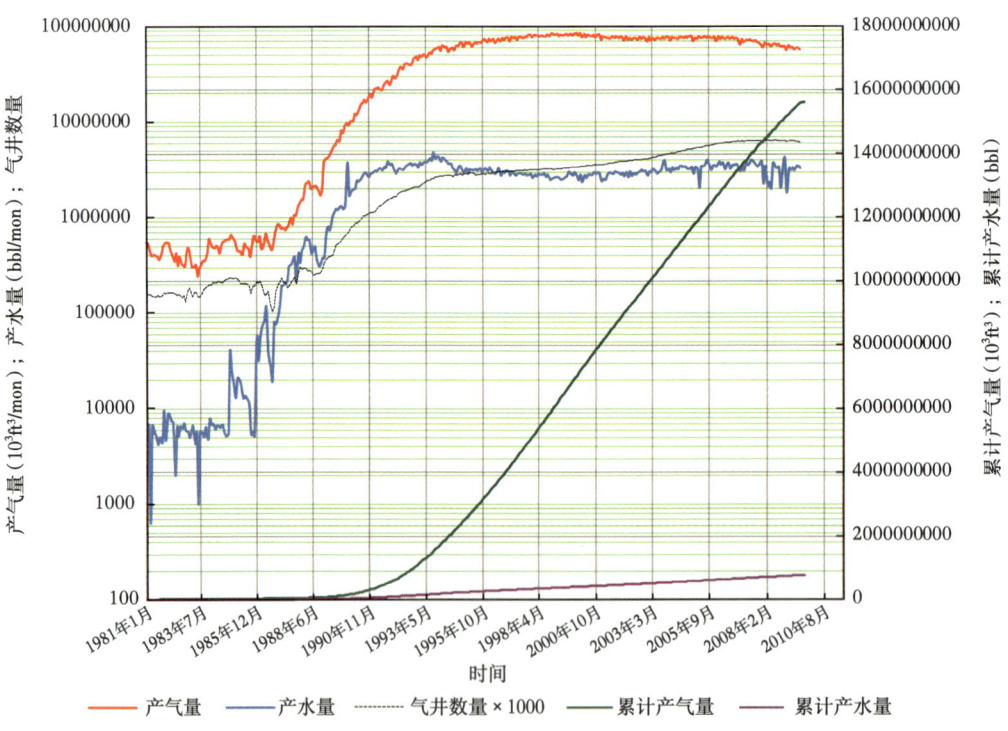

图 4.4 圣胡安盆地的月销售生产概况（数据来源：IHS）

表 4.1 美国本土 48 州主要盆地/油气区煤层气储量相关参数统计表

盆地/油气区	所在州	主力煤层	地形与环境	构造类型	干燥无灰条件下预测煤层气地质储量（10¹²ft³）	干燥无灰条件下预测煤层气可采储量（10¹²ft³）	盆地/油气区面积（acre）	计算原始煤层气储量的盆地储层总面积（即煤层气原始地质储量的面积）（acre）	计算原始煤层气储量的储层总面积占比盆地总面积的（%）	煤层气总产量（实际记录值或估计值）（10¹²ft³）	预测剩余可采储量（10¹²ft³）	平均单井控制的煤层气地质储量（10⁶ft³）	通过钻井和生产活动已证实可利用的煤层气原始地质储量总面积（acre）	通过钻井和生产活动尚未证实可利用的煤层气原始地质储量总面积（acre）	原始地质储量区域内煤层平均厚度（ft）	原始地质储量区域内目标煤层的平均中深（ft）	井控面积（acre）
卡哈巴	亚拉巴马	波茨维尔组	地形起伏，植被稀疏至稠密，中等	前陆逆冲；轻微－中等褶皱和断层	1.75	0.35	228000	159040	71.00	0.020	0.33	879722	22800	136240	22.50	3500	80
黑勇士	亚拉巴马	波茨维尔组	地形起伏从中等到丘陵，植被茂密	三角形，向南一西南方向变深，断层程度中等	19.00	8.00	2240000	1904000	8.50	2.150	5.85	799159	456000	1448000	21.00	3000	80
中阿巴拉契亚	西弗吉尼亚、弗吉尼亚、肯塔基、田纳西	诺顿组、新河组、李组、波卡洪塔斯组	地形起伏从中等到丘陵，植被茂密	前陆逆冲，东北一西南方向延伸，多向斜和向斜	10.00	3.14	1464000	1213792	8.30	0.030	3.05	646052	167760	1046032	11.30	2500	80
大绿河（小干沙洗盆地）	怀俄明	联合堡组、兰斯组、梅萨维德群、前沿组	从平坦到崎岖，部分区域极其偏远，植被类型从灌丛到森林	拉拉米德造山带，包含多个单级盆地，构造简单到复杂，断裂较普遍	117.50	2.50	9472000	6440960	68.00	0.060	2.43	2908693	35520	6405440	56.30	4000	160
伊利诺伊	伊利诺伊	卡本代尔组	平坦开阔，农业用地	内部为克拉通盆地，发育众多通盆地、和单斜、构造起伏和断层发育程度从轻微到严重（尤其是在东部）	13.00	2.00	33970000	不详	不详	0.004	不详	不详	不详	不详	不详	不详	不详
马弗里克	得克萨斯	奥尔莫斯组	平坦、干旱，地面有限使用	前陆盆地，沉积走向东北一西南方向，具有背斜构造	1.40	0.14	5356960	354394	66.00	0.001	0.14	314667	1200	353194	22.50	1900	80
北阿巴拉契亚	宾夕法尼亚、西弗吉尼亚、俄亥俄、肯塔基、马里兰	阿勒格尼组	从中等到崎岖，地形被切割，植被茂密，人口密集	前陆逆冲；发育东北一西南方向的长向斜、微倾构造，断层和褶皱发育程度中等	61.00	10.57	19352000	13225344	68.20	0.001	10.40	363214	19600	13205744	15.00	1750	80

续表

盆地/油气区	所在州	主力煤层	地形环境	构造类型	干燥无灰条件下预测煤层气地质储量 (10³ft³)	干燥无灰条件下预测煤层气可采储量 (10³ft³)	盆地/油气区面积 (acre)	计算原始煤层气储量的盆地储层总面积（即煤层气原始地质储量的面积）(acre)	计算原始煤层气储量的盆地储层总面积占比 (%)	煤层气总产量（实际记录值或估计值）(10¹²ft³)	预测剩余可采储量 (10¹²ft³)	平均单井控制的煤层气地质储量 (10³ft³)	通过钻井和生产活动已证实可利用的煤层气原始地质储量总面积 (acre)	通过钻井和生产活动尚未证实可利用的煤层气原始地质储量总面积 (acre)	原始地质储量区域内煤层平均厚度 (ft)	原始地质储量区域内目标煤层的平均中深 (ft)	井控面积 (acre)
皮森斯	科罗拉多	威廉姆斯福克组，伊尔斯组	地形崎岖程度中等，半干旱，植被变化多样	拉拉米德造山带，山间盆地；东北—西南向延伸，不对称向斜；断层和褶皱轻微发育，轴部埋藏深	81.00	8.39	4288000	3087360	72.00	0.120	8.29	2103722	23520	3063840	37.50	4000	80
粉河	怀俄明，蒙大拿	瓦萨奇组，联合堡组	平坦，缓起伏的丘陵，干旱，偏远	拉拉米德造山带，南北向前陆盆地，不对称向斜（向西倾斜）；存在一些断层	62.00	15.00	16512000	8866944	53.70	3.520	11.47	559174	1429040	7437904	56.30	1500	80
拉顿	科罗拉多，新墨西哥	拉顿组，维梅霍组	崎岖程度中等，半干旱，森林覆盖	拉拉米德造山带，不对称，大量火成岩侵入体和岩脉，微幅构造和小型断层	10.00	6.04	1408000	830720	59.00	0.910	5.13	963455	226720	604000	24.00	2750	80
圣胡安	科罗拉多，新墨西哥	果地组，梅纳菲组	崎岖程度中等，半干旱，森林覆盖	拉拉米德造山带，单斜，不对称，陡向构造，局部断层	84.00	18.50	4800000	2904000	60.50	15.620	2.88	2313427	523120	2380880	67.50	3500	80
尤因他	犹他	黑鹰组，费伦砂岩	伏到缓崎岖，半干旱，农业用地	拉拉米德造山带，山间盆地；不对称向斜，向东复杂	10.00	8.88	9248000	1895840	20.50	0.950	7.90	420534	67200	1828640	15.00	3900	80
中部大陆西侧	俄克拉荷马，堪萨斯，阿肯色，密苏里，艾奥瓦，内布拉斯加	麦卡利斯特组，哈次维尔组，尼斯科组，兹雷伯斯组，马尔罗组，切罗基组	平坦到缓崎岖，慢起伏，农业用地	细长凹陷，方向为东西向，部分区域构造极其复杂，内部发育通盆地东部存在断层和褶皱。向西倾斜，局部褶皱，内部充拉通盆，地断层有限，椭圆形，细长，方向为东北—西南，可能存在断层，地下资料有限	12.40	4.70	54328320	6452091	11.88	0.670	4.02	570276	445680	6006411	21.80	1867	80

第1篇 煤层气藏的成因、地质特征和储量预测

表 4.2 美国本土 48 州小型盆地/油气区煤层气储量相关参数统计表

盆地/油气区	所在州	主力煤层	地形环境	构造类型	干煤无灰条件下预测煤层气储量（$10^{12}ft^3$）	干煤无灰条件下预测煤层气可采储量（$10^{12}ft^3$）	盆地/油气区面积（acre）	煤层气总产量（实际记录值或估计值）（10^6ft^3）
大角	怀俄明，蒙大拿	联合堡组，梅萨维德组	平坦，干旱，较其偏远	拉勒米德造山带，山间盆地，南北向延伸，存在一些断层	3.00	0.83	1920000	16000
黑梅萨	亚利桑那	梅萨维德组			2.00	0.18	2048000	1000
库萨	亚拉巴马				0.50	0.05	64000	150000
深河/里士满	北卡罗来纳	卡姆诺克组，塔克霍组	从平坦到起伏的丘陵，包括农田和一些森林区	三叠系孤立煤田，半地堑构造，部分分区域构造复杂	0.50	0.05	160000	4000
丹佛	科罗拉多	拉勒米组	平坦，少数起伏丘陵，半干旱，草地和牧场	拉勒米德造山带，对称向斜，不和一些小型断层	2.00	0.30	4800000	5000
东部无烟煤田	宾夕法尼亚	桃山，猛玛象，普里姆罗斯，巴克山	中等至崎岖，地形破碎，植被茂密，人口稠密	煤层倾角陡峭，分布不连续，褶皱剧烈断层频繁变形并错位，地层序复杂	4.00	0.05	640000	6000
威利斯顿盆地	北达科他，南达科他，蒙大拿	哨兵岗组，金溪组，坡组，炮弹组，拉德洛组	平地，草地和牧场	平坦，缓坡，埋藏浅	10.00	0.50	20480000	200000
汉纳—卡本	怀俄明	汉纳组，费里斯组，药弓组	平坦到起伏低缓的丘陵，草原	拉拉米德造山带，山间盆地，轴对称向斜，众多的断层和褶皱	15.00	4.37	768000	8000
草利山脉	犹他	马苏克组，费伦砂岩			1.10	0.11	288000	4000
凯佩罗维茨	犹他	直崖组	被切割的台地，非常多样化	科罗拉多高原，被切割的台地，北向褶皱，背斜和单斜，断层分布间隔	10.00	0.20	1056000	1000

续表

盆地/油气区	所在州	主力煤层	地形环境	构造类型	干燥无灰条件下预测煤层气储量（$10^{12} ft^3$）	干燥无灰条件下预测煤层气可采储量（$10^{12} ft^3$）	盆地/油气区面积（acre）	煤层气总产量（实际记录值或估计值）（$10^3 ft^3$）
密歇根盆地	密歇根	萨吉诺组	地势平坦至起伏中等，偏远地区，被覆盖变化多样	小型圆形盆地，埋藏浅，向中心平缓倾斜，构造活动较少	1.00	0.10	3200000	1000
中北部煤炭区	蒙大拿	联合堡组，梅萨维德组		拉拉米德造山带，山间盆地和煤田，构造简单到复杂，部分地区有厚冰川覆盖	3.70	1.20	12800000	40000
逆冲带	新墨西哥，怀俄明	埃文斯顿/阿达维尔组		地层非常复杂，一系列逆冲断层和许多正断层，侵蚀不整合面	5.00	0.50	1920000	310000
沙洗盆地	科罗拉多	梅萨维德组，联合堡组	平坦到起伏缓和的丘陵，半干旱	拉拉米德造山带，山间盆地	39.50	3.95	3200000	80000
西南煤炭区	得克萨斯，俄克拉何马	哈珀斯维尔组，明古斯组	平坦到起伏缓和的丘陵，植被多样	位于陆地中央盆地东部陆架，属于沃思堡盆地，构造相对简单到复杂程度中等	29.00	5.80	19200000	40000
华盛顿西南	华盛顿	斯库车姆丘克组		不详	0.50	0.05	640000	1000
墨西哥湾沿岸—路易斯安那中部煤层气（路易斯安那中部）	路易斯安那	相当于威尔科克斯组		平坦，陆架区，向南倾斜	2.00	0.20	3200000	360000

表 4.3　美国本土 48 州煤层气储量、产量及储层面积汇总表

主要煤层气开发区数量	13
预测煤层气地质储量（$10^{12}ft^3$）	483
预测煤层气可采储量（$10^{12}ft^3$）	88
煤层气总产量（$10^{12}ft^3$）	24
预测剩余可采储量（$10^{12}ft^3$）	64
平均单井控制的煤层气地质储量（10^3ft^3）	1070175
通过钻井和生产活动已证实可利用的煤层气原始地质储量总面积（acre）	3418160
煤层气原始地质储量区域内煤层平均厚度（ft）	31
原始地质储量区域内目标煤层的平均中深（ft）	2847
平均井控面积（acre）	87
煤层的平均数量	17

4.2　煤层气生产

4.2.1　产量曲线

大多数煤层气井（天然气和水）生产曲线的特征表现为，在气井刚投产的时候，产水量迅速下降，而天然气产量上升；天然气产量在某个时间点达到峰值，之后进入长期递减阶段。对于一个煤层气产区而言，在井数多少不一的情况下，可以通过对生产数据进行归一化处理得到典型的生产曲线，假设该生产区域内的所有气井都在同一时间开井，从而取得最好的开发效果。这种零时间分析方法，通常用于得到某一区域的典型生产曲线，然后来预测未来煤层气的可采储量。图 4.5 是基于黑勇士盆地的所有生产数据生成的典型生产

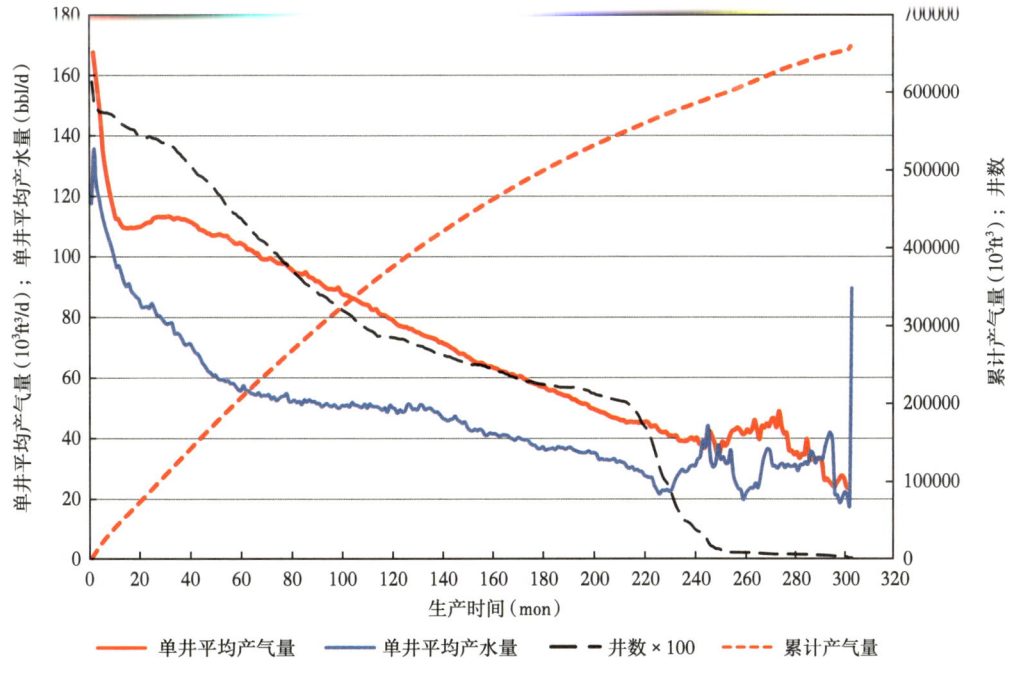

图 4.5　黑勇士盆地煤层气井零时间典型生产曲线（数据来源：IHS）

曲线。根据上面研究的成果，可以预测区域内单井平均产量曲线，也可以预测长期的累计产气量。在进行这些分析的时候，任何一个月份气井数量都至关重要，因为随着数据集中气井数量的减少，典型生产曲线的代表性也会下降。

为了参考方便，图 4.6—图 4.16 提供了根据 IHS 公司披露的每个盆地/生产区域的数据进行的类似零时间分析。

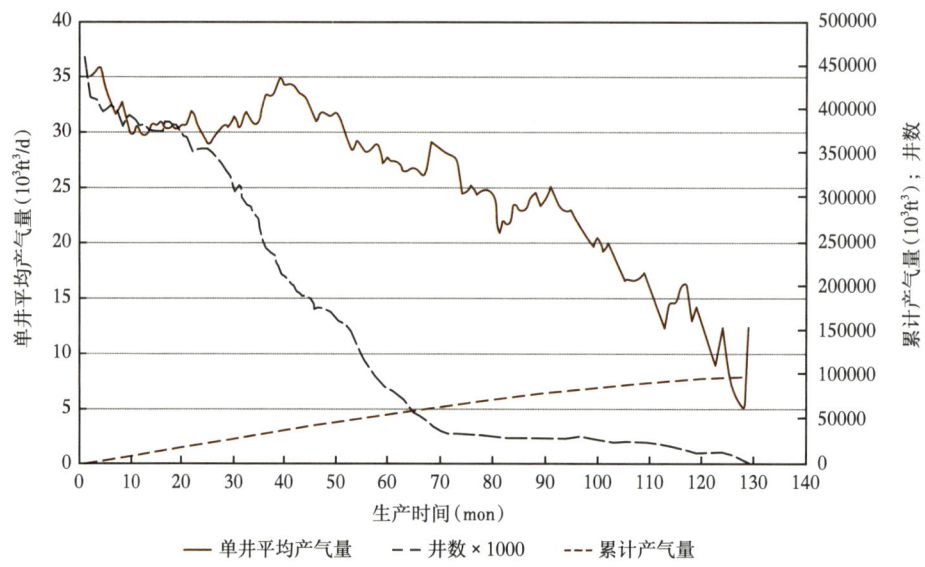

图 4.6　卡哈巴煤层气井零时间典型生产曲线（数据来源：IHS）

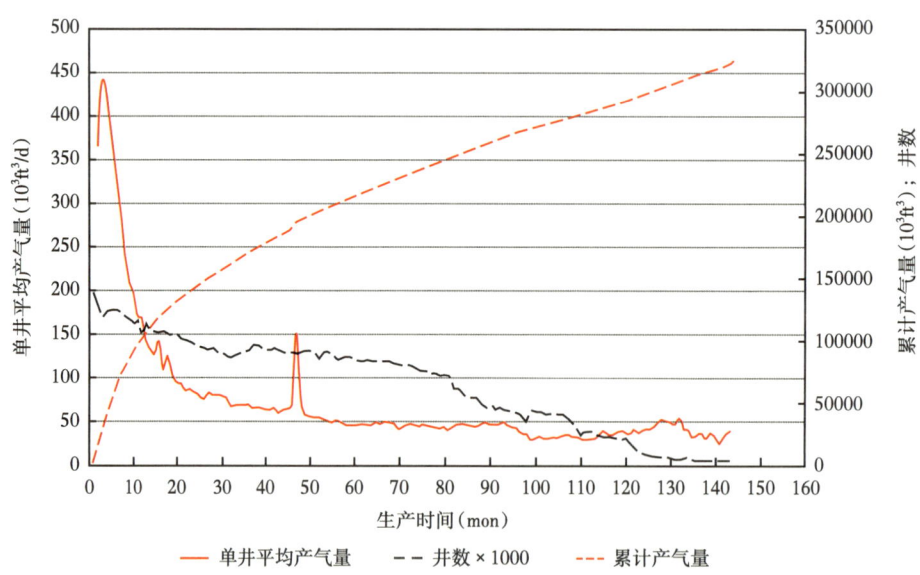

图 4.7　中阿巴拉契亚煤层气井零时间典型生产曲线（数据来源：IHS）

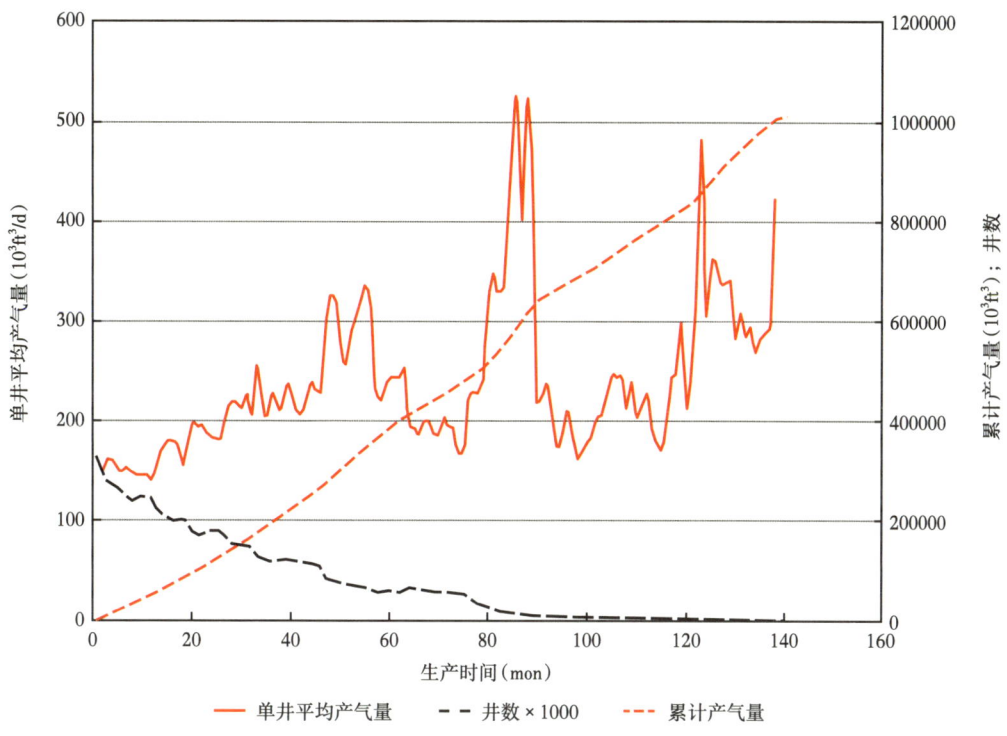

图 4.8　大绿河煤层气井零时间典型生产曲线（数据来源：IHS）

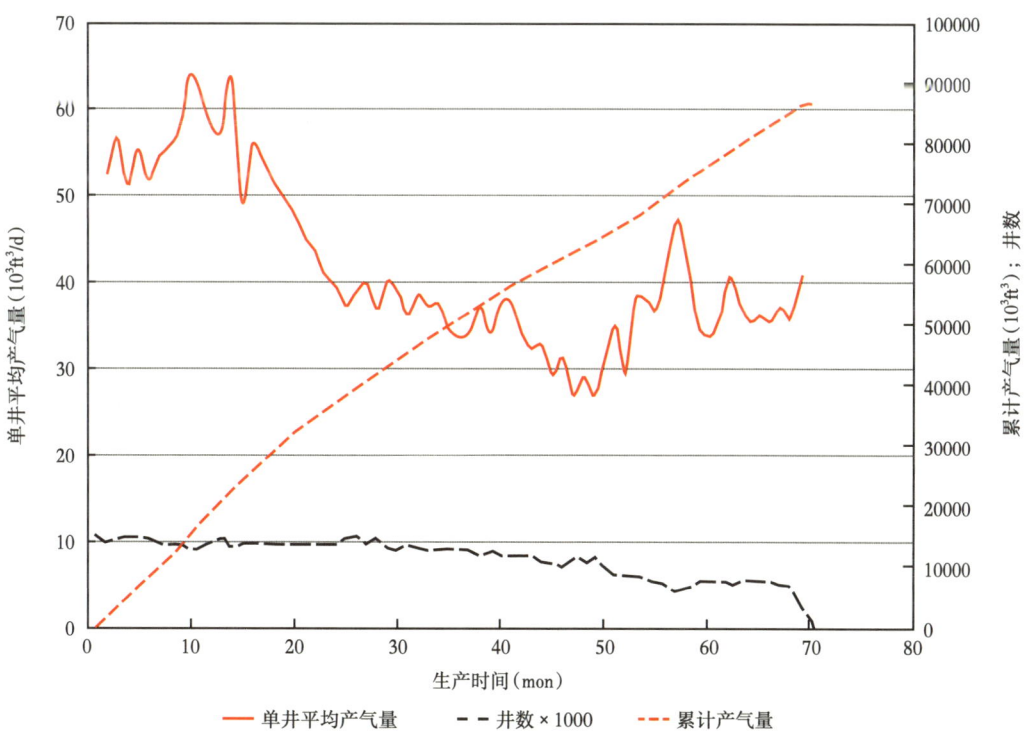

图 4.9　马弗里克煤层气井零时间典型生产曲线（数据来源：IHS）

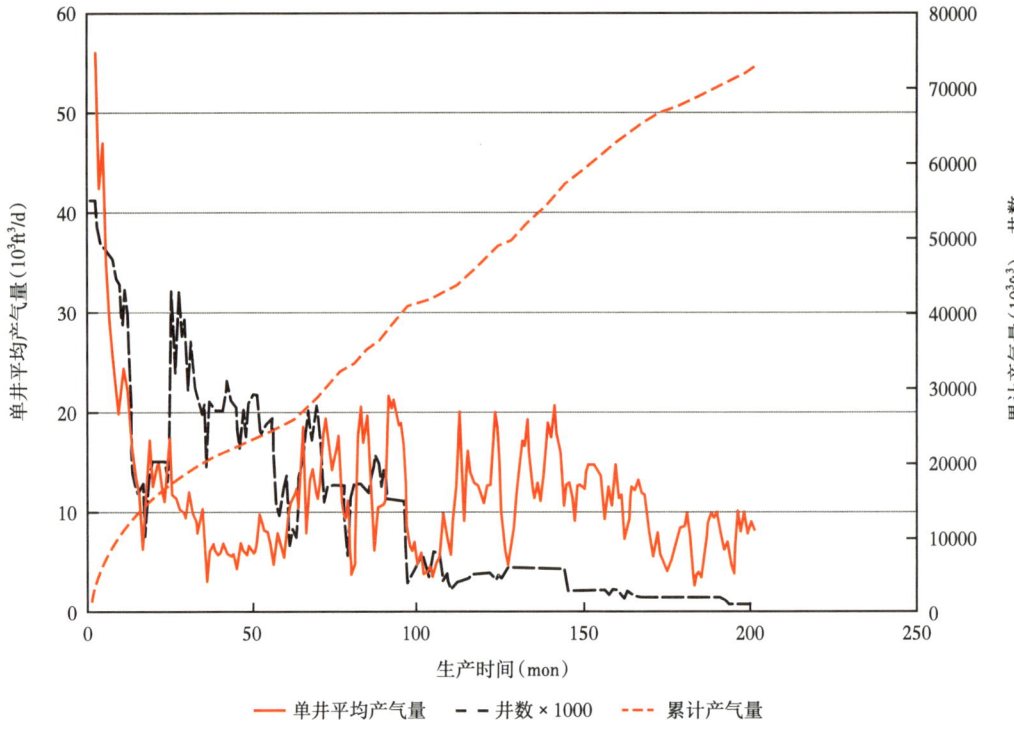

图 4.10 北阿巴拉契亚煤层气井零时间典型生产曲线（数据来源：IHS）

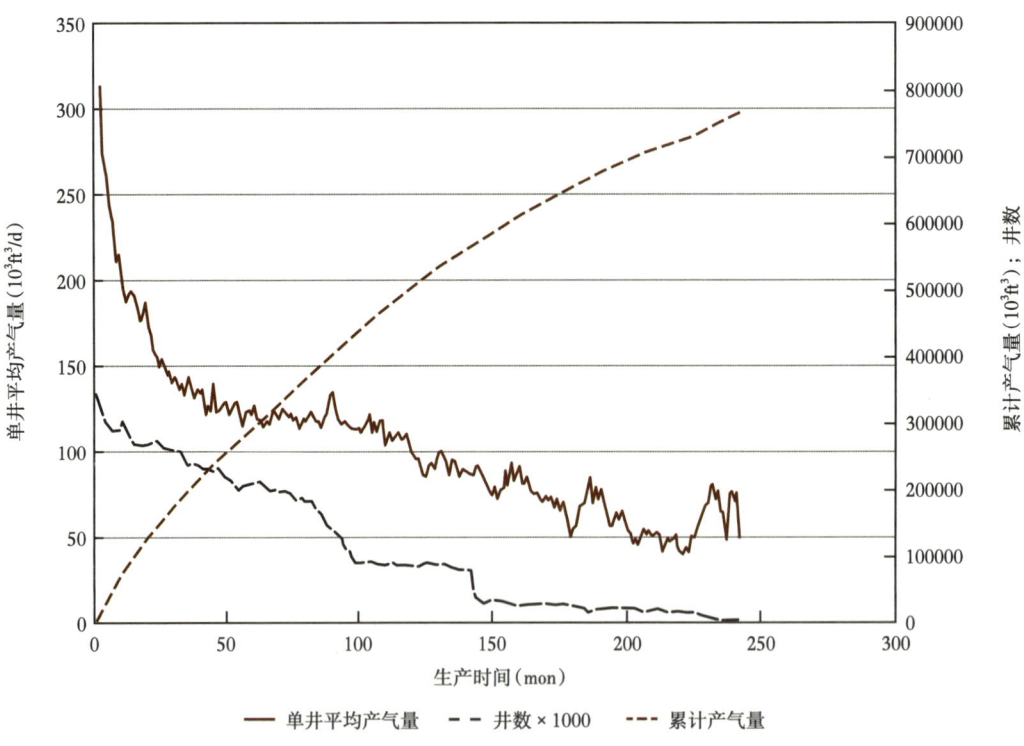

图 4.11 皮森斯盆地煤层气井零时间典型生产曲线（数据来源：IHS）

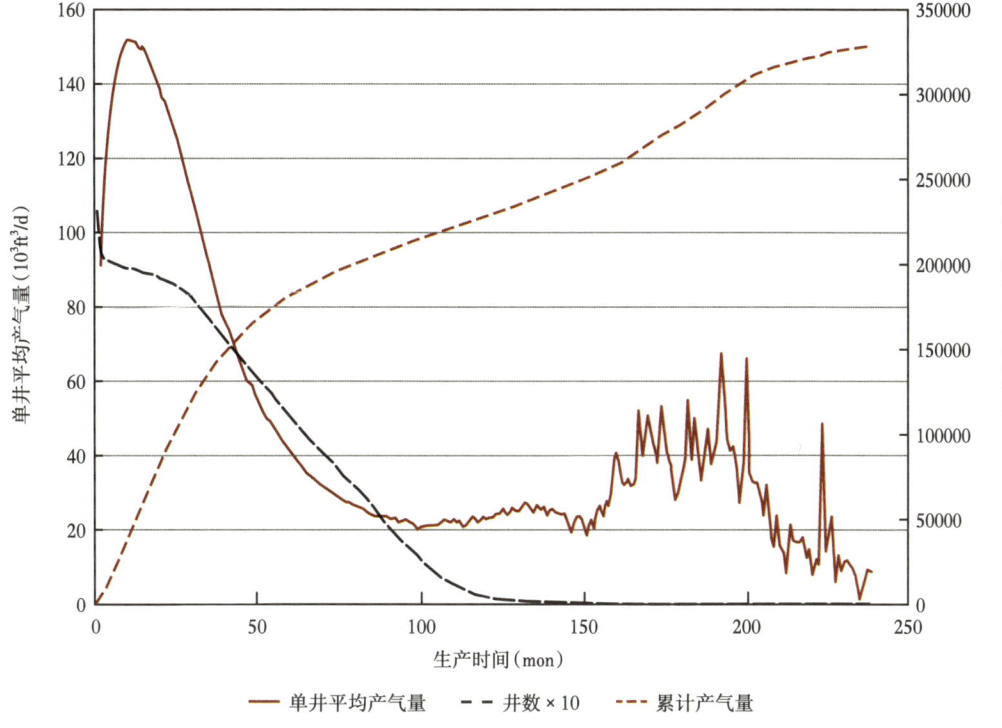

图 4.12 粉河煤层气井零时间典型生产曲线（数据来源：IHS）

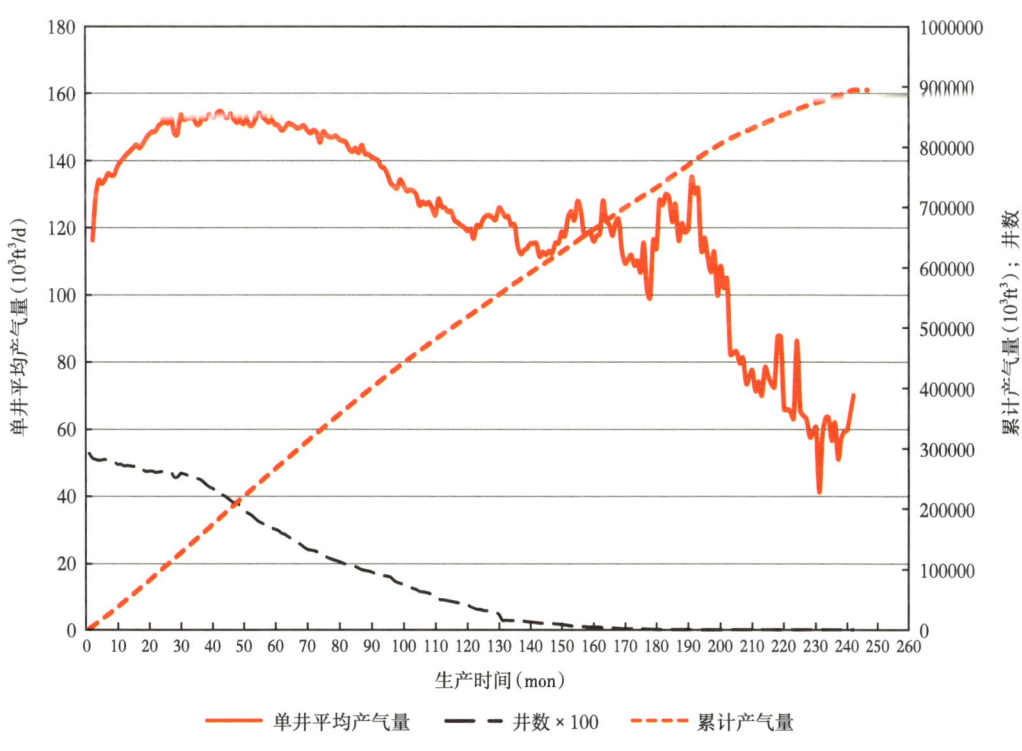

图 4.13 拉顿煤层气井零时间典型生产曲线（数据来源：IHS）

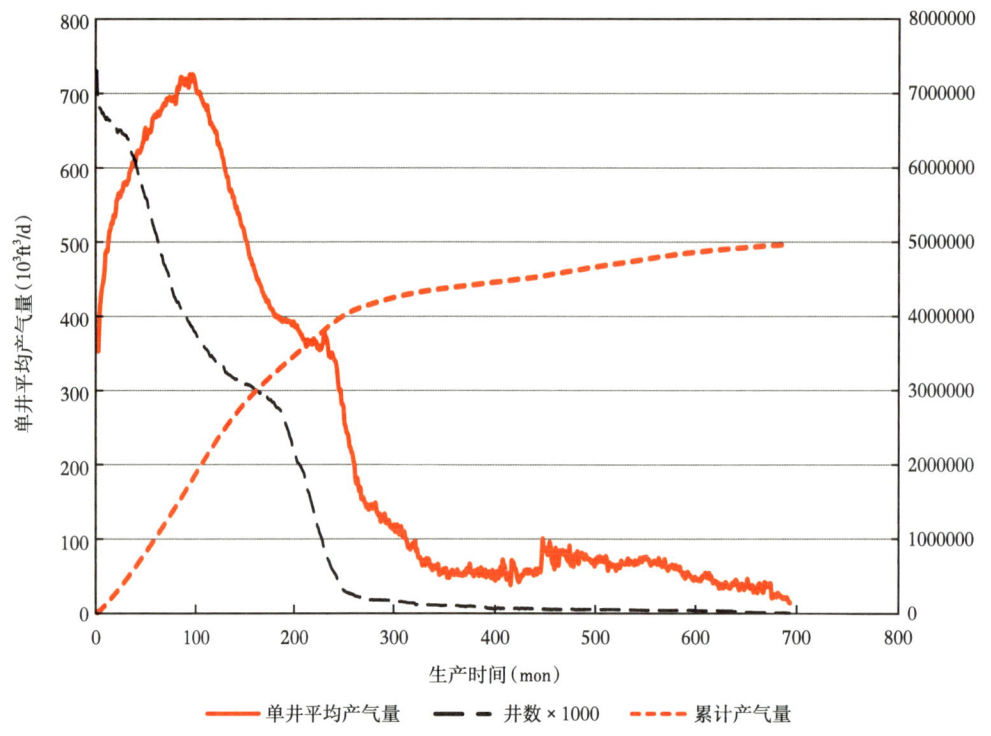

图 4.14 圣胡安煤层气井零时间典型生产曲线（数据来源：IHS）

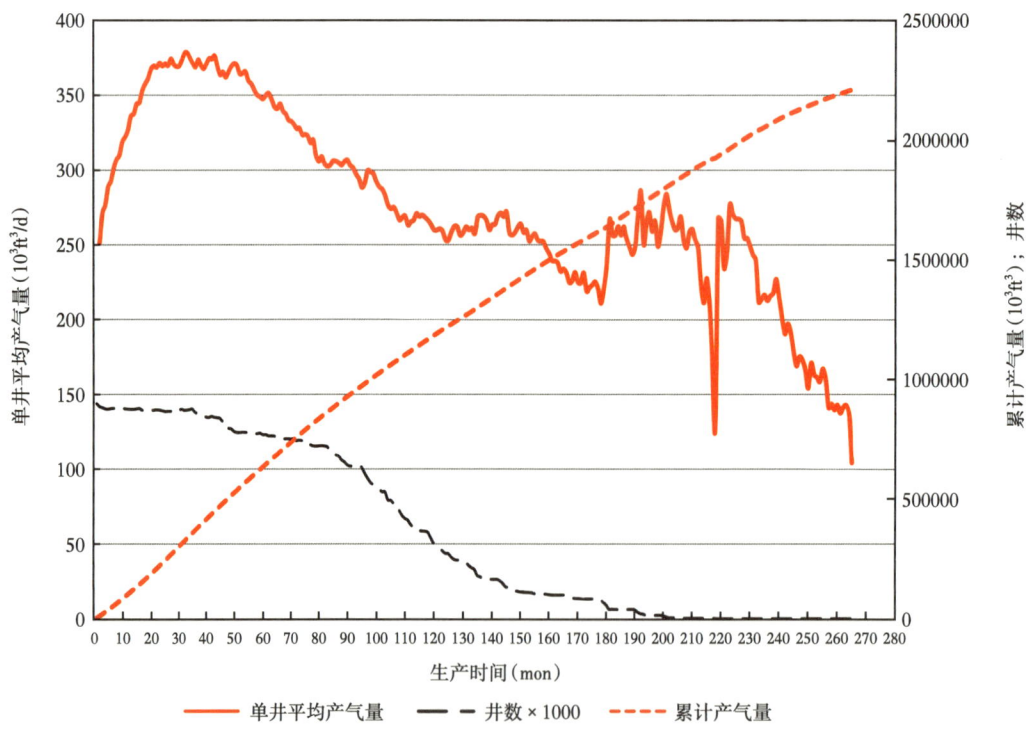

图 4.15 尤因他煤层气井零时间典型生产曲线（数据来源：IHS）

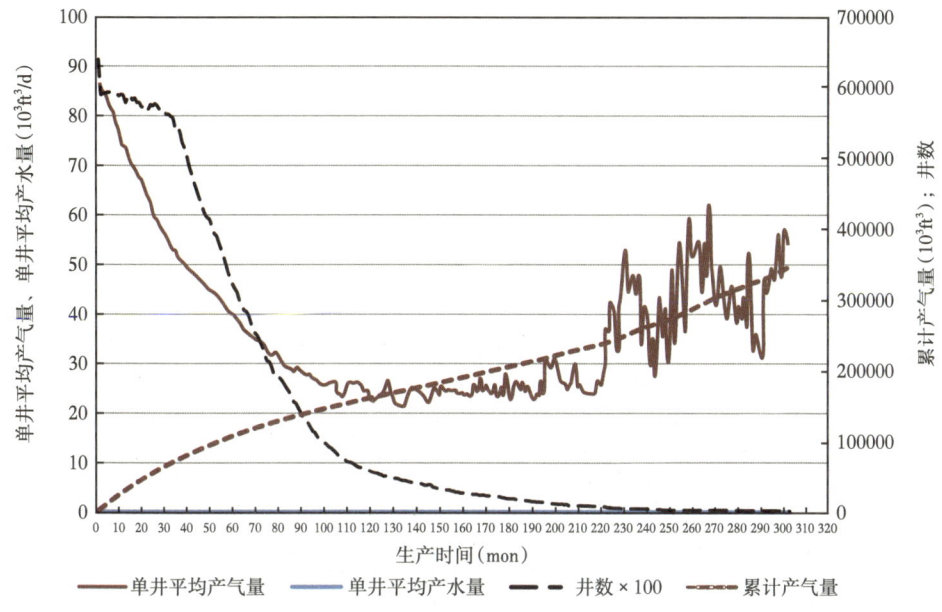

图 4.16 中部大陆西侧煤层气井零时间典型生产曲线（数据来源：IHS）

4.2.2 地区差异

决定煤层气井产量差异的主要因素既有区域性的（如盆地、储层面积、高渗通道等），也有本地的。煤气层区域范围一般较大，煤层气井的开发动态受煤层气储量丰度以及目前原位应力和静水梯度的影响。煤层气产量的区域控制因素可以很容易从图中推断，也易于理解，如图 4.17 所示。很明显，中部大陆西侧煤层薄、煤层气储量小、储层压力梯度小，而圣胡安盆地区域煤层厚度大、煤层气储量大、储层压力梯度大，故两个区域之间的产量差异也非常大。

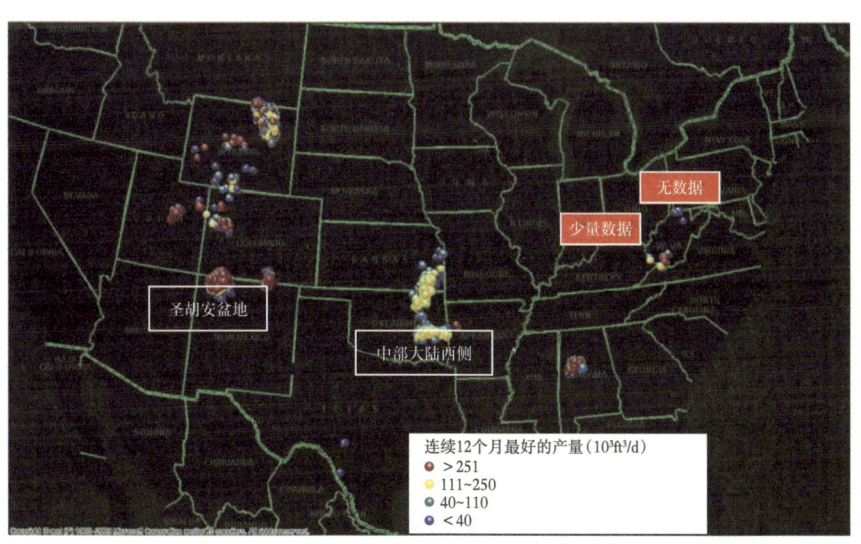

图 4.17 根据盆地/产气区划分的美国本土 48 州煤层气产量分布

圣胡安盆地自身也是一个很好的例子，如图 4.18 所示，该盆地明显存在不同的重要因素控制着气井的产量。一般将圣胡安盆地分为两个不同的煤层气产区，即"高渗通道"和"非高渗通道"两个区域。高渗通道产区的面积约占总产区面积的 15%，但这一区域的煤层气产量却占该盆地煤层气总产量的 75% 以上。高渗通道产区的煤层最厚，局部累计厚度超过 90ft。该地区的另一个特点是储层异常高压，渗透率高（20~100mD），煤层气浓度高。在高渗通道区域以外，煤层一般较薄（20~40ft），渗透率也较低（1~30mD），储层压力较低（正常静水压力或低于静水压力）。

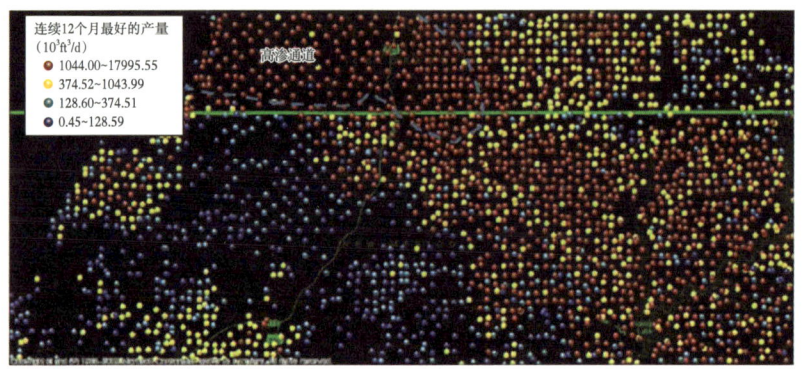

图 4.18　圣胡安盆地产量分布图

基于连续 12 个月的最佳日平均产量数据，美国煤层气井产量分布如图 4.19 所示。从图上可以看出，有数据的所有美国煤层气井中，产量表现最好的 12 个月内，历史上产量中位数约为 $11\times10^4 ft^3/d$；而这 3.6×10^4 口井产量的数学平均值（图 4.18 中未显示）要高得多，约为 $25\times10^4 ft^3/d$，这主要是因为圣胡安主流道区域内的单井产量非常高，使这些数据明显偏高。

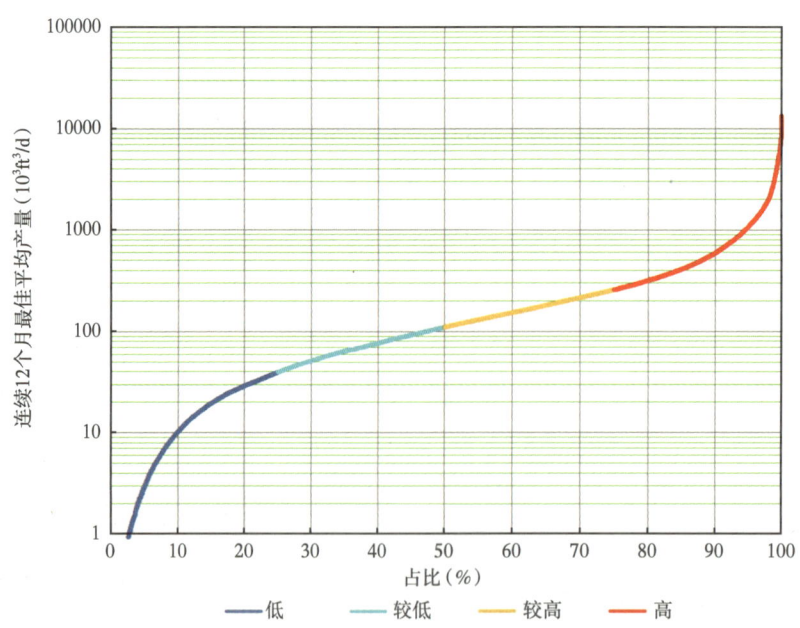

图 4.19　根据连续 12 个月最佳日平均产量得出的美国所有煤层气井产量分布

尽管产量各不相同，但所有小型或大型煤层气田都呈现出类似的分布特征。图4.20所示的黑勇士盆地就是一个很好的大型成熟煤层气田产量分布的例子。

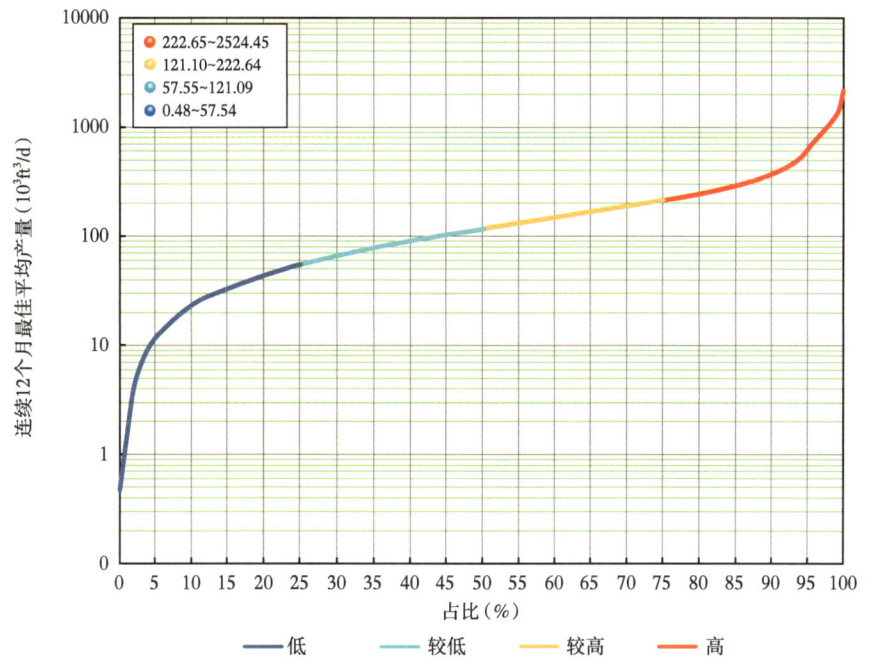

图4.20　黑勇士盆地产量分布（数据来源：IHS）

图4.21显示的是一个开发程度较低的煤层气田，即皮森斯盆地的产量曲线，该气田典型的产量分布趋势刚刚开始形成。

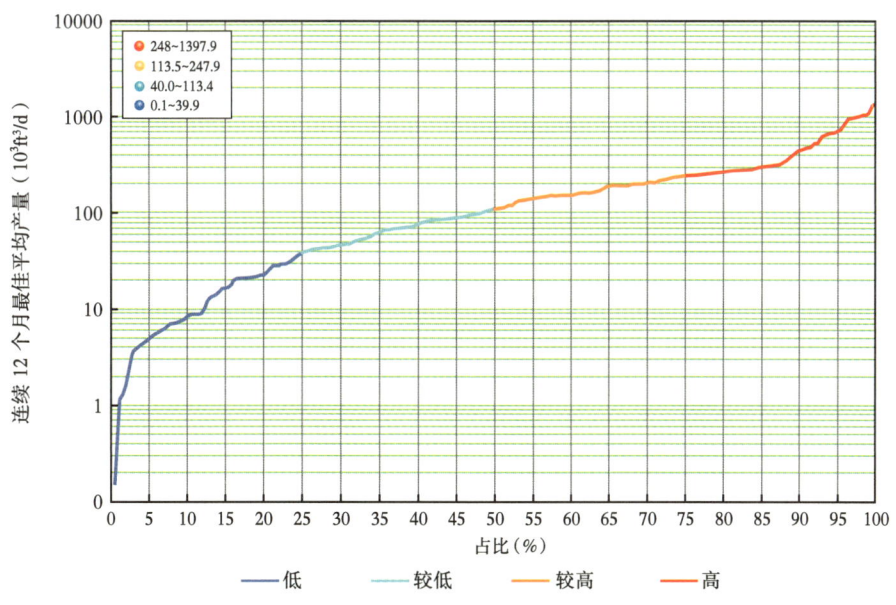

图4.21　皮森斯盆地产量分布（数据来源：IHS）

IHS 公司发布的所有盆地/储层煤层气生产区域内产量分布情况见图 4.22—图 4.31。

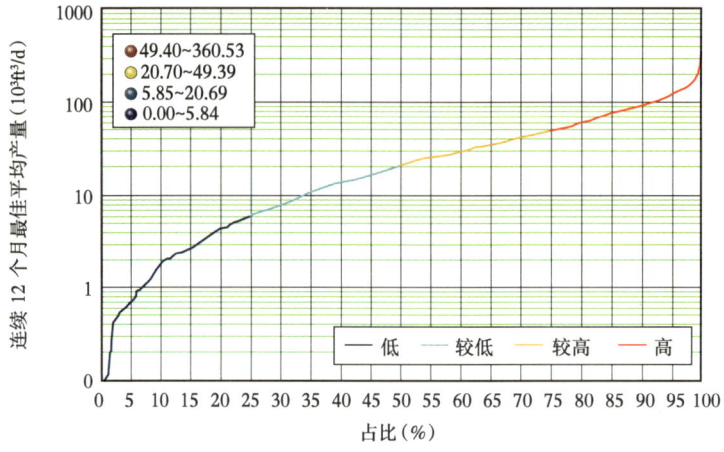

图 4.22 卡哈巴产量分布（数据来源：IHS）

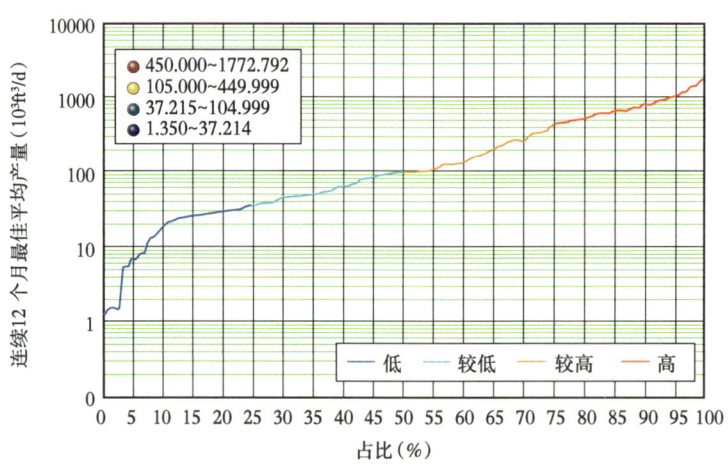

图 4.23 中阿巴拉契亚产量分布（数据来源：IHS）

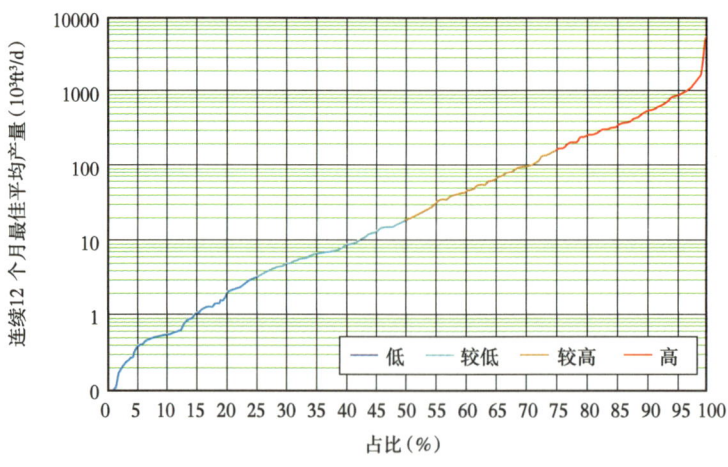

图 4.24 大绿河产量分布（数据来源：IHS）

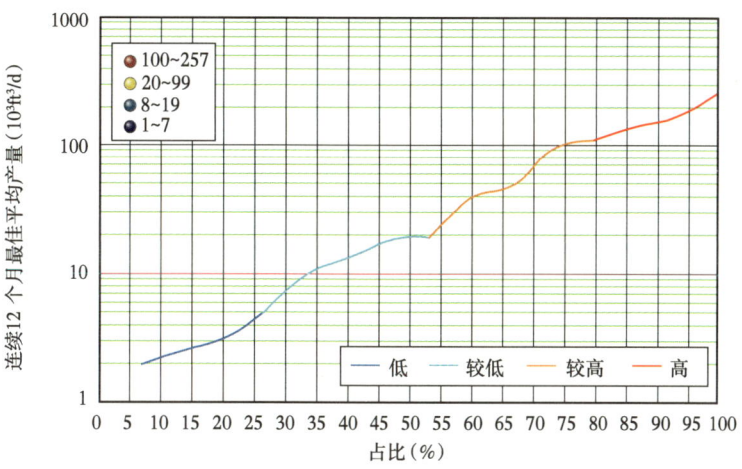

图 4.25 马弗里克产量分布（数据来源：IHS）

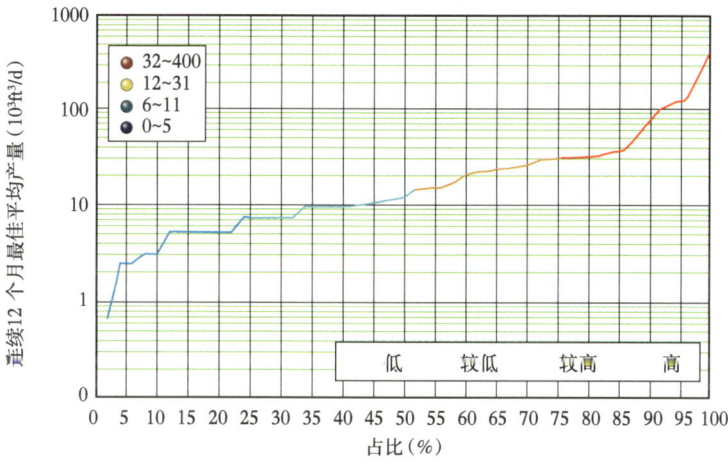

图 4.26 北阿巴拉契亚产量分布（数据来源：IHS）

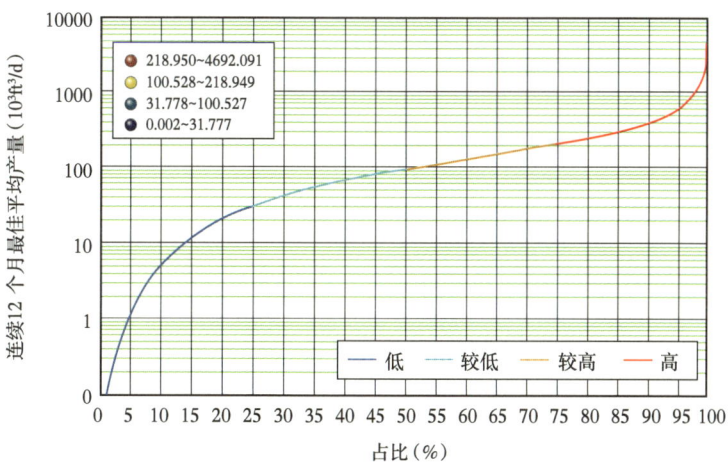

图 4.27 粉河产量分布（数据来源：IHS）

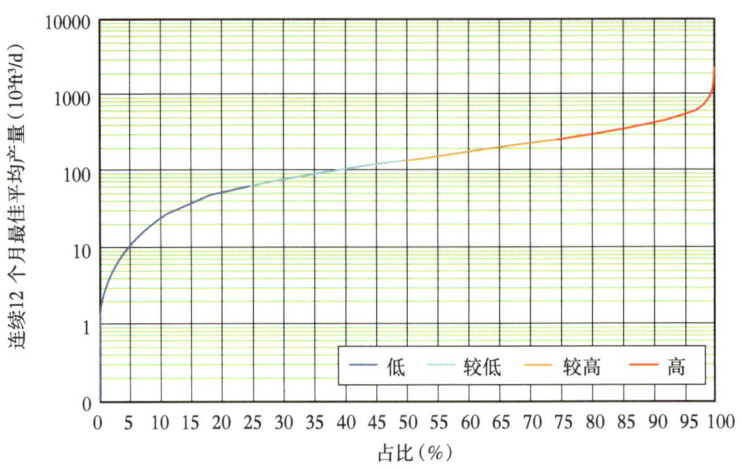

图 4.28　拉顿盆地产量分布（数据来源：IHS）

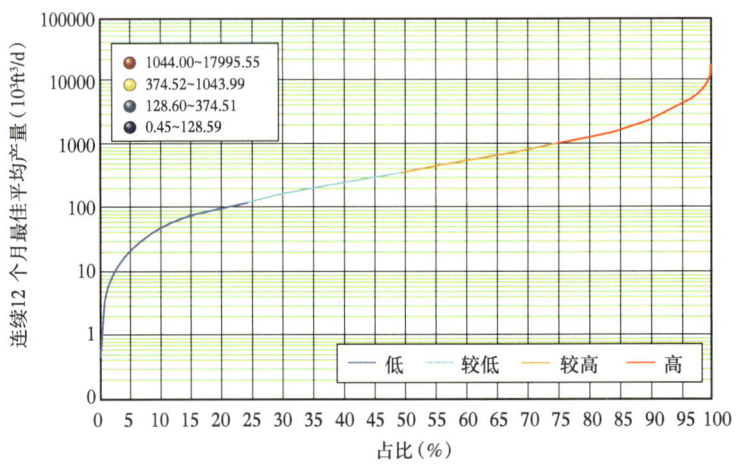

图 4.29　圣胡安产量分布（数据来源：IHS）

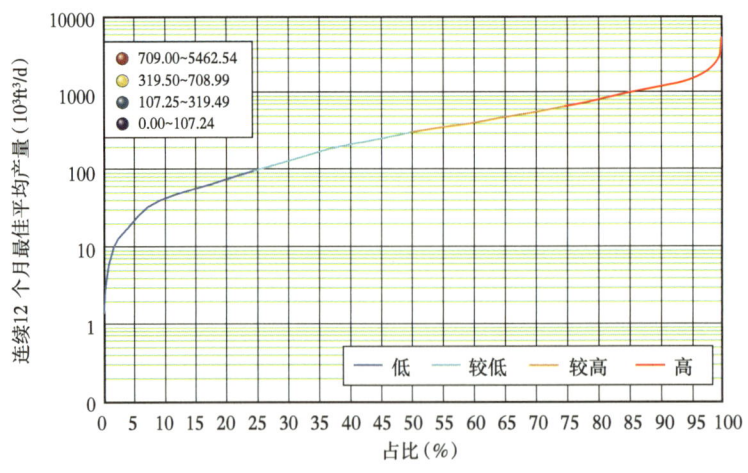

图 4.30　尤因他产量分布（数据来源：IHS）

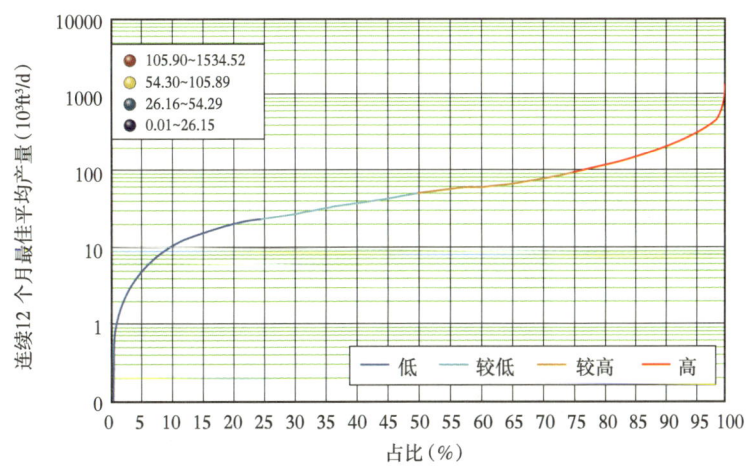

图 4.31　中部大陆西侧产量分布（数据来源：IHS）

4.2.3　气田之间的差异

由于煤层中控制天然气和地层水流动的机制复杂，煤层气井在生产过程中往往呈现出复杂的特征。大多数煤层气井在开始投产的时候，以产水为主，天然气产量很低。随着水从天然裂缝系统中流出，地层静水压力降低，气体从煤的内表面解吸附变成自由气。随着天然气饱和度（裂隙和裂缝系统内）的增加，其相对渗透率随之增加，而水的相对渗透率则降低。当天然气和水的相对渗透率稳定后，天然气的产量达到峰值。从这时起，天然气和水的产量缓慢下降，这不仅受主要储层参数（尤其是渗透率）的控制，还受邻近气井排液产生的协同效应的影响。因此，从煤层气开发历史看，大规模煤层气田开发最常用的一个方法，就是建立合理的开发井网，将流向生产气井的地层水"挡"在外面，并且/或者增大气井的生产压差、加大排液产生"干扰"。

亚拉巴马州卡哈巴盆地的古泥（Gurnee）煤层气田就是一个明显的例子，在这个气田中，不难发现一些气井"阻挡"了边部水体流向气田内部的气井。从图 4.32 可以看出，大量地层补给水来自盆地东部边缘，一些气井产量低可能是由于无法大范围降低地层压力使煤层气解吸附造成的。

尽管影响煤层气井产量的因素很多，包括气井所处的构造、井距、煤层厚度、含气量、应力条件以及天然裂缝的发育、张开程度等，但事实上，几乎所有进入开发后期的气田都显示煤层气井之间产生"干扰"引起的协同效应，如图 4.33 所示。

4.2.4　不同位置之间的差异

储层渗透率很容易因位置而异，这主要是由于储层内天然裂缝的非均质性导致的（张开的割理和天然裂缝的相对数量及其间距和裂缝宽度）。进一步研究表明，煤层的渗透率对原位应力非常敏感，使得产气区内不同位置的渗透率出现数量级的变化。通过对大面积开发的煤层气田内的大量生产井进行的研究发现，气井的产量差异非常大。例如，亚拉巴马州黑勇士盆地橡树林（Oak Grove）气田采用密井网进行开发，煤层气井连续 12

个月最佳产量如图 4.34 所示。所有气井的钻井和完井方式几乎完全相同,井与井之间只有煤层厚度、含气量和其他储层参数略有不同。所有气井采用正方形网格,井距都很小——大约 1000ft。因此,只有储层渗透率的变化才能解释整个气田中单井产量出现的巨大差异。

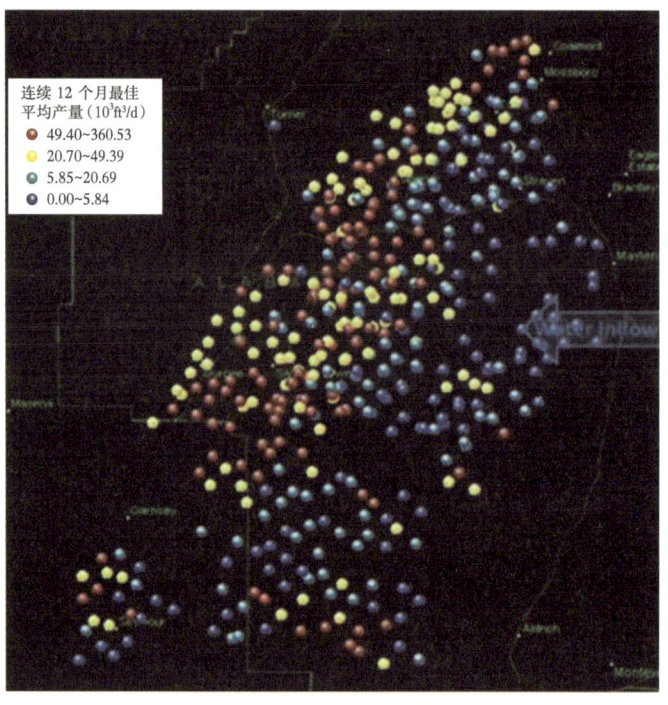

图 4.32　亚拉巴马州卡哈巴盆地古泥(Gurnee)煤层气田煤层气井"屏蔽"效应

图形范围为 34miles

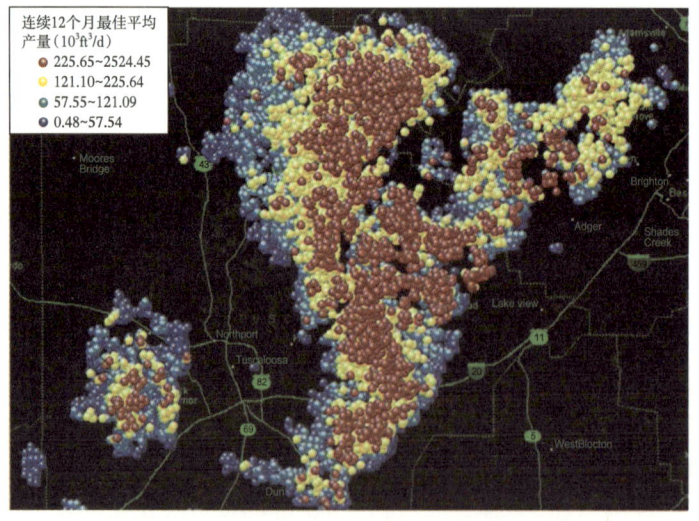

图 4.33　黑勇士盆地煤层气井生产时井间"干扰"产生的协同效应

图形范围为 125miles

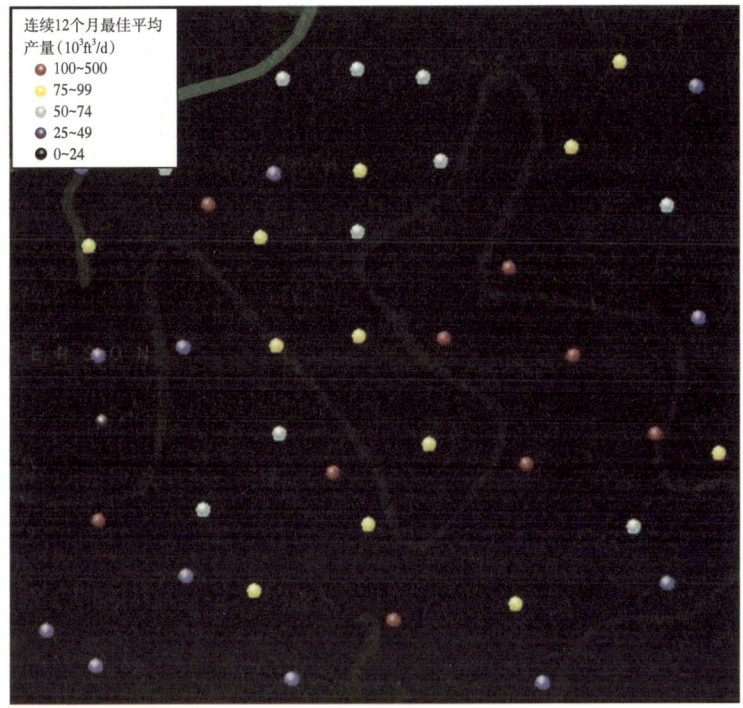

图4.34 亚拉巴马州黑勇士盆地橡树林煤层气田密井网开发模式下（井距为1000miles）连续12个月最佳产气量

对已充分开发的煤层气田的生产数据进行大量研究表明，各生产层位之间以及这些生产层位中较小区域（小到气田规模）范围内的气井，其产量变化都非常大，图4.35中切罗基盆地煤层气产区的一部分，以及图4.36中开发程度较低的大绿河煤层气产区都说明了这种情况。了解煤层气储层内的显著差异对煤层气前景评价具有重要意义。

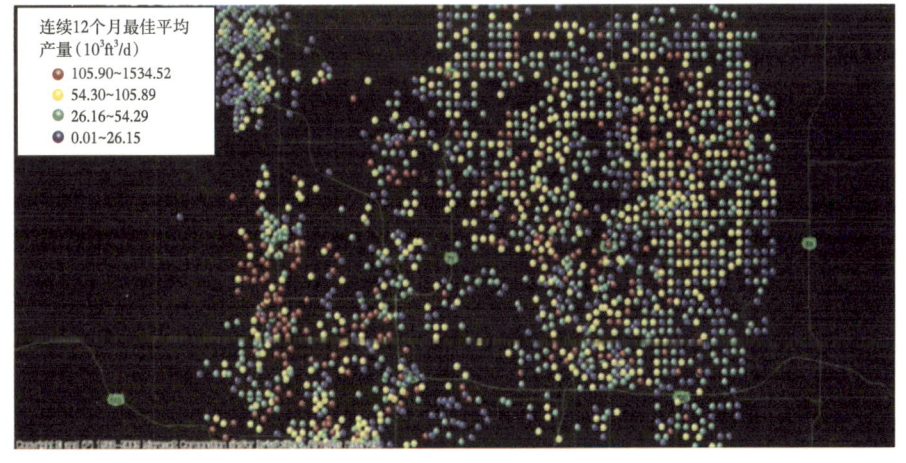

图4.35 切罗基盆地部分煤层气田的产量变化情况

图形范围为65miles

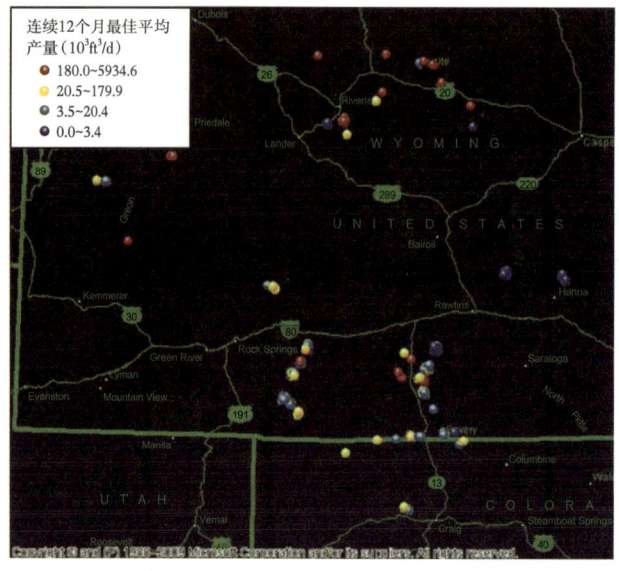

图 4.36　大绿河盆地煤层气产区的产量变化情况

图形范围为 700miles

4.2.5　完井差异

近年随着井下技术的进步和相关成本的降低，在某些储层中，水平钻井正在替代垂直气井，成为煤层气藏开发越来越有吸引力的技术手段。1990 年中期，美国俄克拉何马州阿科马盆地的哈特肖恩（Hartshorne）煤层气井首次大规模应用水平井。截至 2009 年 8 月，在 IHS 公开的 1919 口煤层气生产井中，其中约 342 口为水平井，几乎全部位于哈特肖恩煤层气藏中。对阿科马盆地煤层气藏进行分析后，水平井产量分布结果如图 4.37 所示，

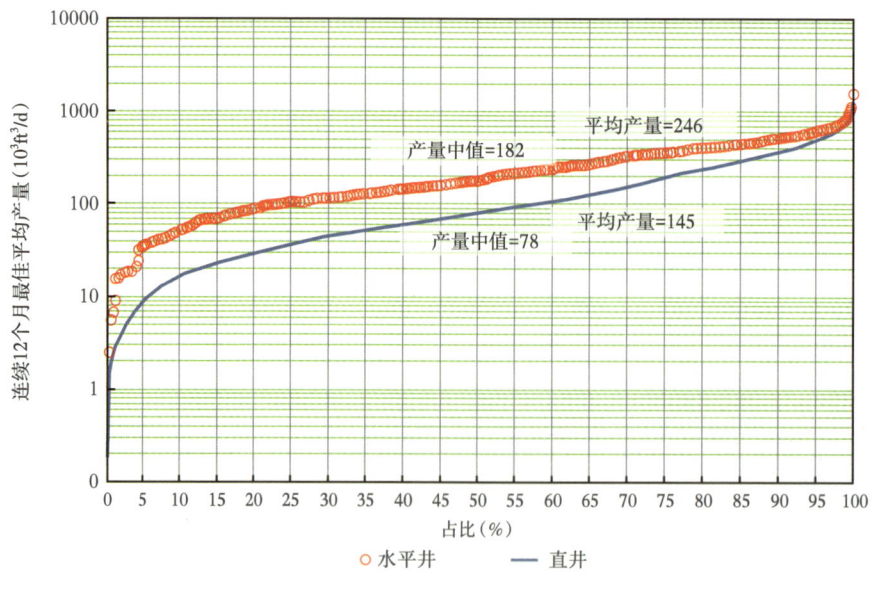

图 4.37　阿科马盆地直井和水平井的日产量分布（数据来源：IHS）

并与阿科马盆地垂直井的开发动态进行了比较。从图 4.37 中可以看出，阿科马煤层气中，水平井的产量比直井高出约 100%；与直井生产相比，水平井获得高产的概率明显提高。

毫无疑问，特定气藏完井方式对煤层气井产能影响很大。事实上，在煤层气过去 35 年的发展历史中，从简单的单层裸眼完井和套管多层完井开始，寻找和研发针对特定气藏的完井方式一直在行业中扮演着非常重要的角色。例如，粉河盆地的快速开发是建立在非传统的水力压裂作业基础上的，即在裸眼煤层气井中快速注入适量、无污染的压裂液；20 世纪 80 年代中期，在圣胡安盆地的"高渗通道"煤层气产区，证明"洞穴"完井方法是最有效的，等等。

4.3 数据的启示

哪怕是最好的完井设计也很难影响到煤层气储层自身的复杂性。如前所述，煤层气自身的复杂性远远超过了任何完井类型和方式对煤层气井产量的影响，因为生产数据均显示世界范围内每个煤层气盆地/煤层气产区的生产结果都存在很大差异。例如，图 4.38 所示的阿科马盆地水平井产量分布，如果将这些数据与直井的产量（图 4.39）放在一起进行比较，就会呈现出同样的差异性。

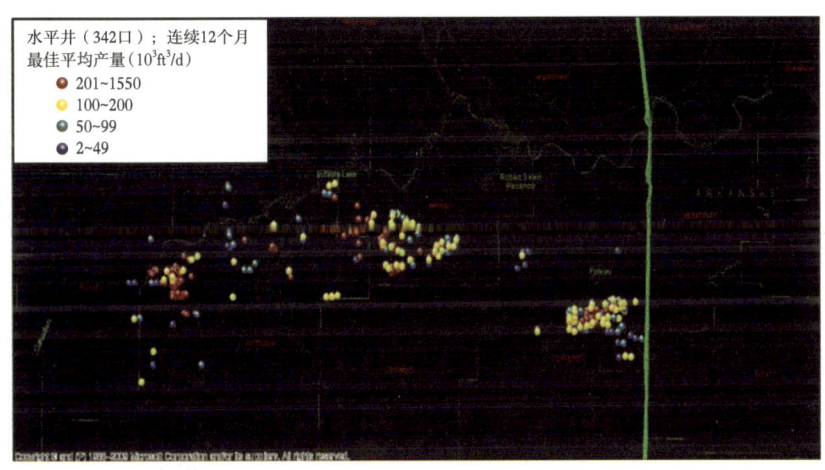

图 4.38　阿科马盆地水平井产量分布图

图形范围为 200miles

煤层气生产数据与整个储层系统分布基本相吻合，也就是说，气井产量主要受储层中含有不同数量游离气和吸附气的天然裂缝控制。通常认为，存在于储层系统中的众多煤层和其他碳质岩层是煤层气的烃源岩，而不只局限于完井所在的煤层。在某些区域，一个或多个烃源岩层可能与天然裂缝直接接触；而在其他一些位置，这些烃源岩层中可能没有任何明显的天然裂缝，如图 4.40 所示。

在直井的完井过程中，如果井筒产生的诱导裂缝与天然裂缝相交，水力压裂则是最有效的增产手段。因此，烃源岩和天然裂缝共存的地方，煤层气直井出现高产的概率比较大。地层中烃源岩和天然裂缝的连通会使得气井流体（水和/或气）的总产量和日产量相差非常大，而且很多时候很难解释与预测产水量和产气量之间"不吻合"的情况，并且与压降模型响应相反。选定目标完井区域内的大多数或所有气井，当气井与天然裂缝不重合时，生产结果更符合"常规意义"的低渗透煤炭特征，产气量和产水量均较低，也更容易通过储层建模来解释。

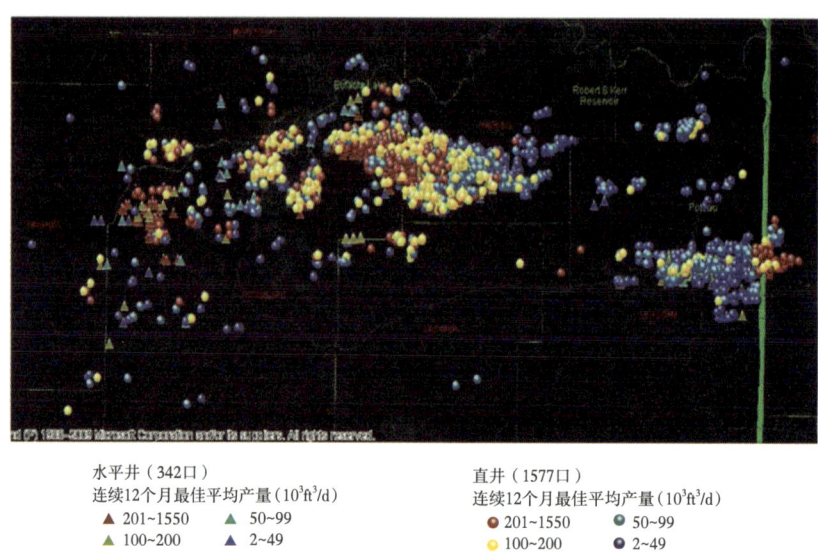

图 4.39　阿科马盆地水平井及直井产量分布图

图形范围为 200miles

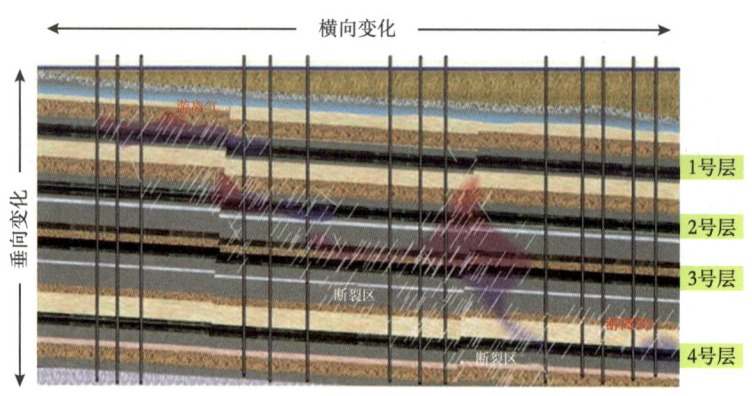

图 4.40　与煤层气生产数据特征相吻合的概念储层系统

4.4　未来发展趋势

从一个鲜为人知的研究方向开始，煤层气行业在过去 40 年里得到了极大的发展。然而，描述井点、煤层气田或者区域煤层气储层特征非常复杂，使得设计最有效的钻井、完井和生产作业在许多地区仍然难以捉摸。煤层气井的产量相对较低（但生产寿命长），这就决定了美国煤层气行业仍需要成本效益高的新技术，以充分发挥煤层气资源的潜力。例如，目前正在开发改进的井眼成像和地球化学测井方法，可以帮助识别煤层并优选高等级煤层。水平井技术的应用似乎更适应煤层气储层的复杂特征，大大增加了与煤层系统内更多天然裂缝相交的可能性（图4.40）。此外，在导向技术提高、地层伤害降低以及钻井成本总体降低的推动下，水平井技术很可能会"释放"那些尚未表现出持续吸引力的煤层气藏的潜力。水平井技术的应用似乎更适合开发浅层（<1000ft）含气量较低但渗透性较好的煤层，例如，在伊利诺伊州和北阿巴拉契亚盆地等迄今为止难以完井开发的大型潜力巨大的煤层气藏。

5 著名的煤层气田

奥尔加·波波娃

美国能源部能源信息管理局，华盛顿特区，美国

本章包含了截至2019年8月美国本土48州煤层气开发的最新情况。如图5.1a所示，煤层气的开发和生产从20世纪80年代初的不到100口井增长到2008年的平均日产气量为$45×10^8 ft^3$的峰值产量。2008年底，所有盆地的新井投产速度开始放缓，如图5.1所示，主要原因是天然气价格下跌、平均单井产量下降及页岩气开发的竞争日益激烈，尤其是来自阿巴拉契亚盆地马塞勒斯和尤蒂卡煤层气藏的竞争[1-4]。

2019年3月，活跃的煤层气生产井共有约32000口，日产气量约为$22×10^8 ft^3$，如图5.1a所示。

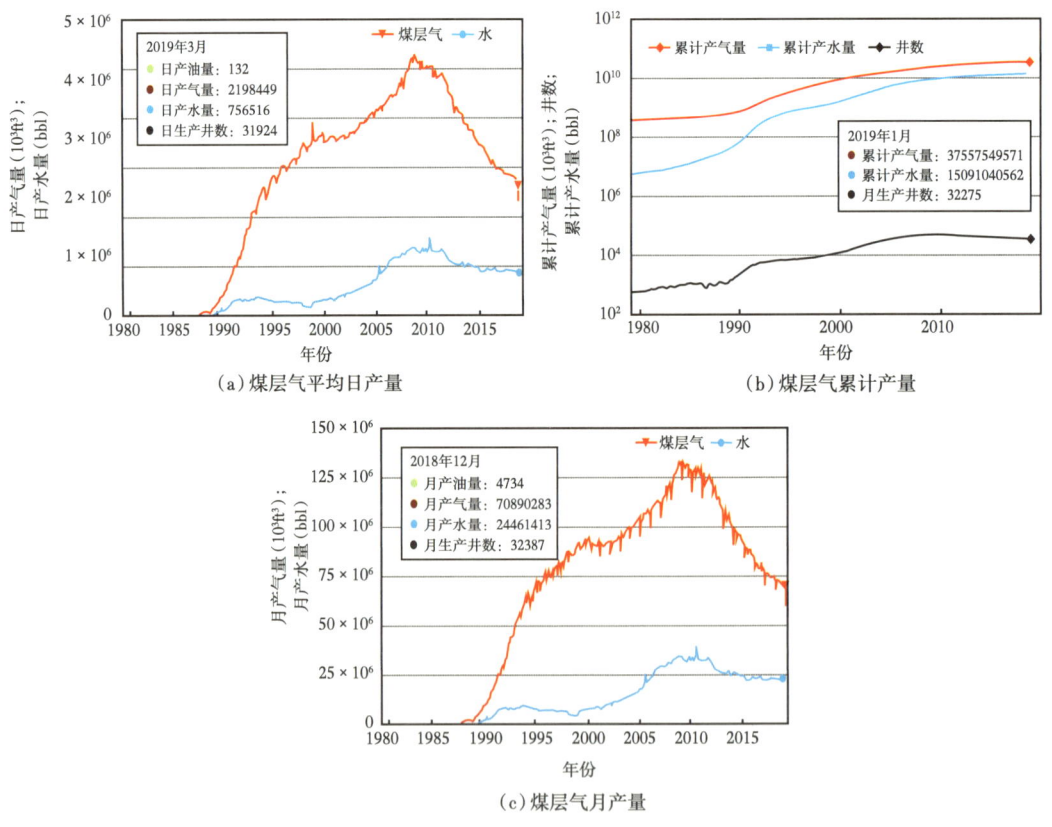

图5.1 主要煤层气产区的生产概况

据 EIA 报告，自 2008 年以来，美国煤层气的年产量有所下降。然而，如图 5.2 所示，煤层气仍然是产量组成的一部分，占 2017 年天然气总产量 $27.3 \times 10^{12} \mathrm{ft}^3$ 的 3.6%。2017 年，煤层气产量降至 $9800 \times 10^8 \mathrm{ft}^3$，全年下降了 $400 \times 10^8 \mathrm{ft}^3$，是 1996 年以来的最低水平。从 1980 年到 2017 年，美国累计煤层气产量为 $37.5 \times 10^{12} \mathrm{ft}^3$。

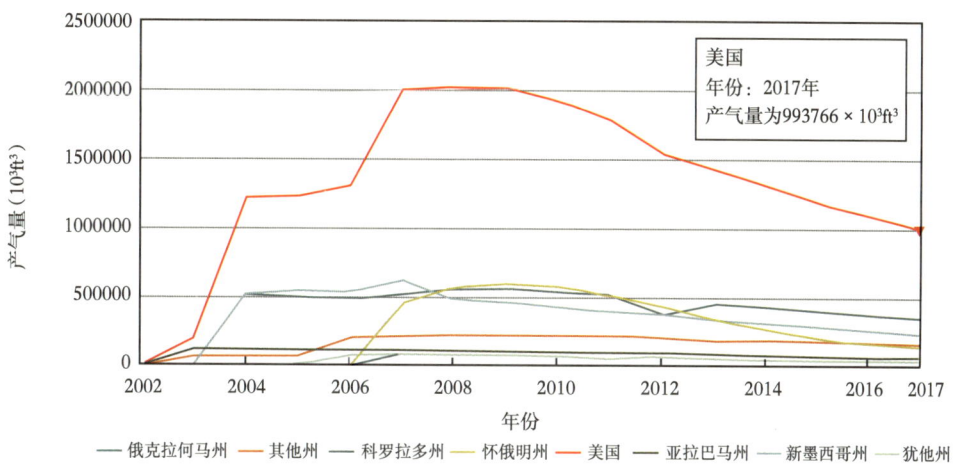

图 5.2　美国本土 48 州的煤层气年度总产量曲线（资料来源：美国能源信息署）

如图 5.3 所示，美国煤层气年探明储量在 2007 年达到峰值，即 $21.87 \times 10^{12} \mathrm{ft}^3$，2017 年下降到 $11.878 \times 10^{12} \mathrm{ft}^3$，占美国天然气总储量 $438 \times 10^{12} \mathrm{ft}^3$ 的 2.7%。2017 年煤层气探明储量比上一年增长了 12%[4]。

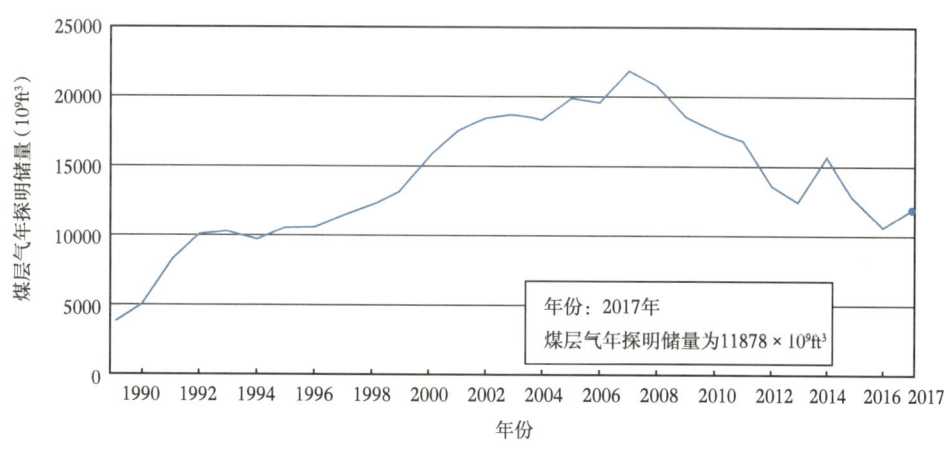

图 5.3　美国本土 48 州煤层气年探明储量曲线（资料来源：美国能源信息署）

据美国地质调查局（USGS）预测美国的煤层气资源量超过 $700 \times 10^{12} \mathrm{ft}^3$，经济可采资源量约为 $100 \times 10^{12} \mathrm{ft}^3$。煤层气资源在美国本土 48 个州的分布情况如图 5.4 所示[5]。

为此，钻井信息组织（DrillingInfo）划定了 12 个所谓的主要煤层气产区，如图 5.5 所示[6]。

图 5.4　美国本土 48 州煤层气资源预测图（据文献 [5] 修改）

1TCFG=1×10^{12}ft^3

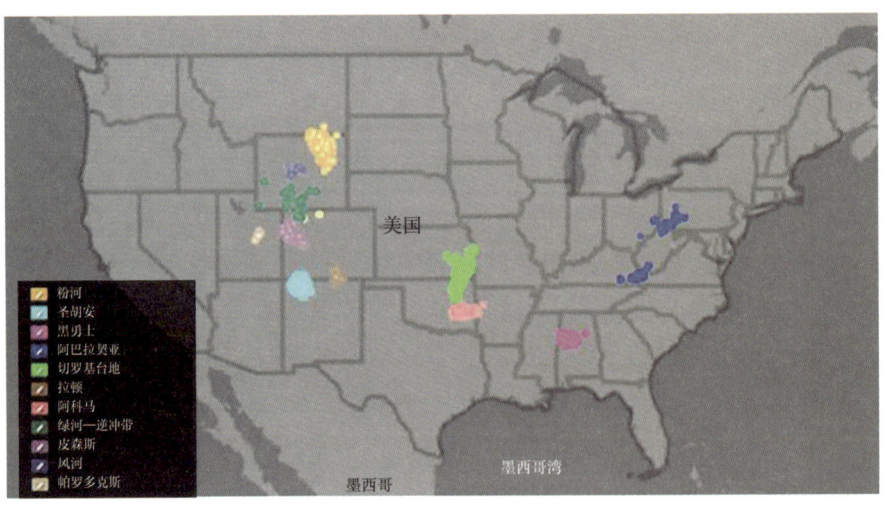

图 5.5　美国本土 48 州主要煤层气产区[6]

但是，包括圣胡安、粉河和绿河在内的 4 个主要煤层气产区 2017 年的产量为 7500×10^{8}ft^3，占美国煤层气总产量的 75%。煤层气井产量变化的主要控制因素中，有的是区域性的，有的跟井位有关。煤层气井的开发动态受储层性质以及目前原位应力和静水压力梯度的影响。如图 5.6、图 5.7 所示，煤层气生产过程中的这种差异性，很容易从图表中看出来，也很容易理解。中部大陆西侧的煤层薄、储量丰度低、储层压力梯度小，而圣胡安盆地煤层厚、储量丰度高、压力梯度大[7-8]，因此，产量上的差别非常明显。

第1篇 煤层气藏的成因、地质特征和储量预测

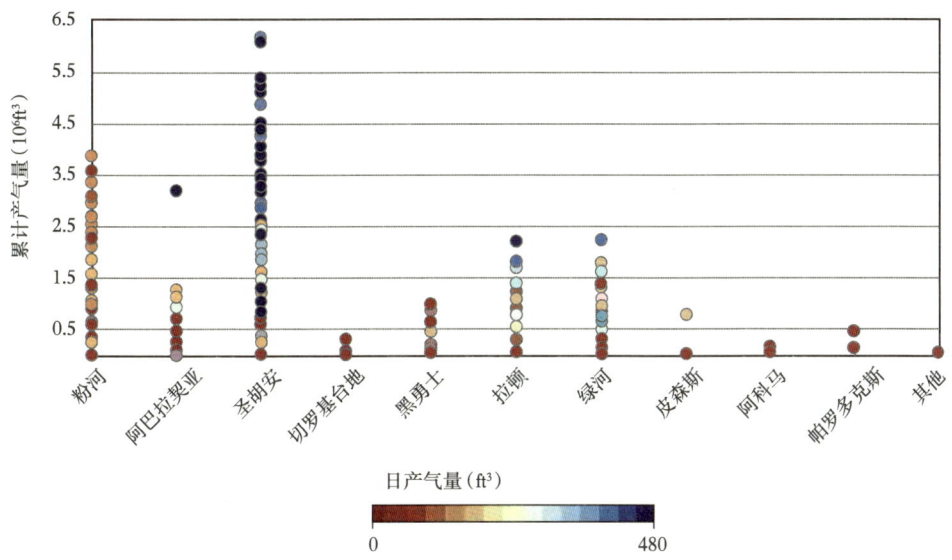

图 5.6 美国本土 48 州重要盆地煤层气累计产量[7]

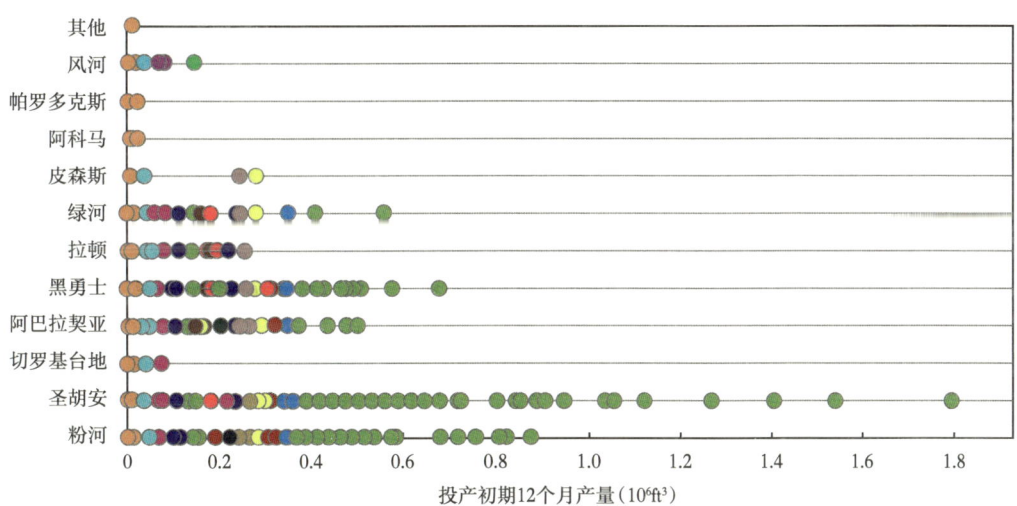

图 5.7 美国本土 48 州重要盆地煤层气井投产初期连续 12 个月的月平均天然气产量[8]

参 考 文 献

[1] EIA. U.S. crude oil and natural gas proved reserves, Year-end 2017. US Energy Information Administration, 2018: 48. http://www.eia.gov/naturalgas/crudeoilreserves/index.cfm.

[2] EIA. U.S. dry natural gas production. US Energy Information Administration, 2018. http://www.eia.gov/dnav/ng/ng_prod_sum_a_EPG0_FPD_mmcf_a.htm.

[3] EIA. U.S. CBM production. U.S. Energy Information Administration, 2018. http://www.eia.gov/dnav/ng/ng_prod_coalbed_s1_a.htm.

[4] EIA. US CBM reserves. US Energy Information Administration, 2018. http://www.eia.gov/dnav/ng/ng_enr_coalbed_a_EPG0_R51_Bcf_a.htm.

[5] U.S. Geological Survey National Assessment of Oil and Gas Resources Team, Biewick LRH. Map of assessed coalbed-gas resources in the United States, 2014. US Geological Survey Digital Data Series 69-II: 14. https://pubs.usgs.gov/dds/dds-069/dds-069-ii/.

[6] Plot of major US plays for coalbed methane production, DrillingInfo. Data analysis by U.S. Energy Information Administration using on-line source, 2019.

[7] Cumulative coalbed methane data from US Basins, DrillingInfo. Data analysis by U.S. Energy Information Administration using on-line source, 2019.

[8] Daily coalbed methane well production data from US Basins, DrillingInfo. Data analysis by U.S. Energy Information Administration using on-line source, 2019.

第 2 篇　煤层气储层特征

6 煤层中天然气的储集

卡西·阿米尼安

西弗吉尼亚大学，摩根敦，西弗吉尼亚州，美国

6.1 煤层中的天然气

煤是一种由有机物、矿物、水和复杂孔隙网络组成的非均质物质。煤中的有机成分最初是由陆生植物经过生物作用，后来又在上覆沉积物作用所产生的温度和压力条件下，经过数百万年的漫长历史时期形成的。沉积下来的物质转化为煤炭的过程分划为 4 个阶段，包括泥炭、褐煤、烟煤（软煤）和无烟煤（硬煤），这个过程称为煤化过程。煤化过程中的成熟程度由煤层等级表示。煤层等级对煤层中的天然气生成和储集有着很大影响。煤化过程中会产生 CH_4、CO_2、N_2、H_2O 和较重的碳氢化合物。在生物作用的早期阶段（泥炭形成阶段），由于上覆沉积物对煤层施加的压力不够，这个时期形成的大部分气体无法在煤层中保存下来。随着煤化过程的进一步进行和埋藏深度的增加，煤层中的大部分水和溶解在 H_2O 中的 CO_2 被排出，而 CH_4 成为保留在煤层中的主要气体。

煤层是一种各向异性的非均质多孔介质，具有两套不同的系统，即基质和天然裂缝。煤层基质主要由孔径约几纳米的极小孔隙（微孔）构成。天然裂缝包括煤层割理、节理和断层。割理是煤化过程产生的副产物，是由主割理（面割理）和次割理（端割理）组成的在煤层中普遍存在的裂缝网络。割理的尺寸从几微米到几厘米不等[1]。割理系统的孔隙度为 0.5%~5%，在目前商业化开采煤层气储层中，最常见的孔隙度范围为 1%~2%。煤层中的天然裂缝通常饱和地层水，但可能含有少量"游离"状态或溶解在水中的天然气。由于煤层的孔隙度较低，裂缝系统的地层水饱和度较高，即使存在游离天然气，也只占煤层中天然气储量的很小一部分。与天然气以自由状态存在于储层岩石孔隙中的传统气藏不同，煤层中绝大部分天然气是通过吸附的方式储集在煤层基质中[2]。煤层基质中的微孔具有非常大的表面积，可以吸附大量气体。因此，煤层气储层中的压力—体积关系必须通过煤层的吸附特性进行评价。

吸附可分为化学吸附和物理吸附。在化学吸附过程中，气体通过化学方式在固体表面特定位置与煤层相结合。物理吸附是由气体分子与固体表面分子之间的吸引力（范德华力）产生的。由于吸附力的存在，气体在吸附状态下的密度远高于气体的体积密度。因此，通过吸附方式储存的气体体积远远超过在低压压缩条件下储集的气体体积[3]。物理吸附是一个可逆过程，因为气体分子和固体表面之间没有化学键。物理吸附在低压下很可能

是单层吸附，而在高压下则是多层吸附，这取决于气体和固体的类型[4]。

固体吸附气体的量是固体质量、温度和压力以及固体和气体性质的函数。某一气体在某种固体上的吸附量通常用吸附等温线表示。吸附等温线将单位质量固体的气体储集能力与恒温下的自由气体压力联系起来。吸附等温线的形状受吸附性质和固体孔隙结构的影响[5]。吸附等温线可分为不同类型[6]。由于煤层基质具有微孔结构，气体在煤层中的吸附符合朗缪尔（Langmuir）吸附等温线。典型的朗缪尔吸附等温线如图6.1所示。

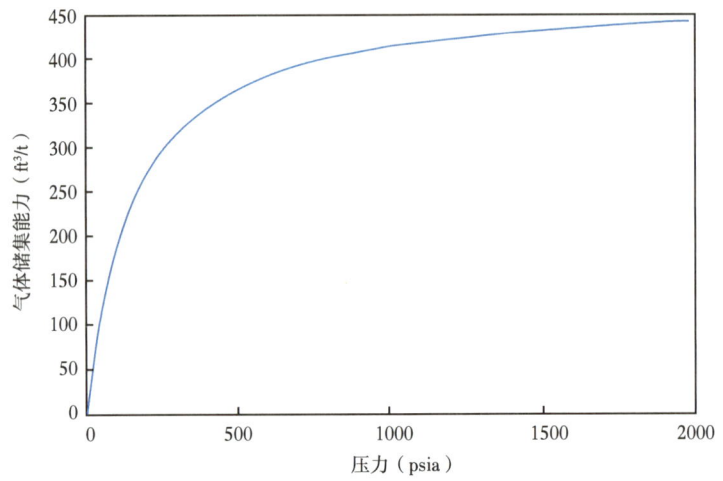

图6.1　典型的朗格缪尔吸附等温线

煤层储集气体的能力和压力之间的关系可以用下面的公式来描述[7]：

$$G_S = \frac{V_L p}{p_L + p} \quad (6.1)$$

式中　G_S——天然气储集能力，ft³/t；

p——压力，psia；

V_L——朗缪尔体积常数，ft³/t；

p_L——朗缪尔压力常数，psia。

从图6.1中可以看出，在压力比较低的情况下，煤层储集气体的能力随气体压力的增加而呈线性上升。随着气体压力的增加，固体中更多的储存空间被单层气体分子占据。如果有足够的气体分子，固体上所有存储空间最终都会被气体分子占据，从而达到最大存储能力。朗缪尔体积常数（V_L）用来表示最大储集能力；朗缪尔压力常数（p_L）表示气体储集能力等于最大储集能力一半时的压力。压力常数用来表征等温线的曲率。特定煤炭的p_L和V_L值由实验室等温线测试确定。目前许多已有的模型是针对煤层或其他微孔材料上吸附气体现象提出的[8-10]。对多种煤层的CH_4和CO_2吸附数据的分析表明，朗缪尔吸附等温线方程与大多数实验数据拟合比较好[11-14]，但是，仍然有些实验数据无法用朗缪尔吸附等温线方程来描述[15]。

等温线定义了煤层在任何压力下平衡时（最大）的天然气储集量。然而，随着时间的推移，在地质活动过程中可能会导致煤层气解吸，因此煤层在原始储层条件下的煤层气含量可能低于最大的可储集煤层气量。煤层气含量是指单位重量煤层或岩石能储集的标准煤层气体积，以便对不同样本进行统一的比较。测量煤层样品释放的天然气体积（立方英尺或立方厘米），然后根据测定的煤层样品重量（克或吨），将其转换为单位重量煤中的天然气含量。煤层样品重量的表达方式有几种，包括原始重量、风干重量、无灰分风干重量（daf）和无矿物质风干重量（dmmf）。原始重量是煤样在除去无关物质后测得的实际重量。风干重量是样品在实验室环境中达到平衡后的重量。无灰分风干重量（daf）是根据残余水分和灰分的重量校正后的风干重量，残余水分是样品风干后剩余的水分，灰分指煤炭燃烧后残留的矿物质。在硫含量较高的煤样中，灰分含量并不能充分反映煤中的矿物含量，因为在燃烧煤样测量灰分含量的过程中会使硫挥发。在这种情况下，使用矿物质含量来表示会更为准确[16]。无矿物质风干重量（dmmf）是对灰分、硫和残余水分重量进行校正后的风干重量。煤样的水分、挥发成分和灰分含量是通过近似分析确定的，而进行近似分析时应基于美国材料与试验学会（ASTM）准则[17]。残余水分含量、灰分含量和硫含量修正值也应根据 ASTM 准则[18-20]确定。除进行近似分析外，通常还要根据 ASTM 准则进行最终分析，以确定煤炭中的碳、氢、硫、氮和氧含量[21]。

如图 6.2 所示，通过对基于同样条件得到的煤层气储集能力和煤层气含量进行比较，可用来分析煤层中天然气饱和度。如果原始储层压力下的煤层气含量（图 6.2 中的 G_{ci}）低于储层可容纳的煤层气体积（吸附等温线）时，则煤层中的天然气处于未饱和状态。这意味着煤层中一些存储空间未被气体占据，也就是说，煤层的吸附能力大于煤层中的气体含量。因此，这时候不会有游离气存在，煤层中的割理充满地层水。煤炭吸附等温线可用于预测煤层在储层压力降低时释放的煤层气量。在未饱和煤炭储层中，除非通过排水将割理系统中的压力降低到临界解吸压力，否则煤层气不会开始解吸。在临界解吸压力以下，煤层气含量与煤层的储集能力相等，直到废弃压力点。

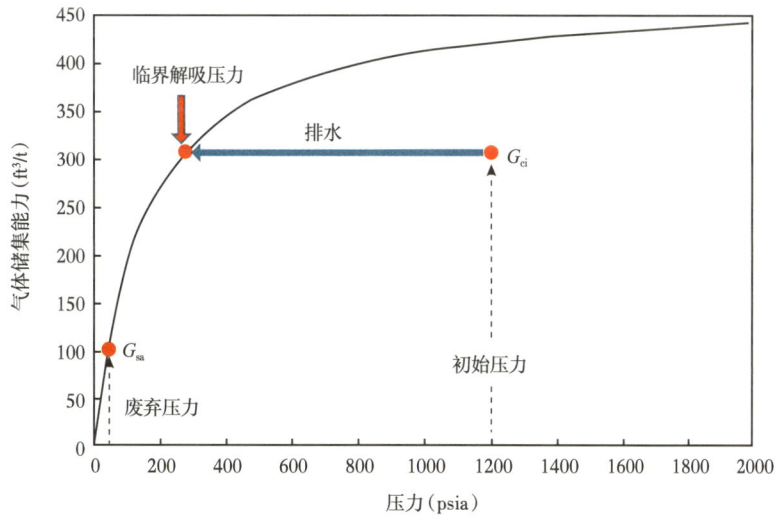

图 6.2 未饱和煤层中煤层气含量和储集能力对比图

6.2 煤层中气体吸附影响因素

灰分含量、含水量、温度、煤层等级、煤层类型及煤层气组分等众多因素都会影响到煤层吸附天然气的能力，下面进行简要讨论。许多研究人员已经证实灰分含量对煤层的天然气吸附能力起负面作用[3,22-24]。一般认为，煤层中的矿物质起着稀释剂的作用，会降低煤层的气体储集能力，因为气体是吸附在煤层中有机物中。不过，有研究称黏土矿物也能吸附气体[25-27]，但黏土矿物表面对CH_4的吸附量一般较低，但对CO_2的吸附量可能与煤层相同。

与干煤相比，湿煤对气体的吸附能力较低。关于水分对煤层吸附气体能力的影响，已经有这方面的详细研究[28-36]。这些研究表明，水不仅仅起到稀释剂的作用，同时还会竞争煤层表面的吸附位点，并在此过程中降低煤层对其他气体的吸附能力。CH_4和CO_2吸附在水分已达到平衡的煤层的事实表明，H_2O和这两种气体只竞争一部分可用的吸附位点。据推测，水分子无法通过最小的微孔，只能存在于较大的微孔中，而CH_4和CO_2可以进入所有的吸附位点[37-38]。因此，在含水量达到平衡之前，气体吸附能力会不断下降。超过临界湿度的气体储集能力一般不会受到影响。通常认为临界水分含量与平衡水分含量二者相同。公式（6.1）中给出的朗缪尔吸附等温线方程是针对纯煤层的，根据煤层的灰分和水分含量修改后的方程如公式（6.2）所示：

$$G_S = (1 - f_a - f_m)\frac{V_L p}{p_L + p} \tag{6.2}$$

式中 f_a——煤层的灰分含量；

f_m——煤层的水分含量。

煤层的吸附能力随温度升高而下降。煤层表面储集天然气位点的数量不会随温度变化而改变，因此朗缪尔存储气体的容量（V_L）不会变化。但是，朗缪尔压力常数（p_L）会随着温度的升高而增加。这意味着在一定压力下储集的气体量会随着温度的升高而减少。研究人员已经提出了许多技术来解释吸附等温线对温度的依赖性[39-40]，不过，更可靠的方法是在储层温度条件下测量吸附等温线。

煤层中通常含有大量CO_2、N_2、H_2O和分子量较重的碳氢化合物。纯甲烷在煤层中的储集量通常小于气体总含量[39]。Mavor比较了圣胡安盆地和皮森斯盆地几口井的CH_4储存能力和气体含量[41]，得出的结论是，由于原位吸附气体中CO_2的存在，纯甲烷储量低于测得的气体含量。混合气体等温线可使用扩展的朗缪尔理论计算得到[42]。已发表的文献显示，在对同一煤样进行单一气体测量时，CO_2的吸附量高于CH_4的吸附量；另外，湿煤中CO_2吸附量在低阶煤中高达CH_4吸附量的9倍，而在无烟煤中则降至1.1倍。低阶煤中CO_2吸附比例高，是因为大量CO_2溶解在高含水的低阶煤层中[43]。

吸附量和煤层气含量受煤层等级和类型的影响。煤层类型代表了煤炭中的各种煤素质，煤素质是煤层的微观成分，主要包括镜质体、脂质体和惰质体。不同来源的物质使得煤素质的孔隙度、孔隙结构和吸附能力存在差异[24]。镜质体和惰质体的CH_4吸附能力高于脂质体[44-45]。与惰质体相比，镜质体的孔隙度更高，因此比表面积更大[46-48]。大多数研究发现，富含镜质体的煤层比富含惰质体的煤层具有更高的吸附能力[22,49-54]。不过,一些研究文献称惰质体的 CH_4 吸附能力更高[45,55],而另一些研究则发现煤素质与 CH_4 的吸附能力之间没有关系[56-59]。煤层等级对 CH_4 吸附能力和煤素质成分有重要影响[55]。典型的解吸附等温线与煤层等级的函数关系如图 6.3 所示[60]。

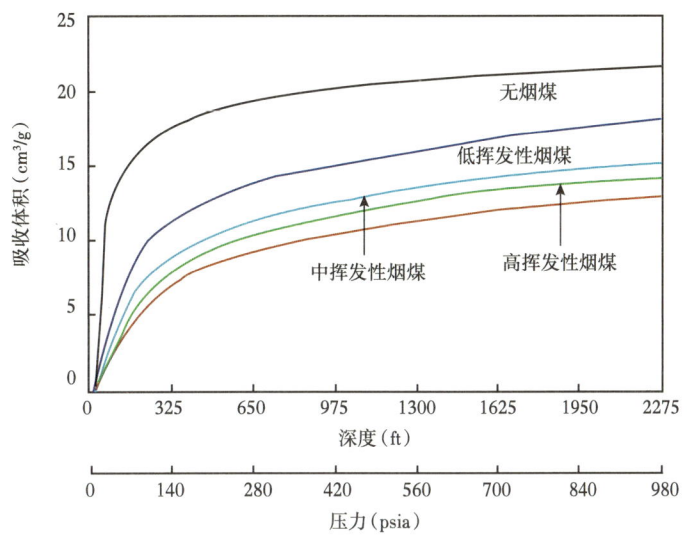

图 6.3　解吸附等温线与煤层等级的函数关系

由于煤化过程中微孔增加、水分减少,CH_4 吸附能力随煤层等级的提高而增加。然而,高挥发性烟煤中的液态碳氢化合物会堵塞微孔,从而将吸附能力降至最低[37]。随着煤层等级的提高,挥发组分发生热裂解,煤层气吸附位点被释放出来,吸附能力也随之提高[61]。

6.3　吸附能力的测定

McLennan 等人[62]详细介绍了吸附等温线测定的理论和程序,本节将简要介绍吸附等温线的测定方法。在测量等温线之前,必须进行近似分析和最终分析,以评估煤层中的水分、挥发成分和灰分矿物含量。煤样必须按照 ASTM 标准进行干燥并研磨成微细颗粒,以获得可靠的结果。煤层的表面积和储气能力不会因研磨而发生明显变化[63]。等温线测定包括系统测量煤层在不同压力下可吸附的气体量。通常使用改进的波义耳孔隙度仪,配有高精度压力传感器,并能保持恒温[13,64]。储集能力受温度、含水量和煤层成分的影响很大。在储层温度和平衡含水量条件下进行测量至关重要,实验过程必须按照 ASTM 标准进行。复合样本可以是等温线数据,但必须归一化为干燥、无灰分的基础上,以便与煤层气含量进行比较。测试结果可用于确定朗缪尔参数(p_L 和 V_L)。如果煤层中含有大量 CH_4 以外的其他气体,除了纯甲烷等温线外,还需要确定其他气体的等温线。

6.3.1　吸附等温线测定技术

有许多种方法可以用来测定煤层的气体吸附等温线,包括压力测量法、体积测量法和重力测量法。压力测量法目前应用最为广泛[13,22,43,53,65-67],该装置由一个校准过的参照单元和一个样品室组成。将煤样放入样品室中，通过向样品室中注入已知量的非吸附气体（He）来确定样品室的空隙体积，即样品室中未被固体煤占据的体积。随后，将一定量的气体从参考单元逐步转移到样品室中，并记录每个步骤的压力。根据空隙体积和不同压力下的记录值确定吸附气体的体积。为了得到准确的吸附量，在计算吸附气体的体积时需要对样品室的空隙体积进行校正。对吸附气体体积的校正如公式（6.3）所示[64]：

$$G_S = \frac{G'_S}{(1-\rho_f/\rho_s)} \tag{6.3}$$

式中　G'_S——未经校正的天然气储集能力，ft^3/t；
　　　ρ_f——天然气密度，g/cm^3；
　　　ρ_s——吸附的天然气密度，g/cm^3。

自由状态下的气体密度是根据真实气体定律计算出来的，是组分、温度和压力的函数。吸附状态气体的密度通常假定为环境压力条件下处于沸点时的液相密度，或根据状态方程计算得到[3,39,68]。CH_4、N_2 和 CO_2 处于液态时的密度分别为 $0.421g/cm^3$、$0.808g/cm^3$ 和 $1.18g/cm^3$。也有人提出了其他测定吸附气体密度的方法[69]。此外，在确定 CO_2 吸附等温线时，尤其需要考虑煤膨胀引起的体积变化。研究人员已经考虑了膨胀引起的煤体积变化并进行修正[8,70]。CH_4 吸附量的测定使用的是液相密度，因此不会受到很大影响。但 CO_2 的情况则更为复杂，因为每个煤样的膨胀程度不同。

体积测量法与压力测量法类似，但测试过程中是通过泵将气体注入样品室中。与压力测量法类似，将样品放入样品室，通过 He 膨胀确定空隙体积。然后连续增加气体压力，根据泵向前的位移确定注入的气体体积。在重力测量法中，将样品放入磁悬浮天平的高压室内，并在恒温条件下暴露于气体中，记录每个压力步长下样品重量的变化[71-74]。在吸附等温线测量结束时（压力步长增加），可以通过减小压力步长来测量解吸等温线。对于纯气体，由于吸附过程是可逆的，因此根据解吸数据得到的朗缪尔等温线与吸附得到的等温线一致。

6.3.2　吸附等温线测定时的误差来源

煤层中灰分的含量和储层温度通常是已知的，准确度较高。因此，通常认为煤层中含水量是误差的最大来源。要重现储层含水量，必须遵循 ASTM 制定的平衡水分含量测定程序。含水量变化造成的常见误差是由于纯气体吸附和解吸数据之间的滞后造成的。因为煤层气中不含水蒸气，因此在解吸试验中提取煤层气的时候也会抽取煤中的水分。因此，水分变化引起的含水量和空隙体积的变化要在测试完成后才能确定。其他潜在的实验误差来源包括温度控制、体积测定、气体密度测定、使用 He 作为参考气体、气体杂质、气体在矿物质表面的吸附以及气体在水中的溶解，次要误差来源包括气体泄漏、样品室的热膨胀和机械膨胀及样品质量的测定。

Busch 等[75]对温度读数、测量仪器参考单元体积测定和样品室空隙体积测定的不准确性及其对吸附测量的影响进行了讨论。在吸附实验中，需要用气体密度来确定不同压力下吸附气体的体积，如公式（6.3）所示。一定压力和温度下的气体密度是通过状态方程计算得出的。van Hemert 等人[76]对不同状态方程计算出的密度差异及其对吸附量计算的影响进行了讨论。

业界通常认为 He 为非吸附气体。如果 He 存在吸附，则会高估空隙体积，进而低估煤层气的吸附量。与 He 相关的另一个问题是，假设 He 与 CO_2 和 CH_4 进入的孔隙体积吸附位点相同，Busch 等[75]对这方面的讨论内容进行了综述。

气体杂质可能是由煤中的残余气体、管道系统中可能残留的 He 或测量气体本身造成的。此外，煤样通常是水分平衡的，这样自由气相中会有一定的水分压。样品室中的少量气体杂质可能会改变气体密度，使得吸附能力和样品质量的评价不准确。多组分气体会导致吸附和解吸数据之间出现明显的滞后，这是因为在每个压力步长中样品室内的平衡气体组分不同。CH_4 在水中的溶解和在黏土矿物上的吸附可以忽略不计。但是，对于 CO_2 来说，影响很大，不能忽略[26-27]。

6.4 气体含量测量

已有研究人员详细介绍测定煤样中气体含量的理论和方法[62,77]，本节简要介绍煤中气体含量的测量方法。气体含量是指单位重量煤或岩石中的标准气体体积，单位通常用 ft^3/t 来表示。解吸煤层气的测量方法以 Bertard 等人研发的技术为基础，但测量解吸煤层气量的设备有所不同[78-79]。最常用的方法是"直接法"或罐式解吸测试[80]。

罐式解吸测试是将新切割的常规岩心样本放入密封容器（罐）中，在受控实验室条件下测量随时间释放的气体量。随时间的推移，测量释放的气体体积、温度、压力和组分。通过将气体排入保持在环境条件下的体积置换装置，定期测量解吸气体的体积。由于温度和压力的波动，必须对罐中头部空间内气体的膨胀或收缩进行校正，以得到每次测量之间的脱附气体体积。头部空间是指放入样品后罐内留下的自由空间。如果操作得当，这项测试通常可以得到可靠的气体含量值[81]。由于温度对扩散速率有重大影响，因此测试必须在储层温度条件下进行。

改进后的直接测量法采用更高分辨率的压力传感器[82]，不需要用水进行驱替，从而消除了气体溶解的问题，尤其是 CO_2 溶解在水中的问题。改良后的直接测量法还使用跟样品实际大小一致的罐，从而减少罐头部的空间体积。

煤层中产生的气体通常含有大量的 CO_2、N_2、H_2O 和较重分子量的碳氢化合物。因此，如果还存在其他气体（如 CO_2），则气体总量并不代表每个解吸样本的 CH_4 总量。在解吸测试期间，定期收集解吸气体样本并确定解吸气体的成分非常重要[83]。

从煤样中解吸出的天然气量随着时间的推移逐渐减少。当解吸的气体量低于设备的分辨率时，结束测量。罐式解吸测试结束后，虽然煤样不再释放气体，但仍有一些吸附气体残留在煤样中，这些气体称为残余气体。此外，在将岩心样品密封在解吸罐之前，一些气体会从岩心样品中逸出，这部分气体称为损失气体。将煤样密封在解吸罐之前损失的气量取决于取样时间、煤样的物理特性、钻井液类型及煤层中气体的饱和度。损失的气量、解吸气量和残余气量的总和就是总的天然气量。总的天然气量除以样品质量，然后换算成 ft^3/t 单位。如前所述，报告气体含量的形式取决于确定样品重量的方式。单个样品的气体含量通常有以下几种表示方式：干燥样品中气体含量、干燥无灰分样品中气体含量或干燥无矿物质样品中气体含量。

在密闭容器中将样品粉碎到小于 60 目的粒度，并测量在储层温度下释放的气体体积，可以预测出残余气体体积[80]。将样品粉碎可大大缩短解吸所需的时间。损失的气体体积是根据解吸试验测量的气体体积数据估算出来的。由于损失气体体积无法直接测量，因此认为是总天然气含量中最不可靠的部分[84]。密闭取心可以消除损失气体部分，但由于专业设备操作困难且费用增加，仅限于研究中才使用[85]。

损失的天然气量是通过分析罐式解吸测试中获得的数据预测出来的。这种分析方法基于对煤中 CH_4 吸附和扩散的实验和理论研究，表明解吸过程早期释放的气量与煤层气开始解吸后间隔时间的平方根成正比。气体解吸开始的时间称为"时间零点"，通常发生在岩心回收过程中。正确估计"时间零点"对预测损失气体体积的准确性有重要影响[62]。早期阶段总解吸气量的近似解由下式给出[63]：

$$\Delta G_{cm} = 203.1 G_{ci} \sqrt{\frac{Dt}{r^2}} - G_{cL} \quad (6.4)$$

式中　ΔG_{cm}——测得的累计解吸气体含量，ft^3/t；

G_{ci}——初始气体含量，ft^3/t；

D——扩散系数，cm^2/s；

r——样品的特征扩散距离，cm；

t——时间，s；

G_{cL}——损失气体含量，ft^3/t。

在罐式解吸测试的最初几个小时里，每隔 15~20min 测量一次解吸附气体量。然后绘制累计解吸气体数据与解吸时间平方根的关系曲线。如图 6.4 所示，通过初始数据点的回归曲线外推至"时间零点"，用来估计损失的气体体积。不过，必须选择在储层温度下测量的初始数据点[62,81,86-87]。因此，必须将样品加热到储层温度，然后仅使用样品达到储层温度后测量的解吸气体积来建立回归曲线。此外，可以根据回归直线的斜率得到煤样的扩散率（D/r^2）。

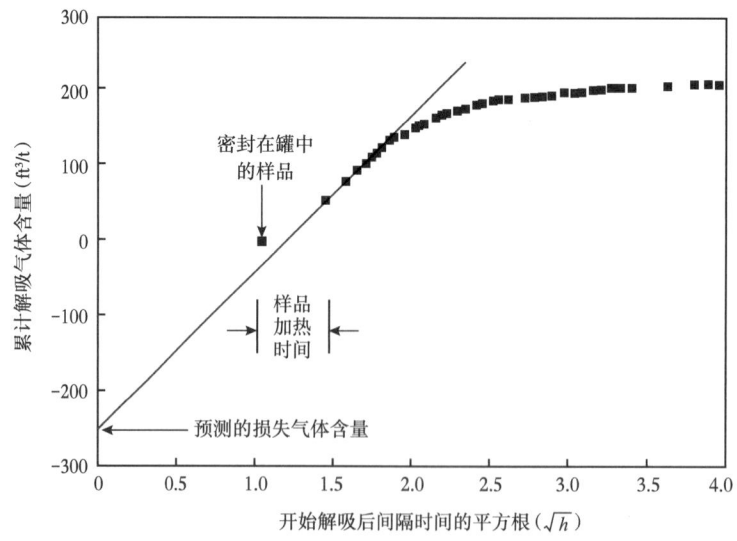

图 6.4　损失气体的测定

整个储层中煤的成分并不均匀。因此，必须测量多种成分的多个样本的天然气含量，才能做出统计上可靠的原位天然气含量预测。由于煤层气仅通过吸附作用储集在煤的有机基质中，煤层含量与"非煤"成分（包括残余水分和灰分）之间呈反比线性关系[62]。因此，通过线性回归分析，可以确定总气体含量与"非煤"成分之间的关系。

如图6.5所示，"纯煤"中天然气含量是通过将回归线外推至"纯煤"（灰分和水分含量为零）来进行估算的。

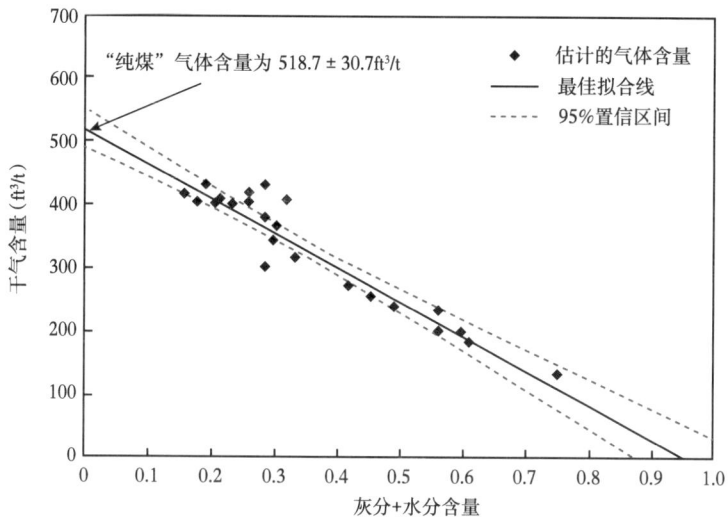

图6.5 测量的总气体含量与灰分、水分含量之间的关系

"纯煤"中气体含量的估计值可用于对比不同地区或地质区域的气体含量。为了确定统计上有效的"纯煤"气体含量估算值，必须对样本进行多次罐式测试，这些样本一起代表了"非煤"成分的质量分数范围。Mavor等人建议对大约35%的储层进行采样，并在样本中纳入范围较大的非煤组分，以获得足够的统计确定性[88]。

总含气量与"非煤"成分之间的线性关系可用于确定地层中任何灰分含量的原位含气量[89]。由于体积密度与灰分含量相关，因此可使用平均储层密度与平衡水分含量来确定平均原位含气量。平均原位含气量是煤层气储量计算必须使用的参数值。

参 考 文 献

[1] Laubach S E, Marrett R A, Olson J E, et al. Characteristics and origins of coal cleat: a review. Int J Coal Geol, 1998, 35: 175–207.

[2] Gray I. Reservoir engineering in coal seams: Part Ⅰ—the physical process of gas storage and movement in coal seams. SPE Reserv Eng, 1987, 2: 28–34.

[3] Yee D, Seidle J P, Hanson W B. Gas sorption on coal and measurement of gas content. In: Law B E, Rice D D, editors. Hydrocarbons from coal. AAPG studies in geology, vol. 38. Tulsa, Oklahoma: The American Association of Petroleum Geologists, 1993: 203–218.

[4] Karge H, Weitkamp J, Ruthven D. Fundamentals of adsorption equilibrium and kinetics in microporous solids, adsorption and diffusion. In: Molecular sieves—science and technology. Berlin/Heidelberg:

Springer, 2008: 1-43.

[5] Gregg S J, Sing K. Adsorption surface area and porosity. Academic Press, 1982.

[6] International Union of Pure and Applied Chemistry (IUPAC). Catalogue of physicochemical standard substances, 1972.

[7] Langmuir I. The constitution and fundamental properties of solids and liquids. J Am Chem Soc, 1916, 38: 2221-2295.

[8] Ozdemir E, Morsi B I, Schroeder K. Importance of volume effects to adsorption isotherms of carbon dioxide on coals. Langmuir, 2003, 19: 9764-9773.

[9] Fitzgerald J E, Robinson Jr. R L, Gasem K. Modeling high-pressure adsorption of gas mixtures on activated carbon and coal using a simplified local density model. Langmuir, 2006, 22: 9610-9618.

[10] Sakurovs R, Day S, Weir S, et al. Application of a modified Dubinin-Radushkevich equation to adsorption of gases by coals under supercritical conditions. Energy Fuel, 2007, 21: 992-997.

[11] Yang R T, Saunders J T. Adsorption of gasses on coals and heat treated coals at elevated temperature and pressure: adsorption from hydrogen and methane as single gases. Fuel, 1985, 64: 616-620.

[12] Patching T H, Mikhail M W. Studies of gas sorption and emission on Canadian coals. CIM Bull, 1986, 79 (887): 104-109.

[13] Mavor M, Owen L B, Pratt T J. Measurement and evaluation of coal sorption isotherm data. In: SPE 20728, SPE annual technical conference and exhibition, New Orleans, Louisiana, September 23-26, 1990: 157-170.

[14] Dutta P, Bhowmik S, Das S. Methane and carbon dioxide sorption on a set of coals from India. Int J Coal Geol, 2011, 85 (3-4): 289-299.

[15] Moffat D H, Weale K E. Sorption by coal of methane at high pressure. Fuel, 1955, 34: 449-462.

[16] Parr S W. The classification of coal. Bulletin No. 180, Engineering Experiment Station, University of Illinois, 1928.

[17] ASTM D3172-13. Standard practice for proximate analysis of coal and coke. West Conshohocken, PA: ASTM International, 2013. www.astm.org.

[18] ASTM D3173/D3173M-17a. Standard test method for moisture in the analysis sample of coal and coke. West Conshohocken, PA: ASTM International, 2017. www.astm.org.

[19] ASTM D3174. Standard test method for ash in the analysis sample of coal and coke. West Conshohocken, PA: ASTM International, 2018. www.astm.org.

[20] ASTM D3177-02 (2007). Standard test methods for total sulfur in the analysis sample of coal and coke (Withdrawn 2012). West Conshohocken, PA: ASTM International, 2007. www.astm.org.

[21] ASTM D3176-15. Standard practice for ultimate analysis of coal and coke. West Conshohocken, PA: ASTM International, 2015. www.astm.org.

[22] Bustin R M, Clarkson C R. Geological Controls on coalbed methane reservoir capacity and gas content. Int J Coal Geol, 1998, 38: 3-26.

[23] Laxminarayana C, Crosdale P J. Role of coal type and rank on methane sorption characteristics of Bowen Basin, Australia coals. Int J Coal Geol, 1999, 40 (4): 309-325.

[24] Laxminarayana C, Crosdale P J. Controls on methane sorption capacity of Indian coals. AAPG Bull, 2002, 86 (2): 201-212.

[25] Busch A, Alles S, Gensterblum Y, et al. Carbon dioxide storage potential of shales. Int J Greenh Gas Control, 2008, 2 (3): 297-308.

[26] Weniger P, Kalkreuth W, Busch A, et al. High-pressure methane and carbon dioxide sorption on coal and

shale samples from the Parana' Basin, Brazil. Int J Coal Geol, 2010, 84: 190–205.

[27] Wollenweber J, Alles S, Busch A, et al. Experimental investigation of the CO_2 sealing efficiency of caprocks. Int J Greenh Gas Control, 2010, 4(2): 231–241.

[28] Joubert J I, Grein T, Bienstock D. Effect of moisture on the methane capacity of American coals. Fuel, 1974, 53: 186–191.

[29] Dubinin M M. Water vapor adsorption and the microporous structures of carbonaceous adsorbents. Carbon, 1980, 18(5): 355–364.

[30] Dubinin M M, Serpinsky V V. Isotherm equation for water vapor adsorption by microporous carbonaceous adsorbents. Carbon, 1981, 19(5): 402–403.

[31] Lynch L J, Webster D S. Effect of thermal treatment on the interaction of brown coal and water: a nuclear magnetic resonance study. Fuel, 1982, 61(3): 271–275.

[32] Gutierrez-Rodriguez J A, Purcell Jr R J, Aplan F F. Estimating the hydrophobicity of coal. Colloids Surface, 1984, 12: 1–25.

[33] Given P H, Marzec A, Barton W A, et al. The concept of a mobile or molecular phase within the macromolecular network of coals: a debate. Fuel, 1986, 65: 155–163.

[34] Mu R, Malhotra V M. A new approach to elucidate coal-water interactions by an in situ transmission FT-I.R. technique. Fuel, 1991, 70(10): 1233–1235.

[35] Suárez N, Laredo E, Nava R. Characterization of four hydrophilic sites in bituminous coal by ionic thermal current measurements. Fuel, 1993, 72(1): 13–18.

[36] Nishino J. Adsorption of water vapor and carbon dioxide at carboxylic functional groups on the surface of coal. Fuel, 2001, 80: 757–764.

[37] Prinz D, Littke R. Development of the micro- and ultra-microporous structure of coals with rank as deduced from the accessibility to water. Fuel, 2005, 84(12–13): 1655–1662.

[38] Day S, Sakurovs R, Weir S. Supercritical gas sorption on moist coals. Int J Coal Geol, 2008, 74(3–4): 203–214.

[39] Menon P G. Adsorption at high pressure. Chem Rev, 1968, 68: 277–294.

[40] Stevenson M D, Pinczewski W V, Sommers M L, et al. Adsorption/desorption of multicomponent gas mixtures at in-seam conditions. In: SPE Paper 23026, SPE Asia-Pacific conference, Perth, Australia, 1991.

[41] Mavor M. Coalbed methane reservoir properties. In: A guide to coalbed methane reservoir engineering, GRI-94/0397. Chicago, Illinois: Gas Research Institute, 1996.

[42] Harpalani S, Pariti U M. Study of coal sorption isotherms using a multicomponent gas mixture. In: International coalbed methane symposium, The University of Alabama, Tuscaloosa, Vol. I, 1993: 151–160.

[43] Busch A, Gensterblum Y, Krooss B M. Methane and CO_2 sorption and desorption measurements on dry Argonne premium coals: pure components and mixtures. Int J Coal Geol, 2003, 55: 205–224.

[44] Chalmers G R L, Bustin M R. On the effects of petrographic composition on coalbed methane sorption. Int J Coal Geol, 2007, 69(4): 288–304.

[45] Jian K, Fu X H, Ding Y M, et al. Characteristics of pores and methane adsorption of low-rank coal in China. J Nat Gas Sci Eng, 2015, 27: 207–218.

[46] Beamish B B, Crosdale P J. Instantaneous outbursts in underground coal mines: an over-view and association with coal type. Int J Coal Geol, 1998, 35: 27–55.

[47] Lamberson M N, Bustin R M. Coalbed methane characteristics of gates formation coals, Northeastern

British Columbia: effect of maceral composition. AAPG Bull, 1993, 77(12): 2062–2076.

[48] Unsworth J F, Fowler C S, Jones L F. Moisture in coal – 2. maceral effects on pore structure. Fuel, 1989, 68: 18–26.

[49] Faiz M M, Hutton A C. Geological controls on the distribution of CH_4 and CO_2 in coal seams of the southern coalfield, NSW, Australia. In: International symposium and workshop on management and control of high gas emissions and outbursts, Wollongong, 1995: 375–383.

[50] Clarkson C R, Bustin R M. Variation in micropore capacity and size distribution with composition in bituminous coal of the Western Canadian sedimentary basin. Fuel, 1996, 75(13): 1483–1498.

[51] Crosdale P J, Beamish B B, Valix M. Coalbed methane sorption related to coal composition. Int J Coal Geol, 1998, 35(1–4): 147–158.

[52] Clarkson C R, Bustin R M. The effect of pore structure and gas pressure upon the transport properties of coal: a laboratory and modelling study: 1. Isotherms and pore volume distributions. Fuel, 1999, 78(11): 1333–1344.

[53] Mastalerz M, Gluskoter H, Rupp J. Carbon dioxide and methane sorption in high volatile bituminous coals from Indiana, USA. Int J Coal Geol, 2004, 60(1): 43–55.

[54] Hildenbrand A, Krooss B M, Busch A, et al. Evolution of methane sorption capacity of coal seams as a function of burial history: a case study from the Campine Basin, NE Belgium. Int J Coal Geol, 2006, 66(3): 179–203.

[55] Wang K X, Fu X H, Qin Y, et al. Adsorption characteristics of Lignite in China. J Earth Sci, 2011, 22(3): 371–376.

[56] Zhong L W, Zhang X M. Adsorption capacity of coal related with coalification and maceral compositions. Coal Geol Explor, 1990, 18(4): 29–35.

[57] Faiz M M, Aziz N I, Hutton A C, et al. Porosity and gas sorption capacity of some eastern Australian coals in relation to coal rank and composition. In: Coalbed methane symposium. Townsville, Australia, 1992.

[58] Carroll R E, Pashin J C. Relationship of sorption capacity to coal quality: CO_2 sequestration potential of coalbed methane reservoirs in the Black Warrior Basin. In: Proceedings of the international coalbed methane symposium, Tuscaloosa, Alabama, USA, vol. 0317, 2003.

[59] Olajossy A. On the effects of maceral content on methane sorption capacity in coals. Arch Min Sci, 2013, 28(4): 1221–1228.

[60] Kim A C. Estimating methane content of bituminous coalbeds from adsorption data. U.S. Bureau of Mines Report of Investigations, 1977: 8245.

[61] Rice D D. Composition and origins of coalbed gas. In: Law B E, Rice D D, editors. Hydro-carbons from coal: AAPG studies in geology, 1993: 159–184.

[62] McLennan J D, Schafer P S, Pratt T J. A guide to determining coalbed gas content. Chicago, Illinois: Gas Research Institute Report No. GRI-94/0396, 1995.

[63] Olszewski A J, Luffel D L, Hawkins J, et al. Development of formation evaluation technology for coalbed methane. Chicago, Illinois: Gas Research Institute Report No. GRI-93/0178, 1993: 72–73.

[64] Ruppel T C, Grein C T, Beinstock D. Adsorption of methane on dry coal at elevated pressure. Fuel, 1974, 53: 152–162.

[65] Harpalani S, Prusty B K, Dutta P. Methane/CO_2 sorption modeling for coalbed methane production and CO_2 sequestration. Energy Fuel, 2006, 20: 1591–1599.

[66] Joubert J I, Clifford T, Bienstock D. Sorption of methane in moist coal. Fuel, 1973, 52: 181–185.

[67] Krooss B M, van Bergen F, Gensterblum Y, et al. High-pressure methane and carbon dioxide adsorption on dry and moisture-equilibrated Pennsylvanian coals. Int J Coal Geol, 2002, 51: 69-92.

[68] Dreisbach F, Staudt R, Keller J U. High pressure adsorption data of methane, nitrogen, carbon dioxide and their binary and ternary mixtures on activated carbon. Adsorption, 1999, 5: 215-227.

[69] Murata K, El-Merraoui M, Kaneko K. A new determination method of absolute adsorption isotherm of supercritical gases under high pressure with a special relevance to density-functional theory study. J Chem Phys, 2001, 114 (9): 4196-4205.

[70] Siemons N, Busch A. Measurement and interpretation of supercritical CO_2 sorption on various coals. Int J Coal Geol, 2007, 69 (4): 229-242.

[71] Bae J S, Bhatia S K. High-pressure adsorption of methane and carbon dioxide on coal. Energy Fuel, 2006, 20 (6): 2599-2607.

[72] De Weireld G, Frere M, Jadot R. Automated determination of high-temperature and high-pressure gas adsorption isotherms using a magnetic suspension balance. Meas Sci Technol, 1999, 10: 117-126.

[73] Ottiger S, Pini R, Storti G, et al. Adsorption of pure carbon dioxide and methane on dry coal from the Sulcis Coal Province (SW Sardinia, Italy). Environ Prog, 2006, 25: 355-364.

[74] Pini R, Ottiger S, Rajendran A, et al. Reliable measurement of near-critical adsorption by gravimetric method. Adsorption, 2006, 12 (5): 393-403.

[75] Busch A, Gensterblum Y. CBM and CO_2-ECBM related sorption processes in coal: a review. Int J Coal Geol, 2011, 87: 49-71.

[76] van Hemert P, Rudolph-Floter S, Wolf K-H A A, et al. Estimate of equation of state uncertainty for manometric sorption experiments: case study with helium and carbon dioxide. SPE J, 2010, 15 (1): 146-151.

[77] Diamond W P, Schatzel S J. Measuring the gas content of coal: a review. Int J Coal Geol, 1998, 35: 311-331.

[78] Bertard C, Bruyet B, Gunther J. Determination of desorbable gas concentration of coal direct method. Int J Rock Mech Min Sci, 1970, 7: 43-65.

[79] Kissell F N, McCulloch C M, Elder C H. The direct method of determining methane content of coalbeds for ventilation design. US Bur Mines Rep Invest, 1973, 7767: 17.

[80] Diamond W P, Levine J R. Direct method determination of the gas content of coal: procedures and results. US Bur Mines Rep Invest, 1981, 8515: 36.

[81] Mavor M J, Pratt T J, Britton R N. Improved methodology for determining total gas content, Vol. I. Canister gas desorption data summary. Gas Research Institute, 1994. Topical Rep. GRI-93r0410.

[82] Schatzel S J, Hyman D M, Sainato A, et al. Methane contents of oil shale from the Piceance Basin, CO. US Bur Mines Rep Invest, 1987, 9063: 32.

[83] Saulsberry J L, Schafer P S, Schrafnagle R A. A guide to coalbed methane reservoir engineering, GRI-94/0397. Chicago, Illinois, USA: Gas Research Institute, 1996.

[84] Nelson C R. Effects of coalbed reservoir property analysis methods on gas-in-place estimates. In: Paper SPE 57443, Proceedings of SPE eastern regional conference, 1999.

[85] Owen L B, Sharer J. Method calculates gas content per foot of coalbed methane pressure core. Oil Gas J, 1992, 2: 47-49.

[86] Mavor M J, Pratt T J, Nelson C R. Quantitative evaluation of coal seam gas content estimate accuracy. In: Proc. Intergas '95. University of Alabama, Tuscaloosa, AL, 1995: 379-388.

[87] Mavor M J, Pratt T J. Improved methodology for determining total gas Content, vol. II. Comparative

evaluation of the accuracy of gas-in-place estimates and review of lost gas models. Gas Research Institute, 1996. Topical Rep. GRI-94r0429.

[88] Mavor M J, Pratt T J, Crandlemire A, et al. Assessment of coalbed methane resources at the Donkin Mine Site, Cape Breton, Nova Scotia, Canada. In: Paper 9368, presented at the 1993 international coalbed methane symposium, The University of Alabama/Tuscaloosa, Vol. II, 1993: 471–481.

[89] Mavor M J, Nelson C R. Coalbed reservoir gas-in-place analysis. Chicago, Illinois, USA: A Short Course Published by Gas Research Institute, GRI-97/0263, 1997.

7 煤层气藏中气体的传输

卡西·阿米尼安

西弗吉尼亚大学，摩根敦，西弗吉尼亚州，美国

7.1 煤基质中天然气的传输

煤层气储层通常用双孔介质来描述，因为煤层中有两套不同的系统，即基质和天然裂缝。在双孔介质气藏中，大部分天然气储存在渗透率极低的基质孔隙中。与传统的双孔介质气藏不同，煤层基质中天然气的储集是通过吸附作用实现的[1]。煤层基质中主要是纳米级孔隙（微孔），一般认为其渗透率在微达西范围内。因此，煤层基质中的气体传输主要靠扩散作用。扩散的方式有体扩散、克努森型扩散和表面扩散。体扩散发生在较大的孔隙中，是由分子间的相互作用造成的。克努森型扩散发生在小毛细管中，孔径大小接近气体分子的大小，因此主要是分子与孔壁相互作用。表面扩散是在吸附状态下沿着微孔表面进行的。实际上，所有类型的扩散都存在，并且不同过程之间没有区别[2]。

煤层气在煤基质中通过扩散进行传输，倾向于向次生孔隙度递减的方向进行。扩散速度受基质内平均煤层气浓度与原生孔隙和次生孔隙之间界面的煤层气浓度两者之差控制[3]。基质中的煤层气浓度与煤层中的含气量有关。气体从基质中解吸，到达次生孔隙界面后，以自由状态进入次生孔隙。界面处的吸附气体与次生孔隙中的自由气体处于平衡状态。因此，界面处气体浓度即为次生孔隙压力下的储气能力。如第6章所述，吸附等温线给出了不同压力下的储气能力[3]。扩散速度可以根据气体含量用菲克定律来描述[4]：

$$q_{gm} = 2.697 \sigma D \rho_c V_c (\bar{G}_c - G_S) \tag{7.1}$$

式中　q_{gm}——煤层气产量，$10^3 ft^3/d$；
　　　G_S——天然气储集能力，ft^3/t；
　　　$\bar{G}_c$——煤层基质平均天然气含量，ft^3/t；
　　　D——扩散系数，cm^2/s；
　　　σ——基质形状系数，cm^{-2}；
　　　V_c——煤层基质体积，ft^3；
　　　ρ_c——煤的密度，lb/ft^3。

公式（7.1）中的基质形状系数 σ 取决于基质成分的几何形状和平均扩散距离。平均扩散距离取决于裂缝出现的频率，而裂缝的出现频率可通过描述裂缝的参数确定。然而，基

质成分的几何形状很少为人所知。另外，也可以通过直接法分析解吸测试结果来预测扩散率，如第6章所述。扩散率是扩散系数与平均扩散距离平方的比值。直接法根据公式（6.4）中 D/r^2 求解扩散率是假设基质成分的几何形状为球形。虽然可以通过直接法求得扩散率，但更常用的是通过一个所谓吸附时间（τ）的参数来确定，该参数是基质形状系数和扩散系数的组合，如下所示：

$$\tau = \frac{1}{\sigma D} \tag{7.2}$$

吸附时间是指在恒压下根据解吸方案解吸初始气体体积63.2%时所需的时间[5]：

$$\frac{\Delta G_c}{G_{ci}} = 1 - e^{\sigma D t} \tag{7.3}$$

如果假定岩心的裂缝几何形状能代表整个储层，则可直接根据解吸测试结果确定吸附时间。这一假设是成立的，因为岩心直径远远大于割理间距。用该方法来确定吸附时间不需要事先假设基质的几何形状，因此认为该方法优于直接法预测。温度变化对扩散率的影响很大，因此，必须在储层温度条件下进行测量。

吸附时间描述了扩散效应的特征，美国各类煤层的一些有代表性的吸附时间如表7.1所示。煤的扩散率通常很高，不会妨碍裂缝系统发育的煤层气储层中的天然气生产。

表 7.1 美国各类煤层的吸附时间[4]

煤层	吸附时间
联合堡组，次无烟煤	＜1d
果地组，中等挥发烟煤	＜1d
宾夕法尼亚亚系	＞80d
弗里特兰组（西北圣胡安盆地）	4.1h
北阿巴拉契亚	1~3d
中阿巴拉契亚	1~3d
勇士	3~5d

7.2 天然气通过割理系统传输

煤层中的割理系统是由主割理（面割理）和次割理（端割理）组成的广泛分布的裂缝网络，通常与层理面垂直，并且裂缝之间也互相垂直[6-8]。图7.1所示的捆绑在一起的火柴棒概念模型已被广泛用作描述煤层割理系统的基础模型[9]。煤层割理系统的储集能力很低，但其渗透率在毫达西级。煤层气储层中的气体是通过割理系统流向井筒的，因此，割理系统的渗透率对煤层气储层的天然气生产具有重要的经济意义[10-13]。

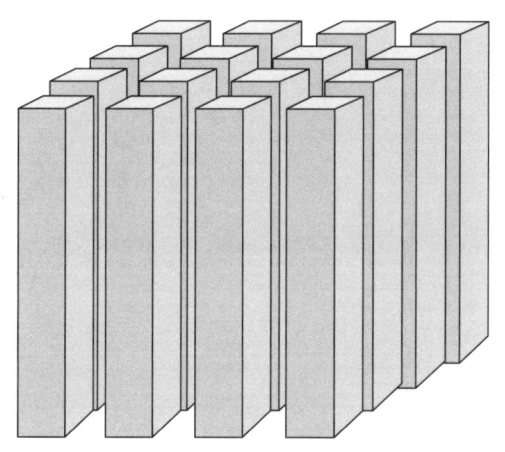

图 7.1 模拟煤层割理系统的捆绑火柴棒概念模型[9]

煤层中的割理通常饱和地层水,但也有可能含有少量自由气。刚投产的时候,必须采出割理系统中的水,从而降低储层压力。一旦割理系统中的压力降低到临界解吸压力,气体就会从基质中解吸出来。临界解吸压力如第 6 章图 6.2 所示,是吸附等温线上与初始气体含量相对应的压力。随着解吸过程的继续,割理系统内的自由气体饱和度会逐渐增加。一旦气体饱和度超过临界气体饱和度,气体将与水一起通过割理系统流向生产井。割理系统内的流动受压力梯度控制,并用达西公式来计算。在割理系统内两相流动条件下,气体流速受有效气体渗透率控制。有效气体渗透率是相对气体渗透率和绝对渗透率的函数[14-15]。随着解吸过程的进行,割理系统内的气体饱和度会增加,气体流量会越来越大。同时,产水量急剧下降,直到水饱和度接近束缚水饱和度。

与其他天然裂缝地层一样,割理系统的绝对渗透率取决于裂缝特征[16],包括裂缝大小、间距、连通性、开度、矿物填充程度及排列方向[17]。由于割理是在煤化过程中发育形成的,因此煤层的渗透性还取决于煤的类型和等级[18]。

在生产过程中,由于应力、压力的变化和煤层气的解吸附,割理系统的绝对渗透率并非恒定不变,而是会发生急剧变化[19]。当煤层气储层降低压力解吸时,由于生产过程中上覆压力产生的应力保持不变,因此垂向上的净应力会增加。在没有其他因素的情况下,垂向净应力的增加会使得煤层中的割理压缩或闭合,从而导致孔隙度和渗透率降低[20]。与众多常规储层的岩石相比,煤层的可压缩性相对较高。因此,与其他大多数储层岩石相比,煤层的绝对渗透率跟应力的关系更大。实验室[16,21]和现场研究[13,22]表明,随着净应力的增加,煤层的绝对渗透率呈指数下降。

上覆压力对渗透率的影响非常明显,埋深每增加 1000ft,渗透率就会降低 10 倍以上。在圣胡安盆地、黑勇士盆地和皮森斯盆地采集到的数据[23]证明了这一点,如图 7.2 所示。

煤层渗透率对应力的高度敏感性使人们认为,埋藏深的煤层渗透率会非常低。因此,在深煤层气藏的产水阶段,上覆应力的增加可能使割理系统完全闭合。然而,这种观点的前提条件是煤层的可压缩性随应力发生变化且为常数。有观点认为,当增大产量提高生产压降的情况下,深煤层的可压缩性可能会呈指数下降[24]。这一假设得出的结论就是,随着孔隙压力的降低,渗透率的变化较小,深煤层在排水和生产过程中仍可能保持较高的渗透率。

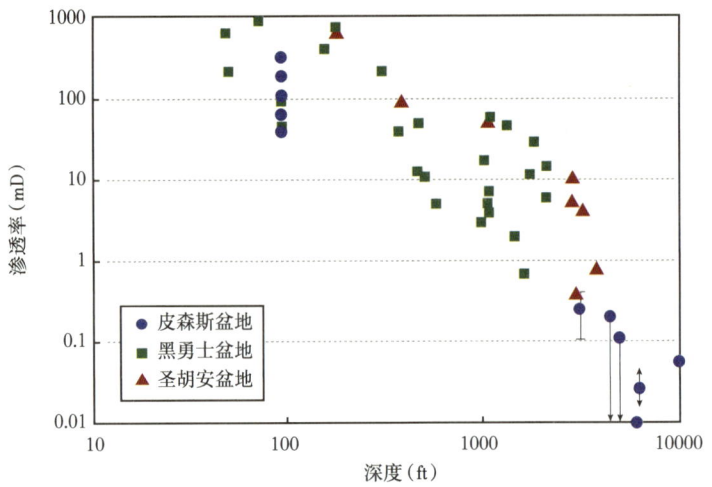

图 7.2　上覆压力对煤层渗透率的影响

用来描述气体流经割理的达西定律假定最靠近割理面的气体层是静止不动的。随着压力的下降，气体会发生滑脱，如克林肯伯格效应[25]所描述的那样，从而得到比达西定律[26]计算结果更高的流量。这种效应在煤层气储层中更为重要，因为煤层气储层的工作压力通常比常规储层更低。

煤层气储层有一个独特现象是基质收缩与气体解吸[27]。这种现象在实验[28-31]和现场研究[32-33]中都有记载。随着基质的收缩，裂隙开度增大，从而提高了裂隙系统的孔隙度和渗透率[34]。煤基质收缩的影响一般在低压时表现明显[35]，这可能会提高气井后期的产能。在圣胡安盆地的煤层气井衰竭过程中，观察到渗透率的变化非常大，最高时可达 100 倍[36]。

图 7.3 显示了在基质收缩、净应力变化和克林肯伯格效应对原位渗透率的综合影响下，有效渗透率的代表性结果。

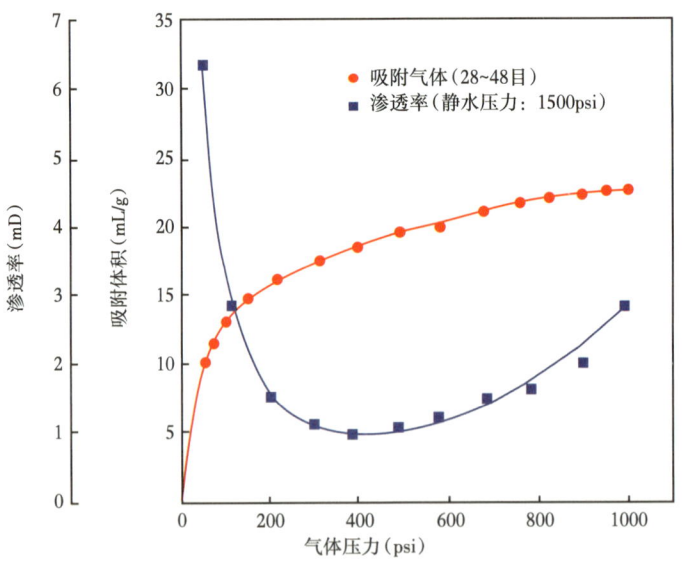

图 7.3　渗透率随生产而变化

研究人员已经提出了几种模型用来预测有效应力和吸附引起的煤收缩（或膨胀）对煤渗透率的影响，文献[11, 37-38]对不同模型进行了全面的回顾。帕尔默—曼索里（Palmer-Mansoori）模型[35,39]和崔—布斯廷（Cui-Bustin）模型[40]已广泛应用于预测投产初期因压力变化和煤层气解吸引起的基质收缩而导致的渗透率变化[36]。有人提出了一种改进的帕尔默—曼索里模型[41]，该模型同时考虑了割理的各向异性，并设法通过储层衰竭来抑制渗透率随压力的下降而降低，用该模型可以预测出圣胡安盆地已观测到的渗透率大幅增加的情况。

7.3 割理系统性质评价

煤层割理系统中的绝对渗透率和相对渗透率是影响天然气和地层水产量的两个最重要属性，通常情况下都是通过岩心样本的渗流实验来确定储层岩石的渗透率。然而，煤的强度往往在割理最发育的地方最弱，因此，很难从煤层割理发育的地方获得合格的岩心样本。压力/产量瞬态试井是预测原位割理系统渗透率的唯一可靠方法。试井的解释结果需要与地质信息、电缆测井数据、岩心分析结果和流体性质相结合，用来预测将来在各种工作制度下的产量。

煤层气储层试井的主要目的是预测天然裂缝系统压力、渗透率和表皮系数值；同时，也可以通过气井试井对诱导裂缝性质进行评价。石油和天然气井试井的设计、实施和解释技术同样适用于煤层气储层。当然，在设计和解释气井试井结果时必须考虑到煤层气储层的特点，包括煤层为裂缝和基质结合的双孔隙系统、两相流动、受应力影响和多套煤层等。尽管可以通过两相流动阶段测得的试井数据对裂缝系统渗透率进行预测，但结果在很大程度上取决于事先假设的相对渗透率关系曲线。如果饱和度变化较小，则可以通过多相流解释方法对天然裂缝系统有效渗透率的准确值进行预测。当储层的气水比变化缓慢时，就会出现这种情况。当流体饱和度变化较快时，例如储层压力接近临界解吸压力时，就很难进行准确的试井解释。因此，在单相流条件下进行试井是非常有利的。在未饱和煤层气储层（图7.2）中，储层原始压力高于临界解吸压力，割理系统中的水处于饱和状态。如果通过注水进行试井，割理系统的压力高于临界解吸压力，试井期间地层中也是处于单相流动状态。此外，由于煤层基质在测试期间不受影响，储层表现为单孔隙系统。因此，上述情况均可以使用单孔模型来进行试井解释。

地层原位渗透率可以通过采用段塞、储罐或强制注入的方式向井筒注入流体来确定，即注入流体后，采集压力及压降数据，最后解释出渗透率和储层压力。在大多数情况下，如果允许在静态条件下维持24h，则可以在注入流体之前通过井底压力计获取储层压力。段塞注入试井包括向储层瞬时注入一定量的流体，然后测量液体达到平衡时的压力变化。在注入过程中，可能需要封隔器把产层段单独隔离出来。如图7.4所示，井底压力计用来记录井下压力响应。

由于井筒体积是固定的，因此不需要单独的计量设备来测量流量。这种测试的缺点在于：低渗透储层达到平衡的等待时间较长，探测半径较小，需要长时间持续监测才能获得分析所需的有效数据。该类试井应在含水饱和度接近100%、开投产的气井中进行，这样能简化试井解释过程。

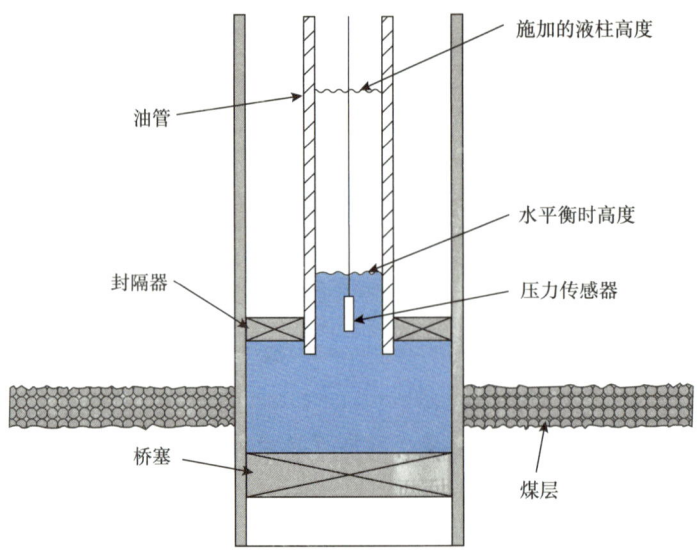

图 7.4　段塞试井井底压力传感器

一种廉价的注水/压力降落试井方法就是"储罐试井",降低了注入压力。该方法是利用储罐中水的重力作用,而不是使用注水泵来向井筒注水,如图 7.5 所示。

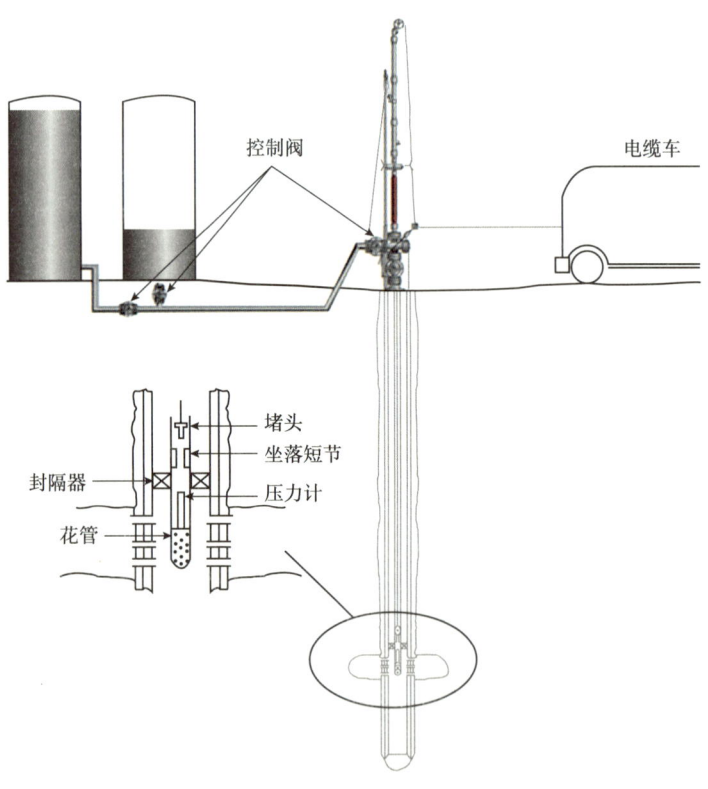

图 7.5　储罐测试装置

储罐试井方法可以在静水压力低的储层中进行，压力梯度小于 0.4psi/ft。必须长时间对储罐进行跟踪计量，以建立试井分析所需的注入流量曲线。注入期间可能要使射孔段地层产生破裂，这样流体才能顺利进入储层；同时需要限制注入总量，以防止煤层出现大范围的裂缝。同样，除非测试的时间足够长，否则探测半径有限。同时，关井的时间必须足够长，以达到径向流或者拟径向流，以便计算出煤层的孔隙压力和渗透率。

基质注入/降落试井（MIFOT）时的注入排量远低于压裂时的排量，通常约为 0.1gal/min。在实施过程中，必须以较低的速度注入，以避免煤层破裂，并尽量减少应力作用引起的渗透率变化。典型的注入方式是，先注入 8h，然后关井 48h 以上。对于渗透率较低的煤层，如果需要得到更大的探测半径，可能需要更长的注入时间和关井时间。注入阶段的目标是将注入压力提高到初始注入压力的 15%~25%（通常为 100~200psi），然后观察压力波的扩散情况。基质注入/降落试井一般能探测到煤层内部 200~400ft，这个范围通常覆盖了储层水力压裂时要处理的半径。为保证数据质量，建议使用图 7.6 所示的井下关井阀。其他文献[42]也对在煤层气应用基质注入/降落试井方法获取高质量数据进行了介绍。在以产气为主的煤层气储层中，注入气体进行注入/压降试井或进行压力降落/压力恢复试井可能效果更好[3]。

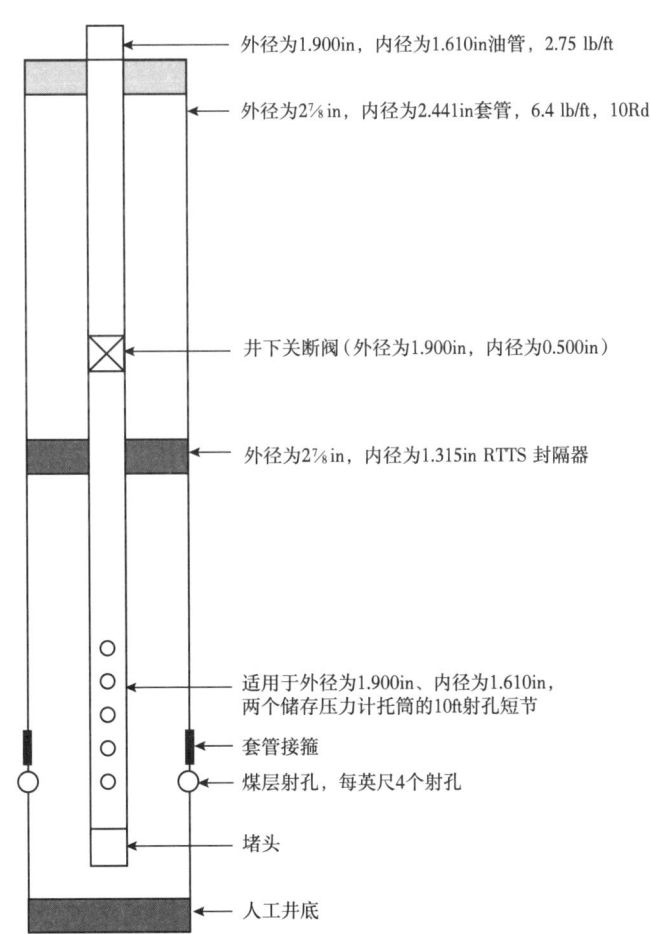

图 7.6　带井下关断阀的基质注入/降落试井（MIFOT）的井下工具组合

相对渗透率是决定煤层气储层气井产能的关键参数之一。相对渗透率不仅会影响产气量，还会影响产水量以及与水处理相关的成本[43]。尽管相对渗透率非常重要，但对煤层相对渗透率测量的介绍[10,44]却很少。普遍认为，实验室内测量的煤层气储层岩心样本的相对渗透率关系式不太可靠。理想情况下，相对渗透率应在原位储层条件下测得[3]。由于缺乏储层原位测量技术，获得相对渗透率曲线的典型方法就是采用历史拟合[45]和生产数据分析[46]。历史拟合是指使用专门针对煤的复杂特征而开发的储层模拟器来再现天然气和水的产量数据。根据煤层气田观察的数据和模拟结果[47]，提出了一种通过历史拟合得到煤层气储层相对渗透率曲线的系统分析方法。生产数据分析包括借助诊断图版确定流态，然后应用适合特定流态的数学求解方法获得储层和增产相关信息[48]。当生产尚未开始或生产历史较短时，必须事先假设相对渗透率。

通过生产数据分析和历史拟合得到的相对渗透率曲线与岩心分析得到的相对渗透率曲线往往大相径庭。相对渗透率曲线的形状可能受到储层和工作制度等多个因素的影响，包括生产过程中的孔隙度和渗透率的变化、重力分异及层间干扰[49-50]。由于净应力和基质收缩的变化而引起的绝对渗透率的变化会严重影响根据生产数据推导出的相对渗透率曲线[49]。随着孔隙压力的降低和有效应力的增加，煤层中割理系统的相对渗透率也会发生变化。相对渗透率测量结果[51-52]显示，随着有效应力的增加，割理被压缩，进入割理中所需的毛细管压力增加。储层条件下煤层的 X 射线计算机微层析成像验证了这些观察结果[53]。

参考文献

[1] Gray I. Reservoir engineering in coal seams: Part Ⅰ—the physical process of gas storage and movement in coal seams. SPE Reserv Eng, 1987, 2: 28–34.

[2] Remner D J. A parametric study of the effects of coal seam properties on gas drainage efficiency. In: SPERE, November, 1986: 633–646.

[3] Mavor M. Coalbed methane reservoir properties. In: A guide to coalbed methane reservoir engineering, GRI-94/0397. Chicago, Illinois: Gas Research Institute, 1996.

[4] Rogers R E. Coalbed methane: principles and practice. Prentice-Hall Inc., 1994.

[5] King G E, Ertekin T, Schwerer F C. Numerical simulation of the transient behavior of coal-seam degasification wells. In: SPE formation evaluation, April 1986: 165–183.

[6] Close J C. Natural fractures in coal. In: Law B E, Rice D D, editors. Hydrocarbons from coal, AAPG studies in geology. Tulsa, Oklahoma, USA: American Association of Petroleum Geologists, 1993: 119–132.

[7] Nelson C R. Effects of geologic variables on cleat porosity tends in coalbed gas reservoirs. In: SPE/CERI gas technology symposium, Calgary, Canada, SPE 59787, 2000.

[8] Pattison C, Fielding C, McWatters R, et al. Nature and origin of fractures in Permian coals from the Bowen Basin, Queensland, Australia. Vol. 109. London: Geological Society Special Publications, 1996: 133–150.

[9] Reiss L. The reservoir engineering aspects of fractured formations. Houston, Texas: Gulf Publishing Co., 1980.

[10] Puri R, Evanoff J C, Brugler M L. Measurement of coal cleat porosity and relative permeability characteristics. In: Paper SPE 21491 presented at the SPE gas technology symposium, Houston, Texas, 1991.

[11] Palmer I. Permeability changes in coal: analytical modeling. Int J Coal Geol, 2009, 77(1–2): 119–126.

[12] Reid G W, Towler B F, Harris H G. Simulation and economics of coalbed methane production in Power River basin. In: SPE Paper 24360, SPE Rocky mountain regional meeting, Society of Petroleum Engineers, Richardson, Texas, USA, 1992.

[13] Sparks D P, McLendon T H, Saulsberry J L, et al. The effects of stress on coalbed reservoir performance, Black Warrior Basin, USA. In: SPE annual technical conference and exhibition, Society of Petroleum Engineers, Inc, Dallas, Texas, 1995.

[14] Clarkson C, Jordan C, Gierhart R, et al. Production data analysis of coalbed-methane wells. SPE Reserv Eval Eng, 2008, 11(2): 311–325.

[15] Kissell F N, Edwards J C. Two-phase flow in coalbeds. In: Bureau of mines report of investigations 8066, 1975.

[16] Somerton W, Söylemezoglu I, Dudley R. Effect of stress on permeability of coal. Int J Rock Mech Min Sci Geomech Abstr, 1975, 12(5–6): 129–145.

[17] Laubach S E, Marrett R A, Olson J E, et al. Characteristics and origins of coal cleat: a review. Int J Coal Geol, 1998, 35: 175–207.

[18] Clarkson C, Bustin R. Variation in permeability with lithotype and maceral composition of Cretaceous coals of the Canadian Cordillera. Int J Coal Geol, 1997, 33(2): 135–151.

[19] Gu F, Chalaturnyk R. Numerical simulation of stress and strain due to gas sorption/desorption and their effects on in situ permeability of coalbeds. J Can Pet Technol, 2006, 45(10).

[20] Collins R E. New theory for gas adsorption and transport in coal. In: Paper presented at the international CBM symposium, Tuscaloosa, Alabama, 1989.

[21] Seidle J, Jeansonne M, Erickson D. Application of matchstick geometry to stress dependent permeability in coals. In: Paper SPE 24361, presented at the SPE Rocky Mountain regional meeting, Casper, Wyoming, May 18–21, 1992.

[22] Enever J, Casey D, Bocking M. The role of in situ stress in coalbed methane exploitation. In: Mastalerz M, Glikson M, Golding S D, editors. Coalbed methane: scientific, environmental and economic evaluation. Dordrecht, The Netherlands: Kluwer Academic Publishers, 1999: 297–303.

[23] McKee C R, Bumb A C, Bell G J. Effects of stress-dependent permeability on methane production from deep coal seams. In: Paper SPE 12858 presented at the unconventional gas recovery symposium, Pittsburgh, Pennsylvania, 1984.

[24] Tonnsen R, Miskimins J. Simulation of deep coalbed methane permeability and production assuming variable pore volume compressibility. In: Paper SPE 138160, Canadian unconventional resources conference, Calgary, Alberta, October 19–21, 2010.

[25] Klinkenberg L J. The permeability of porous media to liquid and gases. In: Paper presented at 11th mid-year meeting, Tulsa, Oklahoma, API Drilling and Production Practices, New York, 1941: 200–213.

[26] Patching T H. Variations in permeability of coal. In: Paper presented at the rock mechanics symposium, University of Toronto, 1965.

[27] Harpalani S, Schraufnagel R A. Shrinkage of coal matrix with release of gas and its impact on permeability of coal. Fuel, 1990, 69(5): 551–556.

[28] Harpalani S, Chen G. Influence of gas production induced volumetric strain on permeability of coal. Geotech Geol Eng, 1997, 15(4): 303–325.

[29] Levine J R. Model study of the influence of matrix shrinkage on absolute permeability of coal bed reservoirs. Geol Soc Lond Engl Spec Publ, 1996, 109(1): 197–212.

[30] Moffat D H, Weale K E. Sorption by coal of methane at high pressures. Fuel, 1955, 34: 449-462.

[31] St. George J D, Barakat M A. The change in effective stress associated with shrinkage from gas desorption in coal. Int J Coal Geol, 2001, 45 (2-3): 105-113.

[32] Mavor M J, Vaughn J E. Increasing coal absolute permeability in the San Juan Basin Fruitland formation. SPE Reserv Eval Eng, 1998, 1 (3): 201-206.

[33] Palmer I, Reeves S R. Modeling changes of permeability in coal seams. Final report, DOE contract no. DE-FC26-00NT40924, July 2007.

[34] Seidle J R, Huitt L G. Experimental measurement of coal matrix shrinkage due to gas desorption and implications for cleat permeability increases. In: International meeting on petroleum engineering, Society of Petroleum Engineers, Inc, Beijing, China, 1995.

[35] Palmer I, Mansoori J. How permeability depends on stress and pore pressure in coalbeds: a new model. In: Paper SPE 36737, Proceedings of the SPE annual technical conference and exhibition, 1996.

[36] Pan Z, Connell L D. Modelling permeability for coal reservoirs: a review of analytical models and testing data. Int J Coal Geol, 2012, 92: 1-44.

[37] Ma Q, Harpalani S, Liu S. A simplified permeability model for coalbed methane reservoirs based on matchstick strain and constant volume theory. Int J Coal Geol, 2011, 85 (1): 43-48.

[38] Liu J, Chen Z, Elsworth D, et al. Interactions of multiple processes during CBM extraction: a critical review. Int J Coal Geol, 2011, 87: 175-189.

[39] Palmer I, Mansoori J. Permeability depends on stress and pore pressure in coalbeds, a new model. SPE Reserv Eval Eng, 1998, 1 (6): 539-544.

[40] Cui X, Bustin R M. Volumetric strain associated with methane desorption and its impact on coalbed gas production from deep coal seams. AAPG Bull, 2005, 89 (9): 1181-1202.

[41] Palmer I, Mavor M, Gunter B. Permeability changes in coal seams during production and injection. In: Paper 0713 presented at the international coalbed methane symposium, Tuscaloosa, Alabama, USA, May 5-9, 2007.

[42] Rodvelt G, Oestreich R. Best practices for obtaining quality permeability data with CBM matrix injection-falloff testing. In: Paper 0827 presented at the international coalbed and shale gas symposium, Tuscaloosa, Alabama, USA, 2008.

[43] Ham Y S, Kantzas A. Measurement of relative permeability of coal: approaches and limitations. In: SPE 114994, CIPC/SPE gas technology symposium 2008 joint conference, Calgary, Alberta, Canada, 2008.

[44] Gash B W. Measurement of rock properties in coal for coalbed methane production. In: SPE Paper 22909, presented at the 66th annual technical conference and exhibition of the Society of Petroleum Engineers, Dallas, Texas, October 6-9, 1991: 221-230.

[45] Yong G, Paul G. Reservoir characterization of Mary Lee and Black Creek coals at Rock Creek Field Laboratory, Black Warrior Basins, Topical report GRI-93/0179 (May- December 1992). Prepared for the Gas Research Institute under contact no. 5091-214-2316, August 1993.

[46] Clarkson C, Bustin R, Seidle J. Production data analysis of single-phase (gas) coalbed-methane wells. SPE Reserv Eval Eng, 2007, 10: 312-331.

[47] Clarkson C, Rahmanian M, Kantzas A, et al. Relative permeability of CBM reservoirs: controls on shape. Int J Coal Geol, 2011, 88: 204-217.

[48] Clarkson C. Production data analysis of unconventional gas wells: review of theory and best practices. Int J Coal Geol, 2013, 109: 101-146.

[49] Clarkson C, Pan Z, Palmer I, et al. Predicting sorption-induced strain and permeability increase with

depletion for coalbed-methane reservoirs. SPE J, 2010, 15 (1): 152–159.

[50] Seidle J. Fundamentals of coalbed methane reservoir engineering. Tulsa, Oklahoma: Penn Well Books, 2011.

[51] Reznik A, Dabbous M, Fulton P, et al. Air-water relative permeability studies of Pittsburgh and Pocahontas coals. SPE J, 1974, 14 (6): 556–562.

[52] Zhang X, Wu C, Liu S. Characteristic analysis and fractal model of the gas-water relative permeability of coal under different confining pressures. J Pet Sci Eng, 2017, 159: 488–496.

[53] Lu X, Armstrong R, Mostaghimi P. High-pressure X-ray imaging to interpret coal permeability. Fuel, 2018, 226: 573–582.

8 煤层气储量计算

卡西·阿米尼安

西弗吉尼亚大学，摩根敦，西弗吉尼亚州，美国

8.1 煤层气原始地质储量

准确计算煤层气储层的原始地质储量（IGIP）是评估煤层气前景的关键一步，也是预测煤层气藏可采储量和产量的必要条件。根据储层类型和获得资料信息的不同，可以采用不同的方法来计算煤层气原始地质储量[1-2]。容积法是计算原始地质储量最常用的方法，尤其在气藏开发的早期阶段，因为与其他方法相比，容积法所需数据较少。然而，在对关键参数缺乏了解或存在不确定性的情况下，会给计算结果带来很大误差。在进行容积计算之前，需要对储层性质参数进行量化。计算煤层气藏原始地质储量（IGIP）所需的大多数储层参数均无法直接测量，只能通过地质分析、岩心测量和裸眼测井这3个方面来源获得的数据资料进行分析，从而间接得到这些参数值[3-5]。了解不同数据源的数据质量情况以及与之相关的潜在误差，这一点也非常重要。需要注意的是，煤层气储层中的储层性质和含气量会因煤层等级、埋藏深度、灰分含量和煤素质成分的变化而在储层纵向和横向上发生变化。因此，需要从不同地点采集大量样本，才能对储层的平均属性作出充分评价。所需的大部分数据只能在煤层气储层勘探和早期开发阶段获得。Mavor等人[5]详细介绍了设计和制定采集煤层气储层评价所需有效数据的程序。

煤层气储层的原始地质储量是煤层孔隙和裂缝中的游离气、主要是有机组分的吸附气以及烟煤和地层水中的溶解气的总和。煤层气储层的原始地质储量将游离气和吸附气的相应项纳入地质储量方程中来进行计算。溶解气部分通常可以忽略不计，因此下面方程中不包括该项。容积法计算煤层气储量的方程如下[6]：

$$G_i = Ah\left[\frac{43560\phi_f(1-S_{wfi})}{B_{gi}} + 1.359\rho_c G_c\right] \quad (8.1)$$

式中 G_i——原始地质储量，10^3ft^3；

A——储层泄气面积，acre；

h——储层厚度，ft；

G_c——地层平均含气量，ft^3/t；

ρ_c——煤层平均密度，g/cm^3；

ϕ_f——有效裂隙孔隙度；

S_{wfi}——裂缝中原始含水饱和度；

B_{gi}——原始天然气地层体积系数，10^{-3}。

正如第 6 章所述，煤层中的绝大部分天然气都是通过吸附作用储集在地下。游离天然气即使存在，也只占煤层中天然气储量很小一部分。因此，公式（8.1）中的第一项通常会被忽略。不过，Bustin 等人[7-8]的研究表明，在孔隙相对较大、微孔表面积相对较小的低阶煤中，游离天然气在原始地质储量（IGIP）中所占比例较高。加拿大阿尔伯塔省的马蹄峡谷干煤层就是这样一个特例[9]。

从公式（8.1）中可以看出，地层平均含气量（G_c）、储层厚度（h）、储层或井的泄气面积（A）以及地下煤层平均密度（ρ_c）是计算煤层气储层天然气储量所需的参数。在获取和分析数据资料以确定公式（8.1）中的各种参数时，会遇到许多挑战。因此，为了尽量减少误差，在评估煤层气储层的原始地质储量时必须遵循既定的程序[10]。下面将对这些参数进行详细讨论。

8.1.1 地层平均含气量

用来确定天然气含量的方法通常有 3 种：间接法、密闭取心和直接测量法[11]。间接法依赖于储层含气量与煤层等级或储层深度等易于测量的变量之间的经验相关性[11-13]，如第 6 章中图 6.3 所示。不过，这种方法在计算原始地质储量方面并不可靠。在没有煤层样品的情况下，通常采用间接法对天然气资源进行评价。由于密闭取心需要专业设备，操作难度大，且费用昂贵，因此该方法仅限于研究时才使用。如果采样、测试和数据分析方法得当，直接测量法是评估地层平均含气量最准确的方法[10,11,14-17]，该方法的测量理论和测量程序在第 6 章中已经进行了讨论。

8.1.2 储层厚度

煤层厚度是通过钻井并测量煤层取心厚度或使用电缆测井分析获得的。煤层总厚度通常可以通过电缆测井准确得到。在新完钻的井中，裸眼密度测井通常是获得煤层总厚度最可靠和成本最低的技术手段。由于煤层的密度低于无机岩石的密度，因此煤层段通过密度测井能较容易识别出来[18]。计算储层总厚度的方法通常是将密度小于截止值（通常等于煤层密度）的层段厚度相加。但是，如果密度截止值过低，则可能带来厚度计算的错误。当没有密度测井时，可根据其他电缆测井和泥浆测井来计算储层厚度[5]。净厚度的确定更为复杂，因为需要分析煤层总厚度中有多少对实际产量有贡献。电阻率测井、试井、生产测井或分层测试均可用于计算储层净厚度[4]。

8.1.3 煤层平均密度

要将煤层中天然气含量从单位重量体积转换为单位体积的煤层气体积，就必须知道煤的密度。要获得准确的煤层密度值，需要根据裸眼密度测井数据计算得到[4-5]。使用 $1.32\sim1.36 \text{g/cm}^3$ 作为煤层平均密度的常规做法可能会导致计算结果错误[19]。在没有测井数据的情况下，可根据灰分、水分和有机物（纯煤）组分的密度，按以下公式计算出煤层密度：

$$\frac{1}{\rho_c} = \frac{f_a}{\rho_a} + \frac{1-(f_a+f_m)}{\rho_o} + \frac{f_m}{\rho_w} \tag{8.2}$$

式中 ρ_a——灰分密度，g/cm³；
ρ_o——纯煤密度，g/cm³；
ρ_w——水分密度，g/cm³；
f_a——灰分含量；
f_m——水分含量。

8.1.4 储层泄气面积

储层的分布面积要结合地质、地球物理和工程方法来确定。构造和储层变化会导致煤层横向不连续，使储层面积的计算工作变得复杂。整个储层的构造和地层变化决定了煤层的三维分布，因此，地质评价为煤层连续性及其他相关方面提供了线索；但是，通常很难确定地层发生的局部变化。在发现煤层气和/或水生产表现出不寻常特点之前，往往无法确定是否存在不连续性及其所在的位置。三维地震技术已用于提高煤层气储层泄气面积预测。如果假定煤层在横向上连续，通常可根据井距计算出井的泄气面积。当煤层气井受其他生产井、断层或矿井影响时，泄气面积可以很容易地确定出来。但是，如果井的边界条件不明确的时候，计算出来的原始地质储量就会出现很大的误差；这一问题对于孤立的煤层气井尤为棘手。当气井的间距较大时，泄气面积也可能被高估。

8.2 煤层气储量

容积法是计算煤层气储量最简单的方法。通常，在开发的早期阶段做开发投资和融资决策时，就需要用到这种方法来预测煤层气的储量。对于煤层而言，用容积法计算储量就是将原始地质储量乘以预测的经济极限采收率。预测采收率参数通常比较困难，常用的采收率预测方法有以下几种，即类比、吸附等温线和模拟方法。

用容积法计算预测储量时，没有考虑储层渗透率、水力压裂的规模和井距等因素，因此，更有效的方法是进行一系列敏感性分析，对采收率随渗透率、水力压裂缝长和井距的变化进行评价。

8.2.1 等温线计算采收率

如果有煤层气储层的吸附等温线，则可以利用吸附等温线预测出可靠的采收率。煤层中最常用的模型是朗缪尔吸附等温线，见第6章中的公式（6.2）。如果有储层原始压力、含气量和废弃压力，则可根据吸附等温线估算出经济极限采收率（R_f），计算公式如下：

$$R_f = \frac{G_c - G_{sa}}{G_c} \tag{8.3}$$

公式（8.3）中的 G_{sa} 是废弃压力下的天然气储集能力，如第6章中的图6.2所示。这种方法的一个主要缺点就是要预测出废弃时的平均储层压力。

8.2.2 数值模拟计算采收率

煤层气生产井的采收率也可以用油藏数值模拟方法得到。即使在关键储层参数存在不确定性的情况下,数值模拟技术通常也能对采收率做出合理的预测。这种技术还可以用来评价井距、渗透率和完井变化对采收率的影响。煤层气藏数值模拟的理论和应用将在第11章中进行讨论。

参 考 文 献

[1] Garb F A, Smith G L. Estimation of oil and gas reserves. In: Petroleum engineering hand-book. Richardson, TX: SPE, 1987: 1–38.

[2] SPE. Guidelines for application of definitions for oil and gas reserves engineering reports, surveys, and standards. Richardson, TX: SPE, 1988.

[3] Mavor M J, Nelson C R. Coalbed reservoir gas-in-place analysis. Gas Research Institute Report No. GRI-97/0263. Chicago, IL, 1997.

[4] Saulsberry J L, Schafer P S, Schraufnagel R A. A guide to coalbed methane reservoir engineering. Gas Research Institute Report GRI-94/0397. Chicago, IL, March, 1996.

[5] Mavor M J, Close J C, McBane R A. Formation evaluation of exploration coalbed methane wells. SPE Form Eval, 1994: 285–294.

[6] Zuber M D. Basic reservoir engineering for coal, a guide to coalbed methane reservoir engineering, Gas Research Institute Report GRI-94/0397. Chicago, IL, 1996.

[7] Bustin R M, Clarkson C R. Free gas in matrix porosity: a potentially substantial resource in low rank coals, In: Proceedings of international coalbed methane conference, Tuscaloosa, AL, 1999: 197–214.

[8] Bustin A A M, Bustin R M. How much producible gas in the Horseshoe Canyon [Report]. Calgary, AB: Canadian Society for Unconventional Gas (CSUG), 2009.

[9] Clarkson C R, Bustin R M. Coalbed methane: current field-based evaluation methods. SPE Reserv Eval Eng, 2011: 60–75.

[10] Mavor M J, Pratt T J. Improved methodology for determining total gas content. In: Comparative evaluation of the accuracy of gas-in-place estimates and review of lost gas models. vol. II: Gas Research Institute Topical Report No. GRI-94/0429. Chicago, IL, 1996: 167.

[11] McLennan J D, Schafer P S, Pratt T J. A guide to determining coalbed gas content. Gas Research Institute Report No. GRI-94/0396. Chicago, IL, 1995: 182.

[12] Kim A G. Estimating methane content of bituminous coalbeds from adsorption data. Report of Investigations 8245. Washington, DC: United States Department of the Interior, Bureau of Mines, 1977: 22.

[13] Hawkins J M, Schraufnagel R A, Olszewski A J. Estimating coalbed gas content and sorption isotherm using well log data. In: Paper SPE 24905, 67th annual technical conference and exhibition of the society of petroleum engineers, Washington, DC, 1992.

[14] Mavor M J, Pratt T J, Nelson C R. Quantitative evaluation of coal seam gas content estimate accuracy. In: Paper SPE 29577, joint rocky mountain regional/low-permeability reservoirs symposium, Denver, CO, 1995.

[15] Mavor M J, Pratt T J, Nelson C R. Quantify the accuracy of coal seam gas content. Pet Eng Int, 1995, 68: 37–42.

[16] Mavor M J, Pratt T J, Britton R N. Improved methodology for determining total gas content. In: Canister

gas desorption data summary. vol. I. Gas Research Institute Topical Report No. GRI-93/0410. Chicago, IL, 1994: 230.

[17] Mavor M J, Pratt T J, Nelson C R, et al. Improved gas-in-place determination for coal gas reservoirs. In: Paper SPE 35623, gas technology symposium, Calgary, Alberta, Canada, 1996.

[18] Scholes P L, Johnston D. Coalbed methane applications of wireline logs. In: Law B E, Rice D D, editors. Hydrocarbons from coal. AAPG studies in geology #38. Tulsa, OK: American Association of Petroleum Geologists, 1993: 287–302.

[19] Nelson C R. Effect of coalbed reservoir property analysis methods on gas-in-place estimates. In: Paper SPE 57443, proceedings of SPE eastern regional meeting, 1999.

9 煤层气藏物质平衡方程

卡西·阿米尼安

西弗吉尼亚大学，摩根敦，西弗吉尼亚州，美国

9.1 气藏物质平衡方程（MBE）

物质平衡方程（MBE）是一种常用的、可靠的油藏工程方法，可以用来确定原始地质储量（IGIP）和预测气藏生产动态。物质平衡方程将储层中原始流体的体积与产量和储层静压联系起来。这是一种基于气藏动态的研究方法，可以在不知道储层几何形状的情况下，计算出储层原始流体的体积。为了进行物质平衡研究，需要提供几组产量和压力数据。

气藏中经典的物质平衡方程（MBE）通常用下式表示：

$$\frac{p}{z} = \frac{p_i}{z_i}\left(1 - \frac{G_p}{G}\right) \tag{9.1}$$

式中　p_i——原始气藏压力，psia；
　　　p——平均气藏压力，psia；
　　　z_i——原始气藏压力时的气体偏差因子；
　　　z——平均气藏压力时的气体偏差因子；
　　　G_p——平均气藏压力时的累计天然气产量，$10^6 ft^3$；
　　　G——天然气原始地质储量，$10^6 ft^3$。

公式（9.1）仅适用于定容气藏，在这种气藏中，随着产量的增加，压力降低，气藏的孔隙体积保持不变。此外，同时假定地层和束缚水的膨胀与气体膨胀相比可忽略不计。如图 9.1 所示，压力除以气体偏差因子（p/z）与累计产气量（G_p）的关系曲线呈一条直线，因此这种形式的物质平衡方程（MBE）很受业界欢迎。

将直线外推，即可得到原始地质储量（G）。但是，如果储层有水体侵入的影响（水驱气藏），或者地层的可压缩性与气体的可压缩性处于同一数量级（高压气藏），那么这种图形方法就不会呈一条直线。此外，传统的物质平衡方程假设天然气储集机制是压缩储层岩石孔隙中的游离气体。而在煤层气储层中，绝大部分煤层气是通过吸附作用储存在煤层基质中的，即使存在游离天然气，也只占储层天然气很小一部分。因此，煤层气储层的原始地质储量包括游离气和吸附气。当储层压力降低到临界解吸压力以下时，气体就会从基质

表面解吸出来。气体解吸通常用朗缪尔等温线来描述。在原始地质储量（G）相同的情况下，不同情形 p/z 与 G_p 的关系曲线如图 9.1 所示。从图中可以看出，除了定容气藏外，其他情形下二者都不呈线性关系。

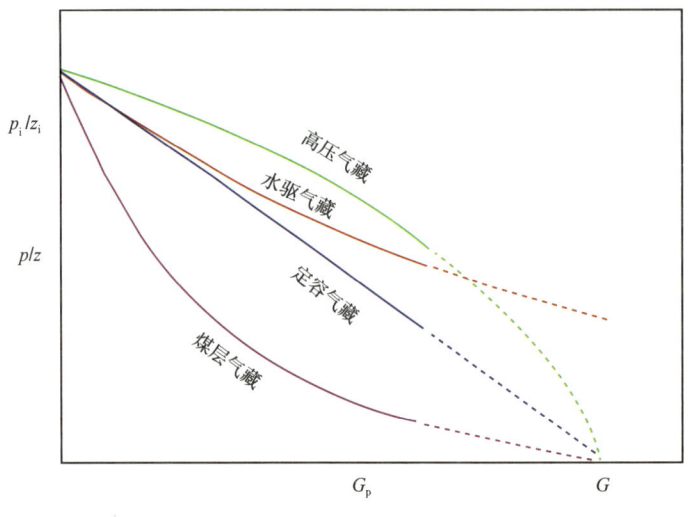

图 9.1 气藏物质平衡图[1]

研究人员已经提出了考虑到各种作用机制在内的更通用的物质平衡方程形式。然而，这些方程的复杂性使得直线图解法失去了实用优势。

9.2 煤层气藏物质平衡方程

King[2] 针对煤层气储层提出了一个综合形式的物质平衡方程，考虑了气体解吸、水体侵入、水产量以及水和地层的压缩性。使用非常规气藏偏差因子 z^* 代替气体偏差因子 z，该物质平衡方程与公式（9.1）具有相同的形式，方程表达式如下：

$$\frac{p}{z^*} = \frac{p_i}{z_i^*}\left(1 - \frac{G_p}{G}\right) \tag{9.2}$$

非常规储层气体偏差因子 z^* 定义为：

$$z^* = \frac{z}{[1+c_f(p_i-p)](1-\bar{S}_w) + \frac{\rho_B V_L p}{\phi_i(p_L+p)}B_g} \tag{9.3}$$

式中　c_f——裂缝系统的压缩系数，psi^{-1}；

　　　B_g——气体体积系数；

　　　ρ_B——储层体积密度，g/cm^3；

　　　V_L——朗缪尔体积，ft^3/t；

　　　p_L——朗缪尔压力，psia；

ϕ_i——初始孔隙度；

$\overline{S}_w$——裂缝系统中的平均含水饱和度。

从公式（9.3）中可以看出，z^* 的表达式中考虑了地层压缩性和气体解吸附。因此，z^* 有了严格的计算公式，但保留了实用、简单的直线关系，如图9.2所示。

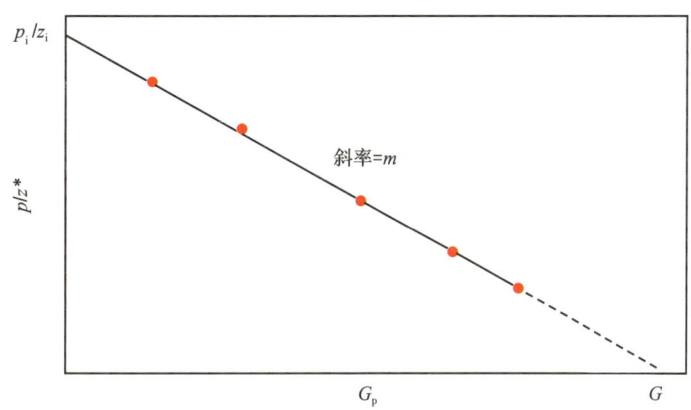

图9.2 煤层气藏物质平衡图

公式（9.2）适用于饱和煤层气的储层，因为只有当储层压力与吸附等温线平衡时才会发生气体解吸。公式（9.3）分母中出现的裂缝系统中的平均含水饱和度可用下式计算得到：

$$\overline{S}_w = \frac{S_{wi}[1+c_w(p_i-p)]+\dfrac{5.615(W_e-B_wW_p)}{\phi_i V_{b2}}}{1+c_f(p_i-p)} \quad (9.4)$$

式中 S_{wi}——裂缝系统的初始含水饱和度；

c_w——水的压缩系数，psi^{-1}；

W_e——水侵入量，bbl；

B_w——地层水体积系数，bbl/ft^3；

W_p——累计产水量，bbl；

V_{b2}——裂缝系统总体积，ft^3。

同样，从公式（9.4）中可以看出，平均含水饱和度公式中已经包含了水的压缩系数、水侵入量和产水量。

根据图9.2中直线的斜率 m，可以得到裂缝体系的体积 [公式（9.4）中的 V_{b2}]，计算公式如下：

$$V_{b2} = -m\frac{p_{SC}T}{T_{SC}}\phi_i \quad (9.5)$$

然而，得到直线斜率 m 需要迭代计算。King[2] 给出了该方法的计算步骤，如下：

（1）假设 V_{b2} 的值，并根据公式（9.4）计算平均含水饱和度。

（2）根据公式（9.3）计算 z^*。

（3）绘制 p/z^* 与 G_p 的关系图，并得到直线斜率 m。

（4）根据公式（9.5）计算 V_{b2}。

（5）返回步骤（1），使用新得到的 V_{b2} 值继续计算，直至收敛。

应该指出的是，商业开发的煤层气储层通常不存在水体侵入。但是，如果存在水体侵入，公式（9.4）中的水侵入量 W_e 可以通过现有的油藏工程方法得到。

研究人员针对煤层气储层提出了不同形式的物质平衡方程，这些物质平衡方程与 King 提出的物质平衡方程基本相同，只是做了一些小的修改[1,3-7]，并进行了一些简化处理，以提高使用的便利性[8]。Firanda[9] 对 z^* 的定义进行了修改，增加了滞留在煤基质中的水分膨胀、基质和裂隙收缩这 3 项，如下所示：

$$z^* = \frac{z}{\left(1-c_{f_{ma}}\Delta p\right)\left(1-\bar{S}_w\right) + \frac{zp_{SC}T\rho_B}{\phi T_{SC}}\left(\frac{V_L p}{p_L + p}\right)\left(1-f_m-f_a\right)} - \frac{\left(1-S_{gi}-S_{wc}\right)\left(B_w - B_{wi}\right)}{B_{wi}} - \frac{\rho_B V_L p_i \left(1-f_m-f_a\right) z_i T p_{SC}}{\phi T_{SC}\left(p_L + p_i\right)\left(1-f_m\right)}\Delta p\left(f_m c_m + c_{f_{mi}}\right) \tag{9.6}$$

式中　c_m——基质中水分压缩系数，$psia^{-1}$；

　　　$c_{f_{ma}}$——隔离压缩系数，$psia^{-1}$；

　　　$c_{f_{mi}}$——基质压缩系数，$psia^{-1}$；

　　　S_{wc}——束缚水饱和度；

　　　S_{gi}——初始含气饱和度。

Ibrahim[10] 及 Shi 等人[11] 对煤层气储层的物质平衡方程进行了进一步修正，将溶解在水中的 CH_4 和基质收缩引起的孔隙度变化包括在内。水中溶解的气体在煤层气储层中所占的比例很小，然而，对于一些原始压力较高、朗缪尔吸附体积相对较小的煤层气储层，如中国鄂尔多斯盆地的煤层气储层，这部分自由气和溶解气所占的比例相对较高。虽然这些形式的物质平衡方程理论上更加准确，但对于大多数煤层气储层原始地质储量计算结果的影响并不显著。

9.3　煤层气藏流动物质平衡方程

通常认为物质平衡计算比体积计算更可靠，但也存在一些缺陷。Morad 等人[12] 指出存在以下两方面问题：

（1）通过压力恢复获取气藏平均（静态）压力的时候，会造成产量损失。

（2）由于低渗透、多套煤层或含水层补给等因素的存在，使得压力恢复试井解释难度增大。

为了克服这些问题，Mattar 等[13] 提出了流动物质平衡概念，可以适用于不关井的情况。这种形式的物质平衡依赖于井底流压和天然气产量。Morad 等人[12] 将流动物质平衡概念扩展到煤层气干气藏。流动物质平衡概念通常用于分析生产数据，将在下一章进行详细讨论。

参 考 文 献

[1] Moghadam S, Jeje O, Mattar L. Advanced gas material balance in simplified format. J Can Pet Technol, 2011, 50 (1): 90–98.

[2] King G R. Material-balance techniques for coal-seam and Devonian shale gas reservoirs. In: SPE 20730, Presented at the 65th annual technical conference and exhibition of Society of Petroleum Engineers, New Orleans, LA, September 23–26, 1990.

[3] Seidle J P. A modified p/z method for coal wells. In: SPE 55605, Presented at SPE Rocky Mountain regional meeting, Gillette, Wyoming, May 15–18, 1999.

[4] Jensen D, Smith K L. A practical approach to coalbed methane reserve prediction using modified material balance technique. In: Paper 9765, Presented at the international coalbed methane symposium, Tuscaloosa, Alabama, 1997.

[5] Penuela G, Ordonez A, Bejarano A. A generalized material balance equation for coal seam gas reservoirs. In: SPE-49225-MS, Presented at the SPE annual technical conference and exhibition, New Orleans, LA, September 27–30, 1998.

[6] Ahmed T H, Centilmen A, Roux B P. A generalized material balance equation for coalbed methane reservoirs. In: SPE 102638, presented at the SPE annual technical conference and exhibition, San Antonio, Texas, September 24–27, 2006.

[7] Clarkson C R, McGovern J M. Study of the potential impact of matrix free gas storage upon coalbed gas reserves and production using a new material balance equation. In: Presented at the international coalbed methane symposium, Tuscaloosa, Alabama, 2001.

[8] Clarkson C R, Bustin R M, Seidle J P. Production-data analysis of single-phase (gas) coalbed-methane wells. SPE Reserv Eval Eng, 2007, 10 (3): 312–331.

[9] Firanda E. The development of material balance equations for coalbed methane reservoirs. In: SPE 145382, Presented at the SPE Asia Pacific oil & gas conference and exhibition, Jakarta, Indonesia, September 20–22, 2011.

[10] Ibrahim A F, Nasr-El-Din H A. A comprehensive model to history match and predict gas/ water production from coal seams. Int J Coal Geol, 2015, 146: 79–90.

[11] Shi J, Chang Y, Wu S, et al. Development of material balance equations for coalbed methane reservoirs considering dewatering process, gas solubility, pore compressibility and matrix shrinkage. Int J Coal Geol, 2018, 195: 200–216.

[12] Morad K, Clarkson C R. Application of flowing p/z^* material balance for dry coalbed-methane reservoirs. In: SPE 114995, Presented at the CIPC/SPE gas technology symposium 2008 joint conference, Calgary, Canada, June 16–19, 2008.

[13] Mattar L, McNeil R. The "flowing" gas material balance. J Can Pet Technol, 1998, 37 (2): 287–291.

10 生产特征及动态预测

卡西·阿米尼安

西弗吉尼亚大学,摩根敦,西弗吉尼亚州,美国

10.1 煤层气藏生产特征

煤层气储层的天然气生产不同于常规天然气储层,因为在煤层气储层中,大部分天然气都吸附在煤层基质上。煤层气储层通常含水,控制气体流向气井井筒的裂缝(割理)系统最初都充满了水。在天然气流向气井之前,必须将水从裂缝系统中采出。因此,煤层气储层最初只产水。必须从煤层中持续产水,以降低割理系统中的压力。一旦压力降低到临界解吸压力,气体就会从基质中解吸出来。临界解吸压力是吸附等温线上与初始天然气含量相对应的压力(见第6章中的图6.2)。气体从基质表面解吸后,会在煤层基质内部发生分子扩散。随着解吸过程的继续,在割理系统内自由甲烷气体饱和度逐渐增加。一旦天然气饱和度超过临界气体饱和度,煤层气将与水一起通过割理系统流向气井。随着解吸过程的继续,割理系统内的气体饱和度继续增加,气体流动越来越占据主导地位。因此,产水量迅速下降,直到产气量达到峰值,这时,水饱和度接近束缚水饱和度。产气量达到峰值之前的阶段称为排水阶段。排水之后,产气量呈下降趋势,与常规气藏生产特征类似。煤层气储层的典型产量曲线如图10.1所示。

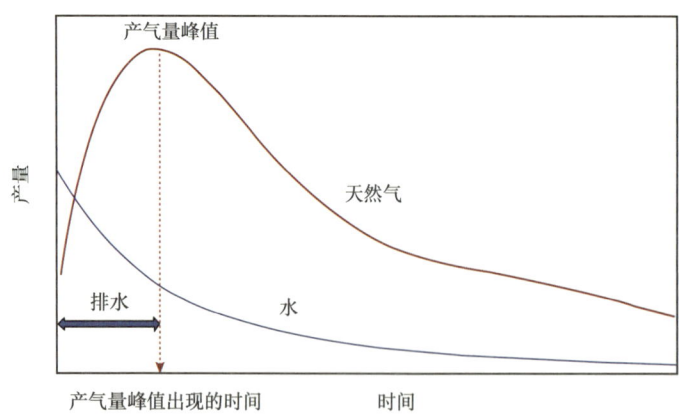

图 10.1 煤层气藏气井的典型生产曲线

10.2 煤层气前景评价

煤层气前景评价的关键参数是天然气资源量、储量和气井产能。表10.1列出了进行煤层气储层分析时所需的关键数据及其主要来源。煤层气中的绝大部分天然气通过吸附作用储集在低渗透煤层基质中。因此，煤层基质的性质对煤层气储量及其采收率的预测影响非常大。天然气的含量和储集能力是确定天然气资源量和储量的关键参数，这两个参数都必须通过岩心样本直接测量得到。岩心数据采集和分析是任何煤层气项目评价过程中不可或缺的步骤。在煤层气储层中，流体（气和水）是通过天然裂缝系统（割理）流向井筒的，因为煤基质实际上几乎没有渗透性。因此，天然裂缝系统的性质对产气量和产水量的影响最大。要准确评价煤层气井的产能，就必须对煤层天然裂缝系统的流动性质进行准确的把握。天然裂缝系统的渗透率和相对渗透率是对气井产能影响最大的关键参数。天然裂缝系统渗透率可通过气井试井进行准确的评价。

表 10.1 煤层气藏分析所需的数据及其来源

参数	资料来源
储集能力	岩心测量
气体含量	岩心测量
扩散率系数	岩心测量
孔隙体积可压缩性	岩心测量
总厚度	测井
有效厚度	测井
压力	试井
绝对渗透率	试井
相对渗透率	模拟
孔隙率度	模拟
流体特性	组分分析及经验公式
气体组分	生产和解吸的气体
泄气体积	地质研究

煤层气储层中存在的面割理和端割理使得储层渗透率呈各向异性。一些研究表明，在布井开发的时候，应利用面割理方向渗透率较高的优势，沿面割理方向将气井井距加大。出于同样的考虑，端割理的渗透率较低，因此沿端割理方向的井距应适当缩小。Wicks等人[1]提出，与正方形井网相比，采用矩形井网，煤层气的采收率更高。Bumb等人[2]的研究表明，根据渗透率各向异性布井时，产水量有所提高。Ertekin等人[3]提出，水平井应垂直于面割理方向钻进，延长气井的高产期。Chaianansutcharit等人[4]指出，煤层气储层以正方形井网开发时，其产气曲线会表现出"两个峰值"。生产曲线出现两个峰值是由

不均匀的边界效应引起的。第一个峰值是由最大渗透率方向的边界造成的，第二个峰值是由最小渗透率方向的边界引起的。两个峰值之间的持续时间受各向异性程度的影响。

渗透率各向异性也会影响完井方式的选择和效率。Deimbacher 等人[5] 的研究表明，在各向异性储层中，水平井平行于端割理方向钻进，其产量要比各向同性气藏中的水平井产量高。然而，如果水平井平行于面割理方向钻进，其产量特征则类似于垂直压裂井。

邻井之间的干扰对煤层气井的生产是有利的，煤层气井的排水速度加快，从而使产气量峰值提前到来。Remner 等人[6] 发现，井间干扰造成的压力下降加速会促进 CH_4 解吸，从而有利于气井的生产。Wicks 等人[1] 研究表明，井距越小，煤层气的采收率越高。然而，最佳井距最终由经济指标决定。Young 等人[7] 研究结果认为，较小的井距可使气井整个生产周期内的峰值产量提前到来，然而，这种较高峰值产量的提前到来，会使得气井产量下降得更快。

煤层气采出水的处理和回注费用是影响煤层气项目经济效益的关键因素。设计的井距能够使煤层气井之间发生"干扰"对产气无疑是有帮助的。同时从两个方向泄压，降低泄气范围内储层压力，加快煤层排水，从而加速煤层气解吸。渗透率、油井增产效果和气井井距都会对井间干扰造成影响。储层的渗透率较高意味着气井可以更快受邻井的"干扰影响"，从而促进解吸。气井之间的距离较近时也会产生同样的效果。较长的压裂缝长对邻近气井产生的影响更大。只要气田作业者能够在邻井之间建立起相互干扰，就能促进煤层气解吸，从而更快、更多地生产煤层气。在不同的情况下，经济效益取决于最佳井距和井网。

与常规储层相比，煤层气储层生产更为复杂，对其进行研究也需要更多的储层参数。通常，用来评价煤层气前景所需的储层参数无法获取；此外，煤层是非均质的，通常需要许多样本才能确定有代表性的参数值。在缺乏足够数据的情况下，就需要对参数进行研究，评价这些缺失参数对采收率、气井动态和未来收益的影响。要对这些参数进行研究，必须根据缺失参数的大致范围对气井生产动态进行预测。

10.3 生产预测

煤层气井生产特征复杂，预测或分析的难度大，尤其是在开发的早期阶段。这是因为煤层气储层的产气过程受单相气体通过微孔（基质）系统扩散及气体和水两相通过大孔隙（割理）系统流动二者之间复杂相互作用的支配，而这两种流动又通过解吸过程耦合在一起。因此，常规的油藏工程技术无法用于煤层气的生产特征预测。

研究人员已经提出了多种解析方法和数值方法用于预测煤层气储层的生产动态[8]。通常很难用解析的方法对煤层气生产过程中涉及的所有复杂问题进行建模，因此，解析模型通常要做一些简化处理和假设，这就限制了其在不同储层条件下应用的适用性。数值模型被业界认为是预测煤层气储层生产特征的最佳工具[9]。数值模型可以表征煤层气生产过程中更复杂的储集和传输，以及控制煤层气生产的各种机理。物质平衡技术可用来检验气藏模拟器计算出来的采收率结果，也可用于预测成熟在产气田的气井生产动态，因为这些气藏已有足够多的数据资料[9]。

10.3.1 物质平衡技术

King[10] 提出了一种更为严谨的煤层气井动态预测技术，该技术考虑了煤层基质中气体解吸的影响，并假定自由气体和吸附气体在储层中处于平衡状态。该技术基于第9章中介绍的物质平衡方程［公式（9.2）至公式（9.4）］与气体和地层水流入方程的同步求解：

$$q_\text{g} = \frac{k_\text{rg}khT_\text{SC}}{50301\left[\ln(r_\text{e}/r_\text{w})-0.75+s\right]Tp_\text{SC}}(p_{p_\text{i}}-p_{p_\text{wf}}) \qquad (10.1)$$

$$p_\text{p} = \int_0^p \frac{2p'}{\mu z}\text{d}p' \qquad (10.2)$$

$$q_\text{w} = \frac{k_\text{rw}kh}{141.2\left[\ln(r_\text{e}/r_\text{w})-0.75+s\right]\mu_\text{w}B_\text{w}}(p-p_\text{wf}) \qquad (10.3)$$

式中 B_w——地层水体积系数，bbl/ft^3；

h——储层厚度，ft；

k——地层渗透率；

r_e——外边界半径；

r_w——油井半径；

T——温度；

μ——黏度；

z——压缩系数；

p——压力；

q_g——气体产量；

q_w——地层水产量。

如第9章所述，应用物质平衡方程需要进行迭代计算。此外，在求解公式（10.1）、公式（10.2）时还需要相对渗透率曲线。值得注意的是，公式（10.1）、公式（10.2）得出的是拟稳态解，因此假定储层中的流动状态已经开始受边界控制。此外，公式（10.1）忽略了惯性作用（非达西效应）引起的压降。

Seidle[11] 提出了类似的方法，但没有考虑到相对渗透率的变化，并假设产气量处于下降阶段。因此，这种技术只适用于已经排水的煤层气井，这时候煤层气井产量下降规律与常规气藏类似。这种情况通常发生在含水的煤层气藏，气井已经达到峰值产量之后。如前所述，当煤层气井产量达到峰值后，含水饱和度会接近束缚水饱和度，这时候的气相有效渗透率几乎恒定。该技术也适用于不产水的煤层气井，该类型井的产气量从投产之后就开始下降。

10.3.2 递减曲线分析方法

产量递减曲线分析方法在常规油气藏开发中已经广泛接受并采用，因为使用起来相对容易，而且只需要油气井的生产历史数据就可以了。一旦煤层气井排水完成之后，气井的生产规律将与常规气井一样，这时候就可以用产量递减曲线方法进行分析。但是，煤层气井可能需要几个月甚至几年的时间才能表现出产量"递减"的趋势，因此对煤层气井进行产量递减曲线分析相对比较复杂[9]。进入正常递减阶段所需的时间因邻井的干扰而异。通常情况下，人们希望在正常递减曲线上有6个月或更长时间的产量历史数据。

传统的递减曲线分析是一种经验方法，是基于产量历史数据进行曲线拟合，然后根据拟合好的曲线预测以后的气井产量。递减曲线分析的基本方程由 Arps[12] 提出：

$$q = \frac{q_i}{(1+D_i bt)^{1/b}} \qquad (10.4)$$

式中　q——产量，$10^3 \text{ft}^3/\text{d}$；

　　　q_i——初始产量，$10^3 \text{ft}^3/\text{d}$；

　　　D_i——初始递减率，d^{-1}；

　　　b——递减指数。

初始递减率 D_i 和递减指数 b 是公式（10.4）中的两个常数。对于常规油气藏，递减指数 b 的极限值分别为0和1。该方程有3种特殊形式，即指数递减（$b=0$）、双曲递减（$0<b<1$）和调和递减（$b=1$）。选用的预测产量递减曲线类型对剩余储量影响非常大。在初始递减率 D_i 相同的情况下，指数递减曲线预测的储量比用双曲递减曲线预测的储量更为保守。在应用递减曲线对煤层气井进行分析时，一个关键问题是，指数递减曲线和双曲递减曲线中哪个才能更好地代表气井的长期产量曲线[13]。在预测煤层气井的产量和储量时，通常采用指数递减曲线[14-16]。虽然煤层气在初期阶段符合指数递减规律，但理论上已经证明，开发后期会呈现出双曲递减趋势。这是因为吸附等温线是非线性的，在较低的压力下会解吸很大一部分气体。Okuszko 等人[13] 根据理论模拟结果，认为煤层气井的生产特征符合 $b>0$ 的递减趋势，因为大多数煤层气井都是在大生产压差下开采。

根据每天的操作成本，可以确定气田的废弃产量，然后根据递减曲线外推到该时间点和废弃产量。这样就可以计算得出累计产气量，并得出气井的最终采收率（EUR）。还可以利用递减率对生产状况进行监测，识别出是否出现异常高递减率，这表明气井有污染和/或可能需要进行修井作业。

10.3.3　煤层气生产类型曲线

使用复杂的油藏模拟器对参数进行研究既麻烦又费时费力。Aminian 等人[17] 提出了一种简单而可靠的方法对煤层气藏生产动态进行预测，引入了一套煤层气藏生产类型曲线，用于预测未饱和煤层气藏的产气量和产水量，该曲线合理地再现了油藏模拟器计算结果。这些类型曲线如图10.2和图10.3所示。

天然气产量无量纲方程组定义如下：

$$q_{gD} = \frac{q_g}{q_{峰值}}, \quad t_{gD} = \frac{q_{峰值}}{G_i}t, \quad G_i = 1359.7 A h \bar{\rho}_c \bar{G}_{ci} \qquad (10.5)$$

式中　$q_{峰值}$——天然气峰值产量；
　　　G_i——天然气地质储量；
　　　A——储层泄气面积，acre；
　　　t——时间，s；
　　　$\bar{\rho}_c$——煤层平均密度，g/cm³；
　　　$\bar{G}_{ci}$——初始平均含气量，ft³/t。

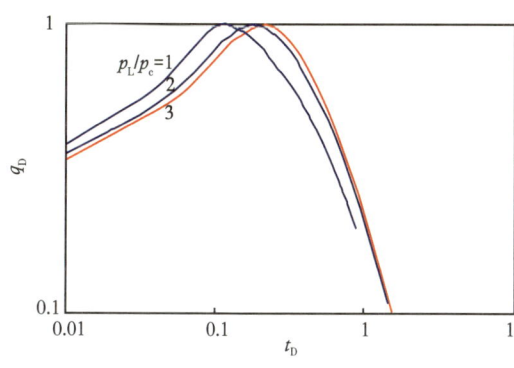

图 10.2　煤层气井产气量典型曲线[17]　　　　图 10.3　煤层气井产水量典型曲线[17]

使用这些无量纲方程组消除了割理渗透率、割理孔隙度、吸附时间、朗缪尔体积常数、初始压力、煤层厚度、泄气面积和表皮系数对产气量类型曲线的影响。但朗缪尔压力常数（p_L）和临界解吸压力（p_c）对产气量类型曲线有影响。这是因为在临界解吸压力以下，气体解吸遵循吸附等温线，而朗缪尔压力常数（p_L）对等温线的形状影响很大。因此，朗缪尔压力常数 p_L 与临界解吸压力 p_c 之比可以反映这两个参数对煤层气产量类型曲线的影响。

地层水产量无量纲方程组定义如下：

$$q_{wD} = \frac{q_w}{q_i}, \quad t_{wD} = \frac{q_i}{W_i}t, \quad W_i = 43560 Ah\phi_f S_{wi} \quad (10.6)$$

式中　q_w——初始水产量；
　　　W_i——割理系统中初始水量；
　　　ϕ_f——有效裂隙孔隙度；
　　　S_{wi}——裂缝系统的初始含水饱和度。

地层水产量无量纲方程组也消除了大多数参数对产量曲线的影响。但是，地层原始压力（p_i）和临界解吸压力（p_c）对产水量类型曲线有影响。这是因为在欠饱和度的煤层气储层中，割理系统的总压缩性是煤层排水的主要驱动力，在气体解吸时会显著增加。储层初始压力 p_i 与临界解吸压力 p_c 之比反映出煤层气藏的欠饱和程度。

10.3.4　现代生产数据分析方法

在过去几十年中，生产数据分析（PDA）技术取得了重大进展，可以从常规油气藏的油气井产量和流压数据中提取有关油藏和增产的有价值信息。这些技术利用的是油气井整个生产过程中日常收集到的数据资料，如生产数据和流动压力数据等。这些分析方法利用流动物质平衡（FMB）和产量类型曲线来获得天然气储量、渗透率与厚度乘积（地层系数）和表皮系数。为了证明如何将现代生产数据分析方法（如流动物质平衡和产量类型曲线）应用到煤层气藏，研究人员已经进行了许多尝试[18-21]。具体来说，通过运用修正后的物质平衡时间/拟时间和拟压力的定义，对流动物质平衡分析方法进行修改，将多个复杂煤层气藏的特征包括在其中。

10.3.5　数值模型

数值模型可以同时准确地解释气体解吸、相对渗透率、渗透率、煤层压缩引起的孔隙度变化、基质收缩引起的渗透率变化、井间干扰及作业程序。为了煤层气藏的评价尽可能严谨，需要使用煤层气模拟器。数值模型的开发有两种方法，包括瞬时解吸（平衡）和随时间变化解吸（非平衡）。平衡模型假定解吸/扩散发生的速度远远快于流体流经裂缝的速度，并忽略扩散和解吸的动力学过程。对于许多应用来说，平衡假设是合理的[8]。油藏模拟器适用于生产过程中的每个阶段，但需要大量的岩心、测井和试井数据。下一章将对数值模型进行讨论。

参 考 文 献

[1] Wicks D E, Schewerer F C, Militzer M R, et al. Effective production strategies for coalbed methane in the Warrior Basin. In: Paper SPE 15234, Presented at the unconventional gas technology symposium, Louisville, Kentucky, May 18–21, 1986.

[2] Bumb A C, McKee C R. Use of a computer model to design optimal well for dewatering coal seams for methane production. In: Paper SPE 12859, Presented at the unconvetional gas technology symposium, Pittsburgh, Pennsylvania, May 13–15, 1984.

[3] Ertekin T, Sung W, Schwerer F C. Production performance analysis of horizontal drainage wells for the degasification of coal seams. In: Paper SPE 15453, Presented at the SPE annual technical conference and exhibition, New Orleans, LA, October 5–8, 1986.

[4] Chaianansutcharit T, Chen H-Y, Teufel L W. Impacts of permeability anisotropy and pressure interference on coalbed methane (CBM) production. In: Paper SPE 71069, Presented at the SPE Rocky Mountain petroleum technology conference, Colorado, May 21–23, 2001.

[5] Deimbacher F X, Economides M J, Heinemann Z E, et al. Comparison of methane production from coalbeds using vertical or horizontal fractured wells. J Petrol Techol, 1992, 44: 930–935.

[6] Remner D J, Ertekin T, Sung W, et al. A parametric study of the effects of coal seam properties on gas drainage efficiency. In: Paper SPE 13366, Presented at the SPE eastern regional meeting, Charleston, West Virginia, October 31–November 2, 1986.

[7] Young G B C, McElhiney J E, Paul G W, et al. A parametric analysis of Fruitland coalbed methane producibility. In: Paper SPE 24903, Presented at the annual technical conference and exhibition, Washington, DC, October 4–7, 1992.

[8] Gerami S, Pooladi-darvish M, Morad K, et al. Type curves for dry CBM reservoirs with equilibrium desorption. J Can Pet Technol, 2008, 47 (7): 49–56.

[9] Zuber M D. Basic reservoir engineering for coal. In: A guide to coalbed methane reservoir engineering.

Chicago, Illinois: Gas Research Institute Report GRI-94/0397, 1996.

[10] King G R. Material-balance techniques for coal-seam and Devonian shale gas reservoirs. In: SPE 20730, Presented at the 65th annual technical conference and exhibition of Society of Petroleum Engineers, New Orleans, LA, September 23-26, 1990.

[11] Seidle J P. A modified p/z method for coal wells. In: SPE 55605, Presented at SPE Rocky Mountain regional meeting, Gillette, Wyoming, May 15-18, 1999.

[12] Arps J J. Analysis of decline curves. Trans AIME, 1945, 160: 228-247.

[13] Okuszko K E, Gault B W, Mattar L. Production decline performance of CBM wells. In: Paper 2007-078, Presented at the Canadian international petroleum conference (58th annual technical meeting), Calgary, Alberta, Canada, June 12-14, 2007.

[14] Hanby K P. The use of production profiles for coalbed methane valuations. In: Paper 9117, Proceedings of the 1991 coalbed methane symposium, May 13-16, 1991: 443-452.

[15] Seidle J P. Coal well decline behavior and drainage areas: theory and practice. In: Paper SPE 75519, Presented at SPE gas technology symposium in Calgary, Canada, April 30-May 2, 2002.

[16] Mavor M J, Russell B, Pratt T J. Powder river basin Ft. Union coal reservoir properties and production decline analysis. In: Paper SPE 84427 presented at the SPE ATCE in Denver, CO, USA, October 5-8, 2003.

[17] Aminian K, Ameri S. Predicting production performance of CBM reservoirs. J Nat Gas Sci Eng, 2009, 1: 25-30.

[18] Clarkson C R, Bustin R M, Seidle J P. Production-data analysis of single-phase (gas) coalbed-methane wells. SPE Reserv Eval, 2007, 10 (3): 312-331.

[19] Jordan C L, Fenniak M J, Smith C R. Case studies: a practical approach to gas-production analysis and forecasting. In: Paper SPE 99351, Presented at the SPE gas technology symposium, Calgary, Canada, May 15-17, 2006.

[20] Gerami S. Predictive and production analysis models for the unconventional gas reservoirs. Ph.D. thesis, Calgary, Canada: University of Calgary, 2007.

[21] Clarkson C R, Jordan C L, Geirhart R R, et al. Production data analysis of coalbed-methane wells. SPE Reserv Eval, 2008, 11: 311-325.

11 煤层气生产建模和模拟

卡西·阿米尼安

西弗吉尼亚大学,摩根敦,西弗吉尼亚州,美国

11.1 煤层气藏生产特征预测

煤层气藏中的产气量受煤层基质中的单相气体扩散和割理系统中气—水两相流动的复杂相互作用控制,而这两个过程通过解吸过程耦合在一起。煤层气藏为非均质、各向异性的多孔介质,具有复杂的孔隙结构。此外,煤层的渗透率同时受到有效应力变化、气体滑脱和天然气开采过程中基质收缩的影响。因此,分析和预测煤层气储层的生产特征既复杂又具有挑战性,尤其是在早期采气阶段(即排水阶段)。与常规气藏相比,煤层气藏的生产曲线与前者截然不同。研究人员已经提出了用于预测煤层气储层生产特征的多种解析方法和数值方法[1]。学者们虽然已经提出了预测煤层气产量的解析和半解析模型,然而,这些模型大多只适用于单相气体流动的情形。对于已经拥有了大量气藏数据的成熟在产气田,非常适用解析方法对气井动态进行预测[2]。用解析方法对煤层气生产过程中涉及的复杂问题进行建模非常困难,而煤层气生产过程中涉及的复杂储集和流动机理,通过数值模型能得到较好的体现,因此,数值模型通常用来评价煤层气生产[3]。

11.2 油藏模拟

油藏模拟是高效解决复杂油藏工程问题的有力技术手段,因此,数值模型被认为是煤层气藏开发的最佳工具。数值模型可以同时准确地解释气体解吸、相对渗透率、渗透率、煤层压缩引起的孔隙度变化、基质收缩引起的渗透率变化、井间干扰及作业程序。油藏模拟器可用于各种分析和预测,其主要用途包括预测各种气藏管理策略下煤层气藏的生产动态、天然气最终采收率及设计最有效的完井方式。正因为如此,当需要准确的技术数据为决策提供支持和经济论证时,数值模拟已成气藏管理不可或缺的工具。Paul[4]给出了开展煤层气数值模拟研究所需详细资料以及历史拟合和产量预测指南。

与常规气藏相比,由于煤层气生产复杂,因此,评价过程中需要更多的储层参数。通常,在煤层气前景评价时所需的所有储层参数都无法获得。此外,由于煤层的非均质

性，往往需要许多样本才能确定各种参数有代表性的值。在缺乏足够数据的情况下，通常要对参数进行研究，以分析所缺参数对采收率、气井动态和未来收益的影响。油藏模拟是在测量数据存在不确定性的情况下，对油气藏开发动态进行敏感性分析的一种经济有效的手段。

11.3 煤层气藏数值模拟器

已经有不少文献对现有煤层气藏模拟器进行了介绍。King 等人[3]详细回顾了 20 世纪 80 年代末以前煤层气数值模拟器的发展情况。Wei 等人[5]对煤层气一次采收率和提高煤层气（ECBM）采收率数值模拟技术的最新进展进行了综述。按照对气体吸附过程的处理方式，模拟器可分为平衡和非平衡两大类。平衡模型是由常规的单孔模型转换而来的煤层气藏模型。在这类模型中，煤层气储层中两相流体流经裂缝网络的过程是根据达西定律建模和模拟的，在考虑气体解吸时，采用的是一个与压力相关的源项，而没有考虑气体扩散[6]。

平衡模型忽略了吸附时间，但这通常不是什么问题，因为对于大多数煤层来说，气体解吸速度非常快，天然气产量主要受裂缝系统的渗透率限制[7]。然而，对于需要较长时间解吸的煤层，非平衡模型可能无法预测真实的天然气采收率。这些模型是双孔隙模型，经过修改后用于气体的吸附储集和基质中的气体扩散传输。模型中可以假定扩散系数与气体浓度无关（拟稳态模型）或与浓度有关（非稳态模型）。非稳态模型是最严格的，因为考虑了气体浓度梯度的影响。然而，由于其求解的复杂性，计算量非常大。通过对比两种方法之后发现，虽然拟稳态模型低估了刚开始 100h 左右的气体产量，但后面很长时间内，计算的结果几乎相同[7]。

为了模拟采出的天然气组分随时间的变化[8]，注入 N_2 或 CO_2 等混相气体提高煤层气采收率[9]，这种情况下就必须考虑使用组分模拟器。因此，组分模拟器需要新增功能解释多组分吸附——解吸动力学以及注入气体和解吸甲烷混合等新功能。然而，由于煤层气开发以及煤层气提高采收率过程中发生的物理和热力学现象极为复杂，现有模型无法充分模拟煤层气的开采机理。

最近的研究表明，低阶煤呈现多模态孔隙结构[10-11]，相应地建立了单孔和双分散扩散模型来模拟不同类型的气体扩散过程。双分散模型一般假定煤层基质中的气体扩散过程分为 2 个步骤。气体吸附发生在微孔中，中、大孔隙为游离天然气提供存储空间，而煤层中的迂曲喉道提供气体在微孔和割理之间的传输通道。在双分散模型中，假定微孔、中孔中的气体扩散是受不同的机理控制。最近，很多学者尝试使用双分散孔隙扩散模型和三重孔隙模型等替代模型来改进煤层气开发/煤层气提高采收率模拟效果[11-14]。在这些模型中，把煤基质中的气体扩散描述为双分散扩散。此外，模拟器中还引入了几个经验方程，用来描述煤层收缩导致的煤层性质变化。然而，在建立起严格的煤层气生产模拟模型方面仍有许多问题尚未解决，包括多尺度孔隙结构的描述、多组分气体扩散以及地层水/水分对煤层中气体扩散的影响。

11.4 敏感性分析

油藏模拟的主要应用之一就是进行敏感性或参数研究，用来分析不确定性或数据缺失情况下对煤层气藏开发动态的影响，以及评估各种施工作业的经济可行性。比如，通过在预期范围内改变参数值大小进行参数敏感性分析，以得出煤层气田开发潜力的总体认识。对于分阶段开发或尚未开发的气田，可以在钻井开发之前用这种方法评价煤层气藏的开发是否具有商业可行性。在这种情况下，天然气开发预测还是推测性的。即使这个阶段有了一些测量数据，但相当分散，这个时候在测量值范围内变换参数值进行模拟可以帮助确定测量误差的容许范围，以及哪些数据对于储层动态评价最为关键[15]。通常，这些数据包括割理渗透率、气体含量和吸附等温线。在优化油田开发方案的时候，通常要对一些参数进行调整[16]，包括压力和产量约束、油井回压或井底压力控制方案、布井位置和井距、新钻油气井的完井方案以及现有油气井的重新完井方案。通常在历史拟合完成后进行该类型的敏感性分析，这种分析是油气藏模拟的强大功能之一，可以超越历史阶段对后续生产进行预测。

先导性试验通常是为了验证煤层气藏的生产潜力而设计和实施的。先导性试验方案的目的是求取天然气的产能，同时，预测煤层气田产水量对生产水处理方案设计也很重要。测试第 2 个目的是确认最早资料井的含气量和渗透率预测值。通过分析先导性试验方案的生产和测试数据，获取难于确定的储层参数，包括渗透率各向异性、相对渗透率特征、裂缝系统孔隙度、孔隙压缩系数，以及通过模拟研究和历史拟合得到的初始含水饱和度。这些参数可用来准确预测气藏长期生产特征。对先导井网的数据进行历史拟合还可以解决关键储层数据，例如由于实验误差和正常数据离散而可能产生的解吸等温线和含气量数据的不确定性问题[14]。然后通过参数模拟，可以评价储层属性变化对产量的影响。图 11.1—图 11.3 分别显示了渗透率、水力压裂裂缝长度和井距对产量的影响。只要气田作业者能设法加大邻井的干扰，就能增加解吸量，从而以更快的速度获得更高的天然气产量。在不同的情况下，经济效益将决定采用何种最优的井距和井网。

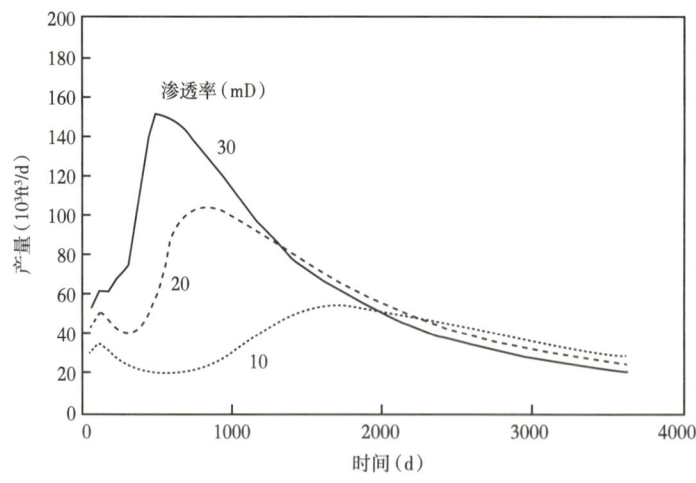

图 11.1 不同渗透率对产量的影响

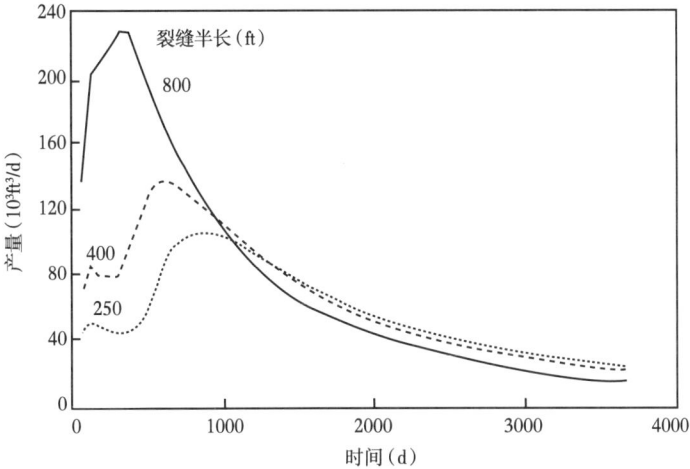

图 11.2 不同裂缝半长对产量的影响

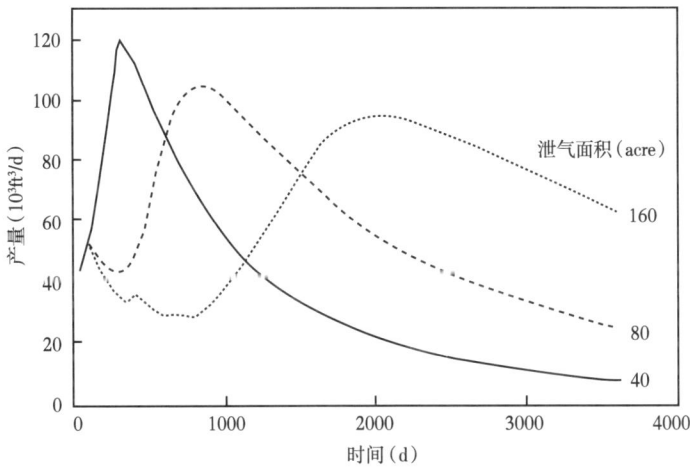

图 11.3 不同井距对产量的影响

参 考 文 献

[1] Gerami S, Pooladi-darvish M, Morad K, et al. Type curves for dry CBM reservoirs with equilibrium desorption. J Can Pet Technol, 2008, 47（7）: 49–56.

[2] Zuber M D. Basic reservoir engineering for coal. In: A guide to coalbed methane reservoir engineering. Chicago, Illinois: Gas Research Institute Report GRI-94/0397, 1996.

[3] King G R, Ertekin T. A survey of mathematical models related to methane production from coal seams. In: Paper presented at the coalbed methane symposium, Tuscaloosa, Alabama, April 17–20, 1989.

[4] Paul G W. Simulating coalbed methane reservoirs. In: A guide to coalbed methane reservoir engineering. Chicago, Illinois: Gas Research Institute Report GRI-94/0397, 1996.

[5] Wei X R, Wang G X, Massarotto P, et al. A review on recent advances in the numerical simulation for

coalbed-methane-recovery process. SPE Reserv Eval Eng, 2007, 10: 657–666.

[6] Manik J. Compositional modeling of enhanced coalbed methane recovery. PhD dissertation, Penn State University, 1999.

[7] Kolesar J E, Ertekin T M, Obut S T. The unsteady-state nature of sorption and diffusion phenomena in the micropore structure of coal: Part 2—Solution. SPE Format Eval, 1990, 5: 89–97.

[8] Deo M D, Whitney E M, Bodily D M. A multicomponent model for coalbed gas drainage. In: Presented at the 1993 international coalbed methane symposium, The University of Alabama/Tuscaloosa; May 17–21, vol. 1, 1993: 223–231.

[9] Arri L E. Modeling coalbed methane production with binary gas sorption. In: SPE paper 24363, Presented at the SPE Rocky Mountain regional meeting, Casper, Wyoming; April 10–12, 1992.

[10] Gan H, Nandi S P, Walker P L. Nature of the porosity in American coals. Fuel, 1972, 51 (4): 272–277.

[11] Clarkson C R, Bustin R M. The effect of pore structure and gas pressure upon the transport properties of coal: a laboratory and modeling study. Fuel, 1999, 78 (11): 1333–1344.

[12] Cui X J, Bustin R M, Dipple G. Selective transport of CO_2, CH_4, and N_2 in coals: insights from modeling of experimental gas adsorption data. Fuel, 2004, 83 (3): 293–303.

[13] Mazumdur S, Plug W J, Bruining J. Capillary pressure and wettability of coal-water-carbon dioxide system. In: SPE paper 84339, Presented at SPE annual technical conference and exhibition, Denver, Colorado, October 5–8, 2003.

[14] Shi J Q, Durucan S. A bidisperse pore diffusion model for methane displacement desorption in coal by CO_2 injection. Fuel, 2003, 82 (10): 1219–1229.

[15] Zuber M D, Olszewski A J. Coalbed methane production forecasting: measurement accuracy required for key reservoir properties. In: Presented at the 1993 international coalbed methane symposium, The University of Alabama/Tuscaloosa, May 17–21, vol. II, 1993: 549–559.

[16] Saulsberry J L, Schraufnagel R A. Sensitivity of permeability and other reservoir properties on coalbed methane gas recovery. In: Presented at the 1993 International Coalbed Methane Symposium, The University of Alabama/Tuscaloosa, May 17–21, vol. I, 1993: 123–130.

12 提高煤层气采收率

卡西·阿米尼安

西弗吉尼亚大学，摩根敦，西弗吉尼亚州，美国

12.1 提高采收率

煤层气开发的常规方法是通过降低储层压力来实现。根据吸附等温线，压力降低会使得储层中的 CH_4 解吸，然而，由于吸附等温线是非线性的，并且偏向低压，因此必须大幅降低储层压力才能采出吸附的气体。然而，储层压力的降低会减弱天然气生产的驱动力。此外，随着储层压力的降低，煤层的渗透率也会大幅下降，因为煤层的渗透率取决于应力状态。这些因素都会对天然气的经济采收率产生不利影响。20 世纪 90 年代初，有人提出了提高煤层气采收率（ECBM）方法，认为这是一种在不过度降低储层压力的情况下提高天然气采收率的潜在可行方法[1-3]。

煤层气提高采收率原理是煤层中储存的 CH_4 含量取决于 CH_4 的分压[4]。因此，如果向煤层气储层注入 N_2 等惰性气体，就会降低 CH_4 分压，在不降低储层压力的情况下促进 CH_4 解吸。N_2 提高煤层气采收率（N_2-ECBM）的工艺原理就是当 N_2 通过储层时释放出 CH_4，但煤层不会大量吸附 N_2。另一方面，CO_2 提高煤层气采收率（CO_2-ECBM）不仅降低了 CH_4 的分压，而且 CO_2 也吸附在煤中，降低了煤层储存 CH_4 的能力[5]。煤层对 CO_2 的吸附能力高于对 CH_4 的吸附能力。因此，注入的 CO_2 分子会取代吸附在煤微孔上的 CH_4 分子，并在此过程中释放出 CH_4。因此，与 N_2 提高煤层气采收率相比，CO_2 提高煤层气采收率技术可以使煤层气的采收率更高。CO_2 提高煤层气采收率还有一个额外的优势，即可以在煤层中储存大量潜在的温室气体（CO_2 封存），尤其是在难以开采的深煤层中。

已经在许多个煤层气田开展了 N_2 提高煤层气采收率、CO_2 提高煤层气采收率以及 CO_2 提高煤层气采收率与 CO_2 封存现场试验。早期的现场试验包括 20 世纪 90 年代在圣胡安盆地进行的 N_2 和 CO_2 注入试验[2,6]。随后，在圣胡安盆地[7]、加拿大芬恩大峡谷[8-9]、波兰西里西亚盆地[10] 和日本[11] 进行了一系列与煤层 CO_2 封存技术有关的试验。这些现场试验结果的表明，注入气体可以提高煤层气的采收率，同时达到 CO_2 封存的目的[12-13]。然而，煤层气提高采收率技术应用的主要障碍是气体注入和分离相关的成本，因为增加的产量和采收率无法抵消这部分成本。在煤层中注入 CO_2 的过程极其复杂，对工艺技术尚未完全了解。煤层气储层的特性，包括层位、深度、压力和温度，对煤层中 CO_2 提高煤层气采收率潜力和 CO_2 封存能力都起着重要作用。为了增加对该技术的信心，有必

要更好地了解 CO_2 封存／提高煤层气采收率过程中涉及的所有机理。有待进一步研究的领域包括混合气体吸附、混合气体扩散和基质膨胀效应，下文将对这些内容进行详细讨论。

12.1.1 混合气体解吸附

有人认为扩展的朗缪尔等温线能合理地拟合实验中的二元和三元气体吸附数据[5,14]。Clarkson[15]发现，扩展的朗缪尔模型可能无法准确描述多组分煤层气吸附的热力学特征。在许多煤层气藏应用中，理想吸附溶液（IAS）等热力学方法可合理预测出多组分吸附能力[16]。Clarkson[15]提出了另一个多组分吸附的替代模型，该模型考虑了一次衰竭开发过程中产出气体的组分变化，适用于煤层气吸附系统。然而，由于煤层气开采过程中发生的物理和热力学现象极其复杂，现有模型不能充分反映煤层气储层中混合气体吸附情况。

12.1.2 混合气体扩散

在 CO_2 封存／煤层气提高采收率的实施过程中，CO_2 的注入会导致煤基质中 CH_4 和 CO_2 之间的反扩散。在这一过程中，吸附的 CH_4 分子被煤层中吸附能力更强的 CO_2 分子取代。虽然 CH_4 和其他气体在煤层中的扩散已得到广泛研究，但有关 CH_4—CO_2 在煤层中的反扩散和竞争吸附的研究却仍然非常有限。

对各类煤层的单一气体的吸附测量数据分析表明，与 CH_4 相比，CO_2 具有更高的吸附能力。据资料显示，低阶煤的 CO_2 吸附能力是 CH_4 的 9 倍，无烟煤的 CO_2 吸附能力是 CH_4 的 1.1 倍[17-18]。因此，可以认为 CO_2—CH_4 二元混合物中的 CO_2 组分会优先吸附在煤层中，而 CH_4 组分会优先解吸。然而，实验室研究[17,19]成果显示，在低压条件下，CH_4 会在一些煤层中优先吸附。这些研究认为，煤层的性质，如孔隙结构和煤素质组分，可能会使得 CO_2 优先解吸。大多数实验室所进行的 CO_2 吸附实验都是在低于超临界压力的条件下进行的。而在超临界条件下，煤层可容纳的 CO_2 比朗缪尔等温线预测的量要多。然而，人们对超临界 CO_2 在煤中的流动知之甚少[20]。

12.1.3 煤层性质的变化

与其他大多数储层岩石相比，煤层的可压缩性相对较高，而且渗透率更容易受应力影响。当煤层气储层压力降低而发生解吸时，垂向净应力的增加会使煤层割理压缩或闭合，从而导致孔隙度和渗透率降低[21]。煤层气储层中还有一个独特现象，就是基质会随着气体解吸而收缩[22]。随着煤层基质的收缩，割理开度增加，从而提高了割理系统的孔隙度和渗透率[23]。通常认为，CH_4 解吸过程中引起的基质收缩是可以抵消煤层气衰竭开发引起垂向净应力增加而造成的煤层渗透性损失。圣胡安盆地的实践经验表明，煤层的绝对渗透率随储层压力衰竭而增加。

在 CO_2 封存／提高煤层气采收率过程中，由于注入的 CO_2 会使基质膨胀，因此煤层渗透率特征会进一步复杂化。与基质收缩相反，基质膨胀会导致煤层渗透率降低[24]。关于基质膨胀对煤渗透率影响的最新室内研究[25-26]已经证实了这一结论。在高压下对干燥、水分达到平衡的煤层样品进行的 CH_4 和 CO_2 吸附实验表明，膨胀对微孔扩散性有不利影响[27]。膨胀会导致微孔入口尺寸减小，从而降低气体的扩散能力[28]。

有关 CO_2 注入导致煤层渗透率改变的实际证据并不一致。据报道，在圣胡安盆地的一次先导试验中，CO_2 造成煤层基质膨胀，从而使得 CO_2 注入量下降[29-30]；在中国的 CO_2 注入先导试验中也观察到了注入能力下降[31]。另一方面，在加拿大的一次先导试验中却发现 CO_2 的注入增加了煤层渗透率[9]。已有多个渗透率预测模型考虑了有效应力和吸附引起的煤层收缩（或膨胀）对煤层渗透率的变化。对不同模型的评价，如第 7 章所述，可以在已发表的文献中找到。

为了降低 CO_2 注入引起的基质膨胀对气井注入量的影响，技术人员提出了多种针对性的技术，包括注入烟道气和采用多分支水平井。在先导试验[9]中采用 N_2 和 CO_2 交替注入方式，发现 CO_2 注入量有所提高。多分支水平井可以改善气井与气藏的连通性，并且井筒与面割理垂直相交，从而发挥煤层渗透率各向异性的优势。水力压裂改造也可以提高气井的注入量；不过，为了防止 CO_2 泄漏到邻井地层中，不建议在 CO_2 封存项目中采用水力压裂这种方法。

12.2 建模和模拟

数值模型对提高煤层气采收率和 CO_2 封存技术的动态评价至关重要。提高煤层气采收率和 CO_2 封存模拟的数值模型必须能够解释产出气体组分随时间和注入混相气体（如 N_2 和 CO_2）的变化。然而，正如第 11 章所述，现有模型无法充分反映提高煤层气采收率生产过程中出现的极其复杂的物理和热力学现象。为了改进提高煤层气采收率开发过程模拟，科研人员尝试了多种替代模型，如双分散孔隙扩散模型和三重孔隙模型[32-34]。在这些模型中，流体通过裂缝的流动模拟采用的是两相组分模型。采用双分散扩散（或两步扩散）方法描述煤层基质中的气体扩散行为，这对于具有多尺度孔隙结构的煤层来说会更为准确。此外，模拟器中还引入了几个经验公式，用来描述煤层基质膨胀/收缩引起的煤层性质变化。然而，煤层气提高采收率模型尚不十分严谨，仍有许多问题尚未解决，包括多尺度孔隙结构、多组分气体扩散、地层水/水分对煤层中气体扩散的影响和多组分吸附——解吸动力学，以及注入气体和解吸 CH_4 的混合等方面的表征。

参 考 文 献

[1] Collins R C. The feasibility of enhanced recovery of methane from coalbeds through inert gas injection. Master's thesis. Austin, TX: University of Texas, 1982.

[2] Amoco CO_2 pilot seeks to increase coalbed gas flow. Oil Gas J, 1993, 91（52）：33.

[3] Advance Resources International. Enhanced coalbed methane recovery with CO_2 sequestration. Report No. PH/3/3, IEA Greenhouse Gas R&D Program, 1998.

[4] Puri R, Yee D. Enhanced coalbed methane production. In: SPE paper 20732. presented at the Society of Petroleum Engineers Annual Technical Conference and Exhibition, New Orleans, Louisiana; September 23-26, 1990: 193–202.

[5] Harpalani S, Pariti U M. Study of coal sorption isotherms using a multicomponent gas mixture. In: Paper 9356, presented at the 1993 international coalbed methane symposium, The University of Alabama-Tuscaloosa, vol I, May 17-21, 1993: 151–160.

[6] Nitrogen work in coalbeds wins award for Amoco. Western Oil and Gas World, 1993: 26.

[7] Stevens S H, Spector D, Riemer P. Enhanced coalbed methane recovery using CO_2 injection: worldwide

resource and CO_2 sequestration potential. In: SPE 48881, presented at the 1998 SPE international conference and exhibition in China, Beijing, China, November 2-6, 1998.

[8] Gunter W. CO_2 sequestration in deep unmineable coal seams. In: Proceedings of CAPP/CERI industry best practices conference, Calgary, Canada, April 18-19, 2000.

[9] Mavor M, Gunter W D. Porosity and permeability of coal vs. gas composition and pressure. In: Paper SPE 90255, presented at the SPE annual conference and exhibition, Houston, Texas, September 26-29, 2004.

[10] Pagnier H, Van Bergen F. CO_2 storage in coal: the RECOPOL project. In: Presented at the 1st international forum on geologic sequestration in deep, unmineable coal seams (coal-Seq I), Houston, Texas, March 14-15, 2002.

[11] Yamaguchi S, Ohga K, Fujioka M, et al. Prospect of CO_2 sequestration in the Ishikari coal field, Japan. In: Proceedings of 7th international conference on greenhouse gas control technologies. IEA Greenhouse Gas Programme, Cheltenham, UK, 2004.

[12] Reeves S. Assessment of CO_2 sequestration and ECBM potential of U.S. coalbeds. Topical report, US Department of Energy, DE-FC26-0NT40924, February, 2003.

[13] McGovern M. Allison unit CO_2 flood. Presented at the SPE ATW enhanced CBM recovery and CO_2 sequestration, Denver, CO, October 28-29, 2004.

[14] Arri L E. Modeling coalbed methane production with binary gas sorption. In: SPE paper 24363, presented at the SPE Rocky Mountain regional meeting, Casper, Wyoming, April 10-12, 1992.

[15] Clarkson C R. Application of new gas adsorption model to coal gas adsorption systems. SPEJ, 2003, 8 (30): 236-250.

[16] Manik J. Compositional modeling of enhanced coalbed methane recovery. PhD dissertation: Penn State University, 1999.

[17] Busch A, Gensterblum Y, Krooss B M. High-pressure thermodynamic and kinetic gas sorption experiments with single- and mixed gases on coal: the RECOPOL project. In: Presented at the 2nd international workshop on research relevant to CO_2 sequestration in coal seam, Tokyo, Japan, October 25, 2003: 39-55.

[18] Stanton R, Flores R, Warwick P D, et al. Coalbed sequestration of carbon dioxide. In: 1st national conference on carbon sequestration, Washington, USA, 2001.

[19] Ceglarska-Stefanska G, Zarebsks K. The competitive sorption of CO_2 and CH_4 with regard to the release of methane from coal. Fuel Process Technol, 2002, 77-78: 423-429.

[20] Pashin J C, McIntyre M R. Temperature-pressure conditions in coalbed methane reservoirs of the Black Warrior basin: implications for carbon sequestration and enhanced coalbed methane recovery. Int J Coal Geol, 2003, 54: 167-183.

[21] Collins R E. New theory for gas adsorption and transport in coal. In: Paper presented at the international CBM symposium, Tuscaloosa, Alabama, 1989.

[22] Harpalani S, Schraufnagel R A. Shrinkage of coal matrix with release of gas and its impact on permeability of coal. Fuel, 1990, 69 (5): 551-556.

[23] Seidle J R, Huitt L G. Experimental measurement of coal matrix shrinkage due to gas desorption and implications for cleat permeability increases. In: International meeting on petroleum engineering. Beijing, China: Society of Petroleum Engineers, 1995.

[24] Seidle J P. Reservoir engineering aspects of CO_2 sequestration in coals. In: SPE 59788, presented at the 2000 SPE/CERI gas technology symposium, Calgary, Alberta, Canada, April 3-5, 2000.

[25] Durucan S, Shi J Q, Syahrial E. An investigation into the effects of matrix swelling on coal permeability

for ECBM and CO_2 sequestration assessment. Final report on EPSRC grant no. GR/N24148/01, 2003.

[26] Xue Z, Ohsumi T. Laboratory measurements on swelling in coals caused by adsorption of carbon dioxide and its impact on permeability. In: Presented at the 2nd international workshop on research relevant to CO_2 sequestration in coal seam, Tokyo, Japan, October 25, 2003: 57–68.

[27] Kroose B M, van Bergen F, Gensterblum Y, et al. High pressure methane and carbon dioxide adsorption on dry and moisture-equilibrated Pennsylvanian coals. Int J Coal Geol, 2002, 51: 69–92.

[28] Cui X, Bustin R M, Dipple G. Selective transport of CO_2, CH_4, and N_2 in coals: insights from modelling of experimental gas adsorption data. Fuel, 2003, 83: 293–303.

[29] Reeves S. The coal-seq project: field studies of ECBM and CO_2 sequestration in coal. Coal Seq Forum, Houston, Texas, March 14-15, 2002.

[30] Reeves S, Taillefert A, Pekot L, et al. The Allison unit CO_2-ECBM pilot: a reservoir modeling study. Topical report, US Department of Energy, DE-FC26-0NT40924, February, 2003.

[31] Law D H. Enhanced coalbed methane recovery & CO_2 sequestration projects in Canada and China: single well micro-pilot tests. In: Presented at the SPE ATW enhanced CBM recovery and CO_2 sequestration, Denver, Colorado, October 28-29, 2004.

[32] Clarkson C R, Bustin R M. The effect of pore structure and gas pressure upon the transport properties of coal: a laboratory and modeling study. Fuel, 1999, 78 (11): 1333–1344.

[33] Mazumdur S, Plug W J, Bruining J. Capillary pressure and wettability of coal-water-carbon dioxide system. In: SPE paper 84339, presented at SPE annual technical conference and exhibition, Denver, Colorado, October 5-8, 2003.

[34] Shi J Q, Durucan S. A bidisperse pore diffusion model for methane displacement desorption in coal by CO_2 injection. Fuel, 2003, 82 (10): 1219–1229.

第 3 篇　直井及其应用

13 改进电缆测井

加里·罗德维尔特

哈里伯顿能源服务公司,卡农斯堡,宾夕法尼亚州,美国

传统煤炭行业使用电缆测井来确定煤层厚度,为采煤作业区绘制区域地图。采用长壁采煤技术的必要条件是煤层的连续性。一旦确定了勘探目标区,就会在所有煤层中连续钻直径为3~4in的取心井,以得到煤层厚度、等级、矿物成分和用英热单位(Btu)表示的热容。在取心的小井眼中进行测井,可获得煤层上下地层的信息,进行岩石性质和含水饱和度评价。岩心分析的结果可用来校正测井测量结果,并建立起两者之间的相关关系式,之后就可以利用测井数据对煤层属性进行预测。

随着煤层气成为一种具有经济价值的资源,开发生产时需要更大直径的井眼。大型电缆测井公司将石油和天然气行业的测井工具用于煤层气井测井,从而实现用更少的时间和成本来更准确地描述煤层的特征。现在,可以通过煤层等级、天然气含量和边界应力状态来绘制煤层厚度的区域分布图,从而使水力压裂增产工程师能够获得更准确的数据为完井方式建模服务。定量的储层数据可用于气藏模拟,预测煤层气和地层水流动。项目的经济评价结果可以让经营者优化资金分配和开发井位等。

电缆测井的精度和功能一直在不断提高。随着页岩油气藏的商业开发,在这些储层中钻井时也采集了许多煤层中的数据。勘探地质学家将地层中的元素分解为石英、黏土、方解石等基本成分后,与已开发地层中的数据类比,并将成果应用到新的目标地层。随着有经济价值的页岩油气资源勘探的不断开发,分析这些储层特征的工具也在不断发展。超低渗透率的描述、孔隙度测量以及通过取心进行原位压力测量,这些只是电缆测井技术最新进展中的小部分。煤炭地质学家仍然需要使用基本的评价工具来进行储层评价,但现在可以使用这些最新技术对煤层气前景进行详细的分析。

13.1 煤层测井评价基本工具

基本的电缆测井系列包括自然伽马(GR)、密度、井径和电阻率测井。测井仪器垂向上每隔1~3in读取一次数据,从而获得高分辨率数据,为资源评价提供高质量的煤层厚度参数值。在空气钻井的井眼中,还可以通过音频和温度测井仪器来确定天然气流入井筒的范围大小,由此识别出潜在的完井井段。除这些基本工具外,还可根据井眼条件使用声波测量和核磁共振测井进行评价。下面先对不同工具及其功能进行简单的回顾。

13.1.1 井径测井

井径测井可直接读取井眼尺寸大小。井眼的扩径和缩径会导致密度和孔隙度测井工具出现测量误差。井下条件可能出现地层冲蚀、渗透带形成泥饼和流体气侵（如果井筒充满流体）等情况。井径测井是一种质量控制（QC）测井技术，可准确把握测井仪器组合中其他仪器的反应。当使用流体进行钻井时，煤层特别容易受到钻井液冲蚀的影响。孔隙度测井工具可能显示出并不存在的高孔隙度值。密度或孔隙度测井曲线的异常值应通过标准井眼尺寸进行验证。

13.1.2 自然伽马测井

所有沉积岩都存在一定量的自然伽马辐射，这是由于其中含有放射性钾、钍或铀造成的。由于铀更易溶解，很容易随地下水流动。页岩中含有更多的放射性矿物，在测井时会显示出较高的自然伽马值。煤层可能含有大量放射性矿物，因此也显示出较高的自然伽马值。高 GR 值、高电阻率和低密度（1.2~2.0g/cm³）说明该地层为煤层，如图 13.1 所示。

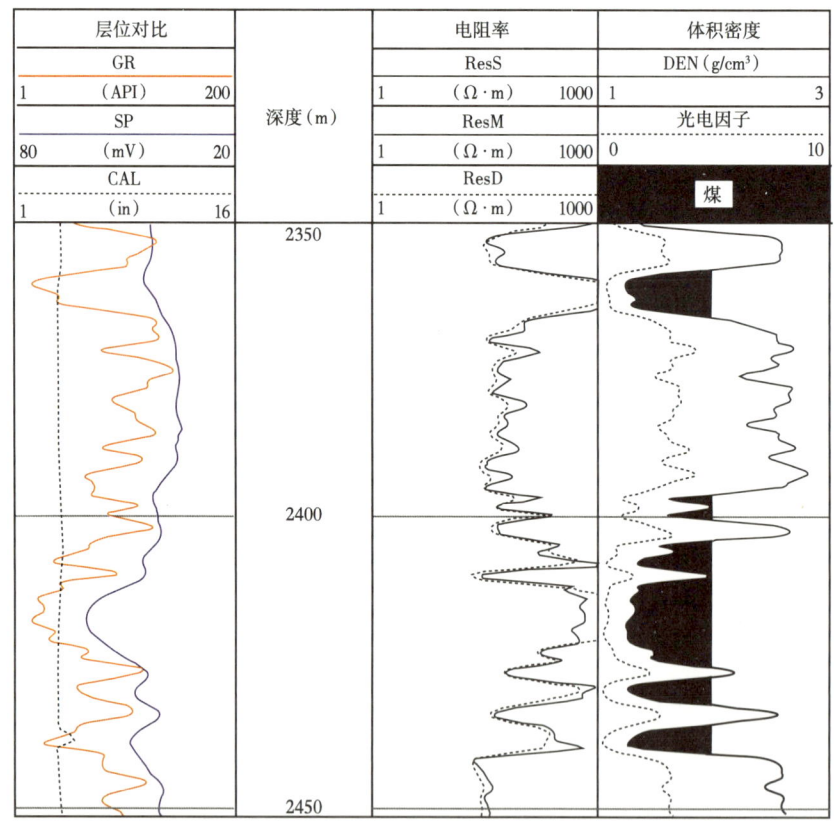

图 13.1 典型煤层中自然伽马测井仪器的响应

13.1.3 密度测井

密度测井通过伽马射线的康普顿散射测量地层的体积密度。根据岩性，密度孔隙度

(σ)可通过下述方程确定：

$$\sigma = \frac{\rho_{ma} - \rho_b}{\rho_{ma} - \rho_f} \qquad (13.1)$$

式中　ρ_b——测井曲线中的地层密度；
　　　ρ_{ma}——基质密度（孔隙度为零时的地层密度）；
　　　ρ_f——孔隙中流体的密度（通常为 1.0g/cm³）。
公认基质密度参数值为[1]：
砂岩 =2.65g/cm³，
石灰岩 =2.71g/cm³，
白云岩 =2.83g/cm³，
硬石膏 =2.98g/cm³，
盐（岩盐）=2.03g/cm³。
煤层密度的变化范围在 1.2~2.0g/cm³[2] 之间，这取决于样本中灰分含量的多少。在进行煤层厚度计算的时候，可接受的煤层密度上限值为 2.0g/cm³。由于其他地层的密度都较高，因此，只要井径测井有效，煤层在密度测井曲线中很容易识别出来。如前所述，实际上，钻井液冲蚀后的页岩产生空隙时，会使得密度读数偏低，从而错误地解释为煤层。

13.1.4　自然电位测井

自然电位测井（SP）是一种显示井眼与地层流体之间盐度差所引起的电压电位的测井方法。井筒流体的侵入会产生以毫伏为单位的电化学效应，用测井仪器能够检测到。井筒流体更容易侵入渗透性好的地层岩石基质中。在测井过程中，自然电位就能够定性地反映地层的渗透率情况。自然电位曲线向右偏移的区域表明煤层的基质渗透率较高。对于厚度小于 10ft 的煤层，自然电位测井的效果较差。

13.1.5　电阻率测井

电阻率测井是指电流从电源出发，流经地层后到达接收器的测井方法。对于盐度低于 30000×10⁻⁶ 的井眼，使用感应测井仪；而对于盐度较高的钻井液系统，则使用双侧向测井仪。浅煤层的盐度通常较低；加上纯煤层的绝缘性比较好，这样可能会使得电阻率数值较高，如图 13.1 第 2 组测井曲线所示。通常情况下，电阻率测井仪受钻井液冲蚀的影响较小，能更好地识别煤层。当煤层厚度小于 30ft 时，测井仪容易受到顶、底界面岩石性质的影响。现代电缆测井工具可将这些影响降至最低，并且在垂直分辨率上更加可靠。而老式测井则不然，会给测井解释人员产生错误的认识。

当使用矿化度较高的钻井液体系在煤层气藏中钻井时，可以使用双侧向测井来定性识别渗透性好坏。如图 13.2 所示，在渗透性好的煤层的侵入剖面上，浅侧向（LLS）和 深侧向（LLD）的测井曲线是分开的。

渗透性煤层允许外界流体侵入，而不渗透煤层没有外界流体侵入，因此电阻率高。双侧向测井是一种定性测量方法，可以显示出井眼中的渗透区域。不过，要获得定量的储层渗透率值，最好通过注入—压力降落试井来实现。

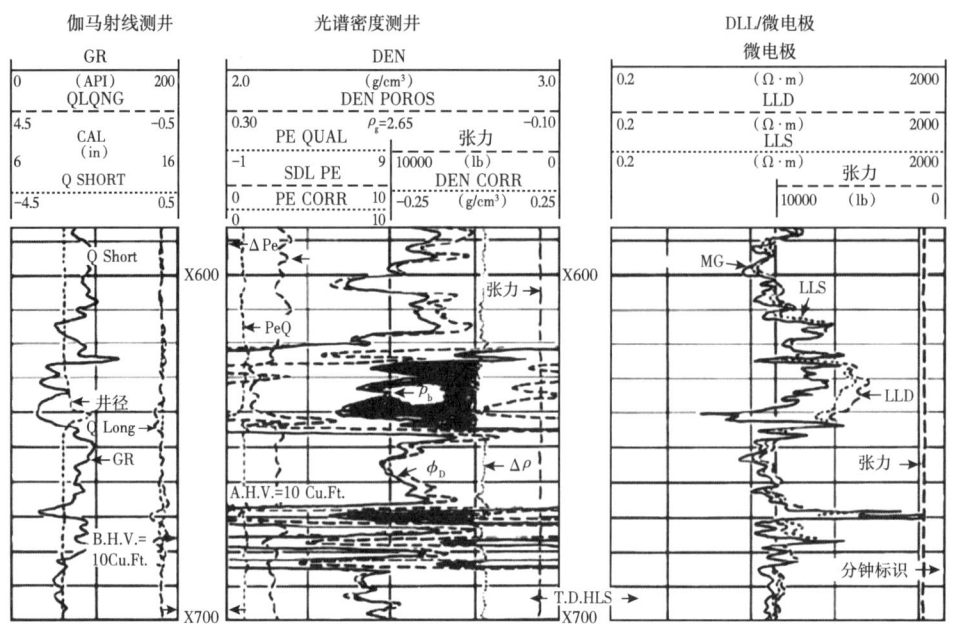

图 13.2 双侧向测井在割理发育的煤层中的响应

13.1.6 音频测井

当煤层气井采用空气作为钻井流体钻至人工井底（TD）时，天然气和水能够进入空气柱中，该井可作为煤层气生产井。当电缆测井工具下入到人工井底时，可以在用于空气测井的井底组合仪器（BHA）上添加音频探测或"噪声"测井仪[3]。在井筒中下入两个音频接收器以保证测量成功，并测量以 200Hz、600Hz、1000Hz 和 2000Hz 的频率流入井内的流体或气体"噪声"，如图 13.3 中第 2 组测井曲线所示。

这些流体或气体"噪声"流入井筒的过程将以毫伏为单位记录在音频轨迹中，可用来对渗透层进行定性分析。

13.1.7 温度测井

所有的电缆测井均包括温度测井仪，用来测量从井口到井底的温度梯度。温度对于钻井液、固井和油气井增产工程师来说非常重要，因为流体性质会随着温度的升高而改变。固井液是根据井底循环温度专门设计的，以保证有足够的时间使固井水泥凝固。增产工作液的设计需要考虑温度因素，以确定分布在地层中压裂液的破胶时间。深井即高温井的代名词，需要不同的井下测井组合，保证在井底高温条件下仍然正常工作。

13.1.8 放射性测井

裸眼的放射性测井包括两类，伽马（GR）测井和中子测井。伽马测井用来测量地层的电子体积密度，通常称为密度工具。中子测井仪能够测量出地层中的氢含量，通常与密度测井仪一起使用，以绘制密度—中子测井曲线。密度测井仪适用于测量密度较低的岩石，如煤层，其密度范围为 1.2~2.0g/cm³。补偿中子（CN）测井仪用来测量基质岩石的氢指数，煤层的氢指数可能较高。如果煤层中割理比较干燥，密度—中子曲线会出现"交叉"，表明其中充满天然气，如图 13.4 中第 3 组和第 4 组曲线所示；如果割理系统中充满水，则曲线不会相交，而是叠在一起。

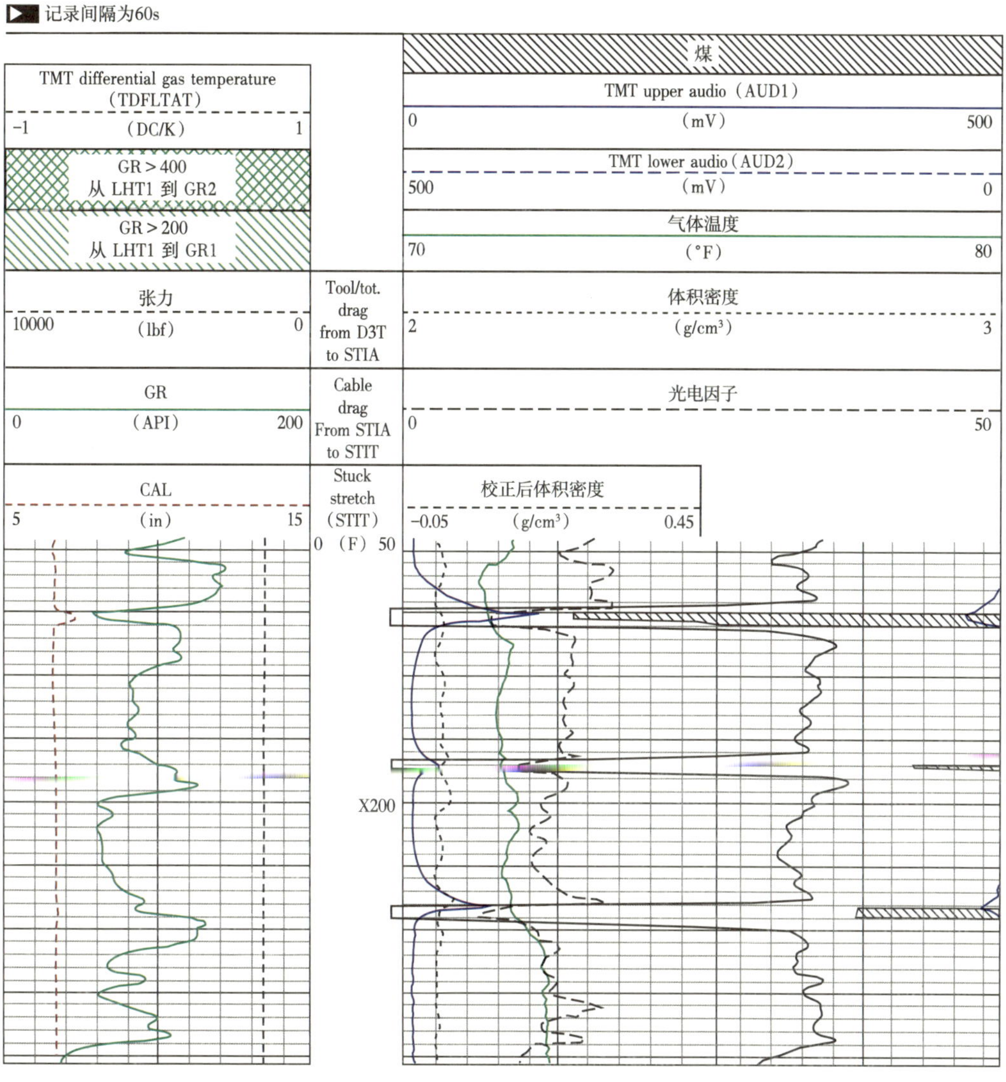

图 13.3　低密度煤层在测井解释平台上的显示及天然气流入空气完钻井眼时的温度和音频响应

如前所述，可以对钻井过程中钻取的所有岩心进行分析，以得到煤炭的构成，包括碳、灰分、水分和天然气含量。通过实验室岩心密度测量，可将天然气含量"校准"到密度测井上，方便以后钻井时使用。然后，可以根据测井结果绘制煤层图，并通过地层对比，最终生成盆地煤层沉积图。

一些煤层气田作业者不愿意在开发的煤层中使用电缆裸眼放射性测井仪，因为他们担心放射性测井仪掉入井筒内，从而使得大片煤层受到放射性影响。煤层气直井一直保持很好的电缆测井记录，因此这类型井在测井时，风险一般较小。由于煤层的氢指数较高，根据密度—中子组合测井获得的信息可以很好地划分出煤层。脉冲中子（PN）测井也可以在套管井中进行，这就更进一步降低工具落井的风险。这些测井仪器测量到高能中子通过非弹性原子散射和地层的捕获后减速的 GR 值。地层类型决定了地层俘获横截面，即西格马。西格马与地层电阻率成反比；西格马值越高，电阻率越低。

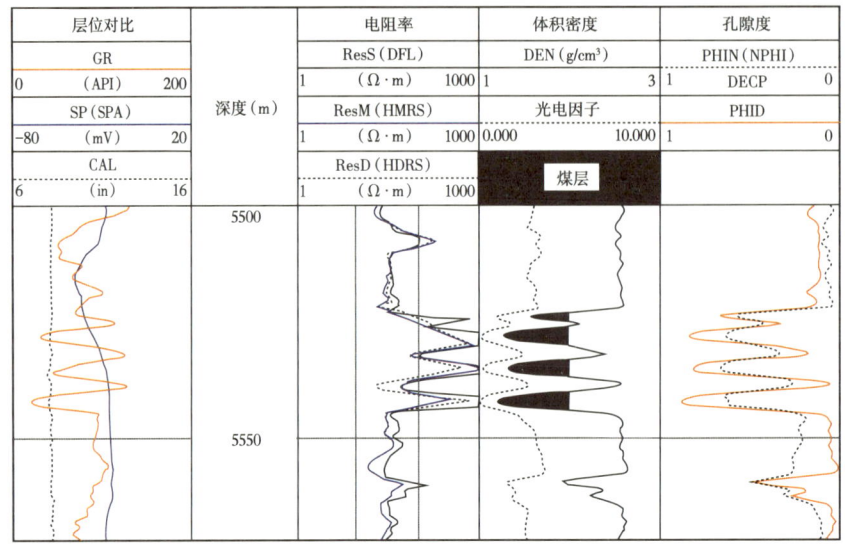

图 13.4　密度—中子孔隙度测井时干燥煤层中测井仪器响应示例

13.2　先进地层评价工具

通过基本的测井评价手段，解释人员可以使用体积密度来评价煤层等级、灰分含量和天然气含量。放射性测井仪通过孔隙度测量和割理中流体填充类型的识别，进一步提升了地层评价水平。先进地层评价方法包括：声波测井仪测量岩石性质；核磁共振成像测井仪（MRIL 探针）测量总孔隙度及量化分析可动流体；电子微成像测井仪（EMI 工具）可进一步确定储层厚度、断层和地层倾角；伽马元素矿物组成测井（GEM 工具）将地层信号分解为元素组成；密闭旋转取心技术（CoreVault 测井工具）是在地层压力下从井壁上采集岩心，并在井下密封，日后可以在实验室进行分析。虽然这些工具对于煤层来说可能显得"大材小用"，但通过对煤层及其上下地层的认识，可以解释为什么煤层实际产水量超过其预测的产水量，以及提供应力相关的资料信息，便于增产工程师确定压裂设计对应的裂缝几何形状。根据先进地层评价工具获得的信息，借助油藏模拟，可以优化完井设计。

13.2.1　声波测井

声波测井的结果可以用来计算岩石性质参数。声波测井工具可分为两类，单极和偶极，提供声波穿过地层到达接收器的时间间隔。单极测井仪测量压缩波，而偶极测井仪测量压缩波和剪切波。一般来说，偶极测井仪在 x 和 y 方向都有发射器，用来分析渗透率和应力的各向异性。由于煤层的杨氏模量（YM）较低（500000psi，而砂岩、页岩和碳酸盐岩为 1000000+psi），因此煤层的传播时间最长。声波测井通常在裸眼井中进行，但套管与地层水泥固结好的套管井中也可以采用。

13.2.2 电子微成像测井

电子微成像测井仪分辨率高,垂向上能达到 0.1in,能提供有关井筒中层理、裂缝、断层和地层倾斜等详细地层信息。仪器上的垫片包含四臂或六臂仪器上的电触点阵列,可反映出地层的导电性和孔隙空间。这种高分辨率仪器可以分辨出割理煤层和裂缝煤层,并提供有关井壁崩塌和当前应力方向的信息。使用 EMI 工具可以测量薄层、层状煤层中的地层裂隙,如图 13.5 所示。

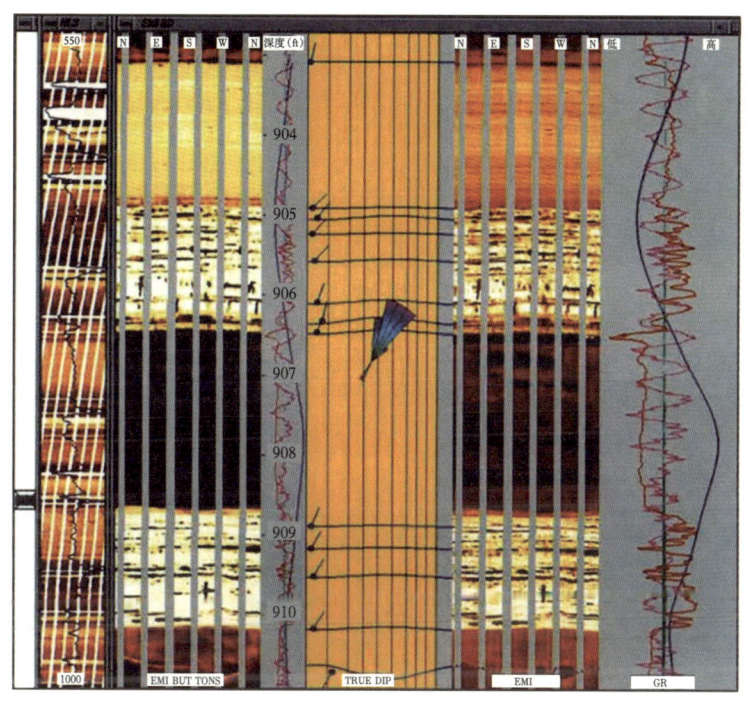

图 13.5 薄煤层中的电子微成像测井

13.2.3 核磁共振成像测井(MRIL 探测仪)

核磁共振成像测井可直接测量孔隙中的流体,而不是依赖电阻率或核测井。强磁场使氢原子按极化排列;移除磁场后,可观察到原子的弛豫状态。核磁共振成像测井仪(MRIL)是唯一能够精确测量煤层孔隙度的测井仪器,如图 13.6 所示。

这种孔隙度主要指煤层中的割理,因为煤层"基质"几乎没有孔隙。煤层气储集在煤层基质中,通过扩散进入到割理孔隙中。核磁共振成像测井仪(MRIL)可显示多煤层储层的渗透性,从而更高效地对生产层段做出评价。

13.2.4 伽马元素矿物组成测井(GEM 测井仪)

高能中子可用于产生伽马元素矿物组成(GEM)。根据中子俘获产生的伽马能谱提供的地层信号,可以进行离散元素分析。由于每种元素都能释放出该元素特有的伽马能谱,因此可以在原子层面上确定地层特征,如图 13.7 所示。

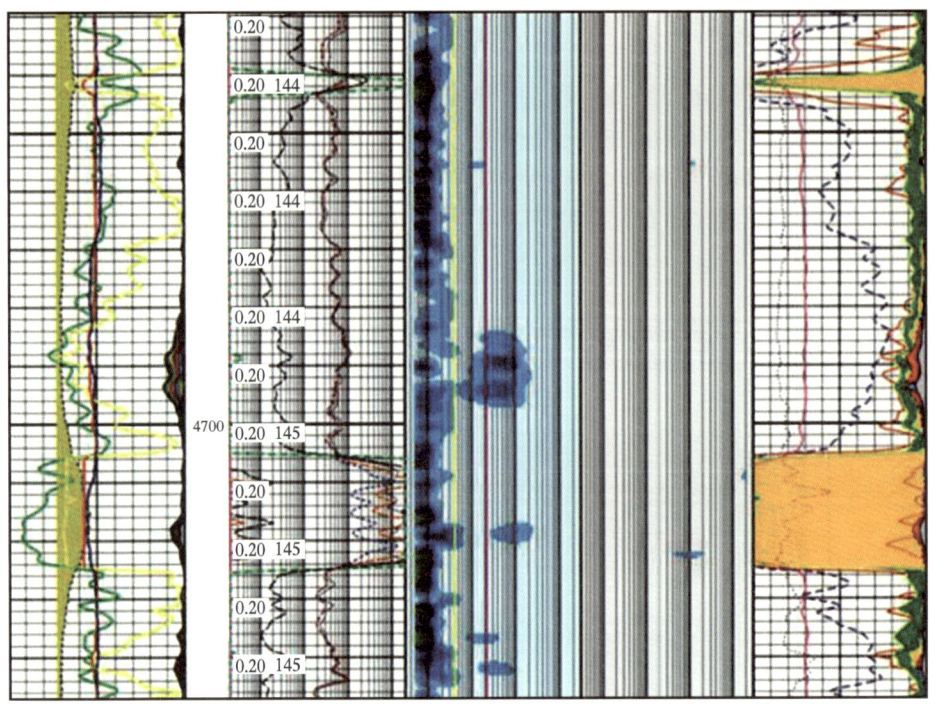

图 13.6 核磁共振成像测井工具在煤中的响应

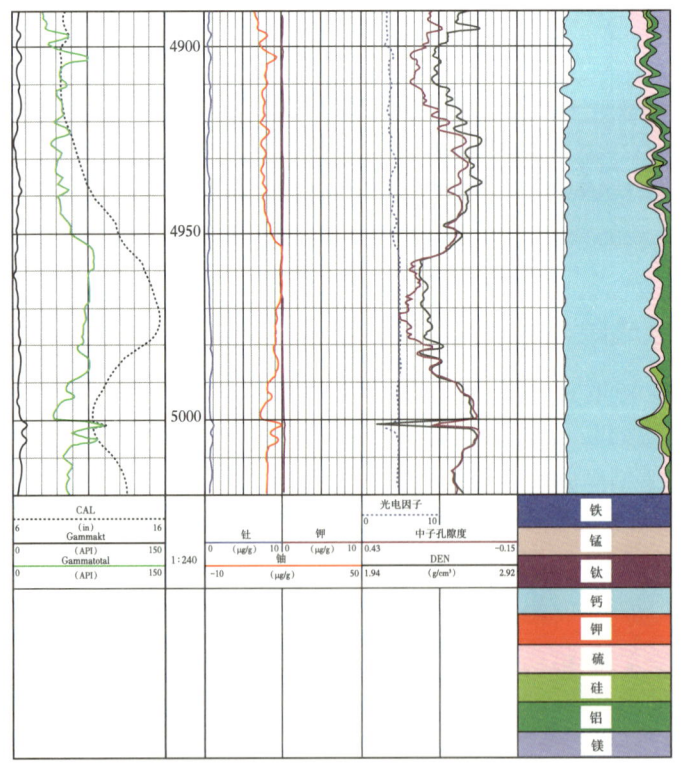

图 13.7 伽马元素矿物组分测井仪（GEM）的地层响应指示矿物浓度

伽马元素矿物组成测井仪通过测量硅、铁、钙、氢和硫的百分比,然后将其转化为黏土、石灰、煤、石英、黄铁矿和菱铁矿的矿物浓度。这就给测井解释工程师提供了灰分含量,并结合密度和中子数据、碳成分可以确定挥发性有机质含量。这种方法基本上是从内向外得到一个"岩心",并用从先导井眼中钻取的物理岩心进行校正。未来油气田开发可以利用伽马元素矿物组成测井(GEM)解释成果对煤层进行校验,作为最初的先导取心井研究中的一环。

13.2.5　密闭旋转取心——科瑞沃特(CoreVault)岩石—流体—压力测井仪

传统的煤层取心方法是采用小型地面设备,用 3~3.5in 的钻头从地表钻到人工井底(TD)。一旦到达煤层顶部,先把钻杆从井眼中起出,然后在钻杆上加上岩心筒,一起下入井中,从煤层中取出全尺寸岩心。在地面摆放岩心的过程中,可同时测量煤层厚度。样本可放入吸附筒内并密封,以便在实验室进行后续分析和解吸实验。对于浅煤层来说,取样时间相对较短,耗时几十分钟到几小时不等;取心过程中"损失"的气量可以推算出来,但会有一定误差。对于较深的煤层气井而言,取样耗时对分析结果影响更大,因为气体会在岩心取出地面的过程中从岩心中"损失"掉。而根据以往的经验,采用密闭取心,成本极高。在这种情况下,CoreVault 公司的岩石—流体—压力(RFP)密闭取心测井仪提供了一种实用性的先进测井解决方案。

在常规测井完成后,将科瑞沃特(CoreVault)测井仪安装在电缆上进行下一步测井作业。常规测井有助于测井解释工程师确定煤层和煤层气潜力产层。将科瑞沃特(CoreVault)测井仪下放到所需取心点附近并进行作业。在井壁上通过旋转切割取心,岩心直径约为 1.5in×2.3in。将岩心放入井下的密闭容器中并密封,在储层压力条件下将所有液体、气体与岩心一起保存在岩心筒内,如图 13.8 所示。

图 13.8　实验室分析完成后拆卸下来的科瑞沃特(CoreVault)测井仪器样品筒

科瑞沃特测井工具一次可取多达 10 个岩心并密封在容器中。取出地面后,将密封容器送到实验室(在井底压力条件下密封)进行分析。与传统取心方法中推测"损失"的气体相比,密闭取心"损失"的气体量微乎其微。取出来的流体样品可用来描述地层特征,包括化学配伍性实验。

13.3　地层力学性质

如前所述,根据声波测井可以计算出岩石性质参数,如泊松比(PR)和杨氏模量(YM)的初始值。在压裂建模模拟过程中,这些变量对于确定岩层的应力分布非常重要。虽然所有煤层都具有较高的泊松比(PR)和较低的杨氏模量(YM),但了解这些值的好处就是,当进行水力压裂施工时,知道产层的上下遮挡层会发生什么样的变化。由于煤层中有割理或天然裂缝,因此,对于正常沉积的岩石来说,地层漏失的可能性较大。杨氏模量

(YM)较低时，裂缝宽度较大，通常需要较多的支撑剂来充填裂缝，这样才能保证裂缝有足够的流动能力。压裂设计时需要了解岩石的力学性质，这样才能建立一个近似井下条件的可行的压裂模型。压裂规模必须与经济预测结论相匹配，以获得最佳压裂效果。先进的测井技术提供了经济的技术手段，可在油气井投产之前对许多储层特征进行量化分析。

参 考 文 献

[1] Hilchie D W. Applied openhole log interpretation. Department of Petroleum Engineering, Colorado School of Mines, 1978.

[2] Mullen M, Rogers R E, Ramurthy K, et al. Coalbed Methane: Principles and practices. Oktibbeha Publishing, LLC, 2007.

[3] Sutton T. Coal bed methane: Prospect to pipeline. 1st ed. Elsevier, 2014.

14 直井建井的改进

加里·罗德维尔特

哈里伯顿能源服务公司,卡农斯堡,宾夕法尼亚州,美国

14.1 最新的钻井技术

对煤层气藏钻井来说,空气是首选钻井流体,因为其廉价、环保。空气可以让钻井工作人员在煤层气中实现欠平衡钻井,从而最大限度地减少钻井过程对割理系统的伤害以及与钻井液循环漏失有关问题。如果储层渗透率足够高,煤层中的水和气体可以在钻井过程中流入井筒,从而通过"自我清洁"作用消除任何钻屑带来的伤害。当流入井筒的流体量比较大的时候,可在空气系统中加入表面活性剂,形成雾或泡沫,在与水结合后,自行排出井筒,还可以在流体系统中添加其他化学添加剂,以控制黏土膨胀、结垢、腐蚀或细菌等问题。值得注意的是,在流体系统中使用化学品时需要谨慎,因为煤层的表面积较大,会吸附化学品,尤其是那些油基化学剂。尽量少用表面活性剂、聚合物和固体,有助于防止渗透率伤害和造成环境问题。

在超压的煤层气田,可以用配伍性好的水基钻井液体系代替空气。为避免对割理系统造成伤害,最好还是使用微欠平衡的钻井液体系进行钻井。由于气体流入,随着地面条件下甲烷含量的增加,需要对环空进行控制。在使用液体钻井液时,钻井液池的面积必须足够大,以容纳不断增加的钻井液。

14.1.1 空气锤钻头

空气锤钻头从20世纪60年代开始使用,早期的型号是经过特殊加固的三牙轮钻头。如图14.1所示,较新的工业用空气锤钻头使用带切削刀片的实心钻头,能更有效地破碎岩石。通过钻头中心的气流将钻屑带到环形空间,并返回地面容器。Pratt[1]研究认为,在

图 14.1 典型的矿业气锤钻头(a)和带仪表保护装置的改进型钻头(b)

加拿大阿尔伯塔詹平潘德（Jumping Pound）镇钻井，使用空气锤钻头可以在 80 天内完钻，而使用钻井液钻井则需要 103 天。空气锤钻头技术目前用于马塞勒斯页岩钻井；Maranuk 等[2]认为，该技术提高了钻进速度（ROPs），从而降低了钻井成本。2014 年，在马塞勒斯钻井的钻机有 111 台，其中 23 台钻机使用特殊设计的井下马达、随钻电磁（EM）测井和空气锤钻头进行空气钻井。由于采用上述技术，降低了静水压力、减少固相物质和降低环境影响，空气钻井成为东北部垂直井的首选钻井方法。

14.1.2 牙轮钻头

钻井液钻井或空气钻井都可以使用牙轮钻头（RCB）。在钻遇坚硬地层的时候，牙轮钻头的密封轴承耐用持久性很好。X 系列牙轮钻头（RCB）上的凿状齿如图 14.2 所示。虽然大多数牙轮钻头都有硬质合金齿，但金刚石表面齿排具有更好的抗冲击损伤和研磨损坏的能力。金刚石插入式凸耳垫提高了可转向组件的定向性能。

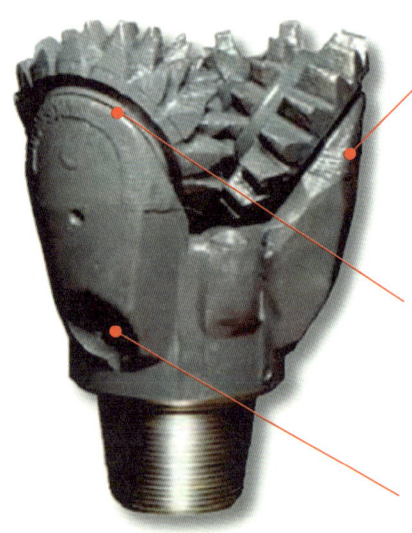

图 14.2　X 系列牙轮钻头（RCB）（资源来源：哈里伯顿公司）

空气钻井应用包括中心孔射流装置，如图 14.3 所示。Brown 等[3]认为，与多晶金刚石复合片（PDC）钻头相比，牙轮钻头（RCB）在造斜段上的建井速度更快。

14.1.3 固定切削刃钻头

固定切削刃钻头（FCB）将金刚石切削原件集成到钻头本体上，从而提高钻头的热稳定性和耐磨性。图 14.4 展示的是吉欧泰克（GeoTech）公司生产的一款钻井用六刃固定切削刃钻头（FCB），其设计目的是在较高平均钻进速度（ROP）条件下，以较小的磨损达到破碎更多地层岩石的目的。PDC 钻头可在最难钻的地层中工作更长的时间，并钻出符合标准的井眼尺寸。PDC 钻头在页岩和煤层等较软地层中只需一趟就能完成钻井作业，节省了钻头起下钻的时间和成本。

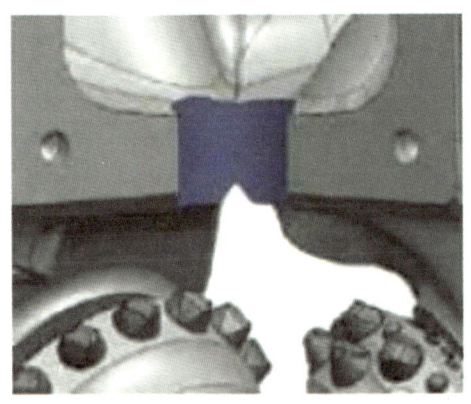 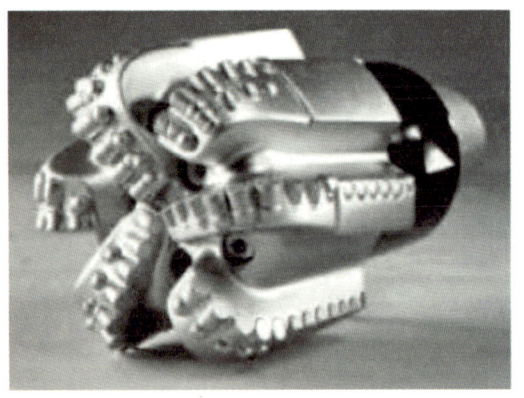

图 14.3　空气钻井应用的中心射流器（资料来源：哈里伯顿公司）　　图 14.4　吉欧泰克（Geotech）公司的地球钻井设备钻头（资料来源：哈里伯顿公司）

14.2　套管设计要点

套管设计应首先考虑生产井的产液量，然后再考虑用什么管柱完井将这些液体排出井筒。产水量高的井，如粉河盆地的气井，需要采用 7in 的生产套管，而阿巴拉契亚煤层气井的产水通常在几个月后就会"停止"，因此作业者可以选择 $4\frac{1}{2}$in 或 $5\frac{1}{2}$in 的生产套管。在采煤区钻井时，需要使用中间套管来封堵该煤层段。在地表疏松的地区钻井时，需要导管防止钻机下方的表层地下水冲蚀井眼。

14.2.1　导管和表层套管

阿巴拉契亚地区通常的做法是采用 $13\frac{3}{8}$in 的导管（部分为 $12\frac{3}{4}$in），然后是下入 $9\frac{5}{8}$in 的表层套管。如果生产套管是 $4\frac{1}{2}$in 的话，可采用 11in 导管，然后下入 $8\frac{5}{8}$in 表层套管。导管是油气井建井的第一串管柱，用于隔离和保护地表淡水层免受井下流体的影响，并有助于防止钻井平台下未固结土壤被表层水冲蚀。这些套管管柱采用标准水泥和速凝剂进行固井，8h 内可以钻掉井筒内的水泥，把井筒准备就绪。各州对固井的规定不尽相同，因此在完成钻井设计之前必须参考各州的规定。在表面为沙质或松散土壤回填的地区，可将一根 40~80ft 长的导管"下入"疏松土层，以保证下一尺寸井眼的钻进稳定实施。

14.2.2　中间套管或"矿井"套管

在阿巴拉契亚地区，通常下入中间套管来保护露天采煤时形成的采空区。在采煤形成的采空段以下 50ft 的地方下入 7in 中间套管，采空段的上方和下方均有水泥伞。泵送少量石膏—水泥（触变性）混合液，并在其后面放置一个固井胶塞，使固井水泥上升到采煤形成的空段，固结该层段下面的空间。然后在 $9\frac{5}{8}$in 套管和 7in 套管之间的环形空间中插入 1in 油管，将采空区上方水泥伞之上的环形空间用固井水泥填满，灰面返高至地表。上部固井水泥通常使用添加速凝剂的标准水泥（图 14.5）。

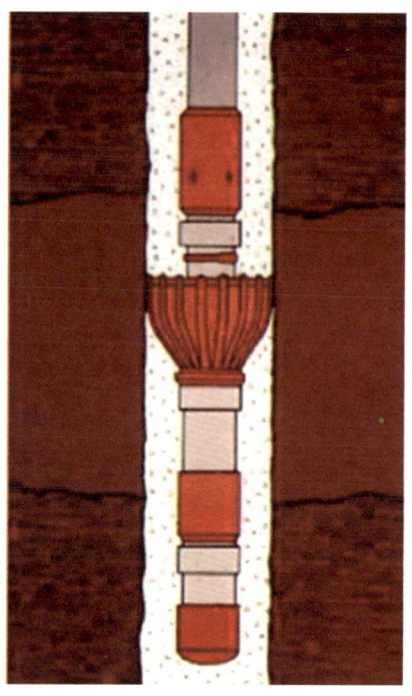

图 14.5　在煤矿采空区使用水泥伞套管固井示意图

14.2.3　生产套管

在进行生产套管设计的时候，必须考虑到套管能够承受压裂增产时的施工压力，并且管径足够大，能够保证地层水和天然气的顺利生产。对于洞穴完井或产水量大的井，必须采用 7in 的套管，以便井筒清理和大量产水时有足够的井筒空间。在阿巴拉契亚盆地、黑勇士盆地和伊利诺伊盆地的煤层气井中，气田作业者可以选择使用 $4\frac{1}{2}$ 或 $5\frac{1}{2}$in 的套管，因为这些油井的产液量较小。裸眼人工井底应该足够深，这样才能把套管下入到最下面煤层气产段以下 50~100ft。人工举升系统的效率并非百分之百，需要保证泵的沉没度在 10ft 以上，以避免在生产过程中发生气锁。对于 $4\frac{1}{2}$in 套管井，建议将排液泵置于最低射孔段以下 75~100ft 处，便于天然气与流体分离。对于 $5\frac{1}{2}$in 和 7in 套管，建议将泵放在最低射孔段以下 30~50ft 处。生产套管的水泥返高至少应该到中间套管 200ft 以上或到表层套管（如果不能返高至地面），这样可以更好地保护地下水层。

14.3　套管附件

套管附件是连接在套管外部或套管管柱上的部件，有助于将套管下入井中。无论是表层套管、中间套管还是生产套管，都由引鞋、浮箍、扶正器以及某些情况下的水泥伞组成。分级水泥固井工具（MSC）在某些情况下可覆盖更大范围的固井段，同时在钻出后，可保持"压裂时施工压力"的完整性。套管附件有助于有效地布置固井水泥浆，从而提高一次固井作业的成功率，并有助于消除代价高昂的固井补救措施。使用特殊的固井水泥头可以实现往复或旋转注入水泥浆，以确保环空完全被固井水泥浆充满。气井所需的套管附件类型可根据完井管柱和作业者的要求而有所不同。

14.3.1 引鞋

引鞋安装在第一根套管上，以引导套管柱穿过井壁上凸出或者冲蚀段进入井眼，而不损坏套管。在较浅井的套管柱中，可以使用带凹槽的引鞋，能旋转通过钻井液滤饼堆积的狭窄层段。在较深井的套管柱中，可在引鞋组件中加入浮箍装置，帮助套管缓慢"浮"至井底。引鞋可以像套管接箍一样简单，但传统上是用水泥填充加固的。上部套管必须有可钻的引鞋，以便后面钻到更深的地层。在某些情况下，塑料或复合充填材料在引鞋中的强度足以保护套管顺利入井。

14.3.2 套管浮箍

浮箍用来把套管下入到井眼中，并且上面有一个"单流阀"，这样可以保证在固井作业过程中，防止固井水泥浆从环空U形管返回套管。水泥浆通常使用淡水或处理过的地层水来置换，因此环空中浮箍两端流体压差较大。在置换完套管中的水泥浆后，可从套管内释放浮箍上的压力，以帮助浮箍处于正常工作状态，并允许水泥在套管上凝固。建议使用双浮箍，这样，当地层碎屑卡住下部浮箍时，仍可以争取井控的主动。浮箍（上方一根或两根套管）下面的浮鞋是标准的井下工具组合（BHA）。图14.6所示的挡板式浮阀适用于温度较低（200°F/93°C）和压力较低的气井，而图14.7所示的飞镖式浮阀适用于温度较高和压力较高条件下的气井。

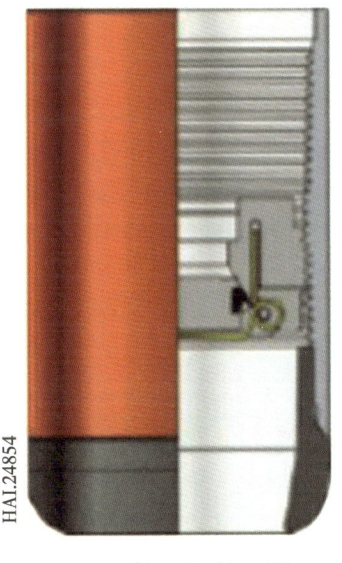

图14.6　插入式浮阀引鞋
（资料来源：哈里伯顿公司）

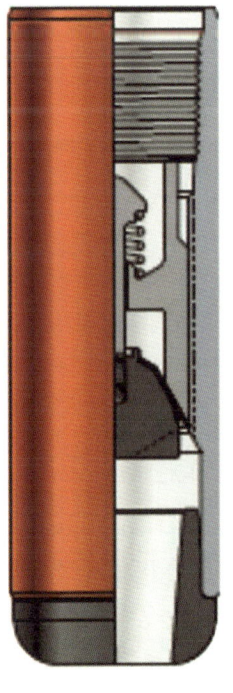

图14.7　超级密封Ⅱ型浮鞋
（资料来源：哈里伯顿公司）

14.3.3 扶正器

固井的时候,要让水泥把环空完全覆盖住,使套管位于井眼的中心这一点非常重要。有众多不同类型的扶正器可供选择,包括实心、刚性和柔性扶正器。居中值(SO)是一个计算值,用于表示套管在井眼中的居中程度。居中值达到70%,说明居中良好,是行业的推荐值。在直井中,穿过储层的每一根套管都带一个扶正器,而在水平井中,每一根套管可能需要两个或更多的扶正器。在选择适合的扶正器时,需要考虑套管下放过程中所需的启动力和推力均较低。图14.8所示的森特克(Centek)S2型扶正器具有上述特点,推荐使用。森特克S2型扶正器按照孔径生产,可在保持最大居中值的同时,使套管入井的启动力和推力最小。套管居中是固井成功的第一步。

图14.8　森特克(Centek)S2型扶正器(资料来源:哈里伯顿公司)

14.3.4 水泥伞

水泥伞通过减小静水压力为低压或多孔地层固井提供帮助。水泥浆在可承重的帆布衬垫上脱水,有效地将静水压力与井眼下部隔离开来。如第14.2.2节所述(图14.5),水泥伞有助于套管穿过煤矿采空区,为采空段的上下地层提供水泥。可以使用高强度的金属瓣来制作水泥伞,以提高其对膨胀和收缩的适应能力。

14.3.5 多级水泥固井工具

多级水泥固井工具(MSCs)是作为套管串的一部分下入井眼的工具,可用于在不同时间对选定的井段进行固井。多级固井既可以进行连续施工,也可以间隔几个小时或几天,以便下面的固井段充分凝固、强度增加,这样就可以在上面的其他井段中向环空中增加静水压力进行固井。多级水泥固井工具(MSCs)允许作业者从下部完井段改变水泥配方,但是需要覆盖井眼更远的地方。由于在完井过程中不会射孔,因此可以使用对水泥浆性能要求不那么严格的、更经济的配方。如果井更深、温度更高,可能需要分多个阶段用水泥进行固井。大多数多级固井作业为两级，但通过适当的级间激活和置换段塞组合，也可实现三级作业。

随着非常规页岩中高施工压力完井技术的出现，开发出了一种能够在整个油井生命周期内承受循环施工压力和地质应力的多级完井工具。图14.9所示的菲德尔斯（Fidelis）分级固井工具，为完井作业提供了灵活性，并能在整个生产作业过程中保持井筒的完整性。

14.3.6 水泥刮塞

水泥刮塞是在泵送作业中用于分隔套管内流体的工具，并可作为指示水泥浆已进入到浮箍下方的工具。水泥刮塞将套管内前一阶段的流体擦拭干净，并将其隔离开，直到水泥全部进入浮箍或者引鞋中。刮塞分为顶塞和底塞两种类型，如图14.10所示。底塞位于水泥浆或隔离液之前，用于将这些流体与井筒钻井液隔开。底塞有一个隔膜，当隔膜到达浮箍位置时就会破裂，使后面的隔离段和水泥浆进入环空。可在隔离段和水泥之间再安装一个底塞，以防止污染。水泥浆搅拌结束后，放置一个顶塞来把套管清理干净并将水泥浆向下挤入环空。顶塞是实心的，因此当顶塞接触到浮箍时，井口压力会增加，这表明顶塞已落在浮箍上，水泥浆已到达预定位置。

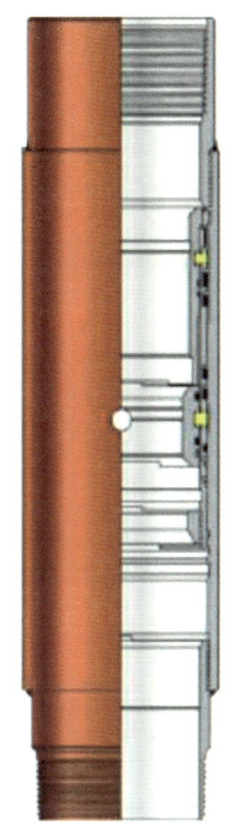

图14.9 菲德尔斯（Fidelis）多级水泥固井工具（资料来源：哈里伯顿公司）

 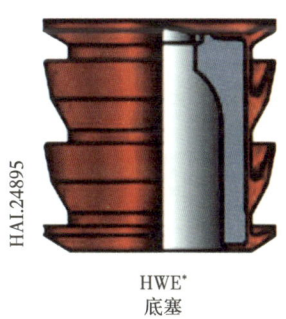

图14.10 HWE固井泵顶塞和底塞（资料来源：哈里伯顿公司）

在回流之前，通常要保持几分钟的压力，对浮箍设备进行检查。一旦确定浮箍保持稳定，就可以移除地面的水泥头，安装锥形管和阀门并关闭，等待水泥（WOC）凝固，然后再继续钻井或完井作业。

当多级完井中一级施工完成后，可使用标准的自由下落塞组进行下一步施工，可以通过多级完井后缩小内径（ID）（图14.11）。

不使用底部刮塞，而是用泵将直径较小的关断塞送入浮箍。放置自由下落开启塞是为了打开多级完井工具并建立循环。水泥搅拌结束后，下入关闭塞并加压，将多级完井滑套关闭。在钻塞并进行套管完整性测试之后，多级完井作业就完成了。

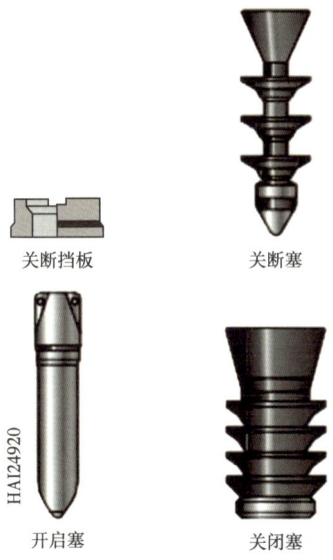

图 14.11　标准自由下落塞组（资料来源：哈里伯顿公司）

14.3.7　水泥头

套管下到井底后，应开始井内循环，以调节钻井液，并清除环空流体中沉淀的钻屑或气体。刚开始的时候，可以使用锥形管和阀门，但到一定程度后，必须在套管上安装水泥头（或塞子容器），为塞子提供一个发射点。塞子容器有单塞容器和双塞容器两种类型，如图 14.12 和图 14.13 所示。

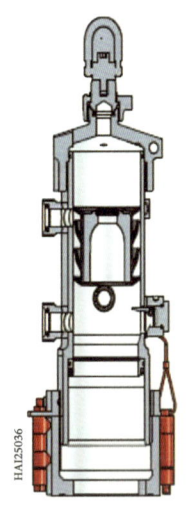 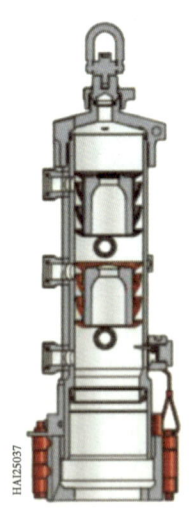

图 14.12　紧凑型单塞容器（资料来源：哈里伯顿公司）　　图 14.13　紧凑型双塞容器（资料来源：哈里伯顿公司）

塞子按设计的顺序装入：先下底塞，后下顶塞，然后将水泥头安装在套管上。让井开始循环，直到把井底清理干净。然后开始固井作业，先将隔离液和钻井液隔离开，接着注入水泥浆。在作业过程中的适当时刻，拔出塞子容器中的插销，将适当的塞子置于流体中，并将塞子泵到井下的浮箍上。对于采用多个井下塞子的情况，可将塞子容器串联起来，分多次下入。所有水泥头都有一个外部塞子指示器，用来告知固井监督塞子已离开水泥头。

14.3.8 旋转水泥头

确保初次固井高质量完成的另一种最佳做法就是在注水泥过程中旋转套管。为此，我们研发了顶驱旋转水泥头，在固井作业期间，可以在旋转套管的同时支撑套管的重量。由于水泥头是套管串的一个组成部分，因此在固井过程中可以旋转或往复活动套管，以改善水泥浆在环空的覆盖率。套管旋转时有可能把整个套管外周的水泥"带动"起来，从而降低了水泥在铺设过程中产生渗流通道的可能性。图 14.14 显示的是带远程控制的 COMMANDER 1000 顶驱式固井水泥头。这种模块化顶驱水泥头可下入球形和/或飞镖形塞子，对井下塞组进行操作，其额定压力为 10000psi，重量为 2000000lb。通过无线通信可操作地面和井下安全阀。

图 14.14 配备遥控器的 COMMANDER1000 顶驱式固井水泥头（资料来源：哈里伯顿公司）

14.4 地层隔离

套管水泥固井可以起到支撑套管、分层作业及井控的作用。煤层气井在固井过程中与常规井类似；但是，所使用的水泥配方应能控制流体漏失并保持循环，以防止对裂缝系统造成伤害。略微过平衡的水泥系统可有效控制气体进入井筒。水泥浆重量应与添加剂保持平衡，以防止循环漏失，同时又收到较好的经济性。固井作业的最佳做法包括：以最佳流速对井眼进行施工作业，以实现最佳的钻井液和钻屑清除效果（与隔离段的接触时间为 7~10min）、套管居中以及套管移动，并确保完全隔离目标层段。

对于空气钻井，在最终水泥固井之前，用水或凝胶循环井筒，以清除井中钻屑并预先润湿井筒，这样可以降低水泥脱水的风险。在循环漏失严重的情况下，可在井眼中使用一种反应性隔离段塞来改善水泥的分布。

14.4.1 固井水泥基液

水泥浆的基本成分是波特兰（Portland）水泥。水泥的不同分类是基于作业者所处的井下条件来划分的。油田中使用的水泥包括 A 级、G 级和 H 级。6000ft 以下的井可使用标准波特兰水泥（A 级）或优质加强水泥（C 级）进行固井，后者含有可加速或延缓水泥浆凝固的添加剂[4]。注水泥浆的时间取决于泵送量、井底循环温度和所需的抗压强度。当温度接近200°F时，需要使用优质水泥（包括G级或H级）以满足井下性能要求。在某些地区，优质加强或C级水泥适用于较低温度，可满足早期强度要求和良好的抗硫酸盐性能。水泥固井作业通常使用当地现成的水泥类型，并掺入添加剂以改变其性能，从而满足井下要求。水泥浆的密度变化取决于井眼条件——钻井液重量、孔隙压力和井控要求。随着条件的变化，可使用加重剂使水泥密度由轻变重。

14.4.2 钻井液加重剂

轻质水泥添加剂包括火山灰材料、膨润土、煤或沥青颗粒、玻璃微球、纤维材料，甚至用于生成发泡水泥的氮气。标准水泥是基础流体，根据每袋水泥的重量，按照一定的百分比或数量来制备水泥浆。通常情况下，水泥浆最好略微过平衡，以防止气体在水泥注入后进入井筒，但水泥浆不应过重，以至于压开煤层或开始进入煤层割理系统。标准水泥浆的净重为15.6 lb/gal；大多数煤炭的淡水梯度为8.33 lb/gal或更低。典型的水泥浆重量将降低到11~13 lb/gal的范围内，以便在不破坏煤层的情况下成功注入水泥浆。每个盆地都有特定的需求，可通过调整水泥配方来满足这些需求。在新区域开始施工时，最好联系当地的服务公司代表，以了解哪些配方成功实现了良好的地层隔离。

当煤层处于超压状态，或遇到的地层不稳定时，可能需要在过平衡状态下钻井，从而保证井眼稳定性和对压力的控制。这时需要在水泥浆中掺入加重剂，以维持井控并成功实现对地层的隔离。可能在固井之前需要增加一段加重隔离液，以置换钻井液，并为水泥浆提供干净的地层表面和套管，利于固井。添加剂需要的水量通常较低，不会显著降低固井水泥的强度，对泵送时间的影响最小，具有化学惰性，与其他添加剂兼容，并且不会干扰测井。用于增加水泥重量的添加剂有重晶石、盐、赤铁矿和石英砂；此外，通过使用分散剂，可将混合后的水泥密度提高到比正常混合时更大。在大多数情况下，超压煤层的固井只需要标准水泥浆或进行加重（使用盐和分散剂）即可，因为这些解决方案可以平衡地层的超压。在新区域开始固井作业时，最好联系当地服务公司的代表，以了解哪些配方能够有效实现地层隔离。

14.4.3 循环漏失添加剂

当钻井过程中遇到的地层无法承受钻井液或完井液的静水压力时，就会出现循环漏失。这种情况可能很简单，比如流体渗入多孔砂层，也可能非常严重，比如所有钻井液或水泥都漏失到洞穴或空隙中。这时候向系统中添加循环漏失添加剂，可以减缓或阻止漏失，从而继续钻井（或固井）或有效隔离该地层。如果在钻井过程中发生钻井液循环漏失，应在钻井液中掺入添加剂，以阻止漏失并恢复循环。由于钻柱可能会被卡住，因此如果没有其他方法清除钻屑，则不宜继续钻进。测井作业还要求井眼稳定，井口处于受控状态。

套管入井操作会导致循环漏失，因为井眼压力波动会破坏某一个地层。应注意套管下入速度，以减少或消除压力波动，建议使用自动充填浮箍设备，以帮助将压力波动降至最低。一旦套管到达井眼底部，应重新建立循环，并将井底流体循环至地面作为最小循环量，以确保系统稳定。

用于循环漏失控制的水泥添加剂包括煤或沥青材料等粒状颗粒、速凝剂或闪凝剂及聚丙烯和玻璃纸颗粒等纤维材料。使用任何这些材料时都要小心，因为如果混合不均匀或添加量过大，可能会堵塞浮箍设备、缩短增稠时间或造成环空堵塞。当地服务公司的代表可协助确定适合具体情况的添加剂和添加量。

14.4.4　流体漏失控制添加剂

渗滤抑制剂可最大限度地减少水泥浆在孔隙地层脱水，保护页岩或黏土等水敏的地层，并改善挤水泥固井作业。使用低流体漏失添加剂（FLA）可在多孔地层形成薄的水泥滤饼，从而在水泥浆注入时不会过早导致压力上升。低流体漏失添加剂还会在注入水泥后给环空提供静水压力，有助于防止水泥在候凝期间被气体切割。低流体漏失添加剂包括有机聚合物和乳胶。乳胶具有抗硫化氢（H_2S）和耐酸等其他优点。对于有 H_2S 或 CO_2 的地层，这些特点变得更加重要。当地服务公司的代表可协助确定适合具体情况的添加剂类型和用量。

14.4.5　促凝剂或缓凝剂

促凝剂可减少水泥浆固化所需的时间，从而缩短候凝时间（WOC）。水泥、促进剂和水之间的化学反应通常会产生热量，从而加快反应速率。氯化钙（$CaCl_2$）盐就是这样一种添加剂。这种材料可减少稠化时间，加快早期强度形成，并在浓度较低（1%~3%）时全面缩短候凝时间（WOC）。其他盐类，如氯化钠（NaCl）和氯化钾（KCl），在低浓度（1%~5%）时促进速度较慢，但可用于抑制黏土和页岩遇水膨胀，这将改善与地层和套管的胶结。盐浓度较高时会延缓水泥浆的凝固，但与盐水地层的兼容性较好。低浓度（3%~10%）的石膏与水泥混合，也可实现加速凝固和产生膨胀性能。当地服务公司的代表可协助确定适合具体情况的添加剂类型和用量。

缓凝添加剂可延长水泥浆的凝固时间。随着井变深、温度升高，稠化时间也应延长。木质素硫酸盐添加剂可以小剂量添加到任何等级的水泥中，以得到水泥固井所需的稠化时间。某些缓凝剂还能控制液体漏失，起到"二合一"添加剂的作用。可在预测的井下条件对水泥进行测试，以确定缓凝剂的适当用量和类型。当地服务公司的代表可协助确定适当的添加剂类型和用量。

14.4.6　触变添加剂

触变添加剂使水泥浆具有在混合和置换过程中黏度较低，但在静止时黏度会迅速增加的特性。当添加促进剂时，含触变添加剂的水泥浆甚至在泵送过程中也会出现黏度增加，当循环速度减慢时，会开始产生凝胶强度，从而阻碍流动。如果出现水泥浆漏失及经过漏失层的情况下，在注入水泥时会吸收流体，如裂缝或溶洞地层，应使用这种水泥浆。触变性水泥浆有助于提高填充效果，因为在注入后可防止流体漏失；由于凝胶强度迅速增强，还可抑制气体进入。最后，通常使用的石膏添加剂会在水化过程中产生一定的膨胀，从而改善与套管的胶结及对地层的封闭。

14.4.7　专用添加剂

除了控制钻井液重量外，不同种类的添加剂还可用于控制地层流体漏失、循环漏失控制以及固井所需的水泥浆的其他好处。添加剂可用于控制空气的混入、延缓水泥稠化时间、加速水泥稠化时间，以及在封堵井眼时给操作人员提供"标识"，提醒水泥下方的井眼情况。例如，可在钻井液中使用红色染料，以表示下方井眼中丢失的放射源。膨胀添加剂可在水泥固化过程中使固化水泥发生膨胀，并提供消除微环空效应的手段。纤维状添加剂加入钻井液中可防止固结水泥破碎。有许多添加剂可用于可能遇到的任何情况。应根据当地服务公司代表的建议选择正确的添加剂组合。

14.4.8 泡沫固井

前面提到的一种轻质添加剂——氮气，可以用来形成一种独特的水泥配方，这种混合物看起来更像是泡沫而不是浆状流体。这种水泥浆的重量（密度）可根据添加气体的量和保持气体的压力而变化。因此，在进行固井作业之前，必须建立一个封闭系统，将泡沫控制在井内。在固井过程中，需要通过节流管汇进行返排，以保持井中的背压，固井结束后必须确保环空安全。泡沫水泥可为多种类型的井（尤其是煤层气井）提供坚固、韧性、持久的水泥环。静水压力可以定制，只要调整到略微超过地层压力，而不会使煤层破裂或压开煤层。

泡沫水泥已在实验室中进行了测试，并确定其具有高度的延展性。泡沫水泥能够承受数百次的压力膨胀和收缩循环，而不会导致水泥环或与套管的胶结破坏。泡沫水泥能膨胀从而充填环空的每个空隙，固井质量测井表现非常出色，不会出现后续问题。钻井液重量可达 8lb/gal，渗透率低，抗压强度适中，因此可以在初次固井中使用。对于无法承受过高静水压力的脆弱割理系统，这是一种首选的固井解决方案。应联系当地服务公司的代表，帮助设计泡沫水泥施工方法。

14.5 水泥固井最佳实践

初次固井作业的目的是保护套管并确保地层之间彼此隔开。实现这一目标的最佳做法是使套管居中、套管移动、流体调节、适量的隔离液和施工排量。在套管下入井底之前，钻井液系统应循环 3 次或 3 次以上，以接近钻井条件，使钻井液重量保持一致，并清除钻屑。套管居中是在套管周围形成均匀水泥环的第一步；如果套管不居中，狭窄的水泥环或根本没有水泥环，都会为地层流体侵入环空留下通道，造成气侵通道和胶结不良。套管往复运动可改变流动通道，使水泥更好地分布到环空中的空隙区域。套管旋转可将水泥带到套管周围，从而使水泥环更好地覆盖环空。在将水泥浆泵送到位之前，设计的隔离液量要有足够的接触时间来侵蚀钻井液并将其分散。事实证明，以足够高的紊流速度置换隔离液和水泥浆有利于环空覆盖。

14.5.1 套管居中

使套管在井眼内居中为一次固井作业的成功提供了最佳条件。居中度（SO）是套管居中程度的衡量标准，70% 是理想的居中度[5]。这可以通过在套管外侧安装的弓形扶正器来实现。这些扶正器可以在套管接箍上自由移动（在直井中非常典型），也可以安装在间隔较近的限位卡箍之间，以获得更大的居中度值。一般的经验法则是在直井中每根套管上安装一个扶正器[6]。如果公差要求很严格，则应使用更多的刚性扶正器，以满足居中度的要求。森特克（Centek）的高端扶正器的启动力和推动力为零，但却能提供出色的居中度。扶正器应足够坚固，以承受井眼内运行、旋转或往复运动以及侵蚀性的流体。

14.5.2 套管在井眼内挪动

套管移动可更有效地清除环空中的重钻井液滤饼和钻屑，从而提高水泥环的覆盖率，使得水泥在环空的分布更为均匀。套管可连续往复运动15~20ft（刮塞附件之间的间距），或以 8~15r/min 的速度旋转[6]。旋转可降低套管卡住的风险，并有助于带动套管周围的水泥。建议固井过程中使用扭矩指示器，以避免水泥固井时套管受力过大。

14.5.3 流体调节

在下套管之前，要让钻井液的性质尽可能均匀。气井应处于受控状态，井内不得有气泡。套管下入井底后，应持续循环钻井液系统，循环量为井眼体积3倍或更多，或者直到出井的钻井液性质与入井的钻井液性质相同[5]。对流体进行适当的调节，并与油管移动相结合，可最大限度地将环空中的重钻井液和切屑排出。

14.5.4 隔离液体积

隔离液系统为井筒流体和水泥浆之间提供缓冲过渡段。隔离液必须与两者兼容，以便在两者混合时不会产生凝胶或使黏度大增。大多数煤层气井使用水基钻井液或空气钻井，因此水的润湿性不需要考虑。如果使用油基钻井液，建议在隔离段中加入兼容的表面活性剂组合，以便在水泥浆到达之前使套管和地层保持水湿状态。隔离段流体的流变性应能在低流速时过渡到紊流，以提高钻井液排量。隔离段流体密度不应大于钻井液1lb/gal以上[5]。水泥浆比隔离段密度大，两者的差值与前者类似，以实现最佳顶替效果。在最大排量的情况下，隔离段接触时间应至少为 8~10min。隔离段容积较大的情况下，可以提高水泥浆的排量，但也有可能造成循环漏失。适当的隔离段体积以及套管挪动和扶正器通常可使初次固井作业达到理想的效果。

14.5.5 顶替排量

如第 14.5.4 节所述，紊流状态有利于提高井眼清洁效果。达到紊流后，滤饼的侵蚀和钻屑的清除都会得到改善。由于水泥浆较重，因此可能无法实现紊流，但在水泥浆注入之前，使用隔离段可以达到所需的顶替效果。使用 KCl 钻井液时，环空中流速达 155ft/min，从而提高了顶替效率[7]。

14.6 水泥测试得出最佳配比

初次固井作业成功与否的衡量标准是固井水泥环与套管和地层的胶结是否良好。在井筒中使用声波测井工具测量套管与水泥环范围内每一英尺长度的胶结情况，并确定固井是否成功。作业前要对水泥进行测试，以便根据具体的气井需求设计出合适的水泥浆。对增稠时间、过渡时间、游离水和流体漏失、抗压强度形成、抗拉强度和机械性能进行实验室测试。可能需要进行多次反复试验，以优化水泥浆配方，使其符合气井规范。

14.6.1 增稠时间

增稠时间是指从最初将水泥与水混合到最终为100伯登（Bearden）稠度单位所需的时间[6]。针对井下压力和温度条件下，在高温高压黏度测试仪器中对样本进行测量，以模拟钻井液的反应和泵送所需时间。然后对添加剂进行调整，以满足所需的泵送时间，并增加安全系数。

14.6.2 静态凝胶强度和过渡时间的关系

水泥的过渡时间是指在加压黏度仪器上显示的动态固结曲线。希望得到的结果是，水泥浆在大部分试验中保持流动或低黏度，然后在20~45min内增加到70个以上伯登稠度单位（Bc）[8]。这种短暂的过渡时间在增稠时间图上被称为"直角凝固"。

静态凝胶强度（SGS）的发展始于水泥浆泵注停止后，由于水泥浆中添加剂的作用而发生凝胶化。这是一种静态测试，不应与过渡时间的动态测试混淆。过渡时间也被定义为在静态条件下，水泥浆从真正的水力流体转变为显示出某些固体特性的高黏度物质的时间段。从定量上来讲，这是从 $100\,lb/100ft^2$ 到 $500\,lb/100ft^2$ 的时间段。在 $500\,lb/ft^2$ 时，钻井液具有足够高的静态凝胶强度，以防止流体或气体进入到水泥柱中[6]。防止气体运移对于实现层间隔离至关重要，而较短的过渡时间正是解决方案的一部分。

14.6.3 游离水和流体漏失测试

游离水是指水泥浆静置时析出的所有自由水。水泥浆配方处于最佳状态下，游离水应为零。根据套管情况的不同，流体漏失要求也不同，具体如下[6]：

无流体漏失控制的纯水泥：$1000\,cm^3/30min$，

套管固井（表层套管、中间套管、生产套管）：$250\sim500\,cm^3/30min$，

衬管固井：$50\sim200\,cm^3/30min$，

防止气体运移：$20\sim50\,cm^3/30min$，

挤水泥：$50\sim200\,cm^3/30min$。

如果井况条件要求对流体进行更多或更少的漏失控制，这些指导原则可能会发生变化。Mohammad 等[9] 认为，$250\,cm^3/30min$ 的漏失率效果更好，因为钻井液在煤层割理面上凝结成块。

14.6.4 抗压强度的发展

水泥必须具有足够的强度，以支撑套管，并成功把地层隔离开。当井眼在向目标深度钻进时，井眼内上部的套管柱要能够承受住钻井作业。只要100psi的抗压强度就足以支撑套管，但由于井眼条件和水泥浆的变化，广泛接受的最小值是24h内抗压强度达到500psi[6]。温度会影响水泥强度的形成；这也是为什么要在井下条件下进行测试的原因。超声波水泥分析仪（UCA）测试是在实验室进行的一种无损分析方法，用于持续监测井底温度下的强度发展变化。在井底温度条件下混合并固化的水泥体，通过物理方式破碎后对其抗压强度进行测试。将这种破碎测试方式与超声波水泥分析仪测量结果进行比较，用来验证超声波

水泥分析仪曲线。强度发展趋势更容易用超声波水泥分析仪来监测，是抗压强度测试的行业标准。

14.6.5 拉伸强度

随着页岩非常规完井的出现，水泥环的强度受到更多关注。美国石油协会（API）的水泥测试提供了水泥配方压缩载荷的测试方法，但没有为拉伸测试提供指导。美国材料试验协会（ASTM）对建筑混凝土进行了拉伸试验。目前有两种测试方法：ASTM 标准 C496-90，圆柱形混凝土试件的劈裂拉伸强度（STS），通常称为巴西试验，以及 ASTM 标准 C90-85，水泥砂浆的抗拉强度[8]。STS 试验相对简单，使用混凝土圆柱体进行间接拉伸试验，以确定沿圆柱体轴线的拉伸破坏情况。单轴抗拉强度（UTS）的直接测试方法，使用特殊的模具，测试结果受模具尺寸的影响[10]。对于 15.8 lb/gal 和 0.02 gal/袋的消泡剂的 G 级水泥，在 130°F 和大气压力下固化 48h 后，抗压强度为 3375psi，STS 试验为 885psi。固化温度升高，强度数值也随之升高。

14.6.6 力学性质

除了传统的抗压强度数据外，还需要确定机械性能，如拉伸和弯曲强度、弹性模量和泊松比，以确保井筒的完整性。Reddy 等人[11]认为，与应力应变方法相比，声学方法提供了一种更简单、非破坏性的手段来测量动态力学性能，如杨氏模量和泊松比，且不受样品形状的影响。此外，他们还发现在井下条件进行动态测量有助于确定在井下条件发生相变时水泥混合物的特性。例如，以 17.64 lb/gal 混合的水泥浆测得的静态杨氏模量值为 $2.5×10^6$ psi，而动态值为 $3.8×10^6$ psi。同样，静态泊松比为 0.20，而动态泊松比为 0.25。为了延长井中水泥环的使用寿命，建议使用较高泊松比和较低杨氏模量的水泥配方。

14.7 直井封堵报废

一旦生产井达到废弃压力，必须遵守国家规定制定气井报废方案。大多数直井都是在井口沿生产套管直接注入水泥，将套管中的液体挤入张开的裂缝中，从下向上用水泥浆对井筒进行封堵。国家法规可能会要求在特定深度进行射孔，并通过油管注入触变性水泥进行平衡封堵。在其他情况下，作业者可能会选择采用牺牲工作管柱的做法，通过将水泥浆注入并将管柱留在井筒中。自然资源部（DNR）或环境保护部（DEP）颁布的州法规起决定性作用，在开始任何封堵—报废（PTA）作业之前应进行充分咨询，使作业符合政府规定。

14.7.1 直接挤水泥

从井口直接挤入水泥进行井筒封堵及弃井（PTA）作业时，可能需要超前泵入防循环漏失材料（LCM），把枯竭地层隔离开。当储层压力处于废弃压力水平时，地层将无法支撑静水压力，更不用说水泥浆的压力了。随着静水压力的增加，地层将会破裂，使封堵水泥进入到地层中，而不是留在套管中。把架桥的材料（如硬沥青、纤维片和棉籽壳）掺入膨润土隔离液中，提前泵入井下以封堵衰竭地层。如果沿井筒分布一定长度的敞开的射孔段，上部射孔段的水泥浆可能会首先脱水，从而无法将水泥浆注入井底（TD）。由于存在这种风险，许多国家的规定都要求从下往上通过工作管柱进行封堵，以确保整个井筒被完全覆盖。平衡封堵可能需要 2~3 次作业才能完成封堵及弃井作业（PTA），因为通过工作管柱作业时，只能安全覆盖这么大的范围。

14.7.2 平衡封堵

使用平衡封堵方法可以很容易地以可控方式从井底向上进行封堵。在油管或钻杆中用水或膨润土工作液（以封堵漏失）进行循环，然后在井底注入水泥塞并达到平衡。将工作管柱从水泥塞中提起，然后开始下一段的封堵作业，或者在开始下一段封堵作业之前，让下面的水泥塞先凝固，并能够承压。采用平衡封堵方法时，必须注意留够时间使水泥稠化，以便作业人员将工作管柱提升到水泥塞的上方；否则，存在卡住工作管柱的风险。在平衡封堵中使用防循环漏失材料（LCM）含量最低的标准水泥。应谨慎使用加速剂，以避免稠化时间过短。避免工作管柱卡住的一种方法是采用可牺牲工作管柱。

14.7.3 采用牺牲管柱的做法封井

可牺牲工作管柱通常由聚氯乙烯（PVC）或塑料管组成，作为工作管柱下到井底，然后泵送水泥填充井眼。一旦水泥循环到地表，作业就完成了。作为封堵及弃井（PTA）的一部分，牺牲 PVC 管柱，将其留在井中。这种封堵及弃井（PTA）方法的优点是没有工作管柱卡住的风险。水泥的用量测算时，留有一定的余量，保证封堵作业一次成功。由于只需进行一次泵送作业，因此可缩短完成封堵及弃井（PTA）作业的时间。如果需要重新入井，PVC 管柱很容易用磨鞋钻出。

参考文献

[1] Pratt C A. Modifications to and experience with air-percussion drilling. In: Paper SPE 16166 presented at SPE/IADC drilling conference, New Orleans, LA, USA, March 15–18, 1987.

[2] Maranuk C, Rodriguez A, Trapasso J, et al. Unique system for underbalanced drilling using air in marcellus shale. In: Paper SPE 171024 presented at the Eastern Regional SPE meeting, Charleston, WV, USA, October 21–23, 2014.

[3] Brown R, Meckfessel B. Improving marcellus shale performance using PDC bits with optimized torque management technology, cutting structure aggressiveness and unique roller cone steel tooth cutting structures. In: Paper SPE 139102 presented at the SPE Eastern Regional meeting, Morgantown, WV, USA, October 12–14, 2010.

[4] Halliburton Internal Data. Cementing tables redbook. Houston, TX, 1999.

[5] Kettl F C, Edwards M G, Covington R L. Practical horizontal cementing today.In: Paper SPE 25546 presented at the SPE Middle East oil technical conference & exhibition, Bahrain, April 3–6, 1993.

[6] Calvert D G, Smith D K. API oilwell cementing practices. In: Paper SPE 20816 presented at offshore technology conference, Houston, TX, USA, May 7–10, 1990.

[7] Smith T R, Ravi K M. Investigation of drilling fluid properties to maximize cement displacement efficiency. In: Paper SPE 22775 presented at the SPE annual technical conference, Dallas, TX, USA, October 6–9, 1991.

[8] Rogers M J, Dillenbeck R L, Eid R N. Transition time of cement slurries, definitions, and misconceptions

related to annular fluid migration. In: Paper SPE 90829 presented at the SPE annual technical conference, Houston, TX, USA, September 26–29, 2004.

[9] Mohammad H S G, Shaikh S. Coalbed methane cementing best practices—Indian case history. In: Paper SPE 132214 presented at CPS/SPE international oil & gas conference and exhibition, Beijing, China, June 8–10, 2010.

[10] Heinold T, Dillenbeck R L, Bray W S, et al. Analysis of tensile strength test methodologies for evaluating oil and gas well cement systems. In: Paper SPE 84565 presented at the SPE annual technical conference exhibition, Denver, CO, USA, October 5–8, 2003.

[11] Reddy B R, Santra A, McMechan D, et al. Cement mechanical-property measurements under wellbore conditions. In: Paper SPE 95921 presented at SPE annual technical conference and exhibition, Dallas, TX, USA, October 9–12, 2007.

15 强化水力压裂技术

加里·罗德维尔特

哈里伯顿能源服务公司，卡农斯堡，宾夕法尼亚州，美国

随着美国页岩油气勘探开发，完井技术不断进步。页岩油气水平井压裂完井技术可直接应用于深煤层气井，有些完井技术也可用于浅煤层气井。压裂转向技术、井下工具及压裂液添加剂功能的进步都可用于煤层气的开发。

15.1 导言

煤层气井的完井方式与其他油气井完井类似，但有些程序需要针对煤层气的特点加以修改，从而达到保护所有煤层中现有天然割理系统。正因为这种天然割理系统的存在，才使得煤层具有一定的渗透性和孔隙度，游离气体和地层水都储集在割理系统中。天然气产量最高的煤层是烟煤，其抗压强度也是最低的。煤层的表面积很大，这就意味着其中很多位点可能成为聚合物、碳氢化合物载体和表面活性剂的吸附点，这些物质会伤害现有的割理系统或抑制煤层气解吸。钻井和完井作业过程中会产生煤粉；因此必须制定合理的控制或抑制煤粉运移的方案。许多含煤盆地由多个煤层组成，厚度从0.5ft到3~5ft不等。最后，在压裂施工过程中，除煤层气的埋藏深度外，地层的迂曲度以及裂缝数量/几何形状等，都会使压裂施工压力升高（也可能会出现压裂脱砂）。

15.2 完井方法

在设计垂直煤层气井完井方案时，压裂增产专家有许多种选择。有些决策应在钻井之前做出，尤其当煤层气井钻遇多个煤层的情况下。早期完井采用的是裸眼完井方案，这种技术适用于可露天开采的煤层。这种完井方式在生产过程中会出现井壁稳定性和排水过程中泵的效率等问题。套管完井方式可对造缝点、压裂分段和生产效率进行控制。裸眼洞穴完井是一种特殊的完井方式，在条件允许的情况下可用于煤层气开发。

15.2.1 裸眼完井

为了尽量减少对目标完井层段的伤害，煤层中的第一批井通常都是采用裸眼完井方式。在使用绳缆工具、旋转钻井以及清洁流体或空气揭开生产层位之前，先将管柱下到生产层段的上方。这种技术对于将要露天开采的煤层是一种非常有效的完井手段，因为不会在煤层中下入任何钢材，可以避免在日后的开采作业中产生火灾隐患。Rogers等人[1]发

表了黑勇士盆地和圣胡安盆地中这一做法的文章。如果遇到多个煤层，则可能需要在井筒中使用砂塞，以完成对上部煤层的压裂施工。这种工艺的一个明显缺点是没有稳定的鼠洞，因此无法对裸眼完井的煤层进行排水。很多时候，煤层下面的页岩或黏土层一旦被钻穿，压裂水或生产水经过时，井壁就很容易剥落。在某些情况下，可以在钻井后立即在鼠洞中下入不需要固井的衬管，以保持井筒的稳定性。

15.2.1.1 裸眼洞穴完井

1986 年，子午线（Meridian）公司报告称，在通过一种名为洞穴的技术扩大裸眼段的井眼后，煤层气产量大增[1]。这一过程包括利用关井或注入空气或水的手段，增加井筒及其周围区域的压力，然后通过地面上的大直径生产管汇在井口压力为零的条件下将流体迅速排出至地面废液池中，目的是通过这样的操作使井眼周围的煤层剥落并破碎。在增压液流出井筒后，通过循环或抽汲的人为方式将碎裂的煤层颗粒从井筒中清理出来。这种循环作业可能需要重复多次，以将井眼半径从 7~8in 扩大到 10~20ft。

采用洞穴技术获得开发成功的煤层通常包括以下几方面特征：煤层厚度至少为 10ft 以上，渗透率大于 20mD，密度低（灰分含量低），等于或高于静水压力梯度，最好处于高原位应力状态。随着应力的释放，压裂的煤层区域将超出井眼扩大的物理范围。《煤层气：原理与实践》[1]中第 9 章对有关圣胡安洞穴完井技术的更多细节进行了阐述。

15.2.1.2 裸眼定点完井

如前所述，在裸眼完井段中开始造缝可能很麻烦，因为最小应力点会首先变弱并开始出现裂缝。Surjaatmadja 等人[2]详细介绍了利用动态转向技术如何给水力压裂进行精确定位。基于伯努利能量守恒原理的水力喷射和裂缝形成过程如图 15.1 所示。

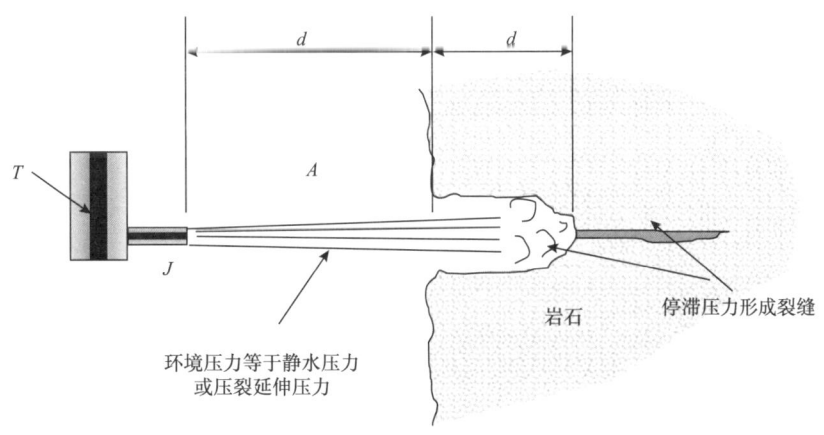

图 15.1 水力喷射压裂工艺

工作管柱内的高压流体通过射流器在井底需要增产的层段发生膨胀。当使用磨蚀性流体（如水和砂的混合液）时，流体可穿透钢管并深入致密地层内部 5~7in，从而冲蚀出一个孔穴，如图 15.2 所示[3]。随着环空压力的增加和流体的流动，裂缝从孔穴处开始形成并延伸进地层；随着加砂压裂液的不断注入，伴随射流器的增压作用，所有的流体将进入到裂缝中。环空必须具有压力完整性，这样才能保证已开启的裂缝继续延伸；否则，裂缝的效果很短，只能形成很小的裂缝半长。该方法可能是缓解近井筒区域割理伤害所需的全部措施。

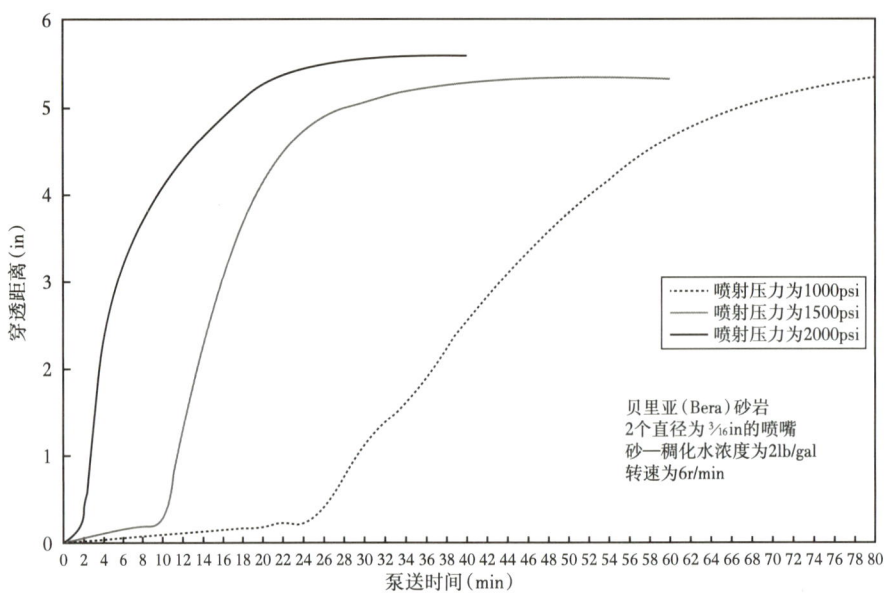

图15.2 贝里亚砂岩中的用2个3/16 in喷嘴进行水力喷射时的穿透距离

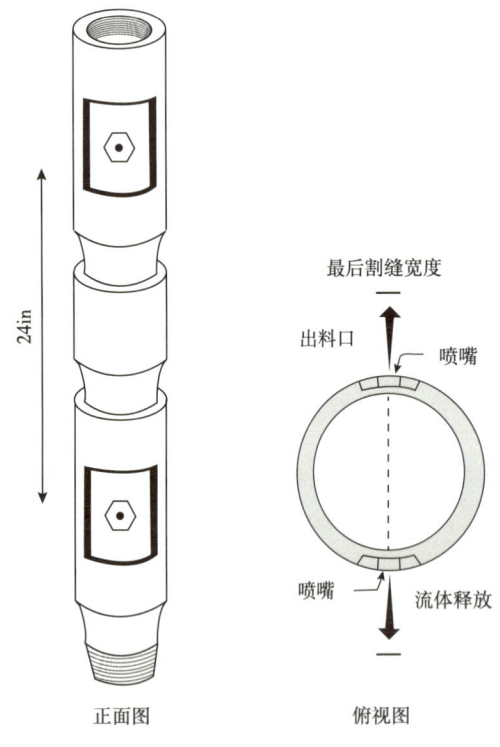

图15.3 射流割缝工具

15.2.2 套管完井

裸眼完井的缺点包括不能对起裂点进行控制、鼠洞受限及井眼不稳定,但可以通过把套管下入到人工井底(包括相应的鼠洞)并固井来加以解决。如果要开采其中一个煤层,可以在这个煤层中使用玻璃钢或复合材料套管来替代钢铁套管。由于玻璃钢套管接头的外径(OD)大于标准钢套管接头,因此可能需要改变井眼尺寸。这样,完井工程师就可以使用以下章节中所述的不同完井技术中的一种对多个薄煤层进行完井。

15.2.2.1 筛管完井

一旦下入套管并固井,作业人员就必须想办法建立储层和井筒的通道。一种在不碎裂煤层的情况下实现这一目标的方法是使用射流工具,该工具安装在图15.3[4]所示的油管柱或连续油管(CT)上。一旦工具下入储层对应的深度,减阻水和砂的混合物就会在高压泵的作用下流经射流器,从而磨蚀套管和地层。在泵送液体同时,在井筒内将工具缓慢下放,可最有效地在套管上割缝。割缝长度不应超过

12~14in，否则会影响套管的完整性。在泵送过程中，通过旋转射流器可以将套管割断。穿透深度在 5~7in 之间；如果在系统中加入氮气以降低环空背压，可实现更大的穿透深度（最大可达 14in）。

在实施的过程中，必须注意控制返排速度，防止地面设备受到侵蚀。如果甲烷气体或碳氢化合物循环至地面，则存在安全隐患。在逆风立井架及远离井口和泵送设备的返排过程中，必须严格遵守安全准则。实施中最好联系当地的服务公司代表，寻求设备位置摆放和射流优化设计方面的帮助。

15.2.2.2 传统的聚能射孔完井

使用炸药聚能射孔是一种更常规的建立煤层与井筒连通性的方法。每英尺射孔 4~6 个，可以让地层流体进入井筒，同时也不会使煤层严重破碎，这种情况在高密度射孔中也曾出现过。每英尺射 6 个孔（JSPF）、60°相位角的射孔方式增加了射孔道与诱导水力裂缝方向夹角小于 30°的可能性，从而减少压裂施工过程中的迂曲度以及与射孔道之间的摩擦。传统射孔成本低，是油田工人常用的完井方式。该完井方式可以选择性地打开目标层位，使得压裂增产工程师能够设计出增产范围更广的施工方法。完井设计可以采用少量盐酸，用来清理射孔炮眼以及帮助地层起裂，或用来降低压裂液进入地层压力，因为酸通常能够清除胶结物和射孔造成的伤害。

15.3 多级压裂技术

多煤层完井可以根据所需压裂的级数、套管尺寸和压力限制、施工总量（支撑剂和压裂液）以及压裂泵送排量，采用多级分段压裂的方式。在裸眼井和套管井中，通常用填砂方式充当临时压裂塞。在套管井中，可以使用压裂挡板、压裂窑以及封隔器/桥塞组合。对于具有多个目标层的大段地层，从经济和时间角度考虑，使用连续油管压裂（CTF）增产技术是明智之举。目前，材料科学在压裂工艺方面的进步包括可溶解压裂球和压裂塞，无须钻出。压裂滑套技术可用于连续泵送作业。在温度允许的情况下，可以使用可生物降解的转向颗粒。下面将对每一项技术进行简要讨论，以帮助完井工程师做出最适合其项目的决定。Rodvelt 等[5]给出了有关这些完井技术的更多详细信息。

15.3.1 用砂塞实现多级压裂

在上一级压裂快结束时，将加砂浓度提高到 10~15lg/gal，从而形成砂塞，并确保把上一级压裂的射孔段封住。砂塞的体积通常为 250~500gal 砂浆，具体取决于套管尺寸和射孔段间距情况。当砂塞面快到达射孔位置时，需要放慢注入速度提高砂塞承压，但这个过程中也可能出现砂塞顶面过高，需要重新下入油管把砂塞顶面清理掉以露出完整射孔段，或者放弃该目的层段。这种技术最好在两个射孔段之间至少有 500gal 空间的情况下使用。完井程序设计时必须考虑包括形成砂塞将要用到的材料和液量；清理过程需要使用钻头以及把砂塞循环到地面用到的水力旋转器在内的诸多因素。

15.3.2 用压裂挡板实现多级压裂

套管上的压裂挡板为套管井的分段压裂提供了一种经济可行的办法，可以在一段压裂完后，把这一段套管隔开，开始另一段的压裂作业。不同内径（最小内径位于底部）的挡板在初次固井作业期间安装在套管串上，如图15.4所示。在压裂作业施工过程中，上一级压裂结束的时候投入压裂球，通常压裂球放在一段预处理酸中（或者用预处理酸顶替），将其泵送到无法通过的内径最小挡板处，然后停泵。当压裂球就位之后，对上方的新层射孔，并进行压裂施工，然后像之前一样再次投球（投的球尺寸更大）进行下一次作业。这个过程通常要重复3~5次，具体次数取决于所需压裂的级数，实际最多可重复5~6次。该工艺的缺点包括需要清理井眼、金属碎屑落入井底，以及地质学家或工程师需要在开始固井作业前确定挡板放置的位置。如果在压裂过程中过早脱砂，则设计中的下一个完井段可能会被砂埋，这时候就需要清理井筒，或者放弃该储层段。

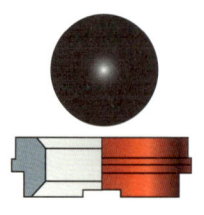

套管大小 (in) (mm)	挡板螺纹	挡板内径 (in) (mm)
2.875 (73.0)	8圆形外加厚接头	
	10圆形未加厚油管	2.00 (50.8)
3½ (88.9)	10圆形未加厚油管	2.37 (60.2)
	8圆形外加厚接头	2.18 (55.4)
4½ (114.3)	8圆形	2.37 (60.2)
		2.70 (68.6)
		3.00 (76.2)
		3.31 (84.1)
		3.56 (92.7)

套管大小 (in) (mm)	挡板螺纹	挡板内径 (in) (mm)
5 (127.0)	8圆形	3.00 (76.2)
		2.75 (69.9)
		3.06 (77.7)
5½ (139.7)	8圆形	3.27 (83.1)
		3.50 (88.9)
		3.87 (98.3)
7 (177.8)	8圆形	3.31 (84.1)
		3.5 (89.9)
		3.87 (98.3)
		4.06 (103.1)
		4.5 (144.3)

图15.4　压裂球和挡板的尺寸大小

15.3.3 过井筒压裂塞多段压裂

过井筒压裂塞是压裂挡板的一种改进,可以在射孔后将其下入井中,从而可以根据需要将压裂塞置于新射孔段的底部。一旦把压裂塞固定下来,就可以使用与压裂挡板技术类似的方法投球,对上面的射孔段进行压裂施工。压裂塞有两种类型:铸铁压裂塞和复合材料压裂塞(图 15.5)。

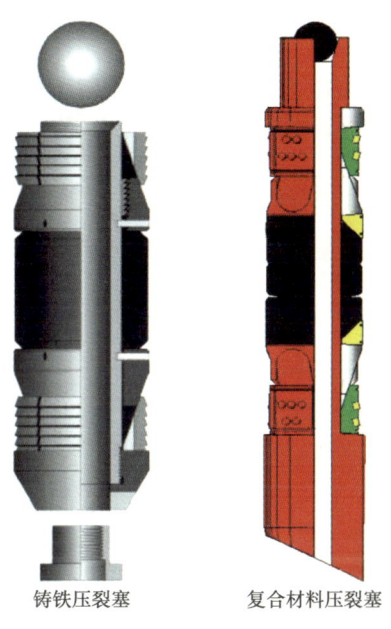

图 15.5 可用于分段压裂的压裂塞类型

铸铁压裂塞由金属和橡胶制成,而复合材料压裂塞则由陶瓷、橡胶、玻璃钢和环氧树脂组成。铸铁工具的制造成本较低;但复合材料压裂塞所需的钻塞时间更短,是最经济的多级压裂方法(最多可达九级)。图 15.6 描述了不同分级压裂技术的成本。

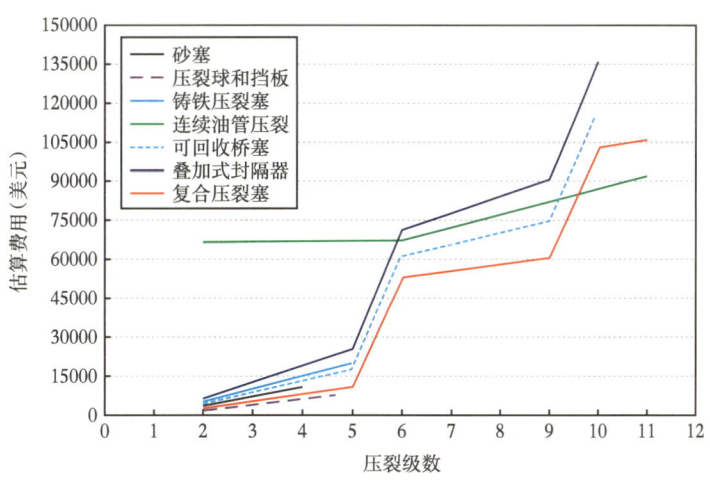

图 15.6 不同分段作业的成本对比

15.3.4 用可回收封隔器和桥塞实施多级压裂

自从使用压裂技术以来，套管井内一直使用可回收工具进行分段压裂。图 15.7 所示的桥塞可在射孔前或射孔后用钢丝绳精确定位在套管任何位置，可以在井筒中进行抽汲，并且通过油管和循环可以将酸液送到预定位置。

3L型可回收桥塞　　　TW短型可回收桥塞

图 15.7　哈里伯顿可回收桥塞

当一段压裂施工完成后，用钢丝绳将另一个桥塞下入井内并坐封（通常由一个带压的井口防喷管来完成），然后实施下一级的射孔和压裂作业。这种工艺的主要缺点在于：工具跟井筒之间的空间狭窄，这增加了工具在坐封前被卡住的风险；工具没有让流体通过的能力，因此压裂液会在下部层段停留较长时间；必须配备带有循环设备的油管回收装置，来回收所有桥塞。这些作业可能需要几天到一周的时间，具体取决于完井的级数。迄今为止介绍的所有方法都要求目标储层以上的套管完整性好，这样才能在套管内施工。在射孔没有封堵住或出现漏失的情况下，可采用以下方法进行压裂。

多封隔器叠加技术是桥塞压裂的一种变体，只不过这些工具允许流体通过封隔器进行压裂。然后，随着油管的旋转，封隔器中的阀门关闭，油管断开，形成桥塞。如果上面已经下入第 2 个封隔器，则将其下放到适当位置并坐封，然后开始下一级的压裂作业；如果没有坐封，则把这个封隔器回收，再下入一个新的封隔器到预定位置并坐封，然后开始新一级压裂。所有压裂段都完成后，使用油管和可循环系统回收这些工具，就像回收所有桥塞一样。

15.3.5 连续油管多级压裂

使用连续油管进行精确定位完井为压裂增产工程师提供了终极分段施工方案。使用大直径连续油管（外径为 2 3/8 in 或 2 7/8 in）时，可以将压裂液以较低的速度泵入单煤层，一次有效压裂一个煤层。这种方法需要在下入连续油管压裂工具之前进行射孔。

较小直径的连续油管适用于施工速度较高的情形，压裂液从环空向下泵入目标煤层。在这种情况下，施工层位的上方不能有其他射孔层位。在一些压裂过程中，采用连续油管水力射流进行射孔。许多连续油管压裂（CTF）工艺也可用于水平井分段压裂中。

15.3.5.1　连续油管和封隔器联作压裂

Rodvelt 等人[6]将连续油管压裂（CTF）引入美国的煤层增产作业中。在弗吉尼亚州布坎南县，采用 2 3/8 in 外径连续油管在 2 天时间内成功压裂了多达 19 个煤层。用图 15.8 所示的特殊井下组合工具（BHA）把煤层分开压裂，煤层之间相距最近的地方只有 7ft，没有出现层间窜流。

在这一工艺中，所有待压裂增产的煤层都在前一天完成射孔。连续油管和井下组合工具（BHA）下入到井中已知深度，然后上提，使第一个压裂层位于井下封隔工具之间。然后在井眼中进行反循环，清理射孔过程中产生的碎屑，使射孔孔道保持干净，并确保油管中的液体是清洁的。之后通过

图 15.8　连续油管压裂工艺的井下工具组合

连续油管从井筒下部开始进行压裂作业；压裂液沿连续油管向下流动，给顶部对置的密封皮碗加压，将皮碗上方的环空隔离开，同时使压裂液通过射孔炮眼进入目标煤层。这一段施工结束后，泵送顶替液，并切换到反循环，然后将井下压裂工具置于下一个目标煤层段。等所有的煤层压裂完成后，将井下组合工具（BHA）从井中起出，然后将连续油管下入井中，反向循环清理出井筒中残留的压裂砂，该工艺不需要钻井下的压裂挡板或压裂塞。接下来就可以安装生产设备、抽油杆和油管，然后开始排液。该压裂工艺需要额外的动力来克服连续油管内流体的摩擦，并且通过连续油管的支撑剂浓度受到限制。由于工具上皮碗会磨损，因此下入井筒的测量深度限制在 7000ft 以内。

15.3.5.2　连续油管和射流工具联作压裂

由于通过连续油管进行压裂时受流速和支撑剂浓度限制，因此开发了一种前面讨论过的射流技术和较小内径（1 3/4 in）连续油管结合的压裂工艺。如图 15.9[4]所示，在这种工艺中，射流工具实际上取代了常规的射孔。

该工艺与使用封隔器和井下连续油管压裂（CTF）类似，都是将带有专用射流工具的连续油管下入到井中已知深度。然后将射流工具对准目标层位，开始向下注入流体，直到连续油管都用干净的流体清洗干净。向连续油管投球以激活射流器，然后在滑溜水系统中加砂，通过水力射流穿透套管。一旦套管被射流工具穿透，环空中流体就会向新形成的射孔孔道中流动，然后按照正常设计进行压裂施工。通过这种工艺，可以实现更高的注入速度（使用环空作为注入通道），而不会有在小直径连续油管注入时产生摩擦过大这类问题。在施工过程中，同时通过连续油管注入少量流体，以确保射流装置保持畅通，以及连续油管不至于受挤压发生破坏。在这一级的压裂施工结束后，将射流工具在井筒中上提，并形

成砂塞（如前所述），以封堵该射孔段，把下一个压裂段隔离出来。采用反循环对套管进行清理至预定深度，然后将射流装置上提，开始下一级压裂施工作业。重复该操作过程，对煤层气井中的所有目标层进行压裂。在最后一级压裂结束的时候，取下射流装置，将连续油管下到井底，清理井筒中的砂塞；该工艺无须钻出挡板或压裂塞。井筒清理干净后就可以安装生产设备投产了。该工艺使得井筒区域的导流能力最大化；由于使用射流工具打开地层，因此消除了射孔造成的摩擦和迂曲等问题。该工艺没有深度限制，但受连续油管能达到的最大深度限制。

图 15.9　连续油管压裂工艺的射流工具组合

15.3.5.3　连续油管、射流工具及井下混砂压裂工艺

连续油管压裂和射流工艺结合的一个技术变种就是在井下增加支撑剂混合装置，从而可以精确控制进入裂缝的支撑剂。图 15.10[7] 显示的是在井筒内使用水力喷射 TS（Hydra-Jet TS）射孔工具和混合短节的大直径连续油管柱，可以向射孔炮眼均匀提供支撑剂混砂液。

高浓度混砂液通过连续油管泵送至井下，而清洁的减阻（FR）水则通过环空高速泵送至井下。混砂液和水在射孔簇上方进行混合，使支撑剂浓度能按指令提高或降低，而仅需要几加仑的量就能到达射孔炮眼。由于清洁的流体是通过环空泵送到井下，因此脱砂的风险降低，向井下输送的速度更快，能压裂的深度仅受连续油管能到达的深度范围限制。在进行压裂的时候，可以利用支撑剂段塞使裂缝在地层中改向，以形成复杂的裂缝网络。一旦压裂工具下入井底，就以连续泵送的方式进行压裂施工，只需在有限的停泵时间内就能重新定位射流工具，开展下一级的压裂施工作业。

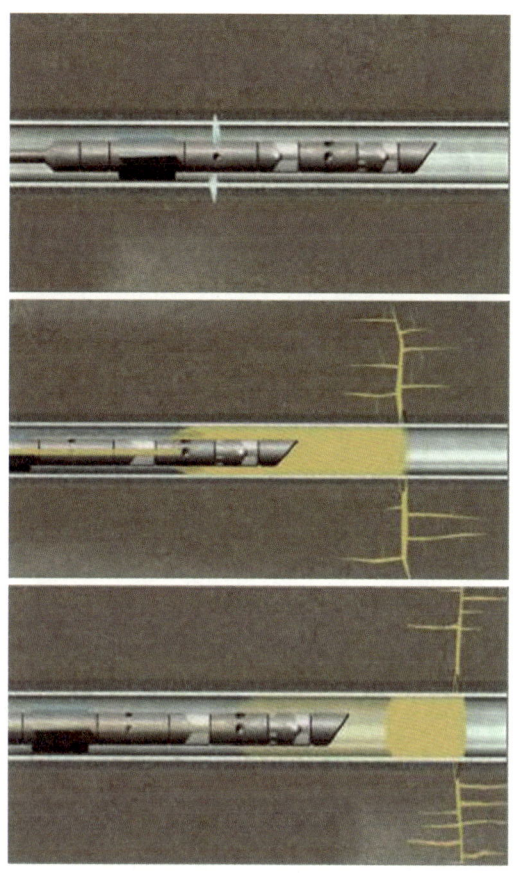

图 15.10　连续油管压裂工艺的射流和井下混砂工具组合

从上到下分别是：使用 Hydra-Jet 服务技术喷砂射孔；通过连续油管向下流动的高浓度混砂液与环空中的清洁压裂液混合，形成并支撑复合裂缝；用砂塞实现转向功能，为下一个压裂段做准备

15.3.5.4　连续油管、封隔器和射流工具组合工艺

最后要介绍的连续油管分段压裂技术是将小内径连续油管、先进的射流技术和封隔器结合在一起使用，封隔器位于特殊设计的井下组合工具（BHA）下方，与前述技术类似。在该工艺技术中，封隔器位于图 15.11[4] 所示的射流工具下方，而井下组合工具下入到预定的已知深度。

然后提升井下组合工具，使射流器穿越第一个目标层段，并使封隔器坐封。通过连续油管建立起循环，投入启动球，射孔套管建立起地层与井筒的通道，然后环空反循环并开始通过环空进行压裂施工。根据压裂设计泵送压裂液，在施工结束后，停泵，然后解封封隔器并开始反循环，将井下组合工具上提至下一个压裂段。由于底部封隔器可隔离每个加砂压裂产层，因此不需要砂塞来隔离各个层段。所有目标层段都可以采用量身定制的压裂设计进行压裂施工。在处理完顶部产层段之后，可将井下工具组合从井中起出，并将连续油管下入井底，将井筒清理干净；然后，工作人员就可以安装调试生产设备了。射流技术因为消除了近井筒射孔摩擦和射孔炮眼的迂曲度，从而降低了地层破裂和压裂施工压力。

图 15.11 连续油管压裂工艺采用的井底喷射组件和封隔器

15.3.6 可溶解压裂球和可溶解压裂塞分级压裂

如图 15.12[8] 所示,可溶解压裂塞由可溶解金属和合成橡胶组成,可溶解压裂球,如图 15.13[9] 所示,为压裂行业增添了新的内容。

图 15.12 哈里伯顿幻象(Illusion)可溶解压裂塞

图 15.13　哈利伯顿 RapidBall DM 可溶解金属球

近年来,钻井技术和完井工艺的进步推动了行业内完井工具的发展。可溶解压裂塞和可溶解压裂球的隔离作用类似于本章前面讨论的流通式压裂挡板。每压裂完一个层段之后,在井筒中下入压裂塞,但需要在即将进行压裂施工层段射孔前就位。从井中取出射孔枪后,将一个可溶解压裂球投入井筒中,然后以较低的速度泵送入井,直到在压裂塞上就位。一旦可溶解压裂球就位,就可以对新射孔层段进行压裂施工。这些完全可溶解的工具一旦置于井筒的流体和温度环境,就会开始受控的溶解/降解过程。可溶解工具为行业带来了经济效益,即在油气井压裂后,无须进行井筒清洁丁顶。无须丁顶的井筒清理技术减少了井筒中钻塞的需要、额外的设备租赁时间以及对员工健康、安全和环境(HSE)的影响。

15.3.7　压裂滑套实施分级压裂

图 15.14 所示的压裂滑套已在完井领域中使用多年,并将继续跟上行业的步伐,满足业内的刚性要求。压裂滑套有多个优点,如缩短增产作业时间、选择性生产以及对特定层段进行施工。压裂滑套还可用于套管或裸眼井中,实施单次和多次施工。打开压裂滑套时,按从小到大的顺序依次投放压裂球。每个压裂球都以较低的速度泵入就位,并固定在相应的可磨球座上,从而将滑套打开。

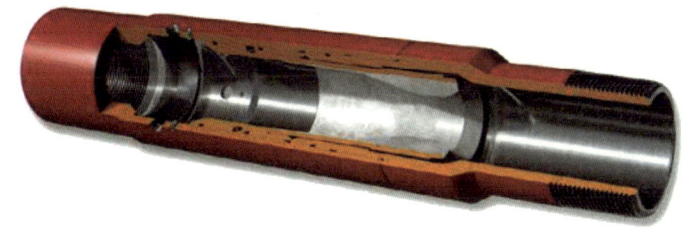

图 15.14　哈里伯顿 RapidStage 压裂滑套系统

一旦滑套打开，前一级已经压裂的地层即被隔离，流体转而流向打开的滑套入口。滑套使操作人员能够模仿传统的桥塞—射孔联作施工，同时又能拥有投球系统的效率。与可溶解压裂球（图 15.15）一起使用时，无须进行压裂后清洁处理。

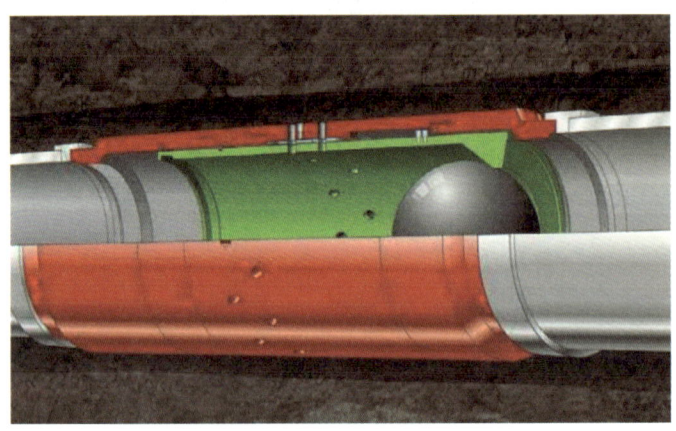

图 15.15　哈里伯顿 RapidStage 压裂滑套和 RapidBall DM 压裂球

15.3.8　使用可生物降解颗粒转向剂实施分级压裂

转向压裂剂在行业内已经使用了几十年，但更多的是用于认为是特殊作业的场合[10]。目前，图 15.16 所示的可生物降解的微粒转向材料（或称转向剂）为该行业带来了诸多好处，例如通过层内转向提高射孔簇的效率，以及在压裂施工过程中通过层间转向技术提高完井效率。

图 15.16　哈里伯顿的 Biovert NWB 转向材料

这些能自降解的颗粒通常由不同的粒径组成，能封堵高渗透率通道并能在很大程度上改变流体的流向。这些颗粒在射孔道或支撑剂填充地层内的压实作用称为颗粒架桥。在地面把所谓的转向滴剂（简称滴剂）加入流体中。

在一个压裂层段内，根据预先确定的支撑剂量或压裂段内的压裂液量在压裂层段内实施转向压裂。策略性地将转向滴剂分布在压裂施工过程中，以阻止压裂液进入到压裂段内的优势射孔簇中。通过阻止压裂液进入到优势射孔簇，可以使其他没有得到充分压裂的层段破裂并产生裂缝。在压裂段内实施转向压裂是必要的，因为研究表明，非常规油气井中至少有30%的射孔簇对产量没有贡献[11]。

段间压裂转向技术是在更大尺度上进行的，除了提高射孔簇效率的同时还能带来其他额外的好处。段间转向压裂的概念是将多个层段的射孔组合起来，重复段内转向压裂的过程。这样，重复段内转向压裂就可以同时对多个层段进行压裂，而无须压裂挡板、压裂塞或滑套来将每个层段隔离开。

15.4 水力压裂

早期的煤层气项目是在煤层厚度和渗透率较高的地方采用洞穴完井技术进行开采。随着煤层变薄或渗透率下降，需要在裸眼中实施水力压裂施工。水力压裂技术是在传统石油和天然气行业中发展起来的，改善了排液过程，使甲烷解吸更快，从而提高了气井产量，改善了项目的经济效益。虽然裸眼水力压裂取得了一些成果，但为了对施工过程进行更好的控制，煤层气田作业者不得不采用套管射孔完井方法，以便能够更好地开发大量厚度薄、渗透率低的煤层。煤层水力压裂需要解决微粒运移控制、流体配伍性以及施工过程中形成特定几何形状等问题。

15.4.1 煤粉问题

煤层中的微粒是造成压裂施工过程中地层破裂困难、施工压力大以及气井生产初期产量下降的主要原因。一些作业者甚至研究在煤层之间射孔或对临近砂层进行压裂施工，以减少压裂过程中及后续生产过程中产生的微粒[1]。如果捡起一块煤，黑色颗粒就会附着在拿煤的手上，尤其割理程度高、易碎的煤层更是如此。大流量注入的压裂液和支撑剂会侵蚀随支撑剂混砂液一起运移的煤层颗粒。如果压裂液漏失量大，这些微粒就会集中在裂缝端部，导致压裂过程中压力增大，从而影响支撑剂的分布。压裂施工之后，这些微粒会在生产过程中开始向井筒回流。当生产量下降时，作业者必须认识到这一问题，并通过补救措施加以缓解。

研究人员已经开发出一种压裂后服务，即通过大强度注入—冲洗，达到清除井筒伤害和煤粉堵塞的目的。如图15.17所示，煤粉被冲洗到远离井筒的位置，并用一种专有的化学剂加以固定，这种化学剂使煤粉表面具有黏性，将煤粉凝结在一起，形成一个不动的团块，远离井筒，并恢复支撑剂填充层的导流能力。这种专利技术系统（哈里伯顿公司将其命名为CoalStim服务）也可用来消除压裂施工后聚合物造成的伤害。使用这种压裂液可以去除施工中的瓜尔胶和聚丙烯酰胺聚合物。

图15.18[4]展示的是一个气田作业者在固定煤粉和去除聚合物方面的成功案例。

鉴于煤层中容易产生煤粉，最好的方法是在压裂施工中添加支撑剂时，在支撑剂颗粒上使用特殊类型的表面改性剂（SMA）涂层。这将使煤粉在通过支撑剂填充层之前被捕集，从而使气井在更长的时间内保持较高的产量。这种工艺还能抑制支撑剂的返排，通常允许作业者将生产泵置于底部生产段以下，提高泵的工作效率，而不会有出砂的问题。由于减少了支撑剂沉降，导流能力得到增强，从而提高了水和天然气产量。在圣胡安的果地（Fruitland）煤层气产区，一个作业者在支撑剂上使用这种 SMA 技术进行压裂后，产量增加了 $20×10^4 ft^3/d$[4]。

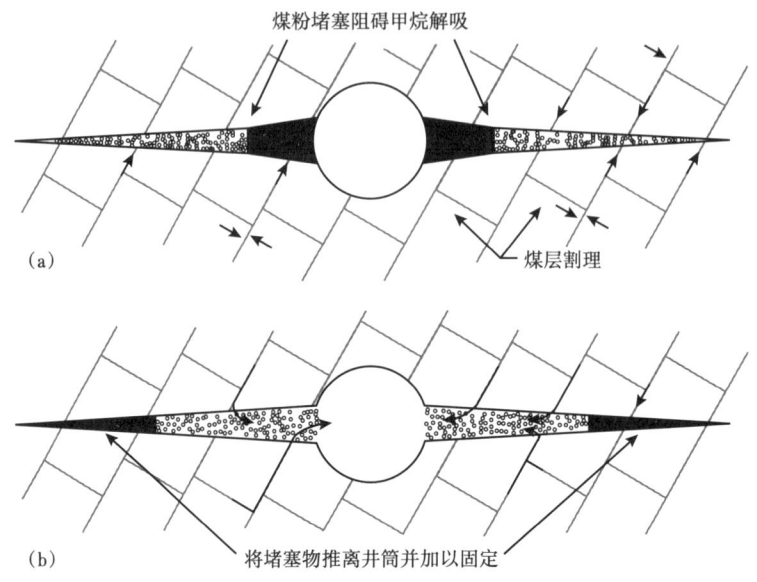

图 15.17　哈里伯顿公司 CoalStim 服务示意图

（a）煤粉堵塞使得水和甲烷进入支撑剂填充层困难；（b）堵塞物被推离井筒，并通过工艺原位加以固定

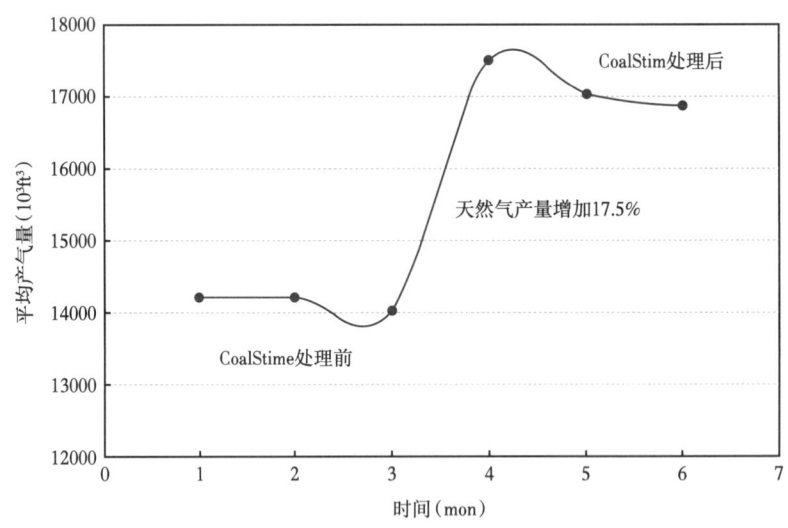

图 15.18　通过煤粉控制实现持续增产成功案例

15.4.2　压裂液

压裂液的选择应考虑其与地层的配伍性，以及需要压裂的目标地层的原位渗透率。中等

渗透率和高渗透率的煤层气井只需要清除钻井过程中给地层造成的伤害，地层与井筒即可有效沟通。对于渗透率较低的煤层气井，采用泡沫压裂液降低液柱的压力，从而减少对储层的伤害。一些"干"煤层气储层压裂施工过程中只能用100%氮气，以防止伤害煤层的相对渗透率。对于超低渗透煤层，需要借鉴纳达西级页岩完井技术，即采用水平井多级压裂改造技术，在地层中形成复杂的裂缝网络。在项目早期通过岩心对储层性质（含气量、吸附等温线、渗透率和储层压力）进行测量以及压裂配伍性实验，是事关气田开采成败的关键。

15.4.2.1 水

被水饱和的煤层使用水基压裂液是最好的选择，该体系除了盐（氯化钾或氯化钠）、阻垢剂和杀菌剂外，不含任何其他化学添加剂。对于探井来说，尤其如此，因为作业者要根据初始的岩心实验成果来确定煤层气井的生产潜力。用盐水加砂压裂施工可能无法使增产效果或压裂支撑剂分布达到最佳，但通常是成本最低的方法，可以在不采用其他会带来储层伤害的凝胶或化学品等情况下对煤层进行一定程度的改造。随着作业者从勘探转到开发阶段，应对不同类型的作业情形进行评估，以确定最佳压裂方案。

15.4.2.2 减阻水

通过在水中添加减阻聚合物（通常为聚丙烯酰胺）使压裂液变得"滑溜"，可以减少管道摩擦损失，从而提高地层压裂时的泵排量。正常浓度为 $0.5 \sim 1 \text{gal}/10^3 \text{gal}$，具体取决于所需的摩擦减少量。该方法将减少现场所需的水力压裂动力，最大限度地减少地面设备的占地面积和成本。由于压裂液的黏度仍然较低，因此携砂能力较差。这种类型的流体常用于页岩压裂，可以产生复杂几何形状的裂缝网络。除了阻垢剂和杀菌剂外，还添加了破胶剂以清除加入的聚合物。

15.4.2.3 凝胶水

使用瓜尔胶、羟丙基瓜尔胶（HPG）或羧甲基羟丙基（CMHPG）聚合物增加黏度时，需要在煤层伤害和增大压裂宽度以填充更多支撑剂两者之间进行权衡。聚合物会形成滤饼，从而抑制流体漏失并延长压裂缝尺寸。在水中加入这些聚合物后，泵送摩擦会减小，因此地面动力要求也会降低。虽然压裂砂在厚的层段内保持悬浮是个问题，但输送能力得到了改善。将聚合物浓度控制在 $10 \sim 20 \text{lb}/10^3 \text{gal}$ 可改善聚合物清洁难度/渗透率恢复的能力。酶破胶剂在低温下能高效分解聚合物。在大多数煤层的温度范围内（<120°F），氧化型破胶剂需要催化剂才能有效。

该系统适用于渗透率一般的煤层，另外，使用黏度较高的压裂液可能会影响煤层压裂缝高的增长。在某些情况下，使用少量凝胶（$3 \sim 10 \text{lb}/10^3 \text{gal}$）可形成与减阻聚合物类似的滑溜水压裂液。

15.4.2.4 交联凝胶水

随着储层渗透率和/或厚度的增加，需要黏度更高的压裂液来控制压裂液漏失、增加裂缝高度、输送浓度更高的支撑剂，并使其在整个储层段上保持悬浮状态。在不向基液中添加任何其他聚合物的情况下，在加入交联剂后将聚合物分子结合在一起，使表观黏度比基液高200~300倍。硼酸盐交联体系是首选的交联液，因为其pH值是可逆的——当pH值降至8以下时，硼酸盐交联体系会使交联聚合物"断开"并回到基础凝胶的黏度，而基础凝胶黏度会因酶破胶剂作用变成水。当交联凝胶在小油管或射孔中剪切变稀后，会"重新交联"，并恢复其黏度特征。低凝胶硼酸盐（LGB）体系已在世界各地用于辅助压裂施工填砂，被视为高渗透井的首选压裂液体系。圣胡安盆地的一个气田作业者结合支撑剂的表面改性剂（SMA）涂层技术后，每年创造了 72 万美元的经济价值[4]。

15.4.2.5 混合交联水

在实施压裂设计的主压裂段之前用水（或减阻压裂液）给煤层加压补充能量，该方法已证明有利于压裂液伤害的清除[4]。用黏度低的预处理液体，可以提高割理系统与含有阻垢剂、破胶剂、铁离子控制剂和杀菌剂的压裂液二者之间的适应性。接下来泵送的低凝胶硼酸盐（LGB）体系会形成缝宽，并使支撑剂填充和悬浮在裂缝中。当作业完成并破胶后，非凝胶类前置液还能提供能量，将凝胶残留物从割理中驱替出来并返回至地面。北阿巴拉契亚盆地的一家公司在改用这种混合低凝胶硼酸盐压裂设计完井后，产量比以前使用的低黏度压裂液完井提高了 $(20\sim30)\times10^3\mathrm{ft}^3/\mathrm{d}$[4]。值得注意的一个关键是，随着时间的推移，预处理液的增压作用会逐渐消失，因此必须在短时间（2~4h）内返排压裂液，并且应在 2~3 天内使气井投产，以减少含有残留物的流体漏失到割理系统中。这就要求作业者事先铺设好地面生产管线，并准备好抽油机、油管和抽油杆，以便在井筒清理至人工井底后安装抽油用的杆管泵，并按计划开始排液。长时间关井的情况下，可能需要一些补救措施，以清除地层残留物。

对于低渗透储层，可以在低凝胶硼酸盐主压裂段之前，利用前置处在地层中产生复杂几何形状的裂缝。在使用低凝胶硼酸盐压裂液和表面改性涂层砂形成平板裂缝之前，可先加入 80/100 目砂来支撑这种复杂几何形状的裂缝。有关控制低渗透煤层中煤粉最佳方法的研究仍在继续。

15.4.2.6 氮气泡沫

采用氮气泡沫压裂液是一种非常好的压裂方法，可以返排出压裂液的 50%~80%，是一类含有发泡表面活性剂的凝胶水基压裂液体系。当体系中氮气含量高于 60%、低于 95%时，可形成稳定的泡沫，其黏度与交联压裂液相当，从而可以将压裂砂带到预定位置并使之处于悬浮状态；已成功实施的作业中，井下支撑剂浓度最高达 4 lb/gal。由于氮气泡沫压裂液可以防止流体漏失到割理系统中，因此，低—中等渗透率煤层非常适合这种漏失低的压裂液。一段时间后，泡沫破灭消散，基液将随氮气流动返排出井外。泡沫可提高气相的相对渗透率，因为泡沫本身含有 60%~90% 的气体。由于在施工过程和后续需要处理的液量较少，因此，在阿巴拉契亚中部煤层气完井作业中，主要的压裂液体系是占 70% 的氮气泡沫压裂液。

15.4.2.7 氮气

对于一些煤层气藏，如加拿大的马蹄峡谷，储层中只含有"干气"，也就是说，该类储层不需要排出割理系统中的水，煤层气就能解吸附生产。对于这类储层而言，氮气是首选的压裂液。在某些情况下，还可以注入少量二氧化碳，以清除掉地层中残留液体。所开发的由 95% 以上氮气组成的压裂液体系仍可以携带支撑剂来对这些"特殊"储层进行改造。在水饱和煤层中使用只有氮气的压裂液体系进行压裂，并不具有泡沫或其他压裂液体系的优势。

15.4.3 化学助剂

在压裂过程中，通常加入其他化学助剂以提高压裂液的返排率，并防止井下结垢以及抑制细菌的影响。典型的处理方法包括以下几方面：

（1）杀菌剂，有助于防止硫酸盐还原菌污染。

（2）阻垢剂，在前置液或预处理压裂液中以液态存在，在支撑剂填充层中以固态形式存在。

（3）表面活性剂，可降低水的表面张力，使返排更彻底。最新型的药剂是微乳液表面活性剂。

（4）铁抑制剂，用来防止垢核形成和腐蚀。

（5）泡沫压裂液施工和作业过程中使用的发泡表面活性剂，通过向压裂液中加入气体使返排液变轻。最新的添加剂是这样一种发泡剂，当 pH 值大于 9.0 时保持稳定；低于该值时，泡沫会破裂消散，这对生产非常有利。

15.4.4　支撑剂

迄今为止，由于大多数煤层气井的完井深度都在 4000ft 以上，因此不需要使用比天然石英压裂砂闭合压力更高、强度更大的支撑剂。根据 API 分级，目前主要使用的支撑剂目数范围为 20/40 目、16/30 目和 12/20 目。较浅、渗透性较好的煤层应使用较大颗粒的支撑剂进行压裂，从而得到增产所需的裂缝传导率。建议在渗透率极低的煤层中使用一些 80/100 目支撑剂，以支持复杂几何形状的压裂缝，并在作业接近尾声时过渡到单一的平板裂缝（使用低凝胶硼酸盐压裂液和较大粒径支撑剂），以便在井筒处形成高传导渗流通道。这一阶段施工应使用表面改性剂（SMA）进行加工处理，达到固定煤粉及提高裂缝传导率的目的。随着开发的煤层深度增加，需要使用强度更大的支撑剂，包括使用树脂涂层砂和人工陶粒支撑剂。

15.4.5　岩石性质

如第 13 章第 13.1.2.1 节所述，了解煤层及其周围地层的岩石性质，可以帮助建立压裂模型，从而了解压裂施工过程中裂缝的形成情况。岩石的性质可通过偶极声波测井仪的电测资料以及电阻率和孔隙度测井结果得到。如果有完整的测井资料，并用所有的岩心数据进行校准，则地质模型可帮助深入了解有关应力水平、含气量和产水地层的信息。通常，所有气井都会进行测井，因此该数据集可用于取心井之间进行插值，并建立起地质力学模型为以后的井位部署服务。经济评价可结合裂缝建模和油藏模拟来展开。

15.4.6　地应力测量

通过诊断性压裂注入测试（DFIT 服务）可以直接测量水平应力，并确定储层渗透率和厚度。其与压力相关的漏失（PDL）特征能很好地指示出对生产有利的天然裂缝和裂隙。了解 PDL 值后，压裂设计工程师就能提供最有效的压裂设计方案，把天然裂缝引起的漏失考虑进去，并用到压裂施工和完井当中。虽然测井计算可以帮助了解应力趋势，但无法解释外部构造应力，这些应力发生在山脉施加给区域的水平应力，如图 15.19 所示的锡达湾（CedarCove）气田。用来测量裂缝闭合应力值的小型注入/降落测试，也可以用来对边界层进行测试并验证测井计算结果。在项目早期进行的诊断测试可以在未来的优化设计中不断得到回报。

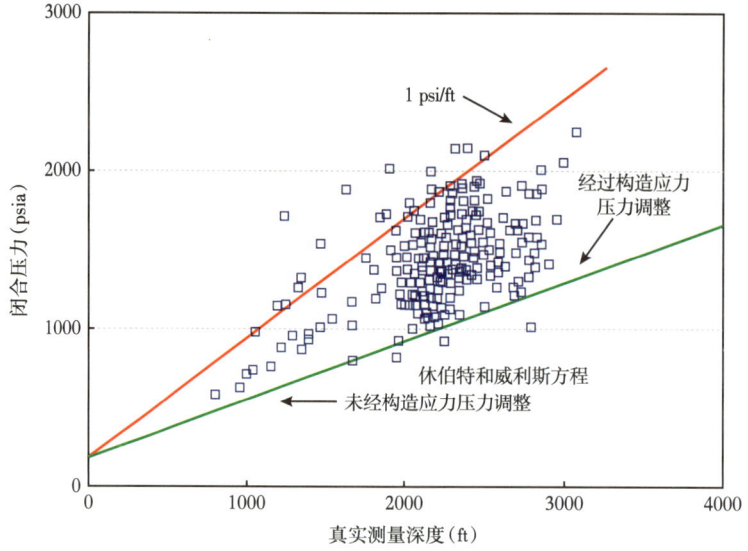

图 15.19　锡达湾气田的最小主应力

15.4.7　裂缝几何形状

过去 65 年以来，研究人员一直试图了解裂缝的几何形状及其延伸方式。裂缝的几何形状和注入支撑剂的填充方式都会影响水力压裂的生产特性。传统油气行业的压裂模型已用于煤层气行业中，并取得了一定的成功。然而，除了采煤区的作业者有机会外，大多数作业者都无法确认真实裂缝尺寸。如果在压裂后可以对煤层进行开采，就可以直观地绘制出裂缝尺寸图，从而更好地了解裂缝几何形状。一些作业者进行了压裂后的注入/压力降落测试，以确定裂缝的传导率和长度。替代煤层回采获得裂缝尺寸的一种方法就是使用被动微地震监测。

15.4.7.1　裂缝模型预测

目前已有商业软件尝试对煤层裂缝进行建模，但还无法预测诸如 2in 宽、T 形/I 形或三维（水平和垂直）多裂缝等几何形状的裂缝。假设地层是均质的情况下，可以预测出裂缝长度、高度和宽度，观察生产动态，然后利用这些数据资料重新校准模型。对裂缝采取任何类型的监测手段，煤层回采、压裂后测试或微地震，都将增加对模型改进所需做出变化的理解。随着离散裂缝网络（DFN）软件的出现，可以建立起更好的裂缝模型；然而，煤层具有很强的非均质性，因此模型总会存在不确定的情况。

15.4.7.2　煤层回采观测

图 15.20 显示的是一条 T 形裂缝，宽度为 ½ in，大部分支撑剂沉积在顶部的页岩/煤层界面处。煤层回采观察提供了理解煤层中裂缝复杂性的依据。裂缝形成仍符合应力规律；水力裂缝的延伸方向始终与最大应力方向平行。形成多条裂缝的情况比比皆是，特别是在使用滑溜水和低黏度凝胶进行压裂的情况下。煤层中每英尺有许多割理，因此有形成多条平行裂缝的条件。根据矿山安全专家解决方案公司（ESMS）Pramod Thakur 博士的个人回忆，他当时在矿井中观察到的是，当水力裂缝穿过煤矿巷道时："首先，你会听到裂

缝靠近时发出的声音，然后你会看到煤层上出现裂缝。随后不久，压裂液出现，大量煤粉被挤出，紧接着是压裂砂"。

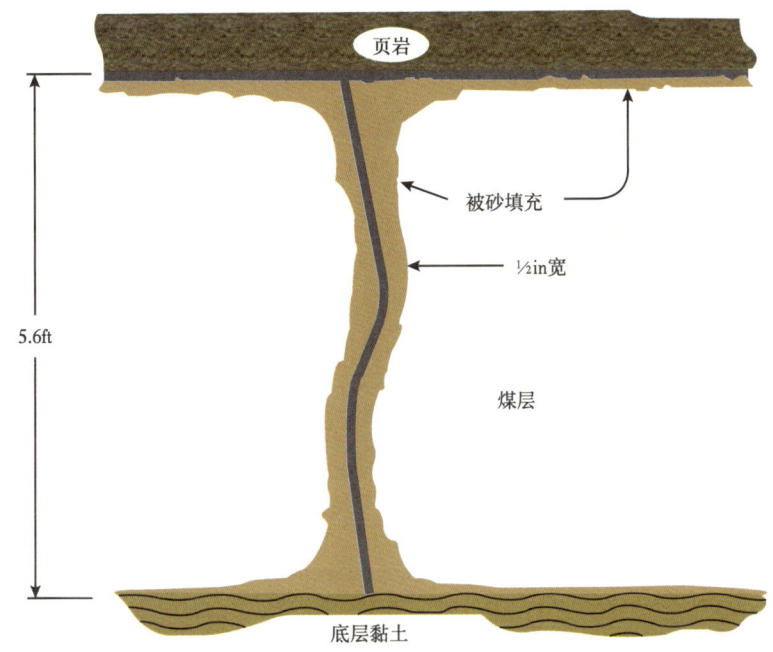

图 15.20　回采观察到的 T 形裂缝

根据 Steidl 的记录，一条长裂缝延伸到距井筒 525ft 的地方，支撑剂填充到距井筒 352ft 的地方[4]，最大裂缝宽度为 0.3in（图 15.21）。

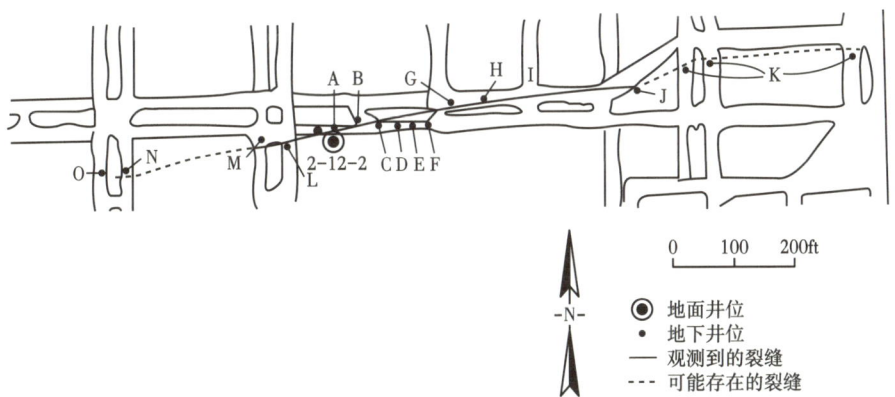

图 15.21　回采观测长裂缝两翼延伸情况

A 点到 O 点是在回采过程中的裂缝观测点

Reese 等[12]在宾夕法尼亚州的一个回采煤层中观察到长度为 276ft、宽度为 3~12in 的裂缝，裂缝中完全填充了压裂砂。图 15.22—图 15.25 所示的这些观察结果证实了煤层中裂缝的复杂性，也证实了裂缝特征建模的难度。

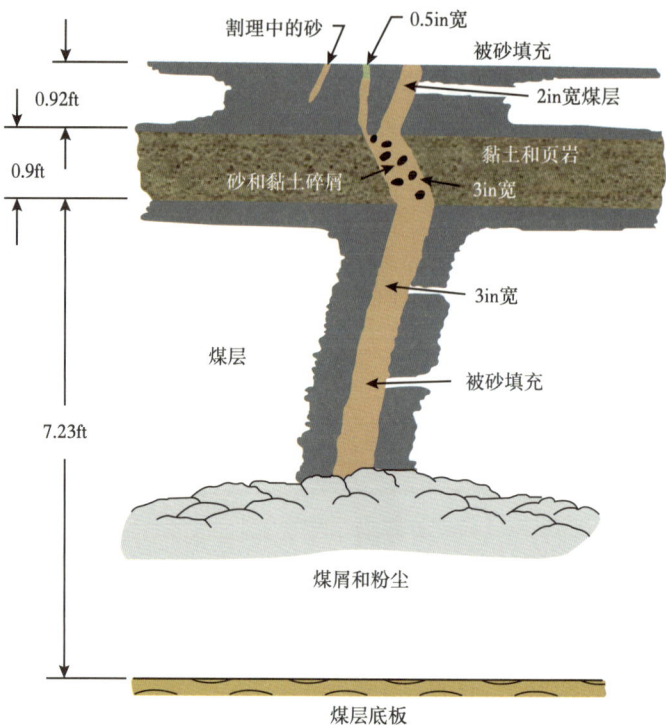

图 15.22 宾夕法尼亚煤矿中回采观测到的 3in 宽裂缝

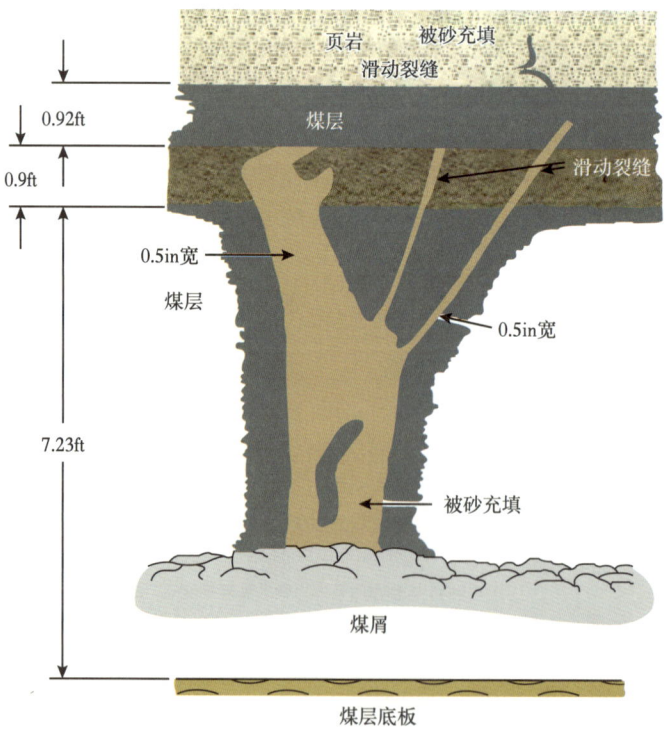

图 15.23 回采观测显示多条分支裂缝

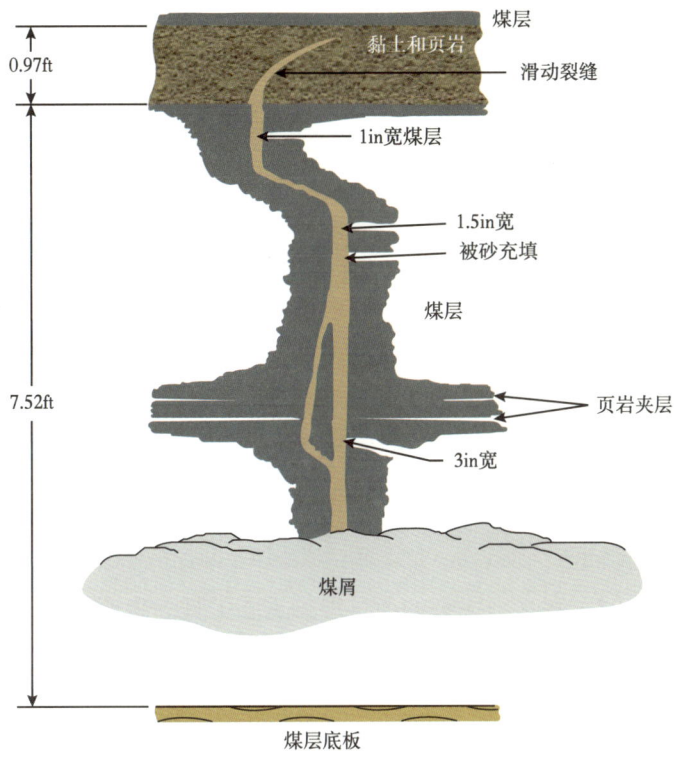

图 15.24 回采观测到 1$\frac{1}{2}$in 到 3in 宽的裂缝

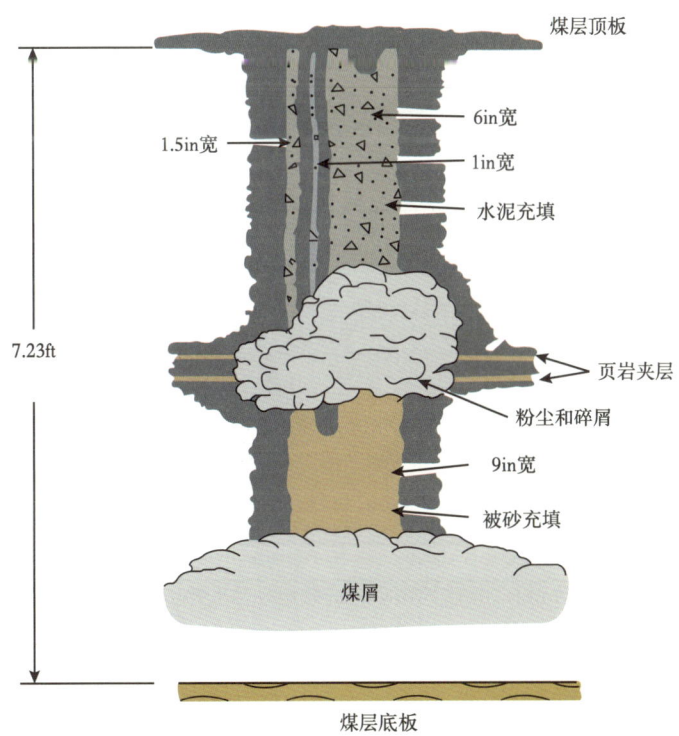

图 15.25 回采观察到的 9in 宽裂缝(被压裂砂填充)

15.4.7.3 压裂后注入/压力降落测试

要确定用于产量预测的裂缝特征,通过压裂后注水/压降测试计算出裂缝的传导率和长度是最好的解决方法。在实施过程中,需要以低于破裂压力的速度注入,以便在注入周期内形成压力波,然后观察压力降落的情况,再利用油气井试井和/或模拟软件进行分析。裂缝模型便于确立模拟器的初始条件,因为能够输入预测的支撑裂缝长度及其传导率。在压裂之前对渗透率进行测量也很有帮助的,否则,渗透率也是一个有待确定的变量。注入周期通常为24~48h,关井时间为7~10d。使用井底存储式压力计来采集井下关井阀门以下的压力下降情况,然后将地面采集的数据与井下存储式压力计的数据合并,再进行后面的分析。将这些分析结果用到模拟软件中,对在一定回压条件下的水和天然气产量进行预测。如果测试分析的结果与压裂模型预测的结果不符,则对模型进行调整,以得到更好的预测结果,并将这些结果用到下一口井的压裂设计当中。压裂设计的调整可能包括提高携砂浓度以改善裂缝传导率,加大压裂液用量以形成更大几何尺寸的裂缝,或通过降低泵入速度来优化裂缝高度。

15.4.7.4 微地震监测

微地震监测是实时了解水力压裂如何进展的重要工具。微地震(小地震)是由水力压裂液对岩石加压引起的。通过在距离注入井一定距离、处于关井状态的监测井中安装一组检波器,可以监测到压裂井所产生的微地震。如图15.26所示,岩石越坚硬、越均匀,声音传播的距离就越远,通过井下遥测就能采集到更多的微地震。

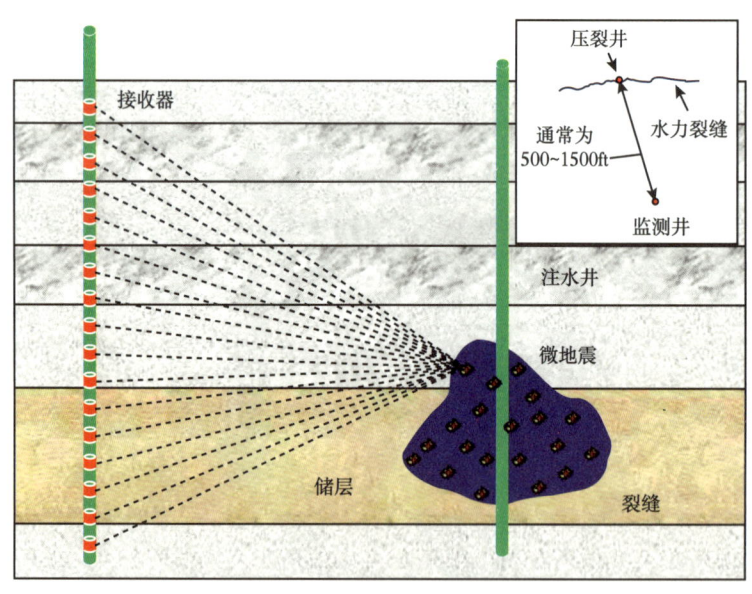

图15.26 接收地震事件的微地震井下检波器阵列

煤层中会产生一些信号接收问题,因为煤层是一种比砂岩或石灰岩更软的岩石,对于煤层气井来说,最大接收距离通常小于750ft。多级压裂时,相邻的砂岩中监测井与注入井之间的距离可以更大。可以把实时数据绘制成图,得出裂缝高度、从井筒延伸的裂缝长度及裂缝的宽度。通过微地震监测，可以实时看到压力施工的变化对裂缝形成的影响。压裂施工完成后的最终解释成果为裂缝平面图，显示出裂缝长度、宽度和高度延伸情况的，如图 15.27 所示。

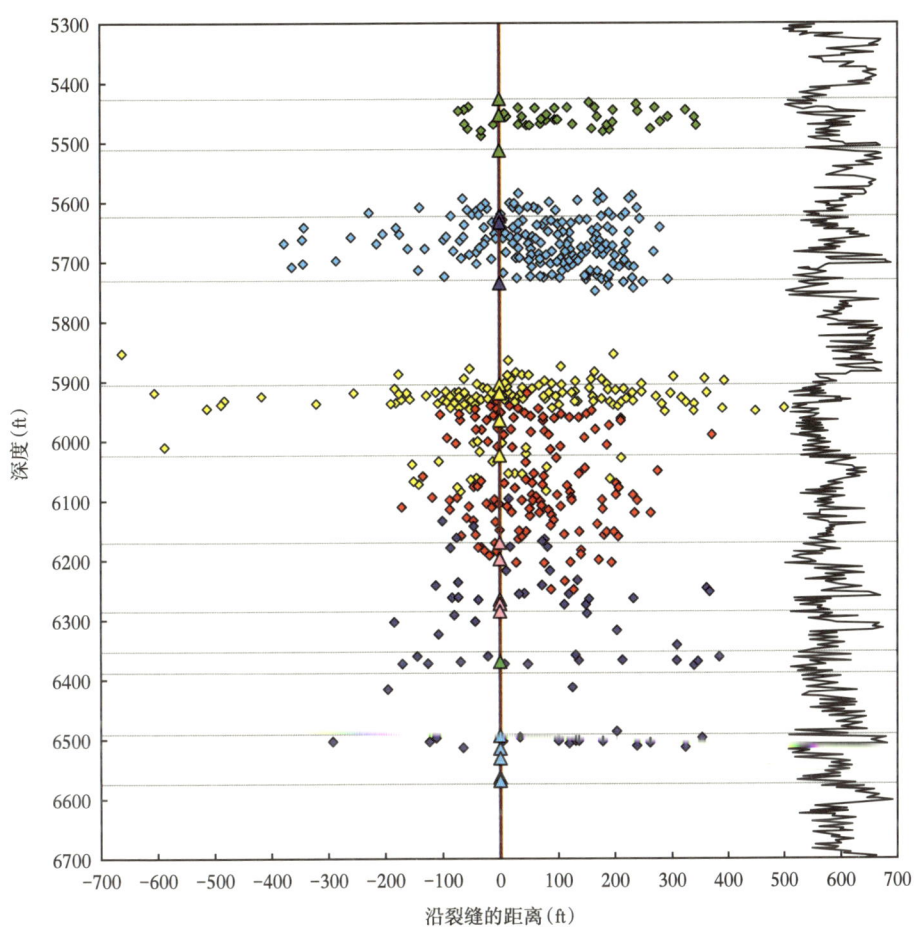

图 15.27　裂缝平面图

微地震监测有助于压裂设计工程师确定后续生产井的压裂规模。油藏工程师还可以利用微地震监测优化井位，以达到高效生产的目的。在煤层为低渗透的情况下，微地震可用于验证是否形成了复杂的裂缝网络，能够提高渗透率和增加天然气产量。

15.4.7.5　复杂（分支）裂缝网络

低渗透率和超低渗透率煤层改造的时候，需要特别注意压裂设计，尽量形成复杂几何形状的裂缝来提高储层的有效渗透率。页岩地层中，目前就是采用这种技术来创造大的与地层表面相接触的体积，尤其是在水平井中更是如此，从而实现在纳达西级渗透率储层中开发天然气的目的。Palmer 等人[13]研究了通过增加煤层中的剪应力来提高渗透率的方法，结果表明可以将其提高 10~100 倍，如图 15.28 所示。

此外，如果地层有许多天然裂缝（割理），随着压力的增加，压力相关的漏失也会变高。可以利用这一特点来设计压裂施工方法，以增加压力相关的漏失量，从而开启并支撑这些微裂缝，并最终提高渗透率。

增加裂缝系统压力的一种新方法是使用砂塞使已经形成的裂缝脱砂，使压裂液分流到其他地方，形成新的裂缝。图 15.29[4] 所示的这种分支裂缝压裂法是通过连续油管压裂（CTF）和井下混配技术相结合来完成（哈里伯顿公司将其称为 CobraMax DM 服务）。

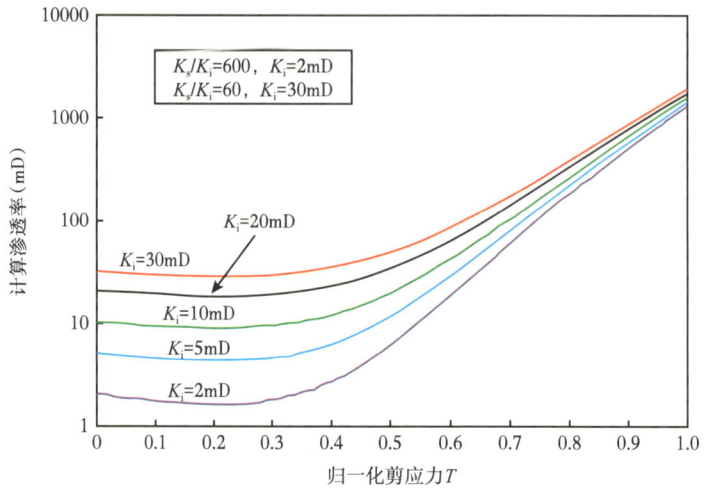

图 15.28　剪切试验预测的渗透率提高

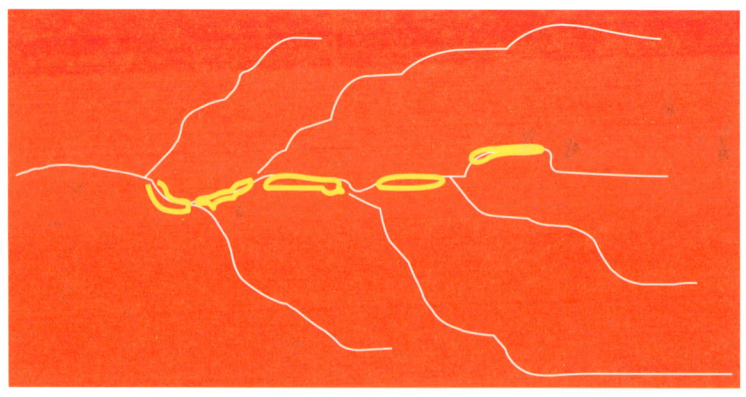

图 15.29　控制支撑剂注入程序可增加分支裂缝

压裂液在地层中的转向形成了一个类似于树枝的裂缝网络。改善后的裂缝网络所形成的表面积大幅增加，是平板裂缝表面积的 580 倍（在 3000ft 的分支井中），从而使油气产量随之增加。温度允许的情况下，也可以在这时使用可生物降解的转向材料。

15.5　对环境负责的工艺

随着行业的不断发展，我们面临的挑战是采用对环境影响最小的方法和研发出新材料。一些浅煤层气开采区位于海平面以上，煤层中的水可以饮用。在城市地区开发煤层气需要采取负责任的态度,因为一旦发生泄漏,就可能造成环境事件。新技术不断涌现,有一种新开发的压裂液体系源于食品工业;也有采用机械方法,在不使用化学杀菌剂的情况下减少压裂液中的细菌。最后,在压裂作业中,采出液重新加以利用已成为现实,即将采出液通过处理后再次使用的新方法。在其他情况下,采出地层水在压裂液中占一定比例,新的化学工艺允许使用采出水,且能达到压裂施工所需的减阻性能。随着我们的行业向"零排放"社区迈进,继续使用采出液将成为完井作业的标准,废液注入井将成为过去时。

15.5.1 食品级来源的压裂液

近70年来,水力压裂一直是石油和天然气开发的关键技术。水力压裂与水平井技术相结合,使得美国成为石油和液化天然气(LNG)的主要出口国。研究人员已经开发出一种源于食品工业的压裂液(哈里伯顿公司将其命名为CleanStim服务)。对环境影响很小的胶凝剂、交联剂、破胶剂和表面活性剂可以随压裂液泵送到地层中。如图15.30[14]所示,实验室测试表明,经过24h的流动测试后,支撑裂缝的导流能力保持在90%以上。

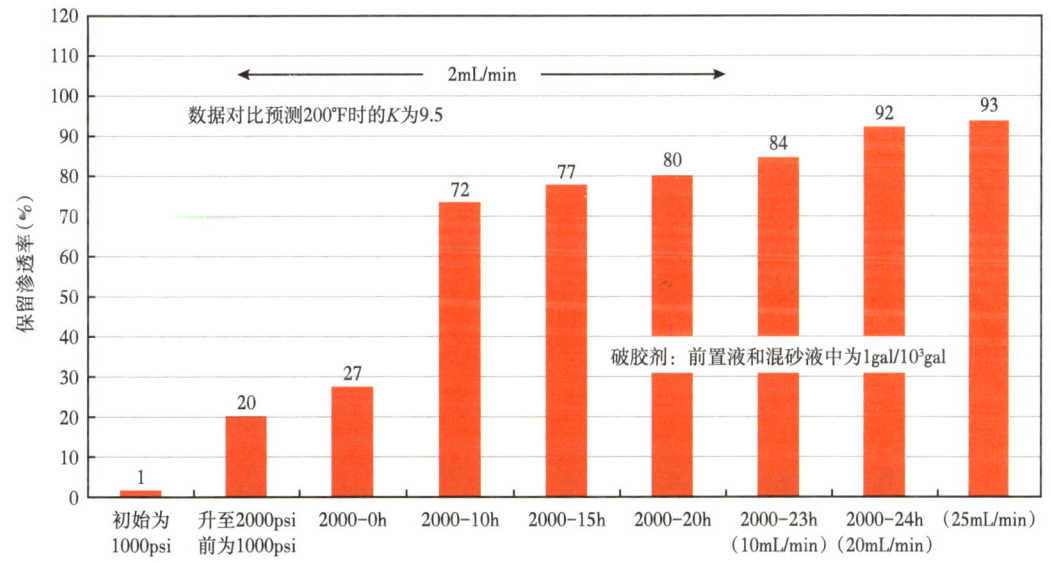

图15.30 CleanStim压裂液体系下裂缝导流能力数据统计图

使用CleanStim压裂液体系(淡水中浓度为60lb/10³gal)在2000psi和200°F的条件下,用浓度为2lb/ft²的渥太华巴杰砂(Badger)作为支撑剂,在俄亥俄州砂岩岩心中保留下来的裂缝导流能力数据。用KCl溶液流经岩心24h后,保留下来裂缝传导率大于90%;结果来自第三方测试报告

从图15.31中可以明显看出压裂液的清洁程度。在储层敏感地区,压裂施工可以采用淡水/饮用水,并使用食品级压裂液添加剂以降低压裂液的影响。2011年,埃尔帕索(El Paso)与哈里伯顿(Halliburton)[15]两个公司合作,在一口页岩井进行压裂增产作业时使用480×10⁴gal的CleanStim压裂液,人工井底深度(TD)大于17000ft,温度为340°F,使用的支撑剂总量为590×10⁴lb。浅层和深煤层均可使用该类型压裂液并从中受益。

15.5.2 紫外线杀菌

在压裂过程中对细菌进行控制非常重要，主要能带来3个方面的好处：

（1）减少或消除喜氧和厌氧细菌，尤其是导致有毒硫化氢气体（H_2S）形成的硫酸盐还原菌（SRB）。

（2）减少或消除使压裂液变稀的细菌的影响。

（3）减少或不使用化学杀菌剂。

紫外线（UV）在医院、食品加工和水处理厂使用非常普遍。短时间与紫外线接触（微秒）可破坏细菌的DNA，阻止其进行蛋白质合成和复制。一家服务供应商（销售CleanStream压裂液体系的哈里伯顿公司）制造了图15.32所示的设备，在以40~100bbl/min的速度输送流体时，能有效减少其中99.9%的细菌[16]。在马塞勒斯页岩完井中使用了这种即时杀菌技术对压裂液进行消毒[17]。这种服务可用于任何类型的水基压裂液体系，可以在添加任何其他改性化学剂（减阻剂、胶凝剂和交联剂）之前对压裂液进行处理。在现场减少或不使用化学杀菌剂可减少处理过程中HSE方面的风险，并将返排液中化学方面的风险降至最低。为确保有效灭菌，必须使用透光率高的清洁流体；否则，必须降低吞吐流量，否则影响杀菌效果。

图15.31 源自食品工业的CleanStim压裂液
可为压裂施工提供极为清洁的压裂液体系，具有出色的携砂和清洁能力

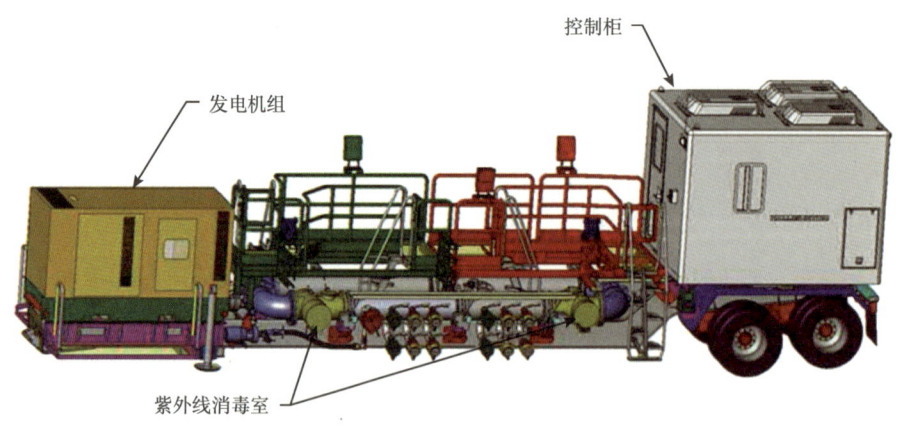

图15.32 紫外线消毒装置

15.5.3 通过电絮凝法重复利用采出流体

大多数煤层气井在开采初期都会产出大量的地层水，降低地层的压力并使煤层气开始解吸。如果不对采出的地层咸水进行处理，是不适合再利用的，而对环境负责任的管理者

现在有办法经济有效地完成这一工作。如图 15.33[18] 所示，电絮凝（EC）技术能够使水中的悬浮物失稳并凝结在一起（哈里伯顿公司提供的 CleanWaveSM 水处理服务）。

图 15.33　电絮凝系列装置

受污染的水流过电絮凝装置时，正离子与带负电荷的胶体物质结合。阴极产生的气泡会使浮在水面的一些杂质变轻，而这些变轻的杂质会被撇去。较重的絮凝物会掉到底部，留下清水供钻井和完井使用。电絮凝装置主要是去除悬浮固体和有机物，而将盐分保留在溶液中；这样就减少了需要处理的固体量。压裂液中的盐分对防止黏土膨胀是有利的。此外，Ye 等人[19] 认为，根据支撑剂和产出水水源的不同，使用电絮凝装置去除悬浮固体后，可将支撑剂填充层的渗透率提高 40%。电絮凝技术是产出水再利用的一种方法。

15.5.4　产出水再利用——最新的化学助剂

在许多情况下，油气生产方并没有足够的产出流体来满足新完井的液量要求；只有部分压裂液含有一定比例的产出流体，例如 90% 淡水（FW）/10% 产出液体、80% 淡水（FW）/20% 产出流体等，目前大多数压裂液中的地层产出流体比例都小于 30%。新开发的聚合物压裂液中可以采用这种混合液体，总溶解固体含量甚至可高达 250000×10^{-6}。Rodvelt 等人[20] 发表了在尤蒂卡（Utica）完井过程中使用耐盐减阻剂以及由此带来的增产效果的文章。在实施过程中，必须符合化学行业的规定，通过流体取样和测试分析，以确定与产出流体在化学方面是配伍的。在流动回路中，对化学剂组合展开摩擦研究非常必要，这对于了解水平井趾端位置的施工压力至关重要。评价特定地区的产出液再利用情况时，应首先联系当地的服务公司代表。

参 考 文 献

[1] Rogers R, Ramurthy M, Rodvelt G, et al. Coalbed methane: principles and practices. 2nd ed. Starkville, MS: Oktibbeha Publishing, LLC, 2007.

[2] Surjaatmadja J B, McDaniel B W, Cheng A, et al. Successful acid treatments in horizontal openholes using dynamic diversion and downhole mixing—an in-depth post job evaluation. In: Paper SPE 75221 presented at the symposium on improved oil recovery, Tulsa, Oklahoma, USA, April 13, 2002.

[3] Halliburton Internal Data. Hydrajet manual, Houston, Texas, 2011.

[4] Rodvelt G. Coal bed methane: prospect to pipeline. 1st ed. San Diego, CA and Waltham, MA: Elsevier, 2014.

[5] Rodvelt G D, Oestreich R G. Composite-fracturing plug reduces cycle-time in a coalbed methane project. In: Paper SPE 111008 presented at the eastern regional meeting, Lexington, Kentucky, USA, October 17-19, 2007.

[6] Rodvelt G D, Toothman R, Willis S, et al. Multiseam coal stimulation using coiledtubing fracturing and a unique bottomhole packer assembly. In: Paper SPE 72380 presented at the SPE eastern regional meeting, Canton, Ohio, October 17-19, 2001.

[7] Halliburton Internal Data. CobraMax® DM Service, H08533, Houston, Texas, 2011.

[8] Fripp M, Walton Z, Norman T. Fully dissolvable fracturing plug for low-temperature wellbores. In: Paper SPE 187335 presented at the SPE annual technical conference and exhibition, San Antonio, Texas, USA, October 9-11, 2017.

[9] Walton Z, Fripp M, Merron M. Dissolvable metal vs. dissolvable plastic in downhole hydraulic fracturing applications. In: Paper OTC 27149 presented at the offshore technology conference, Houston, Texas, USA, May 2-5, 2016.

[10] Harrison N W. Diverting agents-history and application. In: Paper SPE 3653 presented at the SPE Illinois Basin regional meeting, Evansville, Indiana, USA, November 18-19, 1971.

[11] Miller C, Waters G, Rylander E. Evaluation of production log data from horizontal wells drilled in organic shales. In: Paper SPE 144326 presented at the SPE north American unconventional gas conference and exhibition, the woodlands, Texas, USA, June 14-16, 2011.

[12] Reese R, Reilly J. Case study: observations of a coal bed methane extraction pilot program via well bores in Greene county, Pennsylvania. In: Paper SPE 39227 presented at the SPE eastern regional meeting, Lexington, Kentucky, USA, October 22-24, 1997.

[13] Palmer I, Cameron J, Moschovidis Z, et al. Role of natural fractures in shear stimulation: a new paradigm. In: Submitted to the international coalbed methane and shale gas symposium (ICMSS) in Tuscaloosa, Alabama, May, 2008.

[14] Halliburton Internal Data. CleanStim™ hydraulic fracturing system, H07550, Houston, Texas, 2010.

[15] Halliburton Internal Data. A case study—Entire CleanSuite™ system successfully implemented in Haynesville shale, H09138, Houston, Texas, 2012.

[16] Halliburton Internal Data. CleanStream® service—ultraviolet light bacteria control process for fracturing fluid, H07137, Houston, Texas, 2010.

[17] Rodvelt G, Yeager V, Hyatt M. Case history: challenges using ultraviolet light to control bacteria in Marcellus completions. In: Paper SPE 149445 presented at the eastern regional meeting, Columbus, Ohio, USA, August 17-19, 2011.

[18] Bryant J E, Haggstrom J. An environmental solution to help reduce freshwater demands and minimize chemical use. In: Paper SPE 153867 presented at European unconventional resources conference and exhibition, Vienna, Austria, March 20-22, 2012.

[19] Ye X, Tonmukayakul N, Lord P, et al. Effects of total suspended solids on permeability of proppant pack. In: Paper SPE 165085 presented at the European damage conference and exhibition, Noodrwijk, The Netherlands, June 5-7, 2013.

[20] Rodvelt G, Yuyi S, VanGilder C. Use of a salt-tolerant friction reducer improves production in Utica completions. In: Paper SPE 177296-MS presented at the eastern regional meeting, Morgantown, West Virginia, USA, October 13-15, 2015.

16 煤层气直井产量和递减分析

普拉莫德·塔库尔

矿山安全专家解决方案（ESMS）有限责任公司，摩根敦，西弗吉尼亚州，美国

几乎所有的煤层都饱和天然气和水。在煤层中钻直井或水平井时，会同时产出水和天然气。水首先流出来，并抑制天然气的流动。几天或几个月后，产水量降至最低，而天然气产量达到峰值。

如图16.1所示，直井的天然气流动分为3个阶段。
（1）非稳态流动。
（2）稳态流动。
（3）递减阶段（产量下降）。

煤层气藏工程中将对3个生产阶段及其应用进行讨论。煤层中流体（天然气和水）的流动是一个宏大的课题，跟以下参数有关：
（1）液体或气体。
（2）层流或紊流。
（3）线性或径向流动。
（4）稳态或非稳态流动。
（5）有限地层或无限地层。

本章仅讨论与煤层气生产最相关的情形。

16.1 非稳态流动

如图16.1所示，对于新投产的气井或者关井一段时间之后恢复生产的气井，其初始产量通常是不稳定的，或者说与时间有关。流体这一阶段的流动由以下方程推导出来的偏微分方程表示：
（1）物质平衡方程。
（2）连续性方程。
（3）初始条件和边界条件。

Katz[1]给出了径向坐标系中最常用的非稳态气体流动方程：

$$\frac{\partial^2 p^2}{\partial r^2} + \frac{1}{r}\frac{\partial p^2}{\partial r} = \frac{\mu\phi}{k\bar{p}}\frac{\partial p^2}{\partial t} \tag{16.1}$$

式中　p——压力；
　　　r——径向距离；
　　　μ——气体黏度；
　　　ϕ——孔隙度（煤层的拟孔隙度）；
　　　k——地层渗透率；
　　　$\bar{p}$——气井与储层边界之间的平均压力。

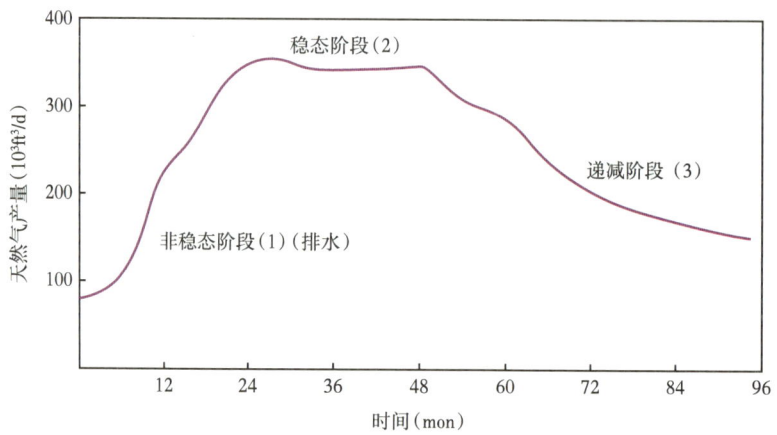

图 16.1　煤层气藏中直井天然气产量与时间的关系

如 Thakur[2] 所述，煤层的平均拟孔隙度约为 0.55。本书对一些特殊情况进行了建模，并应用到实际气田。

16.1.1　井口（$r=0$）产量恒定

假设气体为线性流动。Katz[1] 给出公式（16.1）的解为：

$$\frac{p^2(x,t)-p_w^2}{p_w^2}=-mp_t \tag{16.2}$$

式中　$p(x, t)$——时间 t 时距井 x 处的气体压力；
　　　p_w——井口压力。

$$m(\text{无因次产量})=\frac{1424\mu zTQ}{hkp_w^2} \tag{16.3}$$

式中　Q——天然气产量，$10^3\text{ft}^3/\text{d}$；
　　　h——煤层厚度，ft。

$$p_t=\frac{2t_D^{\frac{1}{2}}}{\pi^{\frac{1}{2}}e^{t_D/4}}-\text{erfc}\frac{1}{2t_D^{\frac{1}{2}}} \tag{16.4}$$

而在径向坐标中，

$$t_D = \frac{2034 \times 10^{-4} kt\overline{p}}{\mu \phi r^2} \quad (16.5)$$

公式（16.2）中的负号代表天然气产量，相反，正号代表注入。p_t 严格来说是 t_D 的函数。表 16.1 给出了给定 t_D（1）时的 p_t 值。当 $t_D > 1000$ 时，公式（16.4）简化为

$$p_t = \frac{1}{2}(\ln t_D + 0.80907) \quad (16.6)$$

表 16.1 恒定产量无限大地层径向流非稳态流动方程的解 [1]

无因次时间（t_D）	压力变化（p_t）
0.00	0.0000
0.001	0.0352
0.01	0.1081
0.1	0.3144
1.0	0.8019
2.0	1.0195
3.0	1.1665
5.0	1.3625
10.0	1.6509
20.0	1.9601
100.0	2.7233
500.0	3.5164
1000.0	3.8584
当 $t_D > 1000$	$p_t = \frac{1}{2}(\ln t_D + 0.80907)$

Thakur[2] 详细讨论了公式（16.2）在通过压降试井和压力恢复试井测量煤层渗透率中的应用。对于压降试井，公式（16.2）和公式（16.6）合并为公式（16.7）。

$$p^2 = -\frac{m}{2} p_w^2 \times \ln t + \mathrm{constant} \quad (16.7)$$

绘制 p^2 与 $\ln t$ 的关系曲线，可以得到一条斜率为 $\dfrac{m}{2}p_w^2$ 的直线，由此可以计算出储层渗透率[2]。

对于压力恢复试井，压力—时间关系式如下[2]：

$$\frac{\overline{p}^2 - p_w^2}{p_w^2} = -\frac{m_1}{2}(\ln t_{D1} - \ln t_{D2}) \quad (16.8)$$

或者

$$\overline{p}^2 = m_1 p_w^2 \left[\frac{\ln(t_f + \Delta t) - \ln \Delta t}{2}\right] + p_w^2 \quad (16.9)$$

通过绘制 p^2 与 $\ln\left(\dfrac{t+\Delta t}{\Delta t}\right)$ 的关系曲线，可以得到一条直线。该直线的梯度为 $\dfrac{m_1 p_w^2}{2}$，由此可计算出渗透率 k[2]，详细内容请参考原著[2]。

16.1.2　天然气一维线性流动：恒压下天然气产量

煤层气开发应用中的许多问题都可以用一维线性流模型来解决。公式（16.1）在一维中简化为：

$$\frac{d^2 p^2}{dx^2} = \frac{\mu\phi}{k\overline{p}}\frac{dp^2}{dt} \quad (16.10)$$

气井在恒压条件下生产，边界条件为在 $x=0$ 处，$p=p_w$。公式（16.10）的解为：

$$\frac{p^2(x,t) - p_w^2}{p_e^2 - p_w^2} = \mathrm{erfc}\frac{1}{2t_D^{1/2}} \quad (16.11)$$

式中　p_e——$x=\infty$ 处的压力，psia。

$$t_D(无因次时间) = \frac{2.634 \times 10^{-4} kt\overline{p}}{\mu\phi_c x^2} \quad (16.12)$$

应用举例：

煤层中的未被封堵的气井生产时，地层压力为 1000psi。如果套管损坏，煤层中的遮挡层应该有多厚才能将压力降低到 100psi（煤层生产时的正常压力）？

已知：

$p(x, t)$=100psia，

p_w=15psia，

p_e=1000psia。

第一步：计算公式（16.11）中的左边项。

左边 = $\dfrac{100^2-15^2}{(1000)^2-15^2}$ = 0.00978。

因此，erfc$\dfrac{1}{2t_\text{D}r_2}$ = 0.00978。

或 erf$\left(\dfrac{1}{2t_\text{D}^{1/2}}\right)$ = 1 − 0.00978 = 0.9902。

根据数学表格$\dfrac{1}{2t_\text{D}^{1/2}}$ = 2.335，

因此，t_D=0.04395。

已知

k=10mD，

t=100h（煤层中压力稳定下来的正常时间），

ϕ_c=0.5，

$\bar{p}$ =550psi，

μ=0.02mPa·s。

将其代入公式（16.12）并求解"x"，得到x=574.1ft。

如果煤层的渗透率更高，遮挡层的厚度就会按$\left(\dfrac{k_1}{10}\right)^{1/2}$的比例增加，其中$k_1$是新的渗透率值。因此，如果$k_1$为15mD，遮挡层的厚度将为574.1±$\sqrt{1.5}$ = 703ft。

16.1.3　长壁采煤面上两口压裂井之间的最优井距

公式（16.11）也可用于确定长壁采煤面上两口邻近压裂井之间的最佳井距。

假设：

p_e=600psia，

p_w=15psia，

t=1 year=8700h，

ϕ_c=0.55，

μ=0.02mPa·s，

$p = \dfrac{600+100}{2}$ = 350psia，

k=1mD。

现在，公式（16.11）的左侧为$\dfrac{100^2-15^2}{600^2-15^2}$ = 0.0217。

由此得出 t_D=0.0678。

将该值代入公式（16.12）并求解 x，得到的值为 1000ft。假设所有压裂井都部署在一个长 12000ft 的长壁采煤工作面上，在短时间内，井与井之间的间距约为 2000ft。因此，6 口压裂井将覆盖整个长壁采煤面。在实际操作中，还要多打几口井并进行压裂，以确保在开始采煤前采出煤层中的天然气。

16.2 稳态阶段天然气产量

如前所述，几个月后，天然气产量趋于稳定。在这种"稳态"流动情况下，进入气井的天然气量等于流出气井的天然气量。

天然气的产量计算公式如下[3]。

$$Q = \frac{707.8kh(p_e^2 - p_w^2)}{\bar{\mu}\bar{z}T\ln(r_e/r_w)} \qquad (16.13)$$

式中 Q——天然气产量（温度60°F和压力14.67psia的条件下），ft^3/d；
p_e——外边界半径（r_e）处的压力；
p_w——油井半径（r_w）处的压力；
$\bar{\mu}$——气体黏度；
$\bar{z}$——压缩系数；
T——兰金温度（°F+460）。

对于液体而言，公式（16.13）简化为

$$Q = \frac{0.03976kh(p_e - p_w)}{\mu\ln(r_e/r_w)} \qquad (16.14)$$

式中 μ——液体黏度。

水在煤层中的渗透率通常与天然气在煤层中的渗透率相同。

应用举例：

计算在以下条件下稳定生产的气井的产量，该井没有实施水力压裂。

k=0.001D（1mD），
h=5ft，
μ=0.02mPa·s（气体），
z=1.0，
T=520°R，
r_e=1000ft，
r_w=0.25ft，
p_e=600psia，
p_w=50psia。

利用公式（16.13），可以得出

$$Q = \frac{707.8 \times 0.001 \times 5 \times (600^2 - 50^2)}{520 \times 0.02 \times \ln\left(\frac{1000}{0.25}\right)} = 14.66 \times 10^3 ft^3/d$$

当对该井实施水力压裂时，天然气产量将会增加一个数量级，如 16.2.1 节中所示。

16.2.1 应用公式（16.13）预测水力压裂井的天然气产量

对气井进行水力压裂的目的是大幅延长其泄气半径。假设在一口直径 6in 的气井进行水力压裂，将其半径扩大到 500ft，则天然气产量可计算如下。

假设公式（16.10）中除井半径外的所有其他参数都保持不变，则可以得出

$$\frac{Q_2}{Q_1} = \frac{\ln r_e / r_{w1}}{\ln r_e / r_{w2}} \qquad (16.15)$$

式中　Q_1——未压裂井的产气量，$10^3 \text{ft}^3/\text{d}$；

　　　Q_2——压裂井的产气量，$10^3 \text{ft}^3/\text{d}$；

　　　r_{w1}——未压裂井半径，ft；

　　　r_{w2}——压裂井半径，ft。

在这个例子中，$r_{w1}=0.25\text{ft}$，$r_{w2}=500\text{ft}$。

于是，$\dfrac{\ln(1000/0.25)}{\ln(1000/500)} = \dfrac{8.29}{0.693} = 12$

水力压裂井的产量是未压裂井的 12 倍。在美国阿巴拉契亚盆地中部，经常可以看到这种气井天然气产量大幅提高的情况。一口水力压裂井的初始产量可达 $180 \times 10^3 \text{ft}^3/\text{d}$。

16.2.2 多级压裂直井的天然气产量

在煤层气商业开发中，为了提高单井产量和利润，需要对多个煤层同时进行水力压裂。通常情况下，一次作业会对 5~20 个煤层进行水力压裂。总产量为公式（16.13）得出的各煤层天然气产量之和。如果这些煤层相距较近，则所有煤层的储层压力 p_e 可能相同。在这种情况下，总产量 Q 可用数学公式表示为

$$Q = \sum_{i=1}^{n} Q_i = \frac{707.8\left(p_e^2 - p_w^2\right)}{\mu z T \ln\left(r_e / r_w\right)} \sum_{i=1}^{n} k_i h_i \qquad (16.16)$$

式中　k_i——第 i 个煤层的渗透率；

　　　h_i——第 i 个煤层的厚度。

在阿巴拉契亚盆地中部，这种多级压裂气井的天然气日产量峰值可达 $500 \times 10^3 \text{ft}^3/\text{d}$，5~6 年内的累计总产量可超过 $10 \times 10^3 \text{ft}^3/\text{d}$。

16.3 天然气产量递减分析

当气井的泄气半径到达储层边界，或与另一口井发生井间干扰时，气井的产量就会开始下降。Arps[4] 认为油气井的产量递减可分为 3 种类型。如图 16.2 所示，分别为指数递减、调和递减和双曲递减 3 种产量递减曲线。下面将逐一讨论。

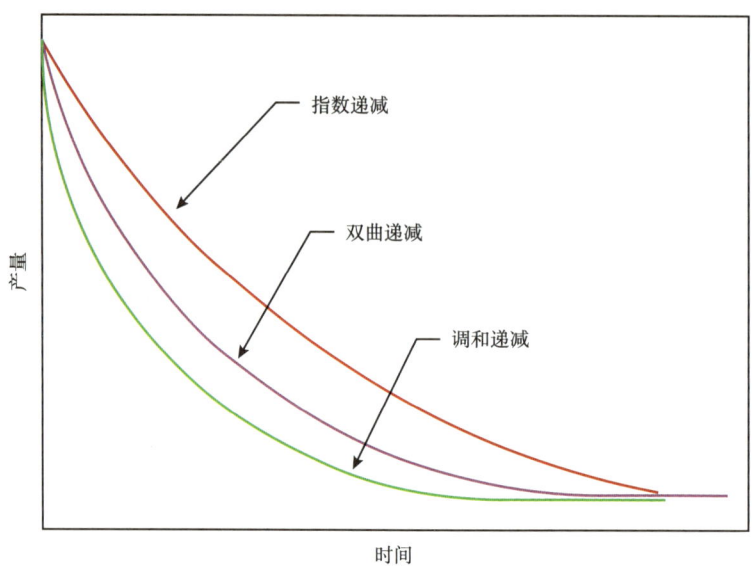

图 16.2　砂岩气藏天然气产量的递减曲线

16.3.1　指数递减

指数递减的数学表达式为

$$q_t = q_i e^{-dt} \tag{16.17}$$

式中　q_t——时间 t 的产量；
　　　q_i——初始产量；
　　　d——递减率；
　　　t——时间，以天或月为单位。

对公式（16.17）两边取对数：

$$\ln q_t = \ln q_i - d_i t \tag{16.18}$$

$\ln q_t$ 与 t 的关系是一条直线。直线的斜率为"d"，y 轴上的截距为 $\ln q_i$。指数递减曲线是最常用的递减曲线。

16.3.2　调和递减

油井生产递减分析中不常采用，但对致密页岩和煤层气井的生产分析非常有用。

其数学表达式为

$$\ln q_t = \ln q_i - d_i \frac{Q_t}{q_i} \tag{16.19}$$

式中　Q_t——累计产量，$10^3 \text{ft}^3/\text{d}$。

$\ln q_t$ 与 Q_t 的关系曲线也是一条直线，从中可以确定 d_i 和 q_i，这与指数递减的情况相同。

16.3.3 双曲递减

这是所有产量递减曲线的通用形式。在数学上，可以表示为

$$q_t = \frac{q_i}{(1+nd_i t)^{1/n}} \quad (0<n<1) \tag{16.20}$$

在这种情况下，确定 q_i 和 d_i 的最佳方法是进行加权残差非线性回归。典型生产曲线叠加法也可达到同样的目的。

16.3.4 幂律递减

Thakur[2] 对这一方法进行了详细讨论，在此总结如下。

在数学上，可以表示为

$$Q_t = q_i t^n \quad (0<n<1) \tag{16.21}$$

对公式（16.21）两边取对数：

$$\ln Q_t = \ln q_i + n \ln t \tag{16.22}$$

绘制 $\ln Q_t$ 与 $\ln t$ 的关系曲线，会得到一条直线。该直线的斜率为递减指数 n，截距为初始产量 q_i 的对数。

Thakur[2] 从 3 个煤层气藏生产实例中收集了天然气产量递减的实际生产数据，证明了天然气产量呈幂律递减规律。

16.3.4.1 煤层气水平井产量递减

图 16.3 显示的是美国一个煤层中一口 1000ft 水平井的累计天然气产量。该井在 300d 内生产了 $3600 \times 10^4 ft^3$ 天然气。初始产量为 $120 \times 10^4 ft^3/d$，递减指数为 0.8。

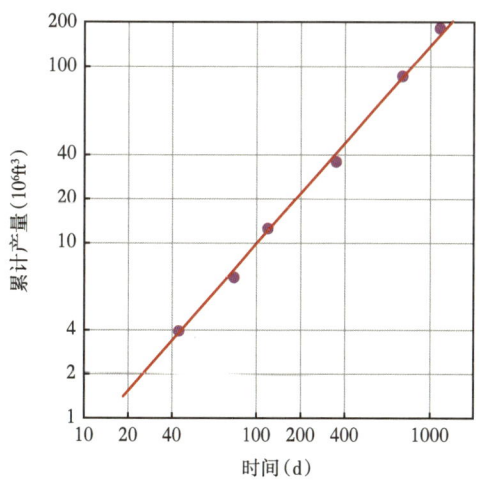

图 16.3 典型煤层气水平井的累计产气量

16.3.4.2 直井产量递减

图 16.4 显示的是一口在多个煤层中实施水力压裂的直井的累计天然气产量。6 年的累计产量为 $6.62×10^8 ft^3$。递减指数值为 0.8。

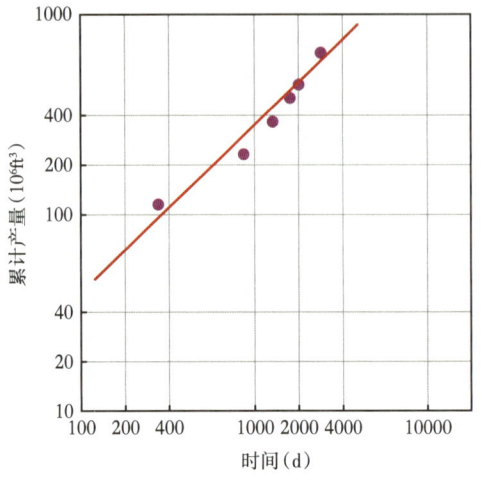

图 16.4　典型多煤层直井的累计天然气产量

16.3.4.3 采煤区（采空区）产量递减规律

当采用长壁开采法开采煤层时，上覆煤层（和下部煤层）被破坏，所有气体都进入煤层中的采空区，相当于压力汇。图 16.5 显示的是美国阿巴拉契亚盆地中部波卡洪塔斯（Pocahontas）3 号煤层的典型产量递减情况。在这种情况下，递减指数为 0.7。Thakur 在已出版的文献[5-6]中详细介绍了这些递减曲线。

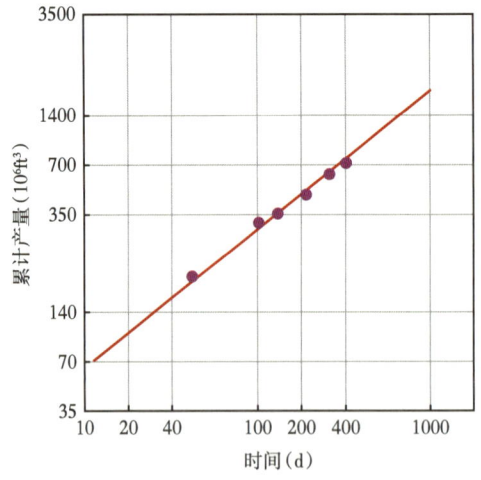

图 16.5　煤矿采空区的累计天然气产量曲线

参 考 文 献

[1] Katz D L. Handbook of natural gas engineering. New York, NY: McGraw-Hill Book Company, 1958: 403–420.

[2] Thakur P C. Advanced reservoir and production engineering for coal bed methane. Cambridge, MA: Elsevier, 2016: 75–90.

[3] Smith R V. Practical natural gas engineering. Tulsa, OK: Pennwell Publishing Company, 1990: 97–107.

[4] Arps J J. Analysis of decline curves. SPE, 1945: 160–228.

[5] Thakur P C. Methane control in longwall gobs. In: Longwall and shortwall mining, state-of-the-art. Pittsburgh, PA: AIME, 1980: 81–86.

[6] Thakur P C. Methane flow in the Pittsburgh coal seam, USA. In: Howes M S, Jones M J, editors. The 3rd international mine ventilation congress, Harrogate, England, 1984: 177–182.

第4篇 水平井及其应用

17 水平井钻井历史及技术

普拉莫德·塔库尔

矿山安全专家解决方案（ESMS）有限责任公司，摩根敦，西弗吉尼亚州，美国

直井在煤层气生产方面的应用非常有限。Thakur[1]将煤层分为浅煤层（深度小于1500ft）、中深煤层（1500~3000ft）和深煤层（深度大于3000ft）。直井只适用于中等深度煤层的生产。在浅煤层中，裂缝面大多是水平的，产量不高，而在深层煤中，渗透率太低，产量也不高。能成功开发所有煤层的技术就是从地面往地下煤层钻水平井。在过去的40年里，人们一直在地下矿井内钻该类型的水平井，排出煤层中的气体[2]，但地面钻水平井的科学和技术仅在过去的20年里才得到发展。水平井的最大优点是能增大与煤层气藏的接触面积，产量比直井高很多（通常是10倍）。其主要缺点是一次只能接触和开发一个煤层。此外，水平井的钻井成本也比直井高。除了从煤层和页岩中生产天然气外，水平钻井技术最近还有了许多其他方面的应用，如煤藏原位气化、改进螺旋钻井采矿以及从浅层和深层油藏中开采石油。本章将追溯水平井钻完井的历史，并对该方法进行详细介绍。

17.1 水平井钻井历史

Joshi[3]收集、整理了1937—1986年间有关石油和天然气开发中的水平井钻井史，但没有把煤层气藏开采中的水平完井包括在内。表17.1列出了煤层及一些油气藏中水平井钻完井的成功案例。当然，水平井钻完井技术最大的成功是近年（2000年至今）在低渗透天然气储层中的应用，如美国的马塞勒斯页岩、尤蒂卡页岩、巴肯页岩和巴奈特页岩。

由于渗透率极低（0.001~1mD），深井在实施水力压裂之前天然气的产量都不高。这项技术在美国西部的埋藏深、厚度大的煤层中有着巨大的应用潜力。

表17.1 煤层、石油和天然气水平井的历史

年份	公司	油气田	距地表深度（ft）	水平段长度（ft）	备注
1942	—	韦南戈县，PA，美国	388	1000	从巷道中钻井
1967	—	中国	3600	1600	油藏中的生产井
1975	CONOCO	WV，美国	1000	1000	从煤矿工作面钻井
1977	CONOCO	WV，美国	1000	2000	从煤矿工作面钻井
1979	CONOCO	WY，美国	400	1700	从拉科塔砂岩的竖井中钻井

续表

年份	公司	油气田	距地表深度(ft)	水平段长度(ft)	备注
1981	CONOCO	WV,美国	1000	3000	从煤矿工作面钻井
1981	埃尔夫—阿基坦	S.W.,法国	4100	1214	地面钻井
1985	索希欧	TX,美国	9000	1400	水平油井
1986	美国能源部	WV,美国	6000	2200	水平气井
2000—2010	CNX能源公司	PA,美国	8000	3000~5000	马塞勒斯页岩气井
2010至今	CNX能源公司	OH,美国	10000	10000	尤蒂卡页岩

17.2 水平井钻井方法

水平井的钻井技术和工具最早是在煤炭行业的煤矿开采中完善起来的。这种钻井是从采煤工作面、隧道和矿井底部进行的。因为受钻井条件限制，设备体积较小，钻井的范围仅限于2000~5000ft。从地面钻水平井则需要更大的设备，钻井深度可达10000~20000ft。摆放钻机、压缩机、钻井液池和其他地面设施都需要较大的地面空间。因此，下面将对这两种方法分别进行讨论。

17.3 矿井内水平钻井

这是迄今为止，在采煤前开采出煤层中天然气的最廉价、最有效的方法。本文作者[2]开发出这项技术，可在3000~5000ft深度范围内钻出直径为3~4in的井眼。该钻机由美国位于西弗吉尼亚州亨廷顿的J.H.弗莱彻公司制造，包括美国、中国、印度、澳大利亚和南非等在内的所有主要采煤国家都在使用，钻机数量近百台。除了采出煤层中的天然气外，水平井眼还可用于排水和提前了解地层中的断层、煤层冲蚀及其他地质异常现象[4-6]。

用于钻长水平段井眼的设备可分为四大类：钻机、辅助设施、钻头导向系统和井下钻井监控器（DDM）。

钻机用来提供钻井所需的推力和扭矩，将直径为3~4in的井眼钻至3000~5000ft的深度。辅助装置通过提供高压水，以驱动钻井马达并把钻屑循环出井筒。该系统还安装了气体和钻屑分离系统。钻头导向系统可根据需要引导钻头向上、向下、向左和向右移动，以便将井眼保持在煤层中。井下钻井监控器（DDM）可测量井下钻具组件的俯仰角、滚转角和方位角。此外，它还利用伽马射线传感器测量煤层顶板或底板的辐射，从而显示井眼与煤层顶板或底板之间的煤层厚度。伽马射线在煤层中的测量深度半程通常为8in。

17.3.1 钻机

钻机设备如图17.1所示，安装在四轮驱动底盘上，由带链条或扭矩轮毂的斯塔法（Staffa）液压马达驱动。轮胎尺寸为15in×18in，离地间隙为12in。主动力是一台50hp的防爆电动机，仅用于牵引钻机行进。一旦设备行进至钻井位置，就会断开电力供应，并开启辅助设备的液压动力。4 个地面千斤顶用于调平机器并将钻头升至所需的高度。两个 5in 伸缩式液压支柱（两侧各一个）将钻具固定在顶板上。

图 17.1　用于矿井内水平钻井的钻机

钻井装置包括进给架和钻井控制台，进给架大致安装在中央位置，进给长度为 12ft，可左右摆动 ±17°，还可以向前倾斜 4ft。钻机头部有一个通孔卡盘，钻杆可从侧面或后端送入。通常，进给架的规格如表 17.2 所示。

表 17.2　进给架规格

高速	850r/min	扭矩 =5000lb·in
低速	470r/min	扭矩 =11000lb·in
推力	30000lb（抽出时 40000lb）	
最大进给速度	10~20ft/min	
总体尺寸	长 =16ft 宽 =8ft 高 =4ft	
最大电车速度	1.2mile/h	

Jones 等人[7] 用下面的公式对钻长水平井段所需的推力进行计算：

（1）非旋转模式下

$$y = -2764 + 8.36x_1 + 46.5x_2 + 4376x_3 \qquad (17.1)$$

（2）旋转模式下

$$y = -236.5 + 418.4x_3 + 1.73x_4 \qquad (17.2)$$

（3）所需最小扭矩

$$x_4 = 224.2 + 0.22x_1 + 0.3\gamma \tag{17.3}$$

式中 γ——推力，lb；

x_1——井眼长度，ft；

x_2——钻机马达两端的压差，psi；

x_3——钻进速度，ft/min；

x_4——扭矩，lb·in。

在推导这些方程时，影响不大的变量没有考虑进去。一般来说，旋转钻井装置比非旋转钻井装置所需的推力要小得多。旋转钻井对方位角的控制很差，因此几乎不再用于长水平段钻井。

17.3.2 辅助设备

辅助装置的底盘与钻井装置相同，但主动力是两台 50hp 的防爆电动机组成。它配备了一个甲烷探测器启动开关，当空气中甲烷浓度达到预先设定值时切断电源。该装置无须锚定推进器。辅助装置包括液压动力组、水（钻井液）循环泵、电机控制柜、拖曳电缆卷筒和一个钢制水箱，用于储水以及循环分离钻屑与气体。

辅助装置如图 17.2 所示。

图 17.2　用于矿井内水平钻井的辅助装置

分离系统的截面图如图 17.3 所示。罐体大小为 10ft×3.5ft×3ft，有两个舱室。内舱的容量足以容纳长度为 200ft、直径为 4in 的井眼所产生的钻屑。煤粉容易起泡，但可以选用适当的表面活性剂加以解决。当一个钻井班工作结束后，将这个车移到一个横巷，通过螺旋给料机排出钻屑。罐内的挡板收集大的钻屑，而细的钻屑最初由板式分离器收集。然而，后者的表现并不完全令人满意，因此被水力旋流分离器取代。处理完后干净的水流到外面舱室，它作为淡水的储藏罐。这部分罐中的浮子控制器能始终确保罐中的水处于正确的水位。低水位时，浮子控制装置就会打开补水阀。

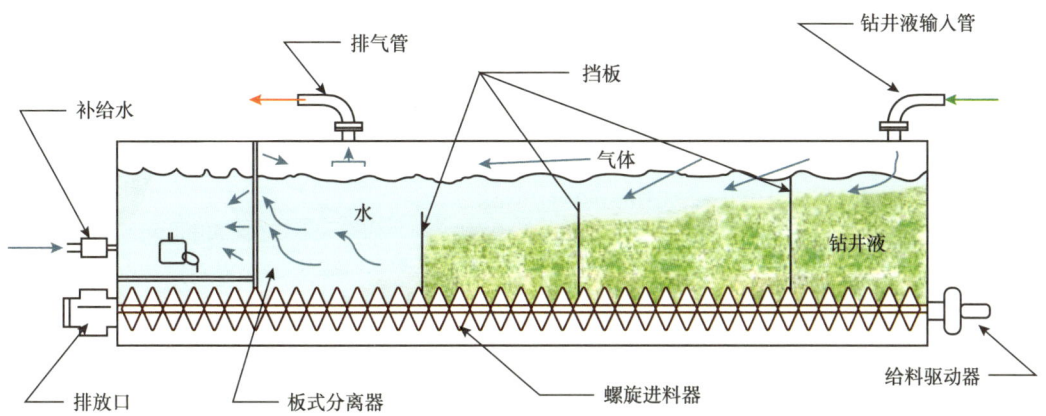

图 17.3　气水分离系统

气体通过一个与地下甲烷管道系统相连的出口从分离罐中抽出。分离罐在轻微的正压力下工作，设计压力为 20psi。

水（钻井液）循环泵是一个三缸往复泵，在 900psi 压力下的排量为 70gal/min。在旋转模式下，环空中流体速度通常为 3ft/s 即可，但在非旋转模式下，环空流体速度必须提高到 5ft/s。泵由 50hp 的电机驱动。

液压动力组由多个液压齿轮马达组成，在压力为 2500psi 时，输送液体的能力为 80gal/min。系统中的工作压力很少超过 2000psi。整个液压系统使用的流体推荐使用石油类产品。

17.3.3　导向系统

如果在相对水平、5~6ft 厚的煤层中间开始钻水平井眼，钻头通常在钻完 200ft 之前就会进入煤层顶板或者底板。为了钻更长的水平段井眼，需要根据实际情况调整钻头向上或者向下的方向。在大多数情况下，还需要在水平面上调整钻头的方向。

为了实现这些目标，有两种不同的钻进模式可以选择，即旋转钻进模式和非旋转钻进模式。在这两种情况下，井下钻井组件（即钻头和前 30ft 的钻柱）的设计在很大程度上决定了造角的速度。图 17.4 和图 17.5 显示的分别是旋转钻进和非旋转钻进的井下钻井组件设计。水平井眼钻井不再使用旋转钻井，因为钻进的方位角无法控制。

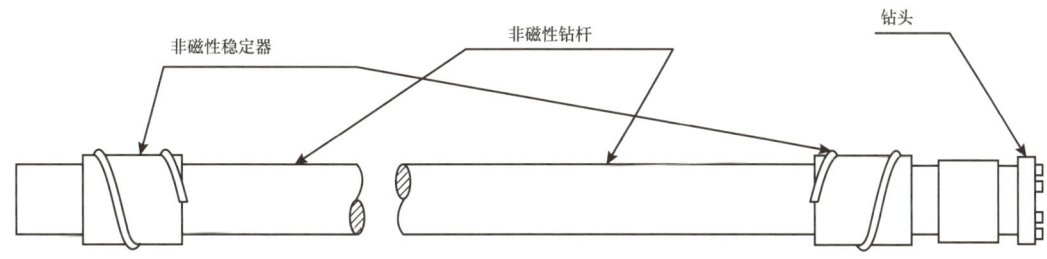

图 17.4　旋转钻井钻头组件

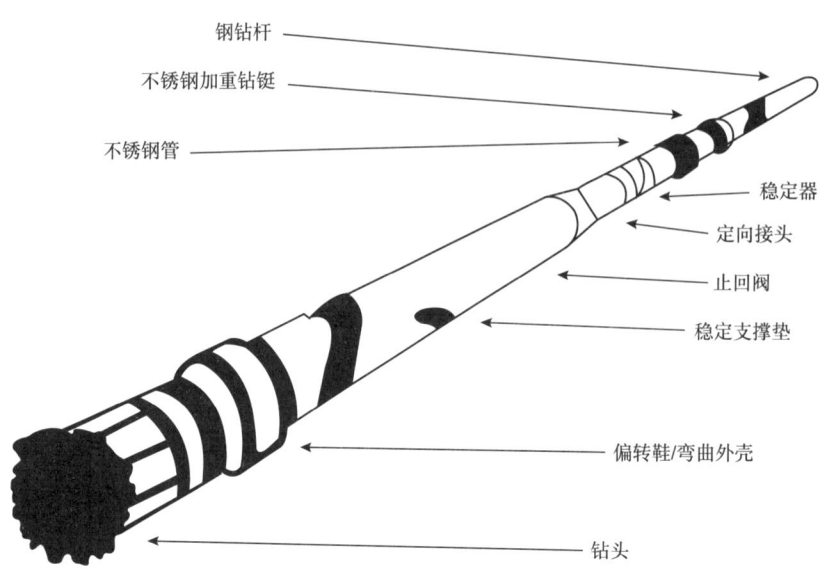

图 17.5 非旋转钻井钻头组件

为了克服旋转式钻井装置的不足,设计了一种非旋转式钻井组合。如图 17.5 所示,它基本上由一个钻头、一个紧靠钻头后面的偏转装置和一个依靠钻井清水或钻井液旋转的井下动力钻具组成。偏转装置是一个弹簧加载的偏心短节,它对钻头一侧施加一个恒定的力。施加的力的方向取决于钻具的方向,并决定钻头是向上、向下、向左还是向右偏转。力的大小以及角度形成的速度由弹簧的大小控制。理想情况下,钻井角度的增加速率保持在每 10ft 低于 0.5°。在煤层中,50~100lb 的侧向作用力通常就足够了。这种装置容易被煤粉堵塞,后来被一个 1° 的"弯曲外壳"取代。根据弯曲外壳的方向,钻头被迫向上、向下、向左或向右移动。

17.3.4 井下钻井监测仪(DDM)

为了成功地引导钻头并将其控制在煤层中,必须知道钻头相对于煤层顶板和底板的位置以及钻头的俯仰角。对于非旋转钻柱的情形,还必须知道钻头的滚转角和方位角,以便正确调整偏转装置的方向。此外,矿山安全与健康管理局(MSHA,是美国所有矿业设备的认证机构)要求在矿区地图上标出用于采气井眼的方位角,以防止在采煤时无意中与这些井眼交叉。

井眼测量仪器包括方位角、俯仰角和滚转角传感器以及煤层厚度指示器。后者根据测量工具的方向显示井眼与底板或顶板之间的煤层厚度。图 17.6 显示了测量仪器系统的基本组成部分,即井下钻井监测仪(DDM)和读数装置。

井下钻井监测系统(DDM)包括一个井下测量探头和一个位于井筒外的便携式数据采集和显示装置。井下测量探头是一个通过电池供电的微处理器控制数据采集系统,装在一个 12ft 长的铜铍管中。它安装在井下动力钻具后面。井下钻井监测系统(DDM)一直位于井下,直到钻至目标深度或需要更换电池为止。三轴磁力计用于测量磁方位角。3 个加速度计用于测量钻头的俯仰角和滚转角。固态伽马探测器用于监测上覆页岩和下伏页岩层发出的少量天然伽马辐射。

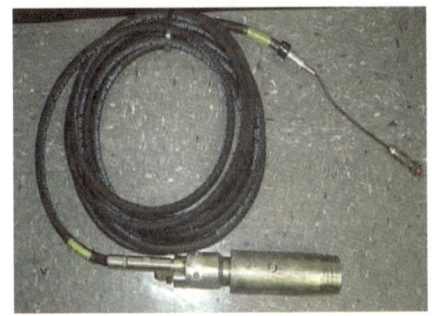

图 17.6　井下钻井监视仪

根据观测到的伽马射线计数和已知的煤层中伽马射线的半深度值，可以近似地推算出钻头离煤层顶板和底板的厚度。内置的计算机程序可控制数据的采集并将数据传输到采集和显示装置。采集到的数据在数字化后，通过钻杆以声学方式传输。在井筒外面，位于井口（或钻杆）的磁拾取仪接收信号，并在显示装置上按顺序显示数据。该系统的深度限制在 3000ft。最近，硬连线通信系统投入使用。所有钻杆都有一个插口，当组合在一起时，它提供了一个固体导体来传输数据，范围远超过 5000ft。该系统运行良好，已完全取代了声波传输。

所有井下电子部件都安装在经过认证的防爆铝管中，该铝管防水、坚固，足以承受严峻的井下环境。井下钻井监测系统（DDM）可以读取俯仰角、滚转角和方位角，分辨率分别为 0.1°、1° 和 1°。俯仰角、滚转角和方位角的范围分别为 0°~90°、0°~360° 和 0°~360°。

便携式数据收集和显示装置由电池供电，本质安全，经矿山安全与健康管理局（MSHA）批准，可用于地下矿井的回风巷道。该显示装置具有实时分析功能，可帮助操作员决定如何调整偏转装置的方向以进行后续钻进，并存储钻井过程中的各种参数。显示装置的存储部分由固态存储元件组成，能够保留钻井数据，这些数据可以传至地面，并传输到一台更大、功能更强的计算机上。这些数据可用于绘制井眼的水平和垂直剖面图。水平剖面图（平面图）绘制在采矿地图上，供以后煤矿开发时使用。操作员还可以使用显示装置检查垂直偏差、水平偏差，以及钻井参数，如水压和旋转速度（如果钻井是在旋转模式下进行的，即钻杆从外部旋转）。显示单元通过连接在井口的磁耦合压电晶体接收数据，该晶体将微小的声学信号转换为电信号,并存储在显示单元的存储器或硬盘中。接收到的每组数据包括每分钟的俯仰角、滚转角、方位角和伽马射线计数。操作员输入与井眼深度相对应的数值后,可以计算出其他参数,如相对于井口的垂直偏差和水平偏差。显示单元的内部存储器最多可存储 200 组井眼的数据。任何特定的数据集都可以调用,供操作员查看。CONOCO 公司开发的井下钻井监测系统(DDM)已在美国和澳大利亚获得商业生产许可。由于专利已经到期,现在已有许多商业版本可供使用。

17.3.5 钻井程序

为了对前进的巷道进行脱气,选择最外层的巷道作为钻井井位,这些巷道通常是回风巷。将钻机运送到现场并安装好。进给架横向摆动,直到设计的井眼与进口巷道成 15°~20° 角。钻头高度调整到在煤层中部开始钻井,并锚杆升起,将钻机加以固定。在表层钻一个井眼,通常直径为 5in,深度为 20ft,下入一个 4in 外径的立管,用快速硬化的水泥灌注固井。在立管上安装一个 4in 的闸阀和一个商业制造的井口,如图 17.7 所示。

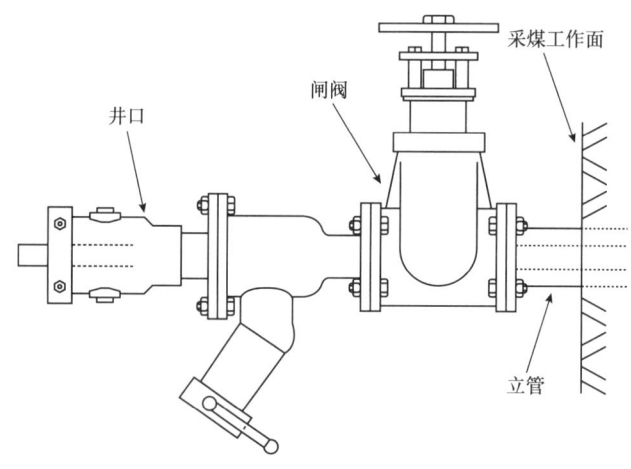

图 17.7 井口装置

这样就可以安全地将天然气、钻屑和回流水通过侧出口输送到辅助装置,而不会发生任何泄漏。在这条管线上安装了一个蝶阀,可以在气体或地下水突然涌入的情况下,使排放量得到控制,直到安排好处理措施。根据操作方便程度,辅助装置可以安装在紧靠钻机的同一个巷道或下一个巷道。如果天然气的排放量过高,无法将总体甲烷浓度控制在法定限值以下,可将辅助装置安装在充满新鲜空气的场地中。

开始钻井时,使用如图 17.5 所示的非旋转钻具进行钻井,钻头在水平面上每 100ft 偏转 5°~10°,直到钻孔的方位角与进口巷道平行。这一点非常重要,因为如果水平井眼偏离了设计的巷道方向,那么对甲烷的控制效果就会降低。

每钻进 30ft 对井眼进行一次测量。为准确绘制井眼轨迹图,建议采用这一频率,尽管采用更低的测量频率仍能使井眼位于煤层中。

用于提前开采煤层气的水平井眼直径从 3in 到 6in 不等,但最佳直径通常在 3~4in。如果使用斯特拉派克斯(Stratapax)钻头,2000ft 的井眼进尺基本上不需要更换钻头。通过连续增加钻杆就能钻出所需长度的井眼。紧靠钻头后面的稳定器中装有止回阀,以防止水漏失、气体排放和钻杆断脱时的问题。井眼完钻后,拔出钻杆,直到钻头进入井口内。关闭立管上的闸阀,将井口和钻头一并拆除。接下来,用不锈钢软管将立管通过水气分离器连接到地下天然气管道。软管的作用是适应随后可能发生的地面移动。立管上的闸阀现在打开,气体通过通风孔排放到地面。闸阀关闭时的表压通常为 4~5psi。然后将机器移出到下一个地点继续钻井。

17.3.6 性能数据

西弗吉尼亚州北部匹兹堡煤层中采用的移动式水平钻机的典型性能如表 17.3 所示。

表 17.3 移动式水平钻机典型性能

安装钻机(包括水、电和液压连接)	1 个班次
锚杆井眼钻井、固井和测试	1 个班次
钻 2000ft 深的井眼以及钻屑处理	5 个班次
将井眼连接到地下管道并迁走钻机	1 个班次
总时长	8 个班次

只需要两个人就可以操作钻机。通常情况下,其中一人是经验丰富的钻井工人,另一人是助手。

利用俯仰角的数据可绘制井眼的垂直剖面图,并利用距离顶板和底板的伽马辐射数据,结合所在煤层的半深度值对井眼进行投影。典型的井眼垂直剖面如图 17.8 所示。

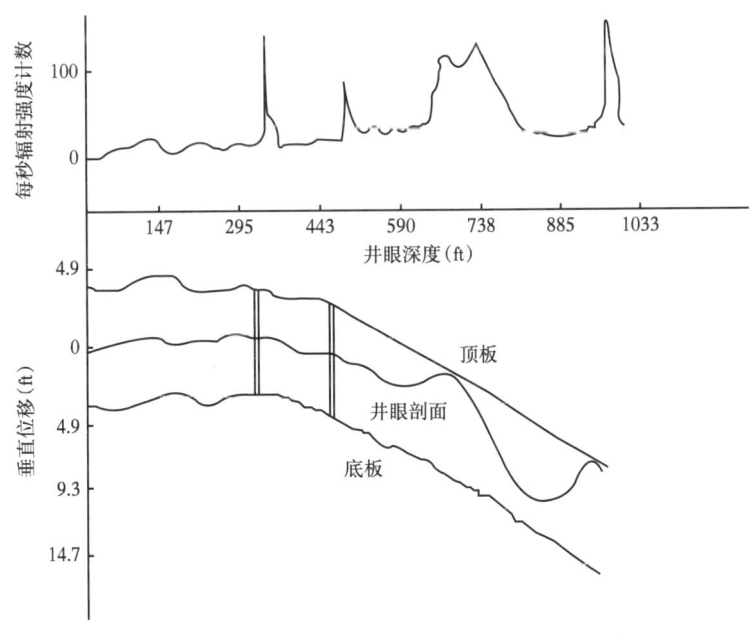

图 17.8 典型井眼垂直剖面图

17.4 从地面钻水平井

从地面钻探水平井开发煤层气的技术是在过去 15 年中发展起来的。它是对矿井内钻水平井工艺的改进，主要用于浅煤层或深煤层天然气的商业开发。其钻井成本远高于矿井内水平钻井。浅煤层的井不需要水力压裂，因为它的自身渗透率很高。在深煤层或页岩中，水平段每隔 250~1000ft 就要进行一次水力压裂，以提高天然气产量。水平井水力压裂技术将在第 20 章中进行讨论。

典型的钻井场地通常占地 4~5acre，有一个供钻机工作的钻探平台、一个提供压缩空气以排出钻屑的压缩机站，以及一个用于倾倒钻屑和存放回流水再利用的大型回收池。现场还设立了一个临时办公室，为现场工人提供通信、食物和其他设施。这里介绍的案例是一个 8000ft 深煤层的典型钻井和水力压裂过程。煤层厚度为 60ft，瓦斯含量为 500ft^3/t。最好能不间断地完成钻井目标。

将一台小型的钻机（如 Speedstar 185 型钻机，配有顶部驱动装置，吊钩承重能力为 185000lb）搬迁至现场并正确安装。

图 17.9 显示的是典型井眼示意图。

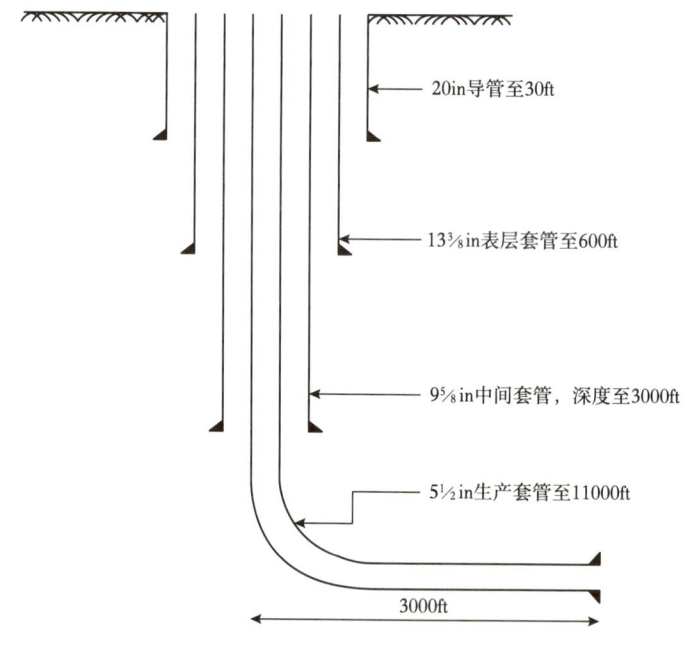

图 17.9　从地表完钻的典型水平井

首先，将直径 20in 的表层套管固定到位，深度至 30~40ft。然后，用直径 17$\frac{1}{2}$in 的钻头钻至约 600ft 深（所有已知含水层以下），下入 13$\frac{3}{8}$in 的套管，并用 A 级水泥固井。接着，用 12$\frac{1}{4}$in 的钻头，将井眼钻至 3000ft 深，并对井眼钻遇的任何可开采煤层进行测井。下入 9$\frac{5}{8}$in 的套管并固井。

然后，将斯皮德斯特（Speedstar）钻机从井场搬走，再将较重的钻机（如 IDECO H-44

双机型）移至井场，该钻机可承受318000lb的吊钩载荷，它也有一个顶驱装置。安装一个5000lb、9⅝in的套管头，并安装一个防喷器。

接着，使用8¼in的聚晶金刚石（PCD）钻头和6½in的钻杆开始钻井。对井和流体管线进行压力测试，并落实所有安全措施。生产井钻至目标煤层以下的设计深度（通常在目的层以下100~200ft）。再次测井，确定造斜点的位置。假设造斜点在7500ft处，则直井段固井至6000ft。将定向钻井钻具下入井中，并将井钻至7500ft的造斜点。接下来，用泡沫钻井液完成斜井段钻井，使垂直井变为水平井。钻屑会显示井是否进入了煤层。造斜角度增加的速率是每100ft 8°~12°，使用2°弯外壳达到上述目的。专业定向钻井工程师对井的钻进方向进行控制。水平段钻井使用直径为8⅝in的PCD钻头和液力马达（反向的Moyno泵）。

在煤层中，都使用泡沫进行钻井，但在页岩中，使用的是12~14lb/gal钻井液（1gal水中含12~14lb钻井液）。保持水平钻井至目标深度。对于3000ft的水平段井眼来说，目标深度大约为11000ft。完钻后，起出钻柱，然后在整个井眼中用5½in、20lb/ft的P-110套管固井。

参 考 文 献

[1] Thakur P C. Advanced reservoir and production engineering for coal bed methane. Elsevier, 2016：210.
[2] Thakur P C, Poundstone W N. Horizontal drilling technology for advance degasification. Min Eng, 1980：676–680.
[3] Joshi S D. Horizontal well technology. Pennwell Books, 1991：535.
[4] Thakur P C. Coal bed methane from prospect to pipeline. Elsevier, 2014：137–374.
[5] Thakur P C, Davis J G. How to plan for methane control in underground coal mines. Min Eng, 1977：41–45.
[6] Thakur P C, Dahl H D. Horizontal drilling–a tool for improved productivity. Min Eng, 1982：301–304.
[7] Jones E, Thakur P C. Design of a mobile horizontal drill rig, In：Proceedings of the 2nd annual methane recovery from coalbeds symposium, Pittsburgh, PA, 1979：185–193.

18 矿井内水平井钻井及应用

普拉莫德·塔库尔

矿山安全专家解决方案（ESMS）有限责任公司，摩根敦，西弗吉尼亚州，美国

第 17 章全面介绍了矿井内钻井技术，它有许多应用领域。本章将对以下几个方面进行更详细的讨论。
（1）煤矿脱气。
（2）从煤层的竖井中采气。
（3）浅层/衰竭的油田中采油。
（4）改进的螺旋钻井采煤。
（5）矿井采出水处理。

18.1 煤矿脱气

Thakur[1-2] 开发了矿井内水平钻井技术，并将其应用于煤矿脱气。在开采区的回风侧的前方，钻了一个 1200ft 长的水平井眼，如图 18.1 所示。初始产气量为 $500 \times 10^3 \text{ft}^3/\text{d}$，但随着与水平井眼平行的采煤的进行，天然气的产量有所下降。

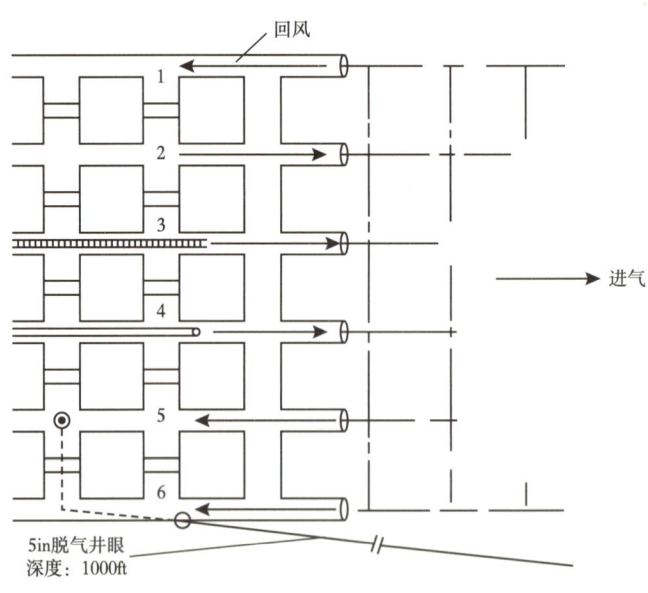

图 18.1　有长水平段脱气井眼的开发段布局图

煤层只有 500ft 深，因此渗透率很高。水平井通过管道与直井相连，煤层气采至地面。采气带来的影响如下：

（1）最大的影响是在采煤工作面，甲烷浓度从最初的 0.95% 降至 0.25%。

（2）回风侧甲烷浓度下降到初始值的 50%，表明总排放量减少了 50%。

（3）由于煤层渗透率高，可立即观测到采气的横向影响范围达 400ft 以外。

掘进工作面的脱气进一步扩展到长壁工作面的脱气。两种目的的钻井均在同一位置进行。

矿井内水平钻井的应用，同时对除掘进工作面和长壁工作面进行脱气，如图 18.2 所示[3]。

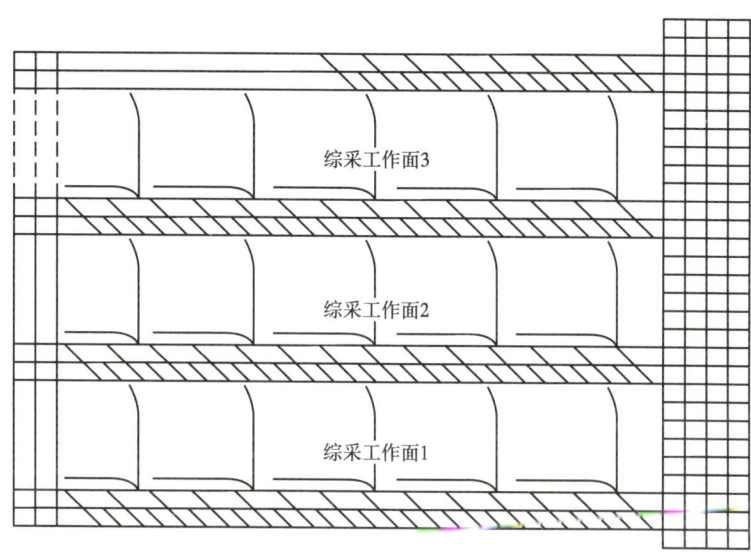

图 18.2　利用矿井内水平井眼进行煤层脱气

在含气量中等的煤层中，钻井的间隔为 1000ft，以充分使长壁工作面脱气。对于含气量高的煤层，脱气的第一阶段是通过垂直钻井和水力压裂完成的，本书前面已经讨论过。补充的水平井眼是在长壁工作面上以 100~200ft 的较近间隔进行钻孔，以在开采前脱去 50%~70% 的原位气体。

如果提前 5 年钻垂直井，并及时钻水平井眼，那么在开采前可以脱去煤层中 60%~80% 的原位气体。

更多细节可以参考原著[3]。

18.2　从煤层中采气

煤层开采区成功脱气，并且产量足够高，使得煤层气开发具有商业价值。这种煤层中的天然气被称为煤层气（CBM），将它与常规天然气区分开来。所有煤矿都需要几口直径为 16~20ft 的竖井用于通风。这些竖井为从竖井底部钻 4~6 个水平井眼提供了场所。图 18.3 显示的是一个典型的钻井布局。

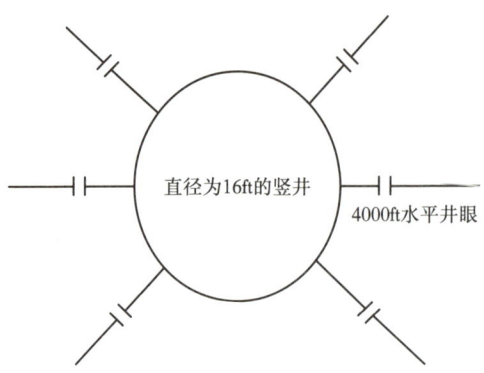

图 18.3 煤田竖井底部的水平生产井眼

假设在阿巴拉契亚盆地的匹兹堡煤层钻 6 个长度为 4000ft 的井眼,预计初期天然气产量为 $360×10^4 ft^3/d$。如果将这些煤层气作为天然气进行加工和销售,不仅可以支付钻井成本,还可以长期带来额外收入,因为煤层气生产可以持续 30 年之久。

随着监测仪器和钻井导向技术的不断改进,现在已经可以避免为了开采煤层气而下沉竖井。生产井眼钻至煤层,在煤层下部进行喷射,将井眼直径增加到 4~5ft。

图 18.4 显示的是如何从地面钻几口与采气井相交的水平井。根据煤层深度和钻机类型的不同,这些井水平井段的长度可达 3000~5000ft。如图 18.4 所示,如果在匹兹堡煤层和其他类似煤层中钻 4 个水平段长度为 4000ft 的井眼,则煤层气产量预计可达 $240×10^4 ft^3/d$[1]。

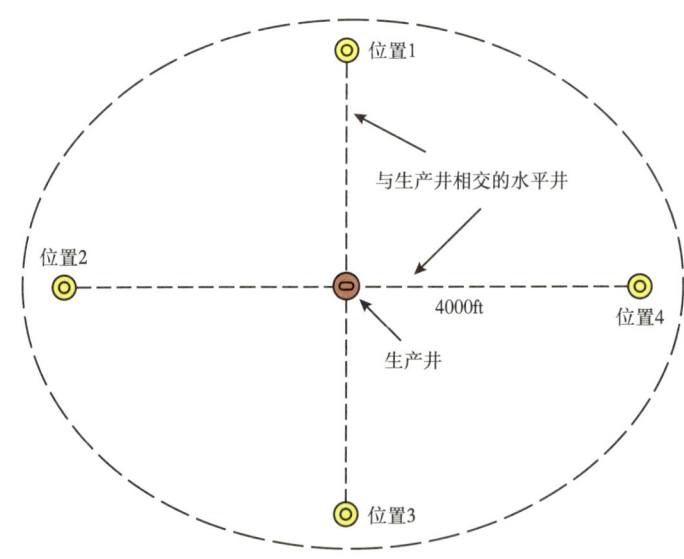

图 18.4 阿巴拉契亚盆地的煤层气生产布井方案

18.3 浅层或衰竭油田的采油

美国有许多浅层油田因产量低而被废弃。一个典型的案例就是,在美国怀俄明州一个已经衰竭的油田，直井的日产量仅为 2~4bbl。在深度为 400ft 的拉科塔砂层挖了一口直径为 160ft 的竖井，并从井底部钻出 6 个水平井眼。井眼的长度从 1000ft 到 2000ft 不等，总长度约为 5000ft，原油产量为 140bbl/d。该项目在 6 个月内收回投资，生产持续了几年。

18.4　螺旋钻井采煤技术的改进

美国东部山区有许多煤层露头，一种流行的开采方法是用"螺旋钻"开采煤层。它是一种直径为 3~5ft 的机器，可钻入煤层，煤炭由传送带运出，并卸入铰接式传送带，将煤炭运往装载点。该设备通常由两人操作，生产率非常高，每班可产煤 50~70t。

这种采煤系统的最大问题之一是，螺旋钻头会在横向和纵向上偏离煤层，导致采煤作业提前结束。在煤层中钻一个直径为 3~6in 的导向水平井眼至 500~600ft 的可开采深度后，这个问题就几乎不存在了。螺旋钻采煤机器能够通过探头跟踪水平井眼，探头利用水平井眼测量得到的顶板和底板位置数据对机器进行导向。这大大提高了采煤效率和利润。

18.5　采出水通过水平井跨隔离柱从一个采煤区排放到另一个采空区

地下煤矿的开采区段之间通常由厚度达 1000ft 的隔离柱分开。这样就可以将老采空区间与正在开采的区段隔开。已经开采过的老区段也成为矿山水处理的蓄水池。为了实现这一目的，他们必须铺设 15000~20000ft 长的管道才能到达老的采空区段。为了避免这笔巨额费用，可以从新的采煤区段到已经废弃的老采煤区段的隔离柱上钻几个直径为 3~4in 的井眼，然后把井眼扩径至 6~8in，并在其中安装了直径为 4~5in 的排水管。通过这些排水井眼可以有效地处理煤层产出水。

参 考 文 献

[1] Thakur P C, Davis J G. How to plan for methane control in underground coal mines. Miner Eng, 1977：41–50.
[2] Thakur P C, Poundstone W N. Horizontal drilling technology for advance degasification. Miner Eng, 1980：676–680.
[3] Thakur P C. Advanced mine ventilation. Cambridge, MA：Elsevier, 2018：247–266.

19 从地面钻水平井及其应用

普拉莫德·塔库尔

矿山安全专家解决方案（ESMS）有限责任公司，摩根敦，西弗吉尼亚州，美国

如第 18 章所述，在矿井内钻水平井的应用受到一定限制。它只适用于深度不超过 3000ft 的浅煤层。此外，它也不利于煤层气的商业开发。

大部分煤层（90%）都位于 3000ft 以下，天然气含量较高。从地面钻水平井对煤层中的天然气进行开发是最佳方法。该技术既可用于煤矿提前脱气，也可用于商业煤层气生产。这种技术的唯一局限是一个水平井眼只能钻采一个煤层，而直井则不同，它可以钻遇多个煤层，并从多个煤层中同时生产煤层气。

19.1 煤矿脱气应用

目前，所有煤炭盆地的经济开采深度约为 3000ft。这些煤层分为两类：

（1）浅煤层，深度达 1500ft。
（2）中深煤层，深度为 1500~3000ft。

根据作者的经验，在中等深度的煤炭盆地（深度为 1500~3000ft），采用多级完井的直井进行开发更为经济。本书前几章和其他文献[1]已经对这一问题进行了讨论。

在煤层中钻水平井面临 4 个方面的特殊问题，这些问题在深层页岩油气生产钻井中没有遇到过。它们是：

（1）深度达 3000ft 的所有煤层都饱和了地层水。必须对地层排水，才能维持天然气生产。这就需要一个单独的"生产井"来收集产出的地层水并将这些水从井筒中排出。

（2）大多数煤层表现为"欠压"，即储层压力小于静水压力（通常为 0.7 倍）。必须用水或空气（含泡沫）钻进，以清理钻屑，避免较重的钻井液对地层造成伤害。

（3）从一个井场完钻的水平井段必须有 3 个或更多分支，以最大限度地提高浅煤层的天然气产量，并可以在深煤层中进行二次和三次采气（提高煤层气采收率），将在第 22 章中讨论。

（4）可开采的煤层一般较薄，厚度为 5~10ft。钻井时，保持水平段处于煤层内是一个挑战，因此，一定要配备好的仪器和训练有素的操作人员。如果水平井眼钻头出了煤层，钻入顶板或底板，就会减少井筒在煤层中的有效长度，严重影响煤层气的产量。顶板和底板中的页岩或黏土会膨胀和脱落，堵塞进入顶板或底板位置的井段。

因此，在薄煤层中从地面钻水平井的技术要求远高于在 50~100ft 厚的页岩层中的

钻井。

从地面钻水平井适用于浅煤层或很深的煤层。对于后一种情况,需要对煤层进行水力压裂才能进行商业开发。第 20 章将讨论水平井的水力压裂技术。

19.2 浅煤层气开发

如图 19.1 所示,它是在 1000~1500ft 深的煤层中从一个井场钻 3 个水平分支井眼的代表性布局。首先在生产煤层下方钻一口生产井,用来收集碎屑和地层水。待所有钻井工作完成后,在这口井中安装一台排水泵,将井筒中的水和碎屑排出。接着,在距离该井约 300ft 的地方打出一口接入井,并且井轨迹曲线与生产井相交。将井眼延伸至 3000~5000ft,这就是第一水平段。如图所示,将钻具拔出,再钻两条分支井眼。两条分支之间的距离约为 1000ft。这样做主要是为了加快煤层气的生产速度,从而加快脱气。与单一水平井筒相比,这种设计的最终天然气采收率并不高。

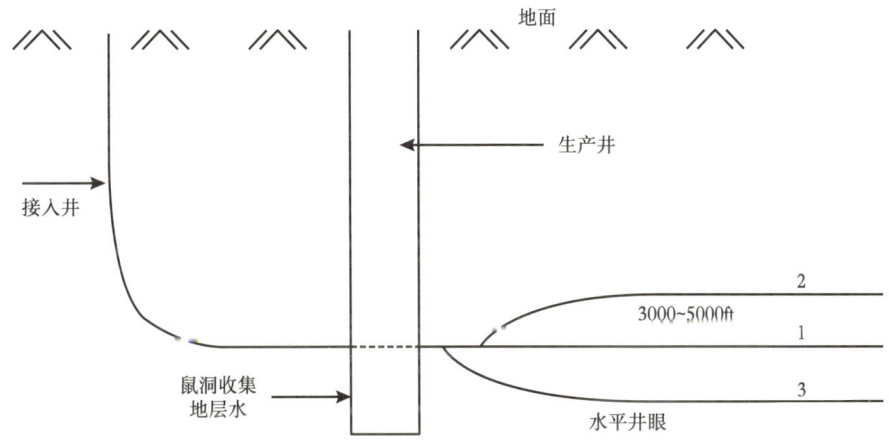

图 19.1 在浅煤层从地面钻探水平分支井眼的典型设计

在匹兹堡煤层,此类井的设计井控面积为 600acre。所有 3 个分支井眼通常要连续钻 10d。分支井筒很少使用套管,煤层具有良好的压缩强度,达 5000psi,不会脱落而破坏井眼。

假设 3 个水平段的长度都是 4000ft,预测该井的产量为 $180 \times 10^4 ft^3/d$(薄煤层的煤层气产量为 $1.5 \times 10^4 ft^3/100ft$),但实际产量只是预测产量中的一小部分。典型的煤层气产量为 $(30\sim40) \times 10^4 ft^3/d$。这里主要有两个方面原因。首先,3 个水平段距离很近,其开发效果基本上跟一个 4000ft 的井眼一样。因此,预期产气量可降至 $60 \times 10^4 ft^3/d$。第二个问题就是在薄煤层中的井眼控制挑战。它不像矿井内钻井那样精确。水平井眼往往会偏离顶板或底板,从而减少水平段的有效生产长度。上述井型的钻井平均成本约为 100 万美元。

另一家煤层气田作业者在同一煤层完钻了总长度 16000~19000ft 的 3 个水平段。峰值产量分别为 $60 \times 10^4 ft^3/d$ 和 $90 \times 10^4 ft^3/d$。根据前面讨论的逻辑,预计分别为 $80 \times 10^4 ft^3/d$ 和 $95 \times 10^4 ft^3/d$。在这种情况下,钻井水平段控制似乎要好得多。与之前的作业者相比,他们还将成本降低了 30%[2]。

这里要讨论的是一种钻井井型的变体——羽状井型,如图 19.2 所示。

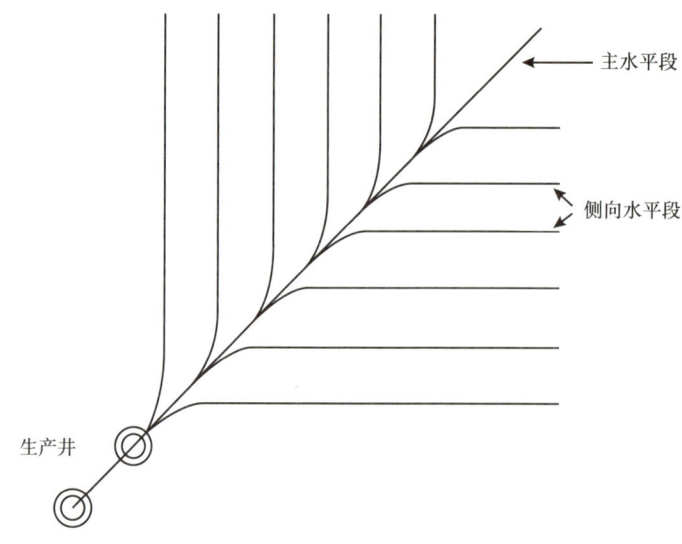

图 19.2 羽状井型钻井

该井型的泄气面积为 640acre,总进尺为 20000ft。煤层为西弗吉尼亚州南部的波卡洪塔斯(Pocahontas)3 号煤层。该煤层的预期产量为 $160×10^4ft^3/d$[1]。这些煤层气井产量低的原因与之前讨论的相同:水平井眼之间的干扰以及无法使井眼一直保持在 4ft 厚的煤层中。

19.3 深层煤层气生产

煤炭和煤层气的最大储量位于深度超过 3000ft 的煤层中。美国有 4 个煤炭盆地正在从较深的地层中生产煤层气:圣胡安盆地、皮森斯盆地、绿河盆地和尤因他盆地。直井水力压裂是最常用的技术,尽管它并不是最好的技术。这 4 个盆地生产的煤层气占美国煤层气产量的绝大部分(52%~60%)。圣胡安盆地压力超压,即使完井不是很好的情况下,也能获得极高的天然气产量[1]。

(1)圣胡安盆地:位于科罗拉多州和新墨西哥州西部交界处。它是煤层气产量最高的盆地,为 $6500×10^8ft^3/a$。在弗里特兰地层和梅内菲地层中,该盆地的潜在储量为 $84×10^{12}ft^3$。由于超压,直井有时候并不需要水力压裂改造,采用洞穴完井方法(连续加压和减压)通常也能获得同样好的产量。然而,通过水平井分段压裂开采,产量可高得多,单井产量达到 $(5~6)×10^6ft^3/d$,美国东北部的马塞勒斯页岩就采用了这种方法。该盆地面积为 7500mile^2。煤层厚度为 40~60ft,深度为 3500~5000ft。

(2)皮森斯盆地:它是美国最深的盆地,位于科罗拉多州西北部。煤层气储量为 $84×10^{12}ft^3$。目前的年产量仅为 $50×10^8ft^3$,因为深煤层的渗透率非常低,所以直井的产量不高。通过水平井和水力压裂开发,煤层气的增产潜力巨大。盆地面积为 6000~6700mile^2。煤层厚度为 6~30ft,深度为 4000~6000ft。

（3）大绿河盆地：位于科罗拉多州西北部和怀俄明州西南部。该盆地开发程度不高，2015 年的产量仅为 $200 \times 10^8 ft^3$。大绿河盆地的煤层气总储量为 $83 \times 10^{12} ft^3$，如果采用水平钻井和水力压裂技术开发，煤层气增产潜力巨大。盆地面积为 $21000 mile^2$。煤层厚度为 4~90ft，深度为 3000~6000ft。

（4）尤因他盆地：该盆地主要位于犹他州。其煤层气储量为 $9 \times 10^{12} ft^3$，年产量为 $420 \times 10^8 ft^3$。虽然直井完井技术还有改进的余地，但针对深煤层的建议程序仍然是从地表钻水平井，并采用大规模水力压裂。该盆地面积为 $14450 mile^2$，埋藏深度为 2000~4500ft，煤层厚度超过 20ft。

水平井水力压裂技术的应用是一项巨大的创新，它使美国东北部马塞勒斯页岩的天然气生产发生了革命性的变化。这种厚度为 60~80ft 的页岩含气量为 $75 ft^3/t$，渗透率约为 0.01mD。尽管受这些条件限制，但产量达 $5 \times 10^6 \sim 6 \times 10^6 ft^3$ 的气井却很常见。

因此，可以合理地认为，这样的井如果在果地组煤层中，则每口井至少能产生这么多的天然气。该煤层的煤层气含量要高得多（平均为 $400 ft^3/t$），渗透率也高出一个数量级（0.1mD）。

图 19.3 显示的是推荐的一种开发井型。如图所示，从一个井场钻出 4 组水平井。每组水平井有 3 条平行的水平井眼，相距约 1000ft。在 3000~4000ft 的深度，水平井眼可以轻松达到 5000ft 长。这些水平井眼必须进行水力压裂，以获得好的煤层气产量。这一课题将在第 20 章中讨论。

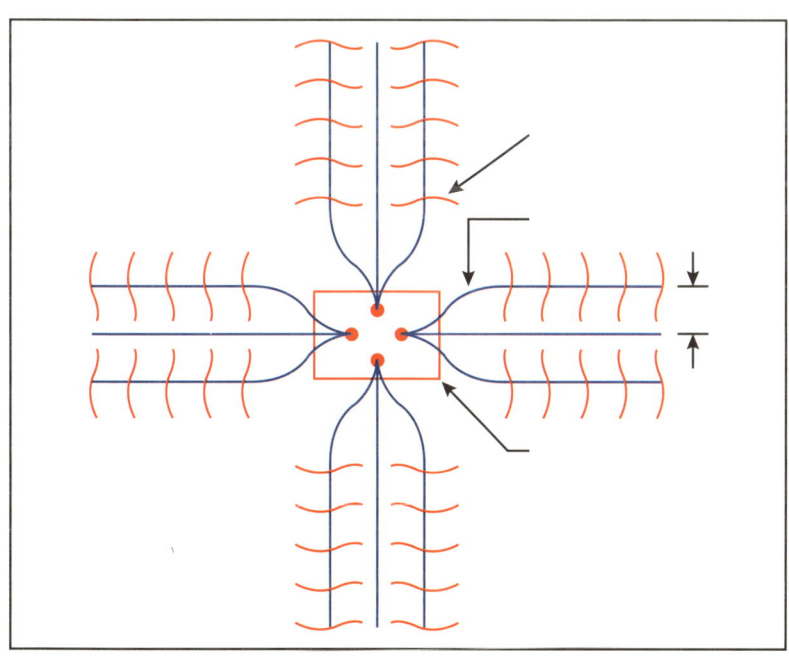

图 19.3　深煤层中的水平井完井

这种方式完井的气井的日产量能达到 $5 \times 10^6 \sim 6 \times 10^6 ft^3$，比直井的平均 $50 \times 10^4 ft^3/d$ 的产量高出很多。

19.4 深层页岩油气生产

目前,许多深层页岩地层都在生产石油和天然气,其产量占美国石油和天然气产量的很大一部分,如得克萨斯州的二叠纪盆地、南达科他州的巴肯页岩以及宾夕法尼亚州和西弗吉尼亚州的马塞勒斯页岩。

第 17 章讨论了水平井的钻井技术,接下来的第 20 章将讨论水平段的水力压裂技术。

这里对美国八大页岩油气田的生产情况进行简要介绍,以强调从地面钻水平井在开发该类型油气藏中发挥的巨大作用。水平井分段压裂技术使美国在 2019 年成为石油和天然气净出口国。

这些盆地分别是:

(1)阿纳达科—伍德福德;
(2)巴肯盆地;
(3)鹰滩;
(4)花岗岩冲积页岩;
(5)马塞勒斯页岩;
(6)尼奥布拉拉页岩;
(7)二叠纪;
(8)海恩斯维尔页岩。

表 19.1 列出了它们的石油和天然气产量。

所有这些页岩地层都以开采石油或凝析油为主,但马塞勒斯页岩地层除外,该区大部分井在完井后都是干气。

表 19.1 美国主要页岩开发区石油和天然气产量

页岩开发区	石油产量(bbl/d)	天然气产量(ft^3/d)
阿纳达科—伍德福德	1300	$4.7×10^4$
巴肯页岩	$100×10^4$	$10×10^8$
鹰滩,南得克萨斯	$120×10^4$	$60×10^8$
花岗岩冲积页岩	3200	$2700×10^4$
马塞勒斯页岩,美国东部	50000	$130×10^8$
美国中部尼奥布拉拉页岩	287000	$46×10^8$
得克萨斯州西部二叠纪页岩	$130×10^4$	$50×10^8$
海恩斯维尔页岩	57000	$67×10^8$

19.4.1 阿纳达科—伍德福德

阿纳达科—伍德福德地层是俄克拉何马州中西部的一个原油和凝析油产区,贯穿阿纳达科盆地。它是一个相对较深的油气层,深度从 11500ft 到 14500ft 不等。单井钻完井的平均成本为 850 万美元。

德文能源公司占阿纳达科—伍德福德（Anadarko-Woodford）油气地层钻井活动的 40% 以上。另外 4 家公司占 40%，分别是西玛雷斯能源公司（Cimarez Energy）、大陆资源公司（Continental Resources）、马拉松公司（Marathon）和埃克森美孚（ExxonMobil）。

19.4.2 巴肯盆地

巴肯页岩储层是近代史上最大的石油发现之一，其井深通常在 10000ft 左右，开发成本超过 900 万美元。大陆资源公司和赫斯公司正在努力提高巴肯地区的钻井效率，以降低成本。在巴肯页岩储层拥有主要股份的其他勘探与开采公司包括惠廷石油公司（Whiting Petroleum）、挪威国家石油公司/布里格姆公司（Statoil/Brigham）、绿洲石油公司（Oasis Petroleum）、马拉松公司（Marathon）和 EOG 资源公司。

19.4.3 鹰滩

鹰滩页岩储层从得克萨斯州西南部延伸到得克萨斯州东部，全长 400mile。该地区的脆性地质特点非常适合压裂，油井的完全开发成本通常为 650 万美元~700 万美元。4 家公司约占该地区钻井数量的 45%：切萨皮克能源公司（Chesapeake Energy）、EOG、康科菲利普斯公司（Conoco Phillips）和马拉松公司（Marathon）。其他公司包括先锋（Pioneer）、阿纳达科（Anadarko）、塔里斯曼/挪威国家石油公司（Talisman/Statoil）和必和必拓（BHP）。

19.4.4 花岗岩冲积页岩

花岗岩冲积储层（Granite Wash）是得克萨斯州—俄克拉何马州狭长地带几个油气区的总称。它包含了在 11000~15000ft 深度的叠置的油气层。该地区 60% 的油井为几家主要公司拥有，每口油井的开采成本为 750 万美元~800 万美元。这些主要运营商是切萨皮克（Chesapeake）、阿帕奇（Apache）和林恩能源（Linn Energy）。其他公司包括德文（Devon）和森林（Forest）。

19.4.5 马塞勒斯页岩

马塞勒斯页岩储层位于宾夕法尼亚州，主要生产天然气。平均井深约 6300ft，单井钻完井平均成本 530 万美元。该地区的主要参与者包括瑞奇资源公司（Range Resources）、阿纳达科公司（Anadarko）、切萨皮克公司（Chesapeake）、壳牌（Shell）和雪佛龙（Chevron）。

19.4.6 尼奥布拉拉页岩

尼奥布拉拉页岩储层位于落基山脉的一角，连接科罗拉多州、怀俄明州、堪萨斯州和内布拉斯加州。这里的油井深约 6200ft，成本在 450 万美元~500 万美元之间。诺布尔能源公司（Noble Energy）是这一地区当之无愧的领导者，每 3 口油井中就有一口油井就是它在经营。博南扎溪（Bonanza Creek）和阿纳达科公司（Anadarko）作为第二运营商紧随其后。

19.4.7 二叠纪

二叠纪由多个位于二叠纪盆地之上的页岩储层组成,包括阿瓦隆(Avalon)、沃尔夫坎普(Wolfcamp)、骨泉油田(Bone Spring Field)、斯普拉贝里(Spraberry Field)和耶索油田(Yeso Oil Play)。二叠纪地区70%的钻井作业由8家运营商负责:先锋自然资源公司(Pioneer Natural Resources)、康乔资源公司(Concho Resources)、阿帕奇公司(Apache)、奥克斯公司(Oxy)、恩杰能源公司(Energen)、桑德里奇公司(Sandridge)、西马雷克公司(Cimarex)和EOG公司。

19.4.8 海恩斯维尔页岩

该气田位于路易斯安那州、阿肯色州和得克萨斯州,是天然气的重要产地。切萨皮克能源公司(Chesapeake Energy)、埃克森美孚公司(ExxonMobil)、皮特罗霍克能源公司(Petrohawk Energy)、阿纳达科石油公司(Anadarko Petroleum)和森林石油公司(Forest Oil)正在该盆地积极钻井。该盆地埋藏深度10500~13000ft,面积达9000mile^2。该地层厚度在200~300ft之间,天然气储量约为30×10^{12}ft^3。钻井和完井成本为700万美元~800万美元。

页岩钻探的总投资每年超过500亿美元。

参 考 文 献

[1] Thakur P C. Advanced reservoir and production engineering for coalbed methane. Cambridge, MA: Elsevier, 2016: 210.
[2] Kravits S, Dubois G. Horizontal coalbed methane wells drilled from surface. In: Thakur P, et al., editors. Coalbed methane: from prospect to pipeline. Cambridge, MA: Elsevier, 2014: 137–153.

20 水平井水力压裂

加里·罗德维尔特

哈里伯顿能源服务公司,卡农斯堡,宾夕法尼亚州,美国

20.1 简介

自20世纪70年代以来,煤层气就被认为是一种可利用能源的非常规资源[1]。煤层气开采不仅能提高煤矿开采速度,还能改善煤矿开采的安全性。煤矿的深度受到开采环境的限制;温度超过95°F时,煤矿工人将无法忍受。这就限制了煤矿的开采深度不能超过4000ft;然而,全球煤层的埋藏深度却更深,其中含有煤层气。科罗拉多州皮森斯(Piceance)盆地的梅萨维尔德(Mesaverde)煤层深度达12000ft[2]。以前的工作研究了上覆压力对渗透性的影响。图20.1显示的是不同盆地、深度及其目前的渗透率。如何开采这些深煤层资源?要回答这个问题,有必要对页岩储层目前的开采现状进行研究。

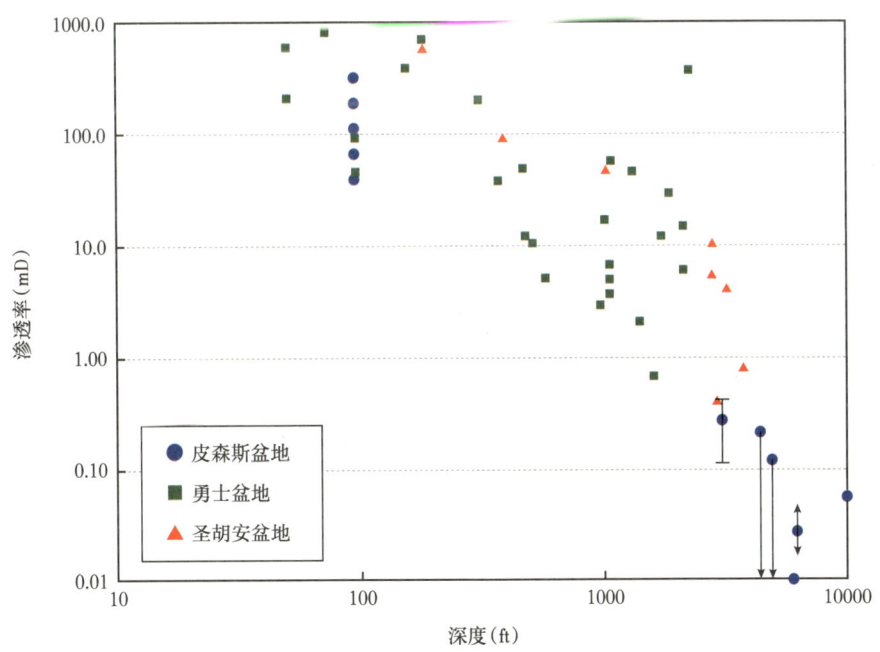

图20.1 上覆压力对渗透率的影响

在马塞勒斯（Marcellus）、鹰滩（Eagle Ford）、巴肯（Bakken）、尤蒂卡（Utica）等超致密（纳达西）页岩层中进行生产，需要在水平长度不断增加的水平井中使用大量的水和支撑剂进行水力压裂。当作业者从"趾端"到"跟端"对水平井段进行压裂时，需要在每个压裂段进行多点（或多射孔簇）射孔。实现多级压裂完井的方法很多，例如堵桥塞—射孔联作（P-n-P）、连续油管和压裂滑套（CTFS）以及连续油管和喷砂射孔工具。现代完井大多采用 P110 级套管，其外径（OD）为 5.5in，能够满足施工压力对强度的要求。这种技术非常适用于美国西部较深的煤层气资源开发。

20.2 套管完井和诊断测试

深层完井通常采用在储层中下套管的方式完井。裸眼完井目前无法像在页岩完井中那样精确定位射孔簇/压裂缝。此外，裸眼完井也无法像作业人员所希望的那样进行精确分段。套管完井尽管有固井质量好的水泥环，但不影响井下沿水平段的沟通。由于复合桥塞的限制，在压差大于 10000psi 和井底温度高于 350°F 时，套管内的分段隔离可能会成为一个问题。许多套管柱在井的趾端安装一个或多个滑套，并利用液压来打开滑套。开始水力压裂（完井）时，在套管内用泵施加压力，直到工具"打开"滑套并允许压裂液进入地层。这样就省去了用油管输送射孔完井的时间和费用。

在勘探井套管压裂完井后，可以通过诊断裂缝注入测试（DFIT）来评价储层的闭合压力、储层压力和原位渗透率，通常的做法是长时间（10~20d）关井，并在地表记录每秒钟的压力下降数据。这些信息对于完井、压裂设计和油藏工程师将来进行返排控制、生产设施设计和远景资源评价都非常宝贵。许多作业者使用自供电智能数据采集器（SPIDR 数据采集单元），其精度为满量程的 0.015%，并具有热补偿功能[3-4]。可在现场或通过手机实现数据传输和读取数据（图 20.2）。

图 20.2　斯派德（SPIDR）测量装置

20.3 泵送桥塞—射孔联作工艺

通过使用复合压裂桥塞（CFP）和电缆射孔，桥塞—射孔联作（P-n-P）技术使水平井分段压裂技术进入一个新的阶段。根据桥塞设计和套管内径（ID）的不同，射孔枪可以与电缆末端的复合压裂桥塞（CFP）一起泵送就位。泵的排量通常平均为10~15bbl/min，或与150~200ft/min的电缆入井速度相匹配的某个额定排量[5]。泵送桥塞和射孔枪通过设定的桥塞坐封深度。然后将井下工具拉回，校准桥塞深度，然后进行电子坐封。将射孔枪从桥塞中释放出来，按顺序拉到每个位置，在该压裂段内设计的射孔簇位置进行射孔。压裂段内的射孔簇数量是任意的（射孔簇长通常为1~2ft），数量从2~10个或更多不等。在马塞勒斯地区，典型的射孔簇模式是5个2ft长的射孔簇，每英尺射孔3~6个炮眼（SPF）。这时候的施工排量可达90~100bbl/min。复合压裂桥塞是流通式的，因此在完井后还可以往下实施多级压裂。在新一级压裂段之前投入一个密封小球，将它与之前的压裂段隔离开来。一旦压力显示密封球已经坐封，就可以在新一级压裂段中将施工排量提高到所需的水平，并按照设计的支撑剂方案实施。当该段压裂结束后，用顶替液冲洗支撑剂携砂液，清理干净管线和井筒，并停止泵送。再次下入包括桥塞—射孔联作（P-n-P）射孔枪在内的电缆，为下一级压裂做准备。用完的射孔枪从井筒起出来后，投球并将其泵送至压裂桥塞；按照前面所述的方法开始下一级压裂施工。循环上述压裂程序，从趾端到跟端逐级压裂，直到完成所有段的压裂作业。

在利用高压循环注入向裂缝填充支撑剂时，管柱的完整性至关重要，因此需要使用P110套管。根据预定的泵注时间（和天气情况），施工人员可以24h连续工作，泵送并完成四到八段的压裂。如果一个井场有多口井，压裂施工人员在邻井进行压裂施工时，绳缆作业和泵注作业人员可以为下一口井的压裂施工做好准备。这种"拉链式"压裂方法提高了设备利用率，有助于降低运营商的成本。在高压泵施工期间，应严格遵守安全操作规程，在高压管道和设备周围，禁止人员进入。

当所有设计的压裂段都施工完成后，将使用连续油管或内插管将连续油管压裂桥塞钻出，并从跟端到趾端把水平井筒清理干净。如第15章所述，有些连续油管压裂桥塞和坐封小球是可溶解的，这样就不需要单独钻塞，因为时间、温度和地层水的流动会把桥塞溶解掉。这一特性对于超长水平段的井来说尤为重要，因为超长水平段中的桥塞超出连续油管所能到达的深度范围。

Qu等[6]在中国的一口煤层气井中使用桥塞—射孔联作（P-n-P）技术对水平井进行多级压裂。他们对两口V形水平井进行了压裂，共进行了8次施工，以改善气和水的流入动态，最后一并流入一口与之相交的直井中。该施工作业在当时创下了中国向煤层中泵入支撑剂总量的记录。

20.4 投球和压裂滑套组合压裂

第15章对压裂球和压裂滑套进行了简单的讨论。压裂滑套或压力阀是套管柱中组成部分，随生产套管一起下入井内。可以使用水泥或套管封隔器（机械式或可膨胀式）把环空隔离开来。在开始压裂的时候，大段未固井的环空中容易形成与井筒平行的长裂缝。如果水平井的井眼方向与最小水平应力方向一致，则裂缝会很快调整到与下套管的井眼正交的方向，并沿最大应力方向延伸，因为在与最小应力垂直的方向上，更容易形成裂缝并延伸。由于最大应力更高，因此未固井的水平井筒中，考虑到裂缝沿水平井段延伸的影响，在开始泵入携砂液之前，需要更多的前置液，而且所需的施工压力也要高得多。用水泥对水平井眼环空进行固井是首选的完井方式。压裂滑套通常使用可溶解于酸的水泥进行固井，这样能够在开始压裂的时候，来降低地层施工时的破裂压力。

Stegent 等[7]研究认为，带滑套的传统水泥固井水平井的破裂压力比邻近桥塞—射孔联作（P-n-P）完井的水平井平均高出约600psi，但计量的产量上基本没有大的差别。使用投球打开压裂滑套的方法有助于提高作业时间效率，因为各压裂段之间的停泵时间很短。一段压裂施工完成后，就会投入一个压裂球，并将其泵送到上一级压裂上方的相应球座上。当滑套打开后，就可以开始新一级的压裂施工。压裂施工人员只需要有足够的水和支撑剂供应，就可以连续进行泵注施工；不需要电缆下桥塞和测井。如果压裂中使用的是可溶解压裂球打开套管，则完井时无须干预，但最好把套管中残留的支撑剂清理干净。此外，作业者可能希望把套管内的压裂球座磨掉并清理出井筒。

建议在获得该地区的一些压裂经验之前，支撑剂设计和施工上尽量保守一点。如果在施工中途出现脱砂，而井又无法通过套管将支撑剂返排出地面而重新泵入的情况下，则通常需要将该压裂段上剩余的球座磨掉，以达到清理井筒的目的。如果出现这种情况，可以用机械方法打开滑套，或在套管上采用射流射孔，以便后面的分级压裂。这两种方法都不如桥塞—射孔联作（P-n-P）或连续滑套作业来得快，而且成本也更高。最后，当沟通地层的射孔簇之间相距10~15ft时，采用类似桥塞—射孔联作（P-n-P）的方式会变得更加困难。在这么近的距离上采用滑套作业方式，成本太高，而且在操作上也不可行，因为无法给压裂球和球座提供足够的空间。

20.5 连续油管压裂滑套压裂

连续油管压裂滑套（CTFS）是一种精确增产方法，相当于对一个射孔簇进行压裂。在所需的完井深度，将滑套安装在生产套管上，然后用水泥固井。将连续油管和井下工具（BHA）下到井底，从趾端开始打开滑套，然后开始泵注压裂，关闭滑套，然后移动到下一级的滑套进行同样的作业。采用与桥塞—射孔联作（P-n-P）排量相当的压裂设计排量沿环空泵入地层。虽然这种方式可能需要更多的时间来完成施工，但由于只针对这一段进行压裂，因此可以确保水平段的施工效率达到100%。在压裂过程中，一个压裂段内有多个射孔簇的情况下，效率可能低于100%。从单一压裂点实施压裂，还可以限制裂缝高度增长，邻井免受重大影响，克服井眼内的岩石应力差异。Lee 等[8]进行了严格的研究，将有4个射孔簇的桥塞—射孔联作（P-n-P）完井与连续油管结合滑套完井进行了对比。结果表明，采用连续油管压裂滑套（CTFS）完井形成的裂缝更长、更均匀。油藏模拟的结果已经得到实际生产结果的证明，即滑套完井的预计最终采收率（EUR）提高了25%。

20.6 连续油管和喷砂射孔工具

第15章对连续油管和水力喷砂在套管中射孔的完井方法进行了介绍。在水平井中，使用较大的连续油管（2in）时，也可采用相同的方法。将喷砂射流工具下到井底，并建立起油管循环。在井中注满流体后，往井中投球使射流工具开始工作，并用携砂流体在套管上喷砂射孔，通常为100目的砂。一旦建立与地层的通道之后，流体将从环空反方向注入，开始对这一级进行压裂。将连续油管和井下工具（BHA）上提至刚才的射孔段上方200ft处。不需要将喷砂射孔流体循环到井外；可以在这一级压裂之前将其作为前置液的一部分注入地层。在这一级压裂完成后，将高浓度砂段塞泵入井下，作为封堵桥塞。然后将井底喷砂射孔工具定位到下一个设计射孔点，重复上述步骤。这一工艺的施工深度仅受连续油管能到达的深度限制；在连续油管能到达的范围内，可以沿井筒设计任意数量的射孔簇/压裂段。

20.7 水力压裂

水平井的水力压裂与直井完井有很大不同，因为作业者通常会打开一个或多个射孔簇，并希望在每个射孔簇都能形成裂缝。如果直井压裂时的泵送速度为20bbl/min，那么有4个射孔簇的水平井完井的排量应为80bbl/min，因为所改善的岩石体积是垂直井的4倍。为避免同一射孔簇簇产生多条裂缝，应尽量减少射孔簇长度，经验认识就射孔簇长度不超过套管直径的4倍[9]。裂缝的复杂性是改造尽可能多油藏体积（SRV）的关键，因此需要黏度低的压裂液进入天然裂缝。压裂液黏度低时，裂缝宽度较小，因此需要使用直径较小的支撑剂颗粒，以便进入宽度较窄的裂缝。在井筒附近使用能够承受地层最大应力的高强度支撑剂，可以提供所需的传导率，从而消除套管处的"瓶颈"。事实上，Han等[10]认为，压降最大的地方出现在距井筒250ft的压裂缝长内，他们建议用高强度支撑剂填充这部分压裂体积。长水平井需要大排量泵送，使流体处于紊流状态；否则，支撑砂沉降会导致过早脱砂/失压。一些作业者会采用"混合"压裂方法，即在开始阶段使用滑溜水作为压裂液，然后逐渐过渡到黏度较高的压裂液。这种方法有助于改善支撑剂的输送，增大缝高和改善支撑剂在井筒附近的分布，并在压裂顶替阶段把井筒清洗干净，为下一次桥塞—射孔联作（P-n-P）压裂做好准备。

20.8 压裂液考虑因素

如前所述，人们希望采用黏度低的压裂液对低渗透地层进行压裂，以提高裂缝的复杂性。低黏度压裂液的黏度与水（1mPa·s）相当或稍高。可以通过添加长链聚丙烯酰胺来实现这一目的，这种聚丙烯酰胺在低浓度时可降低摩阻（FR），而黏度不会增加多少。典型的减阻剂（FR）浓度为0.25~1gal/1000gal水，黏度值在1~1.5mPa·s范围内。高黏度减阻剂（FR）材料的设计目的是，当化学剂的浓度增加时，其黏度也会增加，这与瓜尔胶类似。例如，某些减阻剂（FR）材料在 3gal/1000gal 时得到的黏度，类似于 20lb/1000gal 的瓜尔胶体系。应为额外的聚合物添加适量浓度的破胶剂，从而使返排液彻底破胶降黏。较高的黏度对于在压裂后期填充较高浓度的砂子非常重要，而且它可以更好地将井眼清理干净，为下一级的压裂做好准备工作。

黏度低的聚丙烯酰胺压裂液无法控制流体漏失，因为它们不具有造壁控制流体漏失的功能。在含有天然裂缝的纳米或微达西渗透率岩石中，漏失的流体会进入天然裂缝。这种情况可以通过使用 100 目支撑剂来加以控制；因此，需要泵送一定比例的 100 目砂作为支撑剂。如果需要额外的压裂液漏失控制，添加瓜尔胶可帮助造壁防止压裂液漏失，该材料可通过封装的破胶材料去除；瓜尔胶的典型添加量为 10~20lb/1000gal。

出于经济原因，滑溜水不含很多化学添加剂。4 个射孔簇压裂完井所需要的水量在 7000~10000bbl/级之间。建议压裂液中最好使用杀菌剂和阻垢剂以及减阻剂（FR）。杀菌剂有助于防止细菌生长，而阻垢剂则有助于延缓因大量压裂液泵入地层而产生的油管结垢。在煤层中，最好在支撑剂中添加特定的表面改性剂（SMA），以防止煤粉进入支撑剂填充层中。Rodvelt 等[11] 在伊利诺伊州的一个项目中使用了表面改性剂（SMA）来防止微粒堵塞支撑剂填充层。

20.9 支撑剂考虑因素

在较深煤层中进行完井，压裂设计的时候有可能需要采用覆膜砂或人造支撑剂，如树脂覆膜砂（RCS）或陶粒。在 8000psi 以上的闭合压力条件下，天然石英砂会过度压碎；可以使用封装的树脂覆膜砂（RCS）或更高强度陶粒来支撑深煤层气井中产生的裂缝。陶粒上可使用表面改性剂（SMA）涂层。树脂覆膜砂（RCS）产品可以预制以获得更高强度，也可以在一定深度和温度条件下进行强化。具有强化功能的产品可防止被返排出来，因为支撑剂会在地层中"强化"或"粘结"在一起。这还有助于减少支撑剂嵌入地层和支撑剂成岩作用。成岩作用是指在压裂施工后恢复地层平衡时，矿物在地层压力和温度条件下的结晶作用。树脂涂层有助于防止流体与填充在地层中的支撑剂相互作用。陶粒可提供更高强度，在最深的地层可能需要这种高强度陶粒。

典型的分段压裂施工泵注程序详见表 20.1。压裂设计中一共分 5 个射孔簇，支撑剂用量 300000lb，射孔簇间距为 30ft，以 100bbl/min 的速度注入 273000gal 压裂液。结果是每英尺进入地层的流量为 2000lb。建议施工设计中的每一级的量要足够大，维持的时间长，足以显示在当前砂浓度何时接触到射孔，然后再增加地面的砂比。在一些井中，有必要在开始压裂的时候，先用酸进行预处理，然后将 100 目支撑剂、砂浓度为 0.1lb/gal、总体积不足整个套管体积的清洁压裂液泵送入地层。这样将 100 目支撑剂泵注入井，可以更早地封堵住天然裂缝防止漏失，这样每个射孔簇就能有更多的有效压裂液体积，使得压裂缝远离井筒附近高应力区域，并延伸得更宽、更长。在超低渗透地层中，最希望获得延伸长度大的水力裂缝，因此施工设计应该采用总量大、支撑剂浓度低、黏度低的压裂液。

表 20.1 滑溜水压裂的典型泵注程序

压裂阶段	液体系统	支撑剂类型	开始时井底支撑剂浓度（lb/gal）	结束时支撑剂浓度（lb/gal）	清洁液体体积（gal）	开始时清洁液体的排量（bbl/min）	开始时混砂液的排量（bbl/min）	开始时混砂器中支撑剂浓度（lb/gal）	支撑剂质量（lb）	累计支撑剂质量（lb）	各压裂阶段时长（min）
地层破裂	滑溜水				2000	10.0	10.0				4.8
酸预处理	7.5%HCl				2000	15.0	15.0				3.2
前置液	滑溜水		0.00	0.00	13000	50.0	50.0	0.00			6.2
携砂液	滑溜水	100目	0.25	0.25	20000	98.9	100.0	0.25	5000	5000	4.8
携砂液	滑溜水	100目	0.50	0.50	20000	97.8	100.0	0.50	10000	15000	4.9
携砂液	滑溜水	100目	0.75	0.75	20000	96.7	100.0	0.75	15000	30000	4.9
携砂液	滑溜水	100目	1.00	1.00	20000	95.6	100.0	1.00	20000	50000	5.0
携砂液	滑溜水	100目	1.25	1.25	20000	94.6	100.0	1.25	25000	75000	5.0
携砂液	滑溜水	100目	1.50	1.50	20000	93.6	100.0	1.50	30000	105000	5.1
携砂液	滑溜水	100目	1.75	1.75	20000	92.6	100.0	1.75	35000	140000	5.1
携砂液	滑溜水	100目	2.00	2.00	20000	91.7	100.0	2.00	40000	180000	5.2
携砂液	滑溜水	40/70石英砂	1.25	1.25	20000	94.6	100.0	1.25	25000	205000	5.0
携砂液	滑溜水	40/70石英砂	1.50	1.50	22000	93.6	100.0	1.50	33000	238000	5.6
携砂液	滑溜水	40/70石英砂	1.75	1.75	30000	92.6	100.0	1.75	52500	290500	7.7
携砂液	滑溜水	40/70石英砂	2.00	2.00	5000	91.7	100.0	2.00	10000	300500	1.3
顶替液	滑溜水				19000	100.0	100.0				4.5
总量					273000				300500		78.3

20.10 地面到煤层水平段的封堵

Dubois 等[12]详细介绍了在可开采煤层中封堵水平井井眼的方法。如果煤层气作业者想要废弃的深煤层水平井,也可以采用类似的技术,尽管不可采煤层的废弃程序没有那么严格。事实上,只需在水平井筒中重新注入足够的流体即可,然后在直井段使用水泥塞封堵,从而将该井报废。气井所在地的监管机构对永久报废井的程序有明确的规定。

20.11 井筒注水

往井筒中注水的目的是通过注入水(淡水或地层盐水)填充开采留下的地层空隙。美国矿山安全与健康管理局(MSHA)建议,往井筒注水是把井筒中的甲烷置换出井筒的最安全、最保守的方法[13]。由于煤层气生产过程会降低储层的压力,因此需要注入更多的液体来补充近井筒区域。泵入量至少是计算的井眼容积的两倍以上。在低渗透煤层中,随着裸眼段被流体填充,压力会出现明显的增加。应该意识到,如果水平段仍有静水压头,流体可能会继续渗漏到割理系统中。根据政府监管指南的建议,弃井方案包括在煤层上方的垂直井段下一个坚固的桥塞并坐封,然后在桥塞上方再注入一个水泥塞,使两边的压力达到平衡。

20.12 水泥浆

最好采用连续油管或者内插管将水泥浆注入井下,以防止出现空隙。水泥浆会在渗透段脱水,并且堵塞井筒,从而无法通过井口注入方式把水泥注入水平段的端部。通过连续油管或牺牲内插管的方式来泵送水泥浆,则可将水泥浆从趾端返回至直井段或地面。应采用黏度较低的水泥浆,泵注施工时间应为灌满井筒所需时间的两倍;水泥浆中不含有游离水[13]。建议液体漏失量为 150mL/30min 或更低,最终抗压强度约为 1500psi。使用连续油管或内插管柱时,最困难的工序是将油管送到水平段的趾端。在多分支井中,这实际上是不可能完成的。操作人员需要依靠井口泵送的方法来填充水平段及其分支。因为煤层割理可能会造成水泥漏失,因此施工中要多准备水泥备用。

20.13 稳定的聚合物凝胶体系

Dubois[12]提出了一种用于封堵可开采煤层水平段的化学凝胶体系。这种材料是一种无机金属交联聚丙烯酰胺凝胶体系,可作为低黏流体(约为 1000mPa·s)泵送,但随着时间、温度和活化剂的变化,会变成高黏半固体(约为 20000mPa·s),能够承受几百 psi 的挤压。应注意对矿井流体和补给水进行取样,以确定所需的聚合物和活化剂的准确用量,从而得出所需的泵注时间,将封堵材料分布到整个水平井筒和近井筒的割理中。由于是聚合物凝胶而非水泥浆,因此不存在流体漏失问题,实际上,鼓励大家在天然裂缝系统中填注一些材料。一旦材料凝固,它就会形成一个不渗透的屏障,阻止任何气体或水再次进入井眼。根据最终弃井的监管规定,可在垂直井段设置水泥塞使其两端压力平衡。

参 考 文 献

[1] Byrer C, Havryluk I, Uhrin D. In: Thakur P, Schatzel S, Aminian K, editors. Coal bed methane: prospect to pipeline. 1st ed. San Diego, CA: Elsevier, 2014.

[2] Rogers R, Ramurthy M, Rodvelt G, et al. Coalbed methane: principles and practices. 2nd ed. Starkville, MS: Oktibbeha Publishing LLC, 2007.

[3] Halliburton Internal Data. Summary of Halliburton's SPIDR® well testing system. Houston, TX: Halliburton, 2012.

[4] Halliburton Internal Data. CALIBRSM engineered flowback service. H012268, Houston, TX: Halliburton, 2016.

[5] Lehr D J, Cramer D D. Best practices for multi-zone stimulation using composite bridge plugs. In: Paper SPE 141456 presented at SPE Production and Operations Symposium, 2011. Oklahoma City, OK, March 27–29.

[6] Qu H, Jiang T, Liu Y, et al. Successful multistage hydraulic fracturing in V-shape well as a method for the development of coal bed methane in China. In: Paper IPTC 16688 presented at the International Petroleum Technology Conference, 2013. Beijing, China, March 26–28.

[7] Stegent N A, Ferguson K, Spencer J. Comparison of frac valves vs. plug-and-perf completion in the oil segment of the Eagle Ford shale: a case study. In: Paper CSUG/SPE 148642 presented at the Canadian Unconventional Resources Conference, 2011. Calgary, AB, November 15–17.

[8] Lee P, Wendte J, Gil I, et al. Coiled tubing frac sleeve application in the Eagle Ford shale—an optimization of shale completions. In: Paper URTeC 2445515 presented at the Unconventional Resources Technology Conference, 2016. San Antonio, TX, August 1–3.

[9] El Rabaa W. Experimental study of hydraulic fracture geometry initiated from horizontal wells. In: Paper SPE 19720 presented at the Annual Technical Conference and Exhibition, 1989. San Antonio, TX, October 8–11.

[10] Han J, Wang J Y. Fracture conductivity decrease due to proppant deformation and crushing, a parametrical study. In: Paper SPE 171019 MS presented at the SPE Eastern Regional Meeting, 2014. Charleston, WV October 21–23.

[11] Rodvelt G, Oestreich R. Case history: First commercial Illinois coal bed methane project commences via a structured resource evaluation plan. In: Paper SPE 97720 presented at SPE Eastern Regional Meeting, 2005. Morgantown, WV, September 14–16.

[12] Dubois G. In: Thakur P, Schatzel S, Aminian K, editors. Coal bed methane: prospect to pipeline. 1st ed. New York: Elsevier, 2014.

[13] Suhy T E. Plugging and abandoning multilateral horizontal CBM wells for safe mine through operations. In: Paper SPE 125734 presented at the SPE Eastern Regional Meeting, 2009. Charleston, WV, September 23–25.

21 水平井产量及递减分析

普拉莫德·塔库尔

矿山安全专家解决方案（ESMS）有限责任公司，摩根敦，西弗吉尼亚州，美国

一般认为，煤层中的煤层气流动是扩散流动（菲克定律）和压力相关流动（达西定律）的结合，二者串联工作[1-2]。这两个过程中速度低的那个决定煤层气的净流量。

只有当扩散速度高于煤层微裂缝中与压力有关的流动速度时，根据常规储层天然气流动而建立的方程才适用于煤层气（CBM）流动。方程的拟孔隙度比值必须是 0.55[2]。

煤层中直井的天然气产量并不高。这些井必须经过水力压裂，其产量才具有商业价值。人工裂缝就像从垂直井筒钻出的两条水平分支。因此，这里提出的预测天然气产量及其递减的方程可用于这两种类型的煤层气井。加砂的裂缝长度相当于水平分支。

21.1 受扩散控制的水平井稳态产量

Thakur[3] 的研究表明，不同煤层的吸附时间可在实验室中测量，并且等于煤炭解吸其总含气量的 63% 所需的时间 τ：

$$\tau = \frac{3.49 \times 10^{-2}}{(D/a^2)} \tag{21.1}$$

式中　D——煤的扩散系数；
　　　a——气体处于吸附状态下，"假设"的煤碳分子半径。

对于不同的煤，τ 的范围从 1d 到 1000d 不等。

在"吸附时间"内生产的天然气总量始终是泄气区域内天然气储量的 63%。

假设泄气区域已达到朗格缪尔压力（50% 气体已经采出时的压力），则可计算出煤层气的储量。水平段/水平井的压力下降可用公式（21.2）计算。

$$\frac{p^2(x,t) - p_w^2}{p_e^2 - p_w^2} = \text{erfc}\,\frac{1}{2T_D^{1/2}} \tag{21.2}$$

$$T_D = \frac{2.634 \times 10^{-4} K \bar{t} \bar{p}}{\mu \phi x^2} \tag{21.3}$$

式中　K——渗透率；

t——时间，h；

$\bar{p}$——平均地层压力，psia；

μ——气体黏度；

ϕ——拟孔隙度（煤的拟孔隙度为 0.55）；

x——距离，ft；

$p(x,t)$——距井(x,t)点处的压力；

p_e——储层压力，psia；

p_w——井口压力（15psia）。

如果知道煤层的这些特性，就可以计算出半径x，但在下面的例子中，我们假设x为250ft。

举例说明：

假设在 6ft 厚的煤层中钻了一口 1000ft 的水平井（或裂缝总长度为 1000ft）。则煤层气的总储量为

$$\frac{1000\times(250\times 2)\times 6\times 200}{25}=2400\times 10^4\text{ft}^3$$

煤层中的天然气含量为 200ft³/t。

25ft³ 的煤 =1t。

因此，在时间τ内，采出了 63% 的储量。假设τ为 100d，则 100d 内的平均煤层气产量为 15.1×10⁴ft³/d。这实际上是匹兹堡煤层中 1000ft 长水平井的平均产气量（煤层的渗透率很高，但$D/a^2 \approx 10^{-8}\text{ s}^{-1}$，值很低）。

Thakur 将每 100ft 长水平段的产气量定义为煤层的"比天然气产量"[4]。稍后将对此进行讨论。

21.2 定压生产的水平井稳态产量

直井中定压生产时的产量在本书前面的第 16 章进行了讨论。Thakur[2] 的另一篇参考文献对此有更详细的论述。

这里，我们采用公式（21.4）所示的天然气产量基本方程。

$$q=\frac{707.8Kh\left(p_e^2-p_w^2\right)}{\bar{\mu}\bar{z}T\ln(r_e/r_w)} \tag{21.4}$$

式中　q——天然气产量，ft³/d（60°F 和 14.67psia）；

K——渗透率，D；

h——煤层厚度，ft；

p_e——泄气半径处（r_e）的压力，psia；

p_w——井眼半径处（r_w）的压力，psia；

$\bar{\mu}$——平均气体黏度；

$\bar{z}$——平均压缩系数，如果深度小于 2000ft，一般假定为 1.0；

T——气体兰金温度（°F+460）。

要使用公式（21.4），必须将水平段长度转换为"等效半径 r_w^1"。

Joshi[5] 按下式计算 r_w^1：

$$r_w^1 = \frac{r_{eh}(L/2)}{a\left[1+\sqrt{1-(L/2a)^2}\right] \cdot [h/2r_w]^{h/L}} \tag{21.5}$$

式中　r_{eh}——气藏半径（同 r_e）；

　　　L——水平段长度，ft；

　　　r_w^1——日产气量相同的直井有效半径。

$$a = \frac{L}{2}\left[0.5 + 0.25 + (2r_{eh}/L)^4\right]^{0.5} \tag{21.6}$$

下面举例说明这种理论计算的准确性。

用以下参数计算煤层中水平段长度为 1000ft 的水平井的稳态气产量：

气藏面积 =80acre，

泄气半径 r_e=1053ft=r_h，

气井直径 r_w =3in=0.25ft，

煤层厚度 =6ft，

储层渗透率 =1mD（K_h=K_v），

气体黏度 =0.02mPa·s，

气体可压缩性 =1.0，

储层温度 =60°F（520°R），

井底流压 =15psia，

储层压力 =500psia，

天然气产量受压力梯度控制。

首先计算 a：

$$a = 0.5 \times 1000 \times \left\{0.5 + \left[0.25 + \left(\frac{2 \times 1053}{1000}\right)^4\right]\right\}^{0.5}$$

$$= 1114\text{ft}$$

因此，

$$r_w^1 = \frac{1053(1000/2)}{1114\left\{1+\left[1-\left(\frac{1000}{2 \times 1114}\right)^2\right]^{\frac{1}{2}}\right\} \times \left(\frac{6}{0.5}\right)^{\frac{6}{1000}}}$$

$$= 238\text{ft}$$

故，

$$q = \frac{707.8 \times 0.001 \times 6 \times (500^2 - 15^2)}{1 \times 520 \times 0.02 \times \ln\frac{1053}{238}}$$

或 $q = 6.9 \times 10^4 \text{ft}^3/\text{d}$。

这是美国弗吉尼亚州波卡洪塔斯（Pocahontas）3号煤层一口水平段长1000ft水平井的典型产量（一年的平均产量）。在进行水平井天然气产量（或无限导流裂缝）计算时，r_w^1 用的一个粗略值，即假设 $r_w^1 = L/4$。

自1991年Joshi[5]提出公式（21.5）以来，Lu[6]和Ragab[7]对它进行了一些改进。Lu的研究主要集中在常规气藏井眼附近的非达西流。研究的主要结论如下：

（1）通过求解一组联立方程组，可以计算出水平气井的非达西流半径。

（2）非达西流半径小于15倍气井半径。

（3）渗透率是影响最大的参数，直井受影响更严重（煤层中的水平井不太可能出现非达西流）。

（4）直井由于非达西流造成的产量损失小于15%。水平井段的产量损失则更小。

Ragab[7]对直井和水平井气藏的流入动态曲线（IPR）进行了研究。他们的改进在于将气体视为可压缩流体。对于浅煤层可以忽略不计，但对于深煤层则必须加以考虑。他们主张使用Aronofsky等[8]为直井提出的更精确的流动方程，即公式（21.7）。

$$q = \frac{Kh(\bar{p}^2 - \bar{p}_w^2)}{1424 \overline{\mu z} T \left[\ln\left(\frac{r_2}{r_w}\right) + s + Dq\right]} \tag{21.7}$$

式中　s——表皮肤系数；

D——非达西流动系数。

Kamkom等[9]将水平井的产量公式（21.7）进一步修改为公式（21.8）。

$$q = \frac{7KL(p_e^2 - p_f^2)}{1429 \overline{z\mu} T \left[\ln\left(\frac{hIani}{r_w(Iani+1)}\right) + \frac{\Pi\gamma b}{hIani} - 1.224 + s\right]} \tag{21.8}$$

这里考虑到了变化的地层体积系数（它是压力和温度的函数）以及前面讨论过的非达西效应。

该方程使用石油生产系统（PPS）软件包求解。该软件包基于Economides等所著的《石油生产系统》一书中的理论[10]。还考虑了其他两个模型：Kamkom[9]和Akhimiona[11]。虽然各种模型之间存在较大差异，但现在可以得出一些大致结论：

（1）气体的产量随井底流压 p_w 降低而增加。PPS模型的预测结果介于其他两个模型之间。Kamkom预测的产量最高。

（2）气井的产能与水平井眼的长度呈线性关系。当水平段长度超过2700ft后，Akhimiona模型的产量增加速度更快。这表明长度超过3000ft的水平段，产量更高。

（3）气体黏度越大，天然气产量越低。

（4）地层厚度与煤层气产量呈线性关系。在水平段长度相同的情况下，厚煤层的产量要高于薄煤层。

（5）表皮的影响：表皮系数是一个无量纲数值，描述近井筒区域的压力下降，通常由于流线变形或流动受限造成。大多数煤层水平井都会出现负表皮，即近井筒区域的压力降小于正常值，从而改善天然气流动。这是由于井筒或其附近煤层大面积剥落和侵蚀造成的。一般来说，水平井受到的表皮影响不如直井大。

21.3　根据煤层"比天然气产量"进行产量预测

这是迄今为止预测水平井或水力压裂直井煤层气产量最可靠的方法。Thakur[4]将煤层的"比天然气产量"定义为每100ft长水平段的初始天然气产量。通常情况下，从矿井钻1000ft长的水平井段，并直接测试初始产量。表21.1列出了美国一些著名煤层的数据。

表 21.1　美国煤层的比天然气产量

煤层名称	深度（ft）	等级	比天然气产量（$10^3 ft^3/100ft$）
匹兹堡	500~1000	高挥发性烟煤	15.00
波卡洪塔斯 3 号层	1400~2000	低挥发性烟煤	8.00
蓝溪 / 玛丽—李	1400~2000	低挥发性烟煤	9.00
波卡洪塔斯 4 号层	800~1200	中挥发性烟煤	5.00
桑尼塞德	1400~2000	高挥发性烟煤	9.00

产量递减符合幂律递减规律。

$$Q=At^n \tag{21.9}$$

式中　Q——总产量，$10^3 ft^3$；

　　　A——初始产量，$10^3 ft^3/d$；

　　　t——时间，d；

　　　n——指数，数值为 0.8（近似值）。

本书第 16 章给出了煤层气井产量递减的典型案例。

举例说明：

一口典型的水平段长 2000ft 水平井的初始产量为 $30×10^4 ft^3/d$。计算 1 年（360 天）的总产气量。

使用公式（21.9）：

$$Q=300×360^{0.8}=3330×10^4 ft^3/d$$

对公式（21.7）进行微分，即可得到 t 时刻的天然气产量：

$$\frac{\mathrm{d}Q}{\mathrm{d}t} = 300 \times 0.8 \times t^{-0.2} \text{ 或 } \frac{\mathrm{d}Q}{\mathrm{d}t} = \frac{240}{t^{0.2}} \tag{21.10}$$

假设在产量下降到 $4\times10^4 \text{ft}^3/\text{d}$ 时废弃这口井，那么这口井的寿命为 $t=6^5=7776\text{d}$ 或者大致 21a。

煤层气田的经验证明，煤层气井的生产时间正如预测的那么长。

21.4 天然气在水平管道中的流动

必须准确计算管道中输送大量气体时的摩擦损失，以便合理设计压缩机。假设如下：
（1）动能变化可忽略不计。
（2）气体稳定、等温流动。
（3）严格水平流动。
（4）流动气体不做功。

气体流动的一般方程如公式（21.11）所示：

$$\int_1^2 V\mathrm{d}p + \int_1^2 \frac{\lambda l v^2}{2gd}\mathrm{d}l = 0 \tag{21.11}$$

式中 l——管道长度；
V——气体流量；
v——气体流速；
d——管道直径；
g——重力加速度。

Weymouth[12] 给出了公式（21.11）一个众所周知的解，即

$$Q = 3.22 \frac{T_0}{p_0} \left(\frac{p_1^2 - p_2^2 d^5}{GTL\lambda Z} \right)^{0.5} \tag{21.12}$$

Thakur[2] 将 $\lambda = \frac{0.032}{(d)^{1/3}}$ 代入上式对它进行修改。

则修改后的方程为

$$Q = 18.062 \frac{T_0}{p_0} \left(\frac{p_1^2 - p_2^2 d^{16/3}}{GTLZ} \right)^{0.5} \tag{21.13}$$

式中 Q——T_0 和 p_0 时的气体流量，ft^3/h；
L——管道长度，mile；
d——管道直径，in；
p——压力（下标 1、2 表示入口和出口压力），psia；
G——气体比重；

T——管线平均温度，°R；

Z——平均压缩系数；

λ——摩擦系数。

举例说明：

在下列条件下，将 $6 \times 10^7 \text{ft}^3/\text{min}$ 的天然气输送到 30mile 外，需要多大的管道直径：

$T_0 = 520°\text{R}$，

$p_0 = 15\text{psia}$，

$p_1 = 1000\text{psi}$，

$p_2 = 300\text{psi}$，

$G = 0.6$，

$T = $ 管道的平均温度，510°R，

$L = 30\text{mile}$，

$Z = 1.00$。

首先计算，

$$Q = \frac{60 \times 10^6}{24} = 2.5 \times 10^6 \, \text{ft}^3/\text{h}$$

因此，

$$2.5 \times 10^6 = 18.062 \times \frac{520}{15} \times \left[\frac{(1000^2 - 300^2) d^{16/3}}{0.6 \times 510 \times 30} \right]^{0.5}$$

$$d^{16/3} = 160828$$

$d = 9.41\text{in}$。

为了安全起见，通常会选择直径为 12in 的管道。最常见的情况是管道直径被低估。

参考文献

[1] Thakur P C. Methane flow in Pittsburgh coal seam. In: The international mine ventilation congress, Harrogate, United Kingdom, 1984: 177–182.

[2] Thakur P C. Advanced reservoir and production engineering for coalbed methane. Elsevier, 2016: 210.

[3] Thakur P C. Advanced reservoir and production engineering for coalbed methane. Elsevier, 2016: 51–59.

[4] Thakur P C. Advanced reservoir and production engineering for coalbed methane. Elsevier, 2016: 153.

[5] Joshi S D. Horizontal well technology. PennWell Book, 1991: 76–77.

[6] Lu J. Production performance of horizontal gas wells associated with non-Darcy flow. ARPN J Eng Appl Sci, 2016, 11（15）: 9428–9435.

[7] Ragab A M S, Shedid S A. Investigation of inflow performance relationship（IPR）in gas reservoirs for vertical and horizontal wells. J Sci Technol, 2014.

[8] Aronofsky J S, Jenkins R. A simplified analysis of unsteady radial gas flow. J Petrol Technol, 1959, 6（7）: 23–28.

[9] Kamkom R, Zhu D. Generalized horizontal well inflow relationship for liquid, gas or two-phase flow. In: SPE paper 98712, SPE/DOE symposium on improved oil recovery, Tulsa, OK, 2006.

[10] Economides M J, Hill A D, Ehlig-Economides C. Petroleum production systems. Prentice Hall Inc., 1994.

[11] Akhimiona N, Wiggins M L. An inflow performance relationship for horizontal gas wells. In: SPE paper 97627, SPE eastern regional conference, Morgantown, WV, 2005.

[12] Weymouth T R. Problems in natural gas engineering. Transcr ASME, 1912, 34: 185.

22 利用水平井进行 CO_2 封存及煤炭地下气化

普拉莫德·塔库尔

矿山安全专家解决方案（ESMS）有限责任公司，摩根敦，西弗吉尼亚州，美国

3000ft 可开采深度范围内的煤炭探明储量为 $1×10^{12}$t，但 10000ft 深度范围内的预测储量为 $15×10^{12}$~$30×10^{12}$t[1]。无法开采的煤层，其煤炭和煤层气（CBM）储量巨大。据估计，煤层气的储量在 $275×10^{12}$~$34000×10^{12}$ft^3 之间[2-4]。这是一个非常大的储量数字，可以在需要时补充天然气供应的不足。与深层天然气井相比，煤层气井很少出现干井，完井成本一般较低。

如前所述，水平井是开发深煤层中煤层气的最佳方法。随着煤层深度的增加，煤层气的含量和储层压力会上升，但渗透率会急剧下降，第 20 章中已经对此进行过讨论。因此，在深煤层中，有必要对水平井进行水力压裂。为了提高煤层气采收率，建议在水力压裂的煤层中封存 CO_2。一些国家会支付 CO_2 封存发生的费用，这可以使煤层气项目变得更加有利可图。它在提高煤层气采收率的同时，还有助于在深煤层中封存大量的 CO_2。CO_2 是一种温室气体，对大气环境存在潜在危害。

当煤层气开发停止后，可以通过煤炭地下气化（UCG）方法进一步提取这些煤炭中的能量。因此，巨大的煤炭资源可以为不断增长的人口提供数百年甚至千年的能源。煤炭的总能量是所有石油和天然气储量蕴含能量的 10 倍[4]。

下面将依次对 CO_2 封存和煤炭地下气化（UCG）这两个过程分别进行讨论。

22.1 CO_2 封存

我们在讨论 CO_2 封存时只涉及 3 种气体：CO_2、CH_4 和 N_2，后面将进行详细讨论。通常需要在 CO_2 中加入 N_2，以加速 CO_2 在煤层上的吸附和 CH_4 从煤层中的解吸。

22.1.1 气体在煤中的吸附

Ohga[5] 对日本一些煤炭进行了各种测试，以得到 3 种气体的吸附等温曲线。3 种气体的吸附等温曲线如图 22.1 所示。在 600psia 压力下，50g 煤炭样品分别吸附了 42.5cm^3/g、14cm^3/g 和 7cm^3/g 的 CO_2、CH_4 和 N_2。一般来说，煤吸附的 CH_4 是 N_2 的两倍，CO_2 是 CH_4 的 3 倍。因此，与 CH_4 相比，煤对 CO_2 的亲和力更大。与 CH_4 分子（3.7Å）相比，CO_2 分子更小

（3.3Å），这可能是除化学亲和力之外吸附性更好的另一个原因。

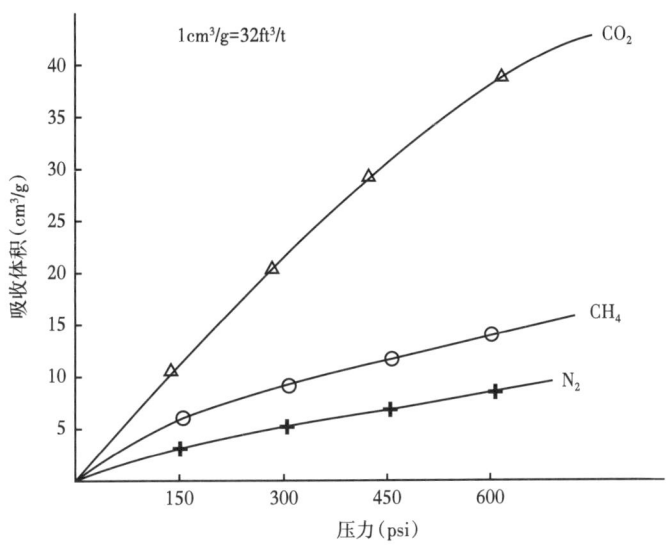

图 22.1　日本一煤炭样品对 CO_2、CH_4 和 N_2 气体的等温吸附线[5]

22.1.2　CO_2 的相对吸附和 CH_4 的相应解吸

Ohga[5] 首先通过真空方法去除煤中的所有气体，然后在 140psi（1MPa）的压力下用纯甲烷使煤饱和。然后，将煤样置于大气压下，并以大约 28psi（0.2MPa）的压力向煤中注入 CO_2。达到压力平衡后，对密闭样品室中的气体样本进行分析。分别测量吸附气体的体积。CH_4 解吸率定义为

$$\left(\frac{A-B}{A}\right)\times 100$$

式中　A——煤最初吸附的 CH_4 总体积；
　　　B——注入 CO_2 后煤中仍保留的 CH_4 体积。

因此，$(A-B)$ 为解吸体积。

CO_2 封存定义如下：

$$\left(\frac{D}{C}\right)\times 100$$

式中　C——注入的总体积；
　　　D——煤中吸附的 CO_2 体积。

注入的气体组分有 3 种：纯 CO_2、30%CO_2+70%N_2 和 10%CO_2+90%N_2。结果如表 22.1 所示。

从表 22.1 中可以得出以下结论：

（1）当注入气体中的 CO_2 浓度较低时，CO_2 的封存比例较高，但差别不大。

（2）随着注入气体中 CO_2 浓度的下降，CH_4 解吸量急剧下降。

（3）如果目的是从煤中生产更多的 CH_4，则必须注入 100% 的 CO_2。

（4）如果目的是在煤中封存更多的 CO_2，则必须找到 CO_2 和 N_2 的最佳混合比例。

表 22.1 CO_2 封存与 CH_4 解吸的对比

注入的气体组分	CH_4 解吸率（%）	CO_2 封存率（%）
100% CO_2	57.5	55.8
30% CO_2 + 70% N_2	17.3	67.4
10% CO_2 + 90% N_2	7.1	69.2

22.1.3 混合气体在煤层中吸附量的分析确定

Markham 等[6] 将单一气体的朗缪尔方程扩展应用到混合气体。Thakur[7] 给出的朗缪尔方程为

$$V = V_m \frac{bp}{1+bp} \tag{22.1}$$

式中 V——压力 p 下的吸收体积；

V_m——煤的最大吸附能力；

p——压力；

b——煤的朗缪尔常数。

Markham 等[6] 对公式（22.1）进行了扩展，给出了两种气体混合的分压等温线，如公式（22.2）所示。

$$V_1 = \frac{V_M^1 a_1 p_1}{1 + a_1 p_1 + a_2 p_2} , V_2 = \frac{V_M^2 a_2 p_2}{1 + a_1 p_1 + a_2 p_2} \tag{22.2}$$

Ohga[5] 将公式（22.2）扩展到 3 种气体，即

$$Z_a = \frac{K_A Y_A}{K_A \cdot Y_A + K_B \cdot Y_B + K_C \cdot Y_C} \tag{22.3}$$

其中，Z_a 是吸附相中气体 A 的摩尔分数，Y_A 是气相中气体的摩尔分数。

K_A、K_B、K_C 是通过对每种气体分别测试，然后计算得出的，其值分别为：CO_2 0.08、CH_4 0.0298 和 N_2 0.0027。

表 22.2 将直接得出的结果和公式（22.3）得出的结果进行了比较。

从表 22.2 中可以得出以下结论：

（1）测量的吸附分数和公式（22.3）预测的吸附分数非常接近。

（2）用 100% CO_2 作为注入气体，是提高甲烷采收率的最佳方法。

Ohga[5] 的研究还表明，如果在超临界条件（温度：104°F，压力：1120psi）下对 CO_2

进行预处理，吸附的 CO_2 量和相应解吸的 CH_4 量都会显著增加（1.5~2 倍）。因此可以合理地假设，在埋藏较深的地方，煤层中的环境温度和压力可能接近甚至高于 CO_2 的超临界温度和压力。这就预示着 CO_2 在深层有更高的吸附力，但仍有待现场验证。不同煤层对 CO_2 的吸附能力不同，同样需要进一步研究。

表 22.2 煤样上吸附气体分数的计算值

气体组分	气相中的摩尔分数			吸附气体的摩尔分数					
				实测			根据公式（22.3）		
	CO_2	CH_4	N_2	CO_2	CH_4	N_2	CO_2	CH_4	N_2
100% CO_2	0.31	0.69	—	0.55	0.45	—	0.55	0.45	—
30% CO_2 + 70% N_2	0.05	0.59	0.35	0.23	0.82	—	0.18	0.79	0.03
10% CO_2 + 90% N_2	0.02	0.40	0.58	0.12	0.86	0.03	0.11	0.79	0.10

22.1.4 CO_2 封存 CT 扫描

Matthews❶ 使用一种独特的技术来测量高压下封存了 CO_2 的煤。煤炭样本封闭在一个哈斯勒（Hassler）样品筒中，用来模拟地层原始条件。计算机 X 射线断层扫描（CT）可以测量不同压力下的 CO_2 吸收量。它可以测量煤密度的变化，得出 CO_2 总吸附量从每克煤中含 0.12g 到 0.2g 不等。因此，一吨煤可以吸附 2100~3600ft^3 的 CO_2。CO_2 吸收量在很大程度上取决于煤的等级和煤的煤素质组分。

22.2 CO_2 封存计算机建模

CO_2 封存有两个方面主要问题：（1）一是 CO_2 在煤层中的传输；（2）二是最终如何在煤炭基质中封存。煤层中气体的传输同样使用第 21 章中讨论过的双模流动，不过流动的过程相反。裂缝中的流动是达西流，但吸附过程遵循菲克方程。在计算机建模过程中，薄煤层的垂向剖面可以假设为均质的，但厚煤层必须使用三维模型。煤层的各向异性和非均质性非常强。Mohanty[8] 利用流体流动和传热（传质）方程建立了 CO_2 封存的二维模型。虽然得出的结果还处于早期阶段，但可以得出以下一些大致结论：

（1）深煤层需要通过水力压裂来提高渗透率。CO_2 在深煤层中的流动非常缓慢。地层膨胀会使流体流动变得更差。

（2）在高压（和高温）条件下会增加 CO_2 在深层的吸附能力。超临界 CO_2 是更好的驱替剂。

（3）CO_2 封存导致的煤层膨胀会降低地层渗透率，减缓注入井附近的气体传输速度。

（4）N_2 和 CO_2 的混合物可能会产生更好的气体传输和 CO_2 封存效果，但最佳比例、最佳压力和温度仍是未知数。这一领域亟须进一步研究。

---

❶ 与美国宾夕法尼亚州大学公园宾夕法尼亚州立大学 J.P.Mathews 的个人交流。

22.3 塔库尔 CO_2 封存方法

Thakur[9] 提出了一种利用地面钻水平井封存 CO_2 和提高煤层气采收率的方法。提出的一种钻井模式如图 22.2 所示。从图上可以看出，从地面的一个井场钻出 4 组水平井。每组水平井有 3 个平行的水平井眼，相距约 1000ft。水平井段长度可达 3000~5000ft。如 Thakur[9] 所述，水平井眼将用套管进行完井。可以对中间的水平井眼进行压裂，或者为了获得更好的效果，也可以对另外两个分支井眼进行水力压裂。

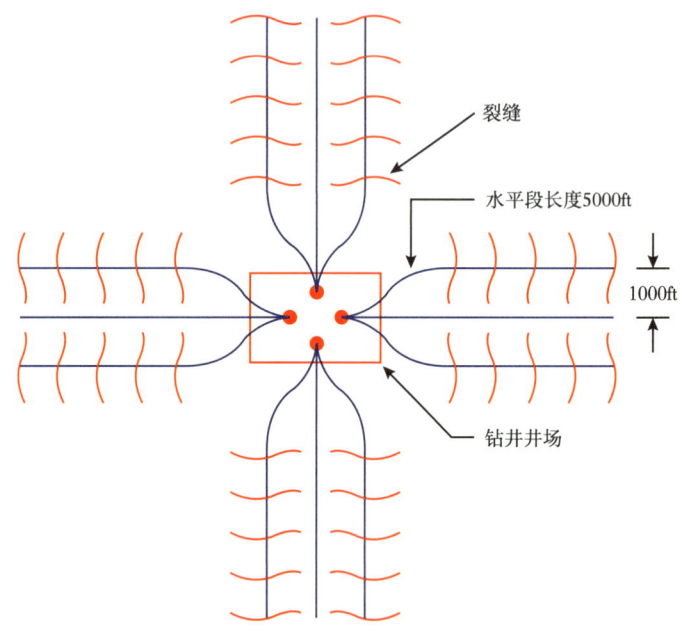

图 22.2　在煤层中封存 CO_2 的设计

中间的水平井眼用于注入 CO_2

当煤层气产量递减超过 50% 时，就可以开始在中间水平井眼中注入 CO_2。如前所述，要优化煤层中的 CH_4 采收率和 CO_2 封存，还需要进行更多的研究。CO_2 是一种温室气体，政府对 CO_2 封存有经济激励措施。提高 CH_4 产量和 CO_2 封存的综合收益可使许多深煤层气生产成为成功的商业项目。

22.4　美国现场实施 CO_2 封存项目

目前，美国有 8 个 CO_2 封存项目在运行。表 22.3 列出了项目的详细情况。

虽然尚没有所有项目的最终结果，但这里列举了最大项目艾里逊单元（Allison Unit）的一些结果。

（1）该项目有 16 口垂直生产井和 4 口注入井。

（2）CO_2 注入量达到 $20×10^4 ft^3/d$。

（3）CH_4 产量从 $100×10^4 ft^3/d$ 增至 $350×10^4 ft^3/d$，但产量有波动。

（4）CH_4 产量的平均增幅为 77%~95%。

（5）通常情况下，注入的 CO_2 量是相应 CH_4 产量的 3 倍。这表明在 CH_4 释放之前，煤层吸附了更多的 CO_2。

表 22.3 美国的 CO_2 封存项目

项目名称	所在州	注入的 CO_2 总量（t）
阿巴拉契亚北部①	西弗吉尼亚州	20000（计划）
阿巴拉契亚中部	弗吉尼亚州	907
阿巴拉契亚南部	亚拉巴马州	252
埃里森单元	新墨西哥州	277000
泵峡谷	新墨西哥州	16700
蒂芙尼单元	科罗拉多州	56250
坦夸里项目	伊利诺伊州	102
褐煤 CC 项目	北达科他州	80

注：①作者是该项目的最初主要研究人员。

CO_2 封存的最佳参数尚未确定。需要进一步研究，优化下列参数：

（1）CO_2 在不同煤层中的最佳封存量，因为每个煤层气藏的差异很大。

（2）CO_2 的运移速度。与 N_2 混合似乎有益。

（3）最佳注入压力。一般来说，不应超过储层压力。

（4）综合利用（CO_2 封存和提高煤层气采收率）的经济可行性。

22.5 煤炭地下气化

煤矿开采的经济深度可能在 3000~4000ft，可开采储量仅为 $1×10^{12}t$，还有大量储量（$14×10^{12}$~$29×10^{12}t$）尚未开发。作者认为，这些煤炭储量中所含的天然气应首先通过水平井分段压裂进行开采[4]。如前所述，可通过注入 CO_2 来进行二次开发。通过对深煤层加热可以实现煤层气的三次开发。较高的温度可明显改善煤的渗透率以及气体在煤层中的扩散能力[4]。

因此，煤层地下脱气可以实现两个目标：

（1）将煤层中剩余的 CH_4 采出。

（2）在有限的 O_2 供应条件下燃烧煤炭，产生 CH_4、CO 和 H_2 等可燃气体。这种气体通常被称为合成气。

因此，详细讨论煤炭地下气化工艺有着非常重要的意义。

22.5.1 技术简介

煤炭地下气化（UCG）是一种将煤转化为气体产品的工业流程。煤炭地下气化是一种原位气化工艺，即通过注入氧化剂和蒸汽在不可开采的煤层中生成气体。产品气通过从地面钻入煤层的生产井产出。从地面钻水平井效果会更好[10]。主要的产品气为 CH_4、H_2、CO 和 CO_2。组分的比例因地层压力、煤层深度和氧化剂平衡而异。产出的气体可以燃烧发电。或者，产出的气体可用于生产合成天然气，或者 H_2 和 CO，它们可用作生产燃料（如柴油）、化肥和其他产品的化学原料。

22.5.2 煤炭地下气化的历史

最早提到煤炭地下气化的想法是在 1868 年，当时威廉·西门子爵士在伦敦化学学会的演讲中建议对矿井中的废煤和煤屑进行地下气化。俄罗斯化学家德米特里·门捷列夫（Dmitri Mendeleyev）在接下来的几十年中进一步发展了西门子的想法[11-12]。

1909—1910 年，美国工程师安森·G. 贝茨（Anson G Betts）获得了美国、加拿大和英国授予的"一种利用未开采煤炭的方法"专利[12]。

22.5.2.1 早期试验

1928—1939 年，国有组织波德泽姆加兹（Podzemgaz）在苏联进行了地下试验。1933 年 3 月 3 日，在莫斯科煤盆地的克鲁托瓦煤矿开始了第一次使用气化腔技术的试验。这次试验和随后的几次试验都失败了。1934 年 4 月 24 日，顿涅茨克煤炭化学研究所在顿涅茨克盆地的利辛斯克进行了首次成功试验[12]。

1935 年 2 月 8 日，在顿涅茨克盆地的霍尔利夫卡（Horlivka）开始了第一套先导性工艺试验。生产量逐渐增加，1937—1938 年，当地化工厂开始使用生产的天然气。1940 年，在莱西扬斯克和图拉建立了实验工厂。第二次世界大战后，苏联的煤炭地下气化活动达到了顶峰，在 20 世纪 60 年代初，有 5 家工业规模的煤炭地下气化工厂投入运营。然而，由于发现了大量天然气资源，苏联的煤藏气化活动随之减少。1964 年，苏联的煤炭地下气化计划降级。截至 2004 年，只有乌兹别克斯坦的安格连生产基地和俄罗斯的尤兹诺—阿宾斯克生产基地仍在继续运营。

22.5.2.2 战后试验

第二次世界大战结束后，西欧和美国开始进行煤炭地下气化试验。美国于 1947—1960 年在亚拉巴马州的戈尔加斯进行了试验。从 1973 年到 1989 年，进行了大量的试验。美国能源部和几家大型石油天然气公司进行了多次试验。劳伦斯利弗莫尔国家实验室于 1976—1979 年在怀俄明州坎贝尔县的霍溪（Hoe Creek）试验场进行了 3 次试验[12]。

1981—1982 年，利弗莫尔与桑迪亚国家实验室和雷迪安（Radian）公司合作，在华盛顿州森特勒利亚（Centralia）附近的 WIDCO 矿场进行了实验。1979—1981 年，在怀俄明州罗林斯附近对陡倾煤层进行了地下气化示范试验。1986—1988 年，在怀俄明州汉纳附近进行的落基山试验将该计划推向顶峰[13]。

在欧洲，1948 年和 1949 年分别在比利时的博依拉达姆（Bois-la-Dame）和摩洛哥杰拉达（Jerada）试验了流动法。1949—1950 年在英国纽曼斯宾尼和贝顿进行了钻井法试验。几年后，1958—1959 年在纽曼斯平尼首次尝试商业试验开发方案，即 P5 试验。20 世纪 60 年代，由于能源丰富和油价低迷，欧洲的工作停止了，但在 20 世纪 80 年代又重新开始。1981 年在布鲁瓦—恩—阿图瓦（Bruay-en-Artois）、1983—1984 年在法国高德尔（La Haute Deule）、1982—1985 年在比利时苏林（Thulin）以及 1992—1999 年在西班牙特鲁埃尔省埃尔特雷梅达尔（El Tremedal）进行了实地测试。1988 年，欧洲共同体委员会和 6 个欧洲国家组成了一个欧洲工作组[13]。

1994 年，新西兰在亨特利含煤盆地进行了小规模试验。澳大利亚从 1999 年开始进行试验。自 20 世纪 80 年代末以来，中国开展了规模最大的项目，包括 16 个试验项目。

22.5.3 煤炭地下气化工艺

煤炭地下气化是在煤层中（原位）将煤转化为天然气，通过地面钻井，从煤层中将转换的天然气生产和提取出来。注入井用于提供氧化剂（空气、氧气）和蒸汽，将地下煤层点燃并使其燃烧。用单独的生产井将产品气采至地面[10]。高压燃烧的温度为 700~900℃（1290~1650℉），最高可达 1500℃（2730℉）[13]。

该过程将煤分解并产生 CO_2、H_2、CO 和 CH_4。此外，还会产生少量各种污染物，包括硫氧化物（SO_x）、氮氧化物（NO_x）和 H_2S。随着煤层的燃烧和附近区域的枯竭，氧化剂的注入量由操作人员调节控制。

煤炭地下气化设计有多种，所有设计都提到了向反应区注入氧化剂和蒸汽的方法，并给出了产品气以受控方式流向地面的途径。由于煤层的年代、成分和地质历史不同，其流动阻力也有很大差异，因此煤层的天然渗透率通常没有足够的能力传输大量天然气。可能需要使用水力压裂使煤层在高压下形成裂缝，提高天然气产量[10]。

最简单的设计是使用两口垂直井：一口注入井，一口生产井。有时需要使两口井之间建立沟通通道，常用的方法是使用反向燃烧打开煤层内部通道。这一过程如图 22.3 所示。

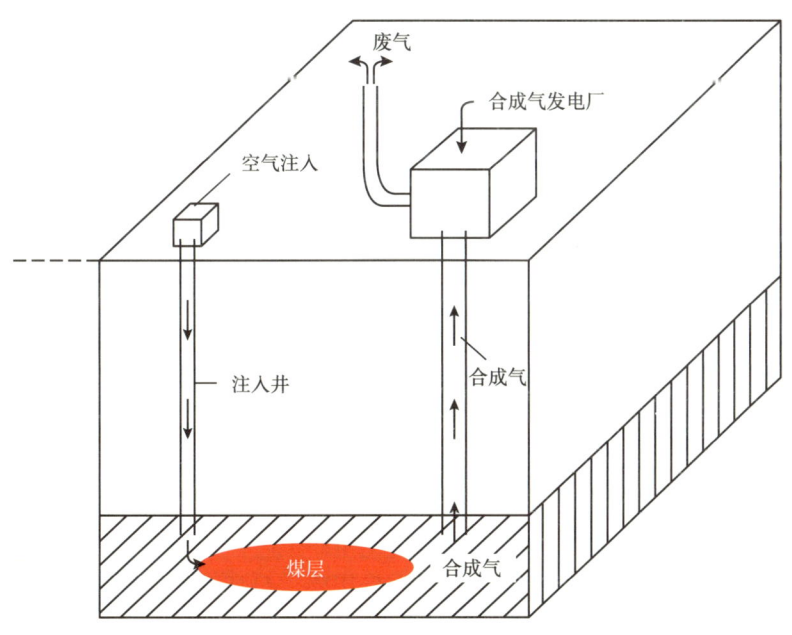

图 22.3　煤炭地下气化工艺

原苏联曾使用过简单直井、斜井和大位移井实现煤炭地下气化的技术。埃戈能源（ErgoExergy）公司进一步发展了原苏联的煤炭地下气化技术，并于 1999—2003 年在林肯公司的钦奇拉煤矿、马朱巴煤炭地下气化厂（2007年）和美洲狮能源公司在澳大利亚失败的煤炭地下气化试验项目（2010年）中进行了试验。

20世纪80年代和90年代，劳伦斯利弗莫尔国家实验室开发了一种称为CRIP（可控回缩及注入点）的方法（但未申请专利），并在美国和西班牙进行了示范。这种方法使用一口垂直生产井和一口定向钻入煤中的大位移水平井。水平井用于注入氧化剂和蒸汽，注入点的位置可以通过回缩注入装置来改变[14]。

波特曼能源公司（Portman Energy）于2012年5月宣布了一项自己研发的新技术，它采用一种名为SWIFT（单井集成流动油管）的方法，在一口直井内同时进行氧化剂输送以及合成气开发[14]。该设计采用内部封装油管串的套管，中间填充惰性气体，可以进行泄漏监测以及防腐蚀和传热。通过多个水平井筒将氧化剂输送到煤层中，再用一个或多个水平段生产合成气，就可以一次燃烧更大面积的煤层。研发人员称，这种方法可使合成气产量比早期设计方案提高10倍。

碳能源（CarbonEnergy）公司率先采用一对平行的水平井的生产系统。该系统在注入井和生产井之间的距离保持一致，同时在两井之间逐步采煤。这种方法的目的是在每个井组内采出尽可能多的煤炭，同时使生产出来的气体质量更加稳定[15]。Thakur在其著作[10]中也提出了类似的方法，下文将对此进行讨论。

煤炭地下气化（UCG）工艺适用于多种煤炭，褐煤到烟煤都可以成功气化。在选择适当的煤炭地下气化（UCG）地点时要考虑很多因素，包括地面条件、水文地质学、岩性、煤炭数量和质量。其他主要标准包括：煤层深度、煤层厚度、煤中灰分含量小于60%、不连续性尽可能小、与水体不相连。

22.5.4　用于煤炭地下气化（UCG）和煤层气三次采气的塔库尔工艺

当注入CO_2不能进一步提高煤层气产量时，最后的办法就是以某种方式给煤层加热。加热煤层可大大提高煤层气的扩散性，从而提高煤层气采收率。这就是所谓的煤层气"三次采气"[4]。

图22.4显示的是煤炭地下气化的假想示意图。使用蒸汽或射频能量对中央水平段（水平井）进行加热，但最佳的协同方法是有限供应空气/氧气可燃混合气体去点燃地下煤层。

如前所述，煤炭地下气化过程实际上已经是一种已知的技术，但尚未与甲烷开采结合起来。在这一方案中，外面的水平井筒用于生产煤层气，而中间的水平段则用来燃烧煤层。虽然这样产生的CH_4热值相对较高，但煤炭地下气化过程产生的气体热值较低（一般小于500Btu/ft^3）。

所生产气体的组分取决于煤的成分和工艺参数，如工作压力、出口温度和气体产量。对这些参数进行持续监控和频繁调整，不断优化生产工艺。

煤炭地下气化产生的低热值合成气具有多种用途，包括：

（1）作为锅炉燃料，生产用于发电的蒸汽；

（2）作为化工厂的原料；

（3）作为生产柴油或航空燃料等液体燃料的费托（Fischer-Tropsch）工艺的原料；

（4）将原料气加工成管道质量气体（热值大于或等于960Btu/ft^3）后，作为清洁气体燃料。

成功应用 CO_2 驱替后的煤炭地下气化技术可以释放出巨大的资源,即全球 $(17\sim30)\times10^{12}$ t 煤炭储量中蕴藏的天然气。

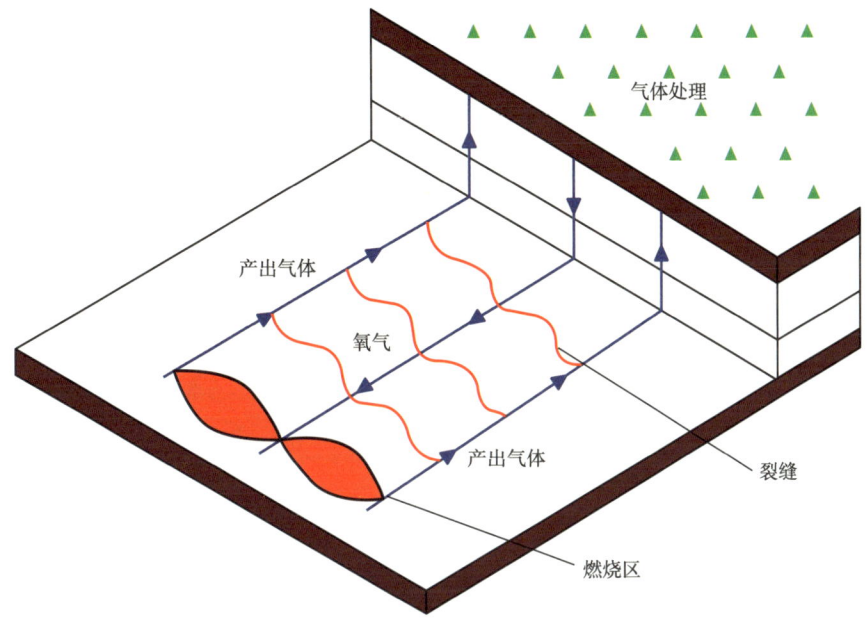

图 22.4　煤炭地下气化和煤层气 3 次开发示意图

22.6　煤炭地下气化生产出来的合成气处理工艺

煤炭地下气化工艺产生的气体(更准确地说是"合成气")是一种低热值气体,热值小于 500Btu/ft³。其理想用途是与煤一起燃烧发电;这是一种低成本、低风险的操作。如果煤炭地下气化的合成气能与一些热值较高的气体(如纯 CH_4)混合,则可用于燃气轮机发电站;这是一种成本适中、相对风险也较低的使用方法。利用煤炭地下气化的合成气生产化学品和肥料是一种价格昂贵的工艺,同时风险也比较高[15]。

表 22.4 列出了典型的合成气成分。

表 22.4　典型煤炭地下气化合成气的组分 [15]

气体	体积百分比(%)	可燃气体
氢气	30.2	
一氧化碳	17.4	66.8
甲烷+乙烷	19.2	
氮气	0.1	
硫化氢	0.2	不可燃气体(剩余部分)
二氧化碳	其余部分	
英热单位(10^3ft³)	356(13.3MJ/m³)	

成功利用合成气需要做到以下两个方面：(1)气体流量必须稳定；(2)气体组分必须稳定。

因此，煤炭地下气化形成的合成气通常需要额外供应高热值(Btu)气体，以及用"气量计"计量供气量，从而使组分保持一致。

合成气提纯过程按以下步骤依次进行：

（1）去除煤粉颗粒；
（2）水洗涤器去除焦油、石脑油等；
（3）气量计，以保持组分一致（使用纯净气体）；
（4）压缩机；
（5）水煤气变换（WGS）以保持气体化学计量比，即 $CO+H_2O=CO_2+H_2$；
（6）羰基硫转化为 H_2S；
（7）酸性气体工厂去除 CO_2、H_2S 等；
（8）除湿设备；
（9）氧化锌吸收器，去除所有硫；
（10）碳吸收器去除汞蒸气。

将清洁的合成气输送到指定的公用事业部门。

图 22.5 显示的是典型的煤炭地下气化——合成气加工工艺路线图。

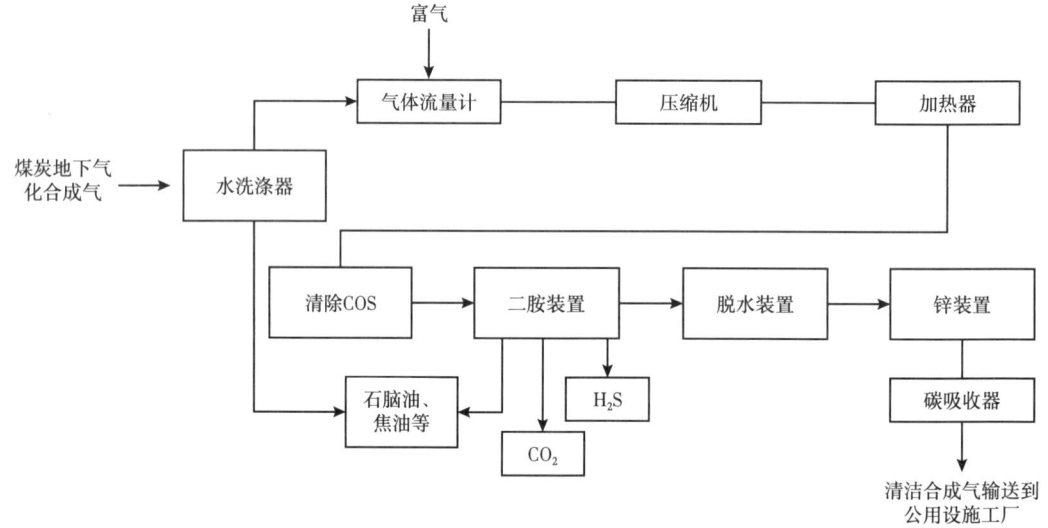

图 22.5　煤炭地下气化合成气加工工艺路线图

一个生产柴油/航空燃料的典型煤炭地下气化——合成气加工厂至少每天需要生产 50000bbl。如果产量达到 100000bbl/d，则经济效益会更好。投资成本估计为 80 亿美元。按每加仑柴油 3.50 美元计算，该厂的年收入可达 53 亿美元。

经济评价的结果可能会显示项目具有良好的投资回报率（DCFROR）。虽然环境存在一些挑战，但没有什么是无法应对的。其中一个令人担忧的问题是地面沉降（浅层煤），但对于深煤层来说，地面沉降是最小的。CO_2 处理是另一个问题。煤炭地下气化（UCG）

工艺确实会在地下产生很大的地层亏空。有人建议利用这部分亏空体积来储存 CO_2。液态 CO_2 最适合填补深煤层中的亏空体积。

参 考 文 献

[1] Landis E R, Weaver J W. Global coal occurrences: hydrocarbons from coal. AAPG Stud Geol, 1993, 38: 1–12.

[2] The International Coal Seam Gas Report. Queensland, Australia: Cairn Point Publishing, 1987.

[3] Kuuskraa V A, Boyer C M, Kelafant J A. Coalbed gas: hunt for quality gas abroad. Oil Gas J, 1992, 90: 49–54.

[4] Thakur P C. Advanced reservoir and production engineering for coalbed methane. Elsevier, 2017: 1–15.

[5] Ohga K. In: Gale J, Kaya Y, editors. Fundamental tests on carbon dioxide sequestration into coal seams: greenhouse gas control technologies. Elsevier: 2003.

[6] Markham E C, Benton A F. The adsorption of gas mixtures by silica. J Am Chem Soc, 1931, 53: 497.

[7] Thakur P C. Methane flow in Pittsburgh coal seam. In: The 3rd International Mine Ventilation Congress, Harrogate, UK, 1984: 177–182.

[8] Mohanty M M. Development of a 2D model to study the CO_2 sequestration in coal seams. Int J Eng Res Technol, 2015, 3 (1): 79–85.

[9] Thakur P C. Advanced reservoir and production engineering for coalbed methane. Elsevier, 2016: 179–188.

[10] Thakur P C. Advanced reservoir and production engineering for coalbed methane. Elsevier, 2016: 187–188.

[11] Siemens C W. On the regenerative gas furnace as applied to the manufacture of cast steel. J Chem Soc, 1868, 21: 279–310.

[12] Klimenko A Y. Energies, 2009, 2 (2): 456–476.

[13] Martin S. Review of environmental issues of underground coal gasification. WS Atkins Consultants, 2004.

[14] Energy P. UCG-3rd way, In: The 7th Underground Coal Gasification Association Conference, London, 2012.

[15] Clark M, Duncan S. Underground coal gasification: its potential and its challenges. In: 3rd IEA Workshop on Underground Coal Gasification, Brisbane, Australia, 2013.

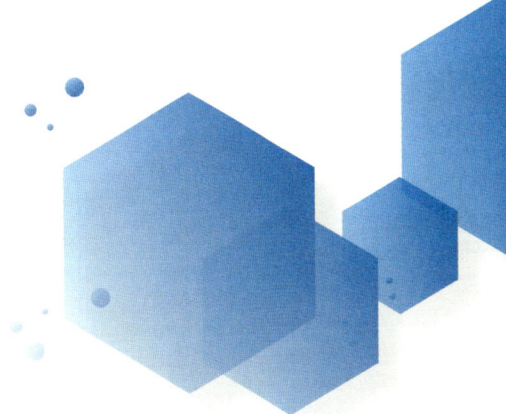

第 5 篇　煤层气采气工程

23 压裂后工程设计

马克·V. 莱德克[1]，摩根·H. 莫瑟[2]

1 杰斯玛能源公司，霍尔布鲁克，宾夕法尼亚州，美国；
2 莫瑟资源咨询有限责任公司，摩根敦，西弗吉尼亚州，美国

本章概述了煤层气生产所需设备设计的简单方法。设计的重点是排水泵、井口压缩机和井口干燥设备。了解煤层气藏有助于确定煤层气井的气产量和水产量。在选择合适的设备时，工程师必须解决腐蚀或结垢等潜在问题。

要制定煤层气井完井后所使用生产设备的设计规范，工程师必须对煤层气储层的特征有一定的了解。了解煤层基质中气体和水的流动特征有助于获得最大的气产量和水产量。要实现这一目标，需要对脱水设备、压缩机和集气设施进行合理的设计。在进行生产设备设计时，还需要考虑腐蚀和结垢等其他因素。

23.1 煤层气藏

煤层内天然气和水流动的三维视图如图 23.1 所示。两个裂缝系统（面割理和端割理）控制着煤层内的天然气和水的流动。割理系统中的初始含水饱和度为 100%。在含水饱和度降低之前，煤层中的天然气不会流动。

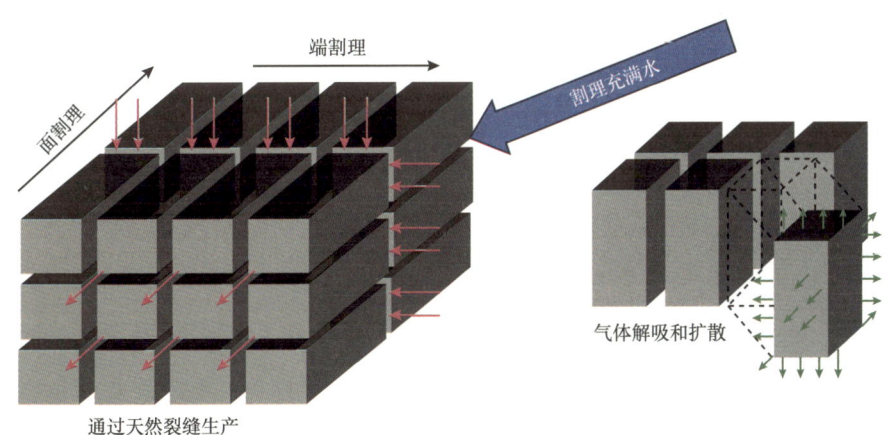

图 23.1 煤层的结构

裂缝内水的流动受达西定律支配。影响该流动规律的参数包括储层初始压力与割理面上压力两者之间的压差、裂缝渗透率、水和气体黏度。从一口煤层气井中开采的天然气量

受达西定律支配。

煤层气井在产出一定量的地层水后,天然气开始向裂缝系统扩散。在某些情况下,煤层气井开始产气之前,可能生产出来的 100% 都是水,并且持续几个月的时间。

降低裂缝系统中的压力会使得气体从微孔中解吸并扩散到裂缝中。面割理和端割理与水平井眼或诱导水力裂缝相连通。解吸后的气体通过裂缝进入水力诱导裂缝或水平井眼,然后到达地面,在地面上对气体进行压缩、干燥并送往处理厂。

石油和天然气行业的生产工程师通常使用产能指数方程来预测天然气产量。该方程可用于预测面割理和端割理内的气体产量。

$$Q = C \times \left(p_s^2 - p_w^2 \right) \tag{23.1}$$

式中　　Q——天然气气量,$10^3 \text{ft}^3/\text{d}$;

　　　　C——常数;

　　　　p_s——储层静压,psia;

　　　　p_w——砂面流动压力,psia。

该方程受达西定律控制。当砂面压力降至为零时,天然气产量达到最大。尽管煤层气藏中还有其他因素影响天然气产量,但我们可以从数学公式上看出,大压差($p_s^2 - p_w^2$)是如何增加储层裂缝段中天然气产量的。

在煤层气井的生命周期内,割理的渗透率会增加。从图 23.2 中可以看出,随着气藏压力的下降,低压力下的渗透率要高得多。研究人员将这种现象称为克林肯贝格效应。它说明在低压时,天然气会沿着裂缝滑动,从而增加了有效天然气渗透率。当天然气解吸时,煤层基质会收缩,从而增加了裂缝的渗透率。煤层气储层渗透率的增加有助于抵消储层压力下降造成的气体流量减少。这也许可以解释为什么煤层气储层的递减速度比常规气藏慢得多。

图 23.3 是一口煤层气井的天然气生产曲线,该井在 27 年内生产了 $18 \times 10^8 \text{ft}^3$ 的天然气。井口安装了一台螺杆式气体压缩机。储层的原始压力为 32psig;生产 6 年后,井口压力降至 -6.0in Hg。井口压力降至真空后,产量年递减率为每年 3%。

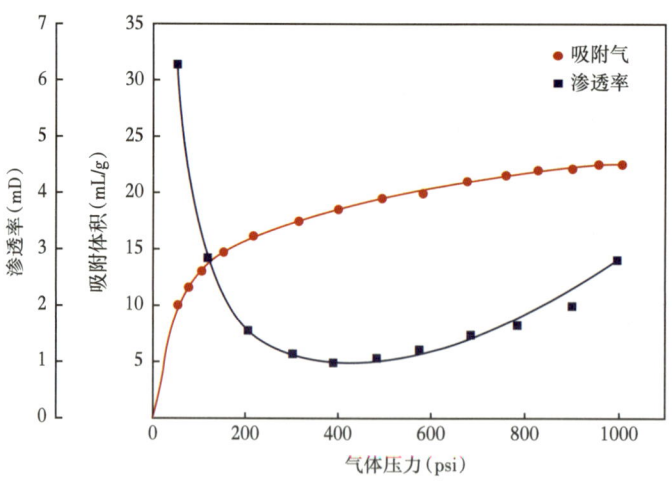

图 23.2　克林肯贝格效应和基质收缩

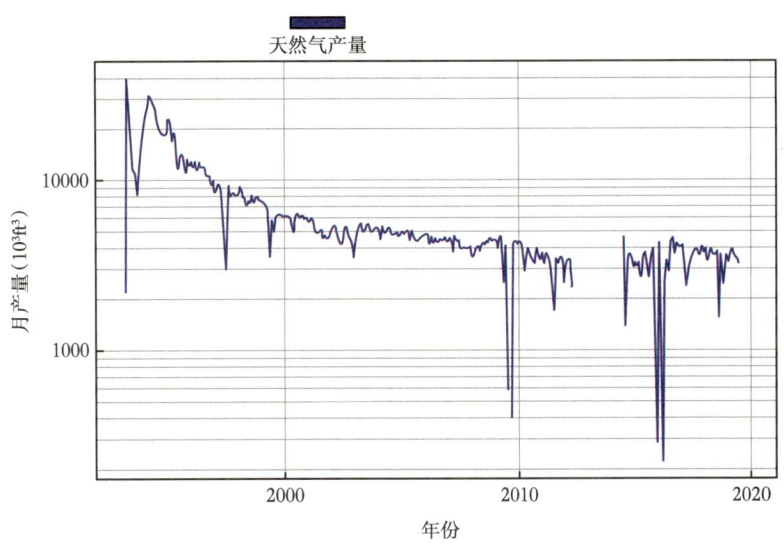

图 23.3　8-8-19 瓦纳 1 和 2 井

23.2　煤层气藏完井方式

煤层气井通常有 3 种完井方法：
（1）直井；
（2）裸眼水平井；
（3）套管水平井。

23.2.1　直井

垂直井钻遇多个煤层，然后在煤层中下入生产套管并用水泥固井。对不同的煤层在套管中进行分级射孔和水力压裂。使用压裂球和挡板、压裂桥塞或连续油管设备将每个压裂段隔离开，分别进行压裂施工。将压裂挡板和压裂塞桥塞钻出，最后安装生产设备投产。

23.2.2　水平井裸眼完井

水平开裸眼完井是利用在煤层中按设计方向钻长水平段井眼的优势，增大与煤层的接触面积。矿业局在煤层开采前利用地下矿井内钻井对煤层进行脱气处理时，就采用了这种完井方式。他们发现，在与面割理相交的方向钻水平井所生产的天然气比在其他方向钻井所生产的天然气要多得多。

图 23.4 展示的是从地面井场向多个煤层钻 3 个 4000ft 水平井眼的钻井计划。这些水平井筒与面裂缝垂直相交。直井通过一个较短的水平段与 3 个水平井段直接相连，用来排出煤层中的水。传统的油田抽油装置通常采用 $3\frac{1}{2}$in 的油管和特殊设计的井下活塞泵。直

井通常钻有 200ft 的鼠洞。泵通常下到煤层底部位置下方 100ft 处，以防止气锁。位于泵吸入口下方的额外 100ft 井眼可用来储集地层中产出的煤粉。

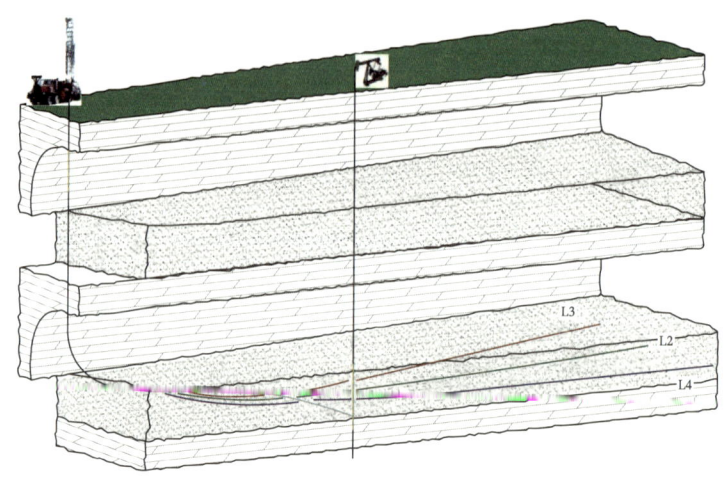

图 23.4　水平裸眼井

如果能够将井底生产压力降至零，可实现产量最大化。具体做法是将井口压力降至真空，并将生产井中的液位降至煤层底部以下。

采用这种完井方式，煤层气的初始产量通常在 $(75\sim100)\times10^4\text{ft}^3/\text{d}$。

23.2.3　水平井套管完井

水平井套管完井主要用于深煤层。较深的煤层由于裂隙渗透率低，需要进行水力压裂处理。完井工艺与页岩水平井完井非常相似。压裂施工分段实施，两个压裂段之间通常用压裂桥塞隔离。压裂桥塞钻出后，就可以投产了。通常，煤层气使用的压裂液量要比页岩完井中少得多。

23.3　井口设备

设备设计需要实现 3 个功能：
（1）煤层脱水；
（2）降低井底压力；
（3）降低煤层气中的含水量。

23.3.1　煤层排水

排出煤层中的水对煤层气的流动至关重要。所设计的排水设备需要有足够的能力来有效地排出煤层中的水。同时，设计的设备需要具备足够的能力，能够在开发早期将液面降到煤层以下。保持低液面有助于降低煤层的回压。在设想使用哪种类型的排水设备时，设计工程师必须考虑以下几个方面的问题。

（1）预测每天的最大和最小产水量是多少？

（2）预计每天最大煤层气产量是多少？
（3）是否存在煤粉？
（4）是否存在腐蚀？是什么类型？
（5）是否存在水垢？是什么类型？

煤层气作业者在设备选型时通常都会考虑这些标准。煤层气藏生产通常采用3种类型的泵排液：电潜泵（ESP）、螺杆泵（PCP）和井下活塞泵。煤层气藏排水采气很少使用气举排液方法。气举或柱塞气举设备需要一定井底压力才能正常工作。而煤层气井的目标是将井底压力降至零，因此通常不考虑气举排液方法。

23.3.1.1 电潜泵

电潜泵（ESP）的剖面图如图23.5所示。泵组件包括一个井下电机、带有一系列叶轮的井下泵和一个用于井下气体分离的气锚。该组件通过配套的铠装电缆连接到生产油管上。电机功率以及叶轮数量或泵的级数取决于下泵深度和产水量。井越深，水量越大，马力越大，级数越多。地面安装一个特殊的井口，以防止电缆和生产油管腐蚀和出现触电事故。地面变压器和控制器给电潜泵的电机分配电流。

电潜泵（ESP）在产水量大的情况下表现更佳。较大直径的电潜泵排液量超过5000bbl/d。如果泵的吸入口位于完井段的上方，则容易发生气锁。必须对电机进行冷却，在井筒中的滞流段，电机会过热。如果泵循环工作，煤粉可能会沉积在叶轮部分及其周围。在排量较大的情况下，需要三相电流，这在没有三相电源的地区可能是个问题。小直径电潜泵（2in或更小）可以用单相电流工作。

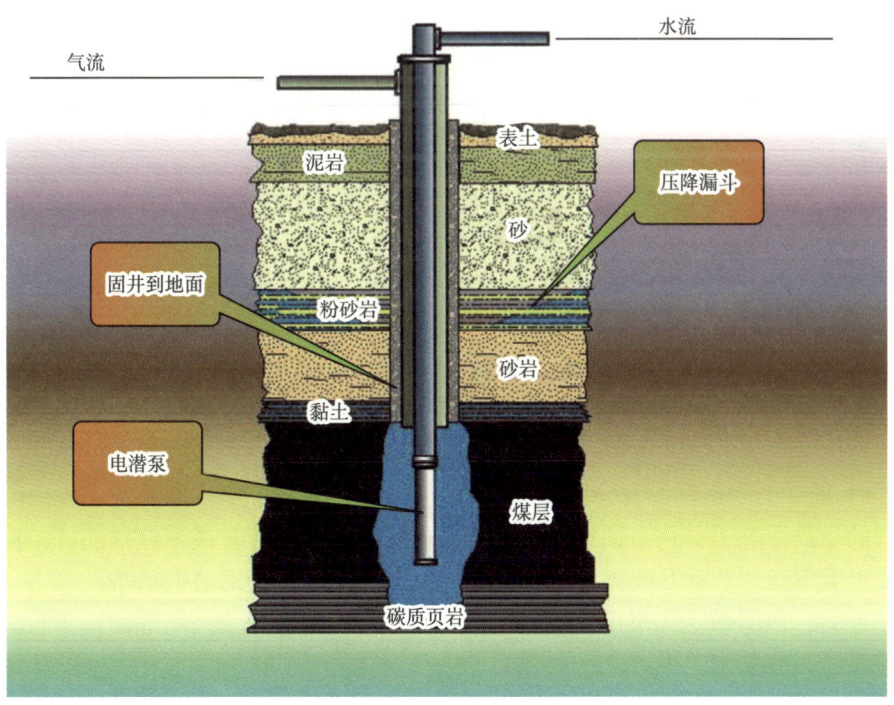

图23.5 电潜泵（ESP）井

23.3.1.2 螺杆泵

如图 23.6 所示，螺杆泵由燃气发动机、液压马达或电动机驱动。它们由转子和定子组件组成，由连接到顶部驱动器的抽油杆驱动。它们能很好地处理地层产出的微粒和固体。在进行设计的时候，考虑泵是连续工作的，而且不会出现井筒液体被抽空的情况。定子在泵没有供液的情况下开始磨损。CO_2 浓度超过 4% 会导致转子和定子腐蚀。泵吸入口上方至少需要 60ft 的沉没度。泵吸入口应设置在完井段以下至少 80ft 处，以避免泵气锁。应安装聚乙烯抽油杆扶正器（每根抽油杆上 3 个），以尽量减少油管磨损。在有大量煤粉的气井中，抽油杆杆扶正器可能会出现问题。当螺杆泵（PCP）停产的时候，煤粉可能会在扶正器周围沉淀下来。

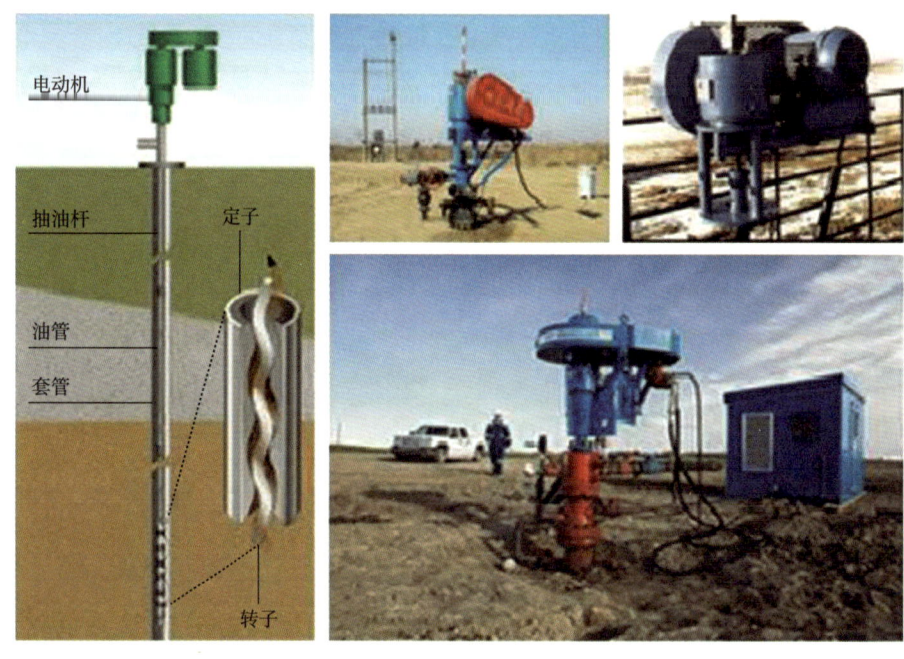

图 23.6　螺杆泵

23.3.1.3　井下活塞泵

井下活塞泵通常在煤层排水方面有较好的表现，它在排出煤粉方面的表现也不错。通过将泵置于生产段下方 60ft 的地方，可以消除或减少气锁。如果必须将泵放在完井段上方，井下气体分离器或气锚可以有效地解决这个问题。

图 23.7 是一个剖视图，显示了井下排液泵系统的组成部件。井下泵安装在位于生产油管底部的坐落短节上，它由抽油杆驱动。在地面，抽油机提升或下放抽油杆，从而使井下的泵发生上下运动并举升液体。地面装置可由电动机或燃气发动机驱动。

经验证明，顶部锚定式泵比底部锚定式泵更容易拔出。当使用底部锚定泵时，泵筒周围会积聚煤粉，使泵难以拔出。

裸眼水平井推荐使用哈比森—费希尔（Harbison-Fischer）2½in 直径井下 HF 冲程贯通泵。冲程贯通功能有助于该泵生产含气流体。柱塞可对付中等煤粉量。它的排水量为 12.5gal/min，冲次为 14（SPM），冲程为 46in。

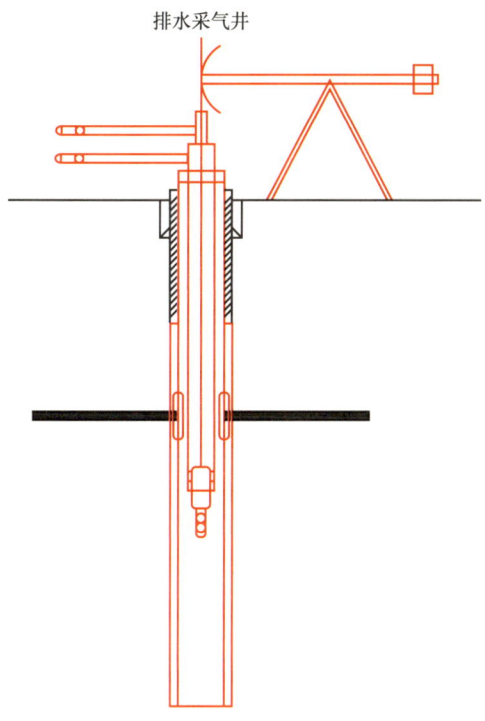

图 23.7 井下排液泵系统的组成

在没有电力供应的情况下，建议使用低转速燃气发动机。这些发动机的价格通常高于高转速发动机，但是，它们的低维护成本抵消了较高的投资成本，尤其是在气井长期生产的情况下更是如此。

发动机的转速可以改变这一点至关重要，它可以防止井筒被抽空。停泵时发生的流体冲击会严重损坏井下的泵和抽油杆。燃气发动机可以通过调低节流阀设定值来改变转速。电动机可以通过使用变频驱动器（VFD）来降低转速。变频驱动器可与三相转换器配合安装在单相电机上。

井下活塞泵是煤层气开采的首选泵型，但它并不完美。抽油杆和油管腐蚀、结垢和气锁都会造成生产故障。如前所述，通过将泵的吸入口置于完井段以下，这样可以最大限度地减少气锁。油管和生产套管之间的环形空间可发挥气体分离作用。图 23.8 是井下活塞泵的剖面图。该图活对塞和阀门在上冲程和下冲程操作过程中的运动进行了介绍。当出现气锁的时候，一定量的气体停留在游动阀和固定阀之间。在下冲程阶段，滞留气体产生的峰值压力不足以克服游动阀上的静液柱压力，无法打开游动阀。而在上冲程阶段，压力降低的程度不足以打开固定阀并吸入新的流体。两个阀门实际上都卡在关闭位置，因此，泵无法举升流体。

CO_2 的存在会对抽油杆和油管造成严重腐蚀。在油管和套管之间的环形空间注入缓蚀剂可以减少 CO_2 的腐蚀。在抽油杆和油管表面镀上防腐涂层可防止 CO_2 腐蚀。腐蚀抑制剂可能有些毒性，因此要确保抑制剂残留物与水处理系统相兼容。

硫化铁可能是硫酸盐还原菌的副产品。这种细菌生活在浅层的采出地层水中，因为这里的水往往更接近淡水。向套管环空连续注入杀菌剂可杀死细菌，防止硫化铁的形成。

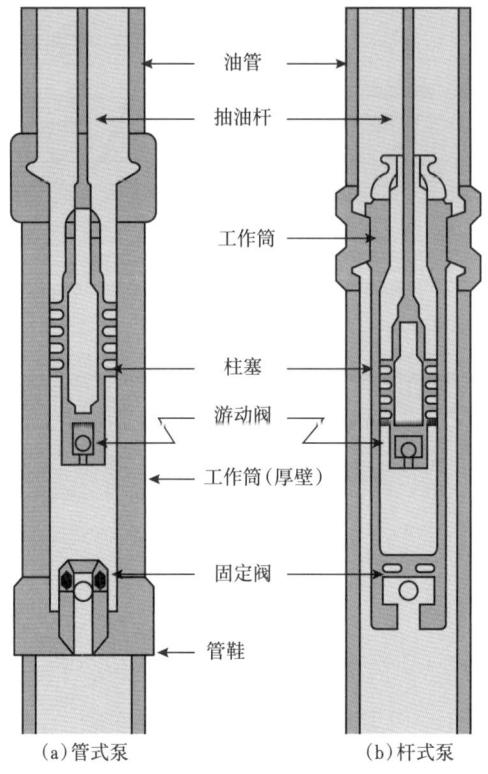

(a) 管式泵　　　(b) 杆式泵

图 23.8　井下活塞泵系统剖面图

抽油杆或者泵筒可能会形成碳酸钙和/或硫酸钙垢。在多煤层中完井的煤层气井似乎更容易形成水垢。来自不同地层的水在井筒中混合，形成沉淀物质。可以使用抑制剂处理这些井筒中形成的垢。

23.3.2　天然气井口压缩

要想井底的流动压力降为零，则需要将井口抽成轻微真空状态来实现。具体实现方法是在井口附近安装螺杆压缩机。在井口抽真空时，螺杆压缩机的气体入口端采用的管径为 4in 或更大。此外，应尽量减少压缩机吸气法兰和井口之间的弯头数量。较大直径的管道和较少数量的弯头可减少井口真空运行时的摩擦损失。这种设计多用于裸眼水平井。通常情况下，只要产量足够大，从经济角度考虑，每个井口都需要一台压缩机。

很多时候，油气生产商会将多个气井连在一起集中压缩外输。他们使用一台压缩机与小口径集输管线把这些井连接起来。井口压力通常保持为正；井口回压过高会降低煤层解吸天然气的能力。

23.3.3　井口干燥

为了降低集气系统中的含水量，通过在压缩机排气口安装干燥设备（图 23.9）来实现。水蒸气量从饱和状态降至 $25\,lb/10^6 ft^3$。含水量为该值时，水不会从气体中析出。

图 23.9 干燥器

通过加大井口设备的投资,可以降低运营成本,最大限度地减少气井停运时间。利用自动化可降低人工成本。每台井口压缩机都配备了通信设备,为操作人员提供数据,使其能够远程执行任务。由于在井口对产出的天然气进行了干燥,与集输管线维护相关的运营成本也随之降低。例如,由 35 台现场压缩机和井口干燥设备以及一个天然气处理厂组成的煤层气运营公司,只需一名主管和三名辅助人员即可维持全天候运营。

24　煤层气田产出水管理

理查德·哈马克[1]，摩根·H.莫瑟[2]

1 能源部国家能源技术实验室，匹兹堡，宾夕法尼亚州，美国；
2 莫瑟资源咨询有限责任公司，摩根敦，西弗吉尼亚州，美国

美国环保局（EPA）对美国煤层气生产商的调查发现，2008年煤层气井生产了2001602899×10³ft³天然气（即2×10¹²ft³），约占当年美国天然气总产量的8.8%[1]。煤层气产量来自14个含煤盆地的56049口井，如图24.1和表24.1所示，其中产量最大的是新墨西哥州和科罗拉多州的圣胡安盆地以及怀俄明州和蒙大拿州的粉河盆地。

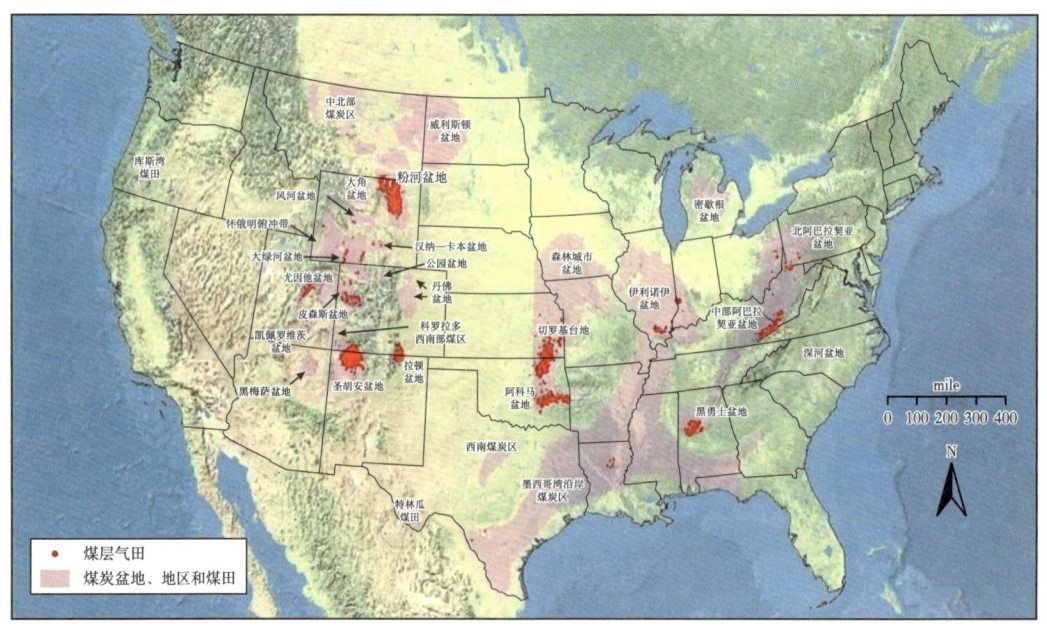

图24.1　煤层气田分布图

如图24.2所示，美国能源信息署（EIA）最新估计美国本土48州2017年煤层气产量为9800×10⁸ft³。美国各州产量最高的是科罗拉多州，为3380×10⁸ft³，其次是新墨西哥州，为2340×10⁸ft³，怀俄明州以1350×10⁸ft³排在前三位。这与2008年的产量相比有明显下降。

表 24.1 按天然气总产量排列的煤层气盆地

煤层气盆地	煤层气井数	天然气总产量（$10^3 ft^3$）
圣胡安	7048	755273032
怀俄明州粉河	20692	591989139
阿巴拉契亚和伊利诺伊	6190	146335694
拉顿	3725	128690594
黑勇士	5153	104412592
切罗基／森林城市	5278	85669776
尤因他／皮森斯	1117	69544369
阿科马	2321	65972085
阿纳达科	2846	18612851
凤河／绿河	337	15979115
粉河—蒙大拿州	898	14244971
AL/FL/盐穹／卡哈巴	387	3756571
阿克拉	42	850223
沃斯堡／二叠系／德州海湾沿岸	15	271887
总计	56049	2001602899

注：数据是 2008 年环保局向煤层气运营商发出的筛选者问卷调查结果；数据由凯里·约翰逊（Carey Johnson）于 2009 年 11 月 5 日在得克萨斯州休斯敦举行的 2009 年国际石油和生物燃料环境会议上公布。

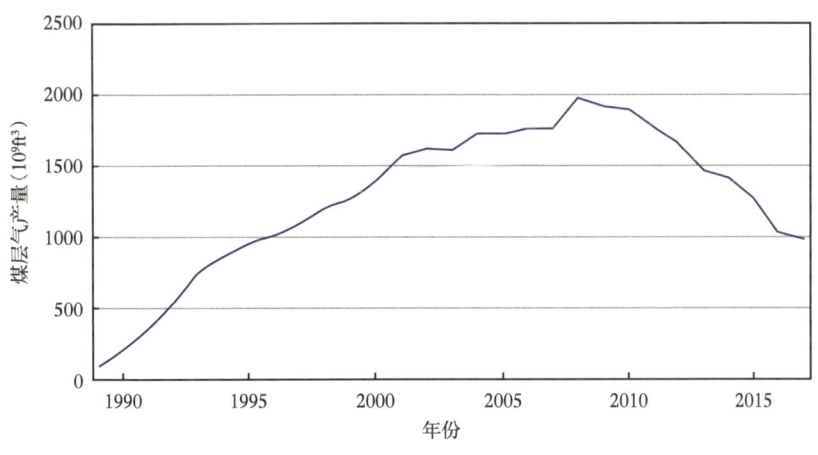

图 24.2 美国煤层气产量呈下降趋势

24.1 煤层气藏产出水

在煤层气井刚开始生产的时候，需要大量排水以降低煤层中的静水压力，使甲烷从煤层中解吸出来，之后才开始产气。当开始产气之后，产水量会下降到一个较低值并持续一段时间，如图 24.3 所示，这种稳定的产水量会在煤层气井的整个生产周期内持续产出。

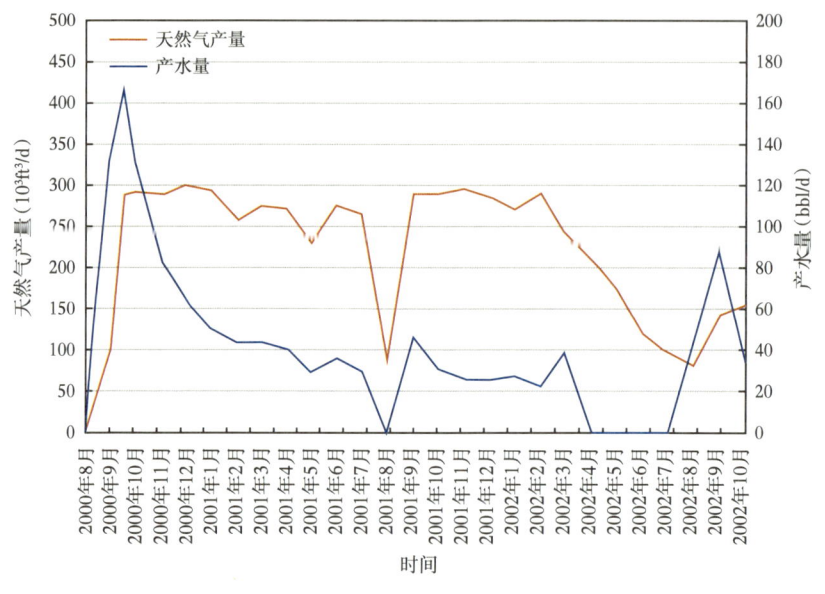

图 24.3　CDX 天然气产量

煤层气产出水的水质范围很广，既有饮用水水质，也有高盐度水质，如果不对产出水进行费用昂贵的处理，就无法再利用。不同盆地、甚至盆地内的产出水水质也各不相同。例如，位于含煤盆地边缘（有大量地下水补给）附近的煤层气井产出的水通常水质好，可能不需要处理就可用于多种用途，包括饮用水[2]。然而，大多数煤层气产出水的水质从咸水到盐水不等，需要经过某种形式的处理才能再利用或排入地表水道。煤层气的产出水超高盐度的情况比较少见，总溶解固体（TDS）浓度在 35000~180000μg/g。这种类型产出水的处理成本很高，妨碍其再利用；超高浓度盐水注入深部盐水层。

本章对美国含煤盆地煤层气产出水的现有的以及新提出的管理方法进行了讨论。本章无意全面讨论适合煤层气产出水处理的技术，为此，请读者参考以下在线获取的有关详尽综述。阿贡国家实验室（Argonne National Laboratory）开发的采出水管理信息系统（PWMIS）[3]是一个在线资源，提供了采出水管理方面的技术和法规信息，包括当前的做法、州和联邦法规以及优化管理指南。采出水管理信息系统（PWMIS）还包括一个互动决策树，可指导煤层气经营者选择合适自己的采出水处理技术。最全面的采出水处理技术目录由洲际油气契约委员会（IOGCC）和奥尔咨询公司（ALL Consulting）于 2006 年编制完成[4]。最近，科罗拉多矿业学院（CSM）编制了最新的采出水处理技术目录，其中包括对每种技术的大致评价[5]。Cath 的在线演示文稿[6]对适合煤层气产出水的新兴处理技术进行了讨论。

24.2 煤层气产出水管理——现行做法

24.2.1 地下注入

2009 年美国环保局（EPA）筛选者调查问卷得出，煤层气产出的水大多注入地下深部盐水层[1]。事实上，阿纳达科、阿科马、圣胡安和切诺基—森林城市含煤盆地的所有煤层气产出水都是注入深部地层。绿河盆地和皮森斯盆地约 80% 的煤层气产出水是注入深层的；阿巴拉契亚盆地 68% 的煤层气产出水是注入深层的。只有在粉河盆地和黑勇士盆地，地表排放（经过处理或未经过处理）的比例高于地下注入（二者注入深层的比例分别为 32% 和 5%）。

24.2.1.1 深层注入

在一些盆地，采出地下水采用深层注入主要受两方面因素控制：（1）当地有适合注水的地层；（2）煤层气产出水水质差，不经过昂贵的处理就不适合再利用或地表排放。由于煤层气产出水的深层注入发生在干旱盆地，而这些地区的农业、工业发展和人口增长都受到水资源的限制；产出水可能成为这些地区未来的水源，尤其在能够开发出成本较低的产出水处理技术之后。然而，在将这些水用于盈利的用途之前，必须先解决有关产出水所有权的法律问题。

一些煤炭盆地（如粉河盆地、阿巴拉契亚盆地）的注水能力有限，无法容留开发中的煤层气田开始投产时的大量产出水。在这些盆地中，煤层气产水必须与液态工业废水以及其他石油和天然气来源的产出水/返排水争夺有限的注入能力。此外，同样的注入地层也是天然气储存和未来 CO_2 封存的目标层位。当现有注水井的容量受限且已投入使用时，煤层气运营商必须采取以下措施来应对：（1）将产出的水输送到还有注入能力的注水井；（2）增加现有注水井的注水能力；（3）增加新的注水井；（4）对水进行处理，以便排放到地表或用于盈利的商业用途。

将煤层气产出水输送到现有注水井的经济性取决于具体地点，并在很大程度上取决于以下因素：（1）距注水井的距离；（2）产水量；（3）产水持续时间。如果预计产水持续时间较短，将水运至现有注水井的成本可能低于其他替代方案，比如需要大量基础设施建设投资或可能需要漫长许可审查过程。

有时，通过在现有注入层位上方射孔可以注入上部渗透层，或通过加深井眼以注入更深的地层，可以提高现有注入井的注入能力。另外，增加水平段长度可以最大限度地增加与注入层的接触，大大提高低渗透层的注入能力。水力压裂或其他形式的增注措施可提高注入能力和储层的容纳能力；定期进行水力压裂可延长注入能力下降的注水井的服务寿命。此外，如果能够证明围岩的完整性没有受到破坏，美国环保局地下注入控制（UIC）计划将根据具体情况允许注水井在注入压力超过注入地层破裂压力的情况下工作[7]。证明围岩完整性的可行方法包括注入前压裂建模和注入过程中的微震监测，用来评估水力压裂的动态变化。同时监测上覆含水层的化学成分变化也是一种方法。

在煤层气生产区，如果现有注水井没有多余的注入能力，或者现有注水井的运输成本过高，就需要增加新的注水井。经营者有时可以通过将枯竭或没有在产的油气井转换为注水井，从而避免钻探新注水井的高成本。新注水井或转注后的油气井可以利用水平井和水力压裂技术来改善它与地层的接触面积和注入能力。

宾夕法尼亚州西南部的一家天然气生产商一直在将煤层气生产水注入一个被水淹的煤矿中。与其他注水井相比，这口获得美国环保局（EPA）UIC 许可的注水井很浅，而且由于注入的是煤矿开采后留下的水淹空间中，因此几乎具有无限的注入能力。最近，该井的经营者自愿暂停注水，直到附近溪流中检测到的高含量总溶解固体（TDS）的来源得到确认。煤矿尚未利用的注水井的未来用途尚不明确。

24.2.1.2 浅层注入

已经有研究人员开发出井下天然气和采出水分离的装置[8]，从而可将采出水注入产层上面含水层，而无须举升至地表，如图 24.4 所示。

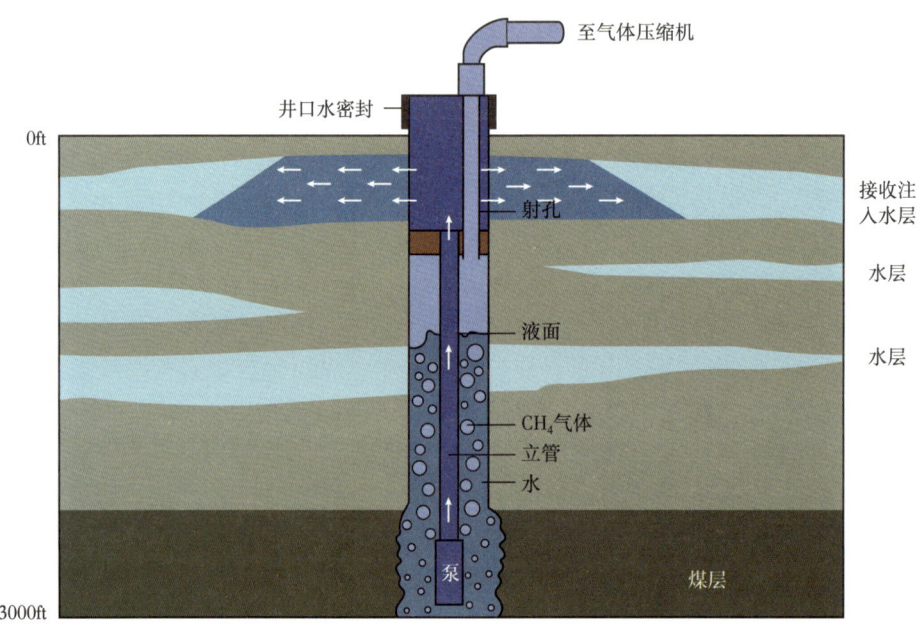

图 24.4　煤层气井

获得这种做法的许可证通常比获得煤层气采出水地面排放的 NPDES 许可证要简单。运营商必须证明煤层气产出水的水质等于或优于注入层中水体的水质。从实际角度来看，接收注入水的水层必须与生产 CH_4 的煤层在水文上是分开的。否则，排水对降低煤层气产层的静水压力的作用就会减弱（因为排出的水会从注入层流回煤层气产层）。井下分离和回注为煤层气运营商节省了建造和运行用来储存、运输和处理采出水的地面设施的成本。这种做法保护了作为地下水资源的采出水，在某些情况下还可以明显改善浅层含水层的水质。

在有多个煤层气产层的地区，通过将井下天然气/水分离技术与多个煤层按顺序单独生产思路相结合，可以最大限度地减少产出水量。假设首先开采最上部煤层气，从该煤层产出的地层水将在地表进行人工处理或注入上面的含水层。当最上部煤层的天然气产量低于经济极限产量时，再从更深的煤层中排水，并将这些产出水注入上部煤层因排水采气而衰竭的低压孔隙中。这个过程在越来越深的煤层中重复，直到所有煤层中的天然气都被生产出来。这一过程将有助于恢复之前因天然气生产而枯竭的含水煤层。它还可以避免在地面储存、运输和处理采出水的费用，从而为运营商节约成本。

24.2.1.3 近地表注入

地下滴灌和渗透蓄水池是两种管理煤层气产出水的方法，属于美国环保局地下注入控制（UIC）计划定义的第五类注水井。第五类注水井是一个包罗万象的类别，它们"通常较浅、构造简单"，可将水引入浅层地下，用于多种用途[9]。

（1）地下滴灌。

在农业用水有限的地区，用煤层气产出的水灌溉有时可以促进作物生长。然而，煤层气产出水的钠含量高，会在土壤中形成不渗水的硬壳，从而减少水分和空气渗入土壤，导致作物产量下降。除非用机械破碎土壤以破坏表层硬壳，否则土壤生产力仍将很低。采用传统方法使用煤层气产出水进行地表灌溉时，如果在土壤中添加了石膏（一种能缓慢溶解释放钙的矿物质，从而限制钠对土壤渗透性的损害），就能达到成功灌溉的目的。最近，地下滴灌（SDI）作为利用煤层气产出水进行灌溉的更好方法得到了推广。如图 24.5 所示，地下滴灌将煤层气产出水直接灌溉到根部，土壤中自然含有足够浓度的可溶性钙和镁矿物质，以防止土壤渗透性伤害。

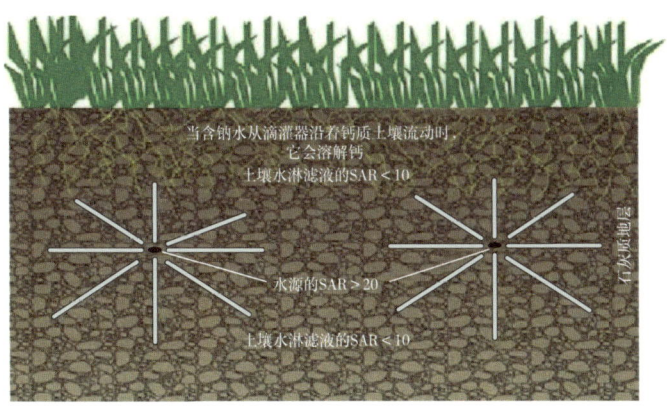

图 24.5　地下灌溉

持续使用煤层气产出水时所形成的盐分预计会"驻留"在根系深度以下的地下水层中，不会影响作物生长或污染浅层地下水。美国国家能源技术实验室（NETL）和美国地质调查局（USGS）正在评估使用煤层气产出水进行地下滴灌（SDI）对土壤性质、地下水质量和作物产量的长期影响。这项研究在粉河沿岸一个 200acre 的地下滴灌（SDI）区域进行，该区域以前是旱作农业。该地区安装了密集的监测井网、测压孔、地表水采样站和土壤水分传感器阵列，以监测使用煤层气采出水进行地下滴灌（SDI）对地表水、地下水和土壤水化学性质的影响。此外，还每半年进行一次电磁勘测，以确定图 24.6 所示的溶解性盐在垂直和横向上迁移变化。

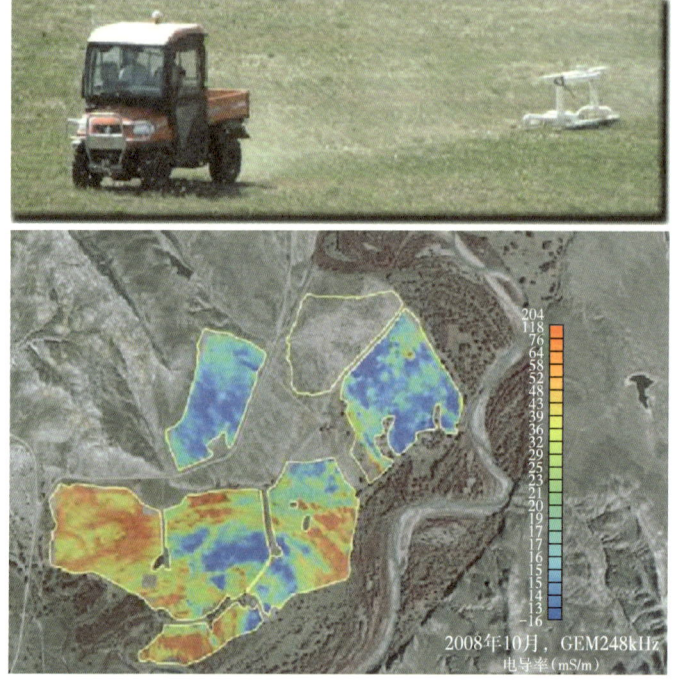

图 24.6　电磁测量

使用煤层气产出水一年后，未发现对土壤结构或地下水化学成分有任何不利影响。由于紫花苜蓿作物是在安装地下滴灌（SDI）后刚刚种植的，目前仍处于生长期，因此要确定地下滴灌（SDI）对作物产量的提高作用还为时过早。

（2）无衬砌蓄水池。

无衬砌蓄水池（也称为渗透蓄水池、池塘）是将煤层气产出水引入浅层地下的另一种方法。2006 年，怀俄明州约有 3000 个处理煤层气产出水的可渗透蓄水池正在使用或处于许可申请阶段[10]。可渗透蓄水池的目的是将煤层气的产出水保持到渗透或蒸发完为止。许可审批机构期望渗入的水能够增加浅层地下水资源。在煤层气产出水的水质优于本地地下水水质的地区（粉河沿岸冲积平原以下情况通常如此），渗透水有望改善浅层地下水的水质。遗憾的是，这种做法存在两个问题：①下渗的水有时会遇到可溶性盐层，这些盐层会溶解并降低地下水的水质；②下渗的水经常地下浅层横向（而不是向下）流动，从蓄水池下坡处重新渗出。据怀俄明州污染排放清除系统[10]估计，约有 50 个蓄水池的水在蓄水池大坝下方重新渗出。

在怀俄明州，如果地下水适合用于家庭或农业用途（分别为Ⅰ类或Ⅱ类），则不允许向无衬砌蓄水池排放煤层气产出水。然而，如果地下水被指定为Ⅲ级（畜牧业用途）或Ⅳ级（工业用途），则允许向无衬砌蓄水池排放。对于Ⅲ类含水层之上获得许可的蓄水池，由于盐分溶解/迁移可能导致含水层水质下降，因此需要每季度对含水层进行监测。如果地下水被划分为Ⅳ类，或在规定的调查深度内未发现地下水，则无须对地下水进行监测。

2003年和2004年，国家能源技术实验室（NETL）在粉河盆地（PRB）的煤层气开发区用直升机进行了电磁勘测，目的是确定无衬砌蓄水池的最佳位置，以及确定从无衬砌蓄水池渗出的煤层气产出水的去向。图24.7是直升机电磁（HEM）勘测区域的位置图。

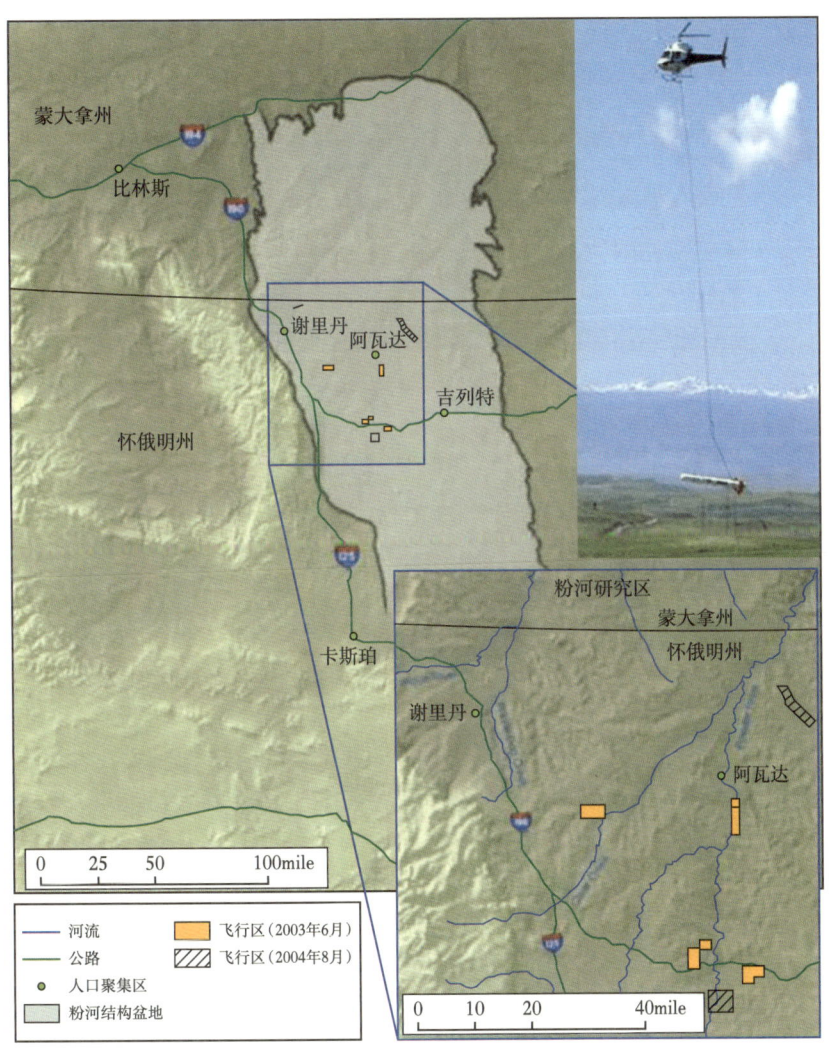

图 24.7　直升机电磁（HEM）勘测区域位置图

直升机电磁（HEM）勘测可探测到地下的电导，在粉河流域，这些电导可能识别浅层、总溶解固相（TDS）高的地下水、盐层和黏土层的位置。沿着粉河及其主要支流的冲积平原和冲积阶地，高电导率区域通常显示存在图24.8所示的浅层高总溶解固相（TDS）含水层。

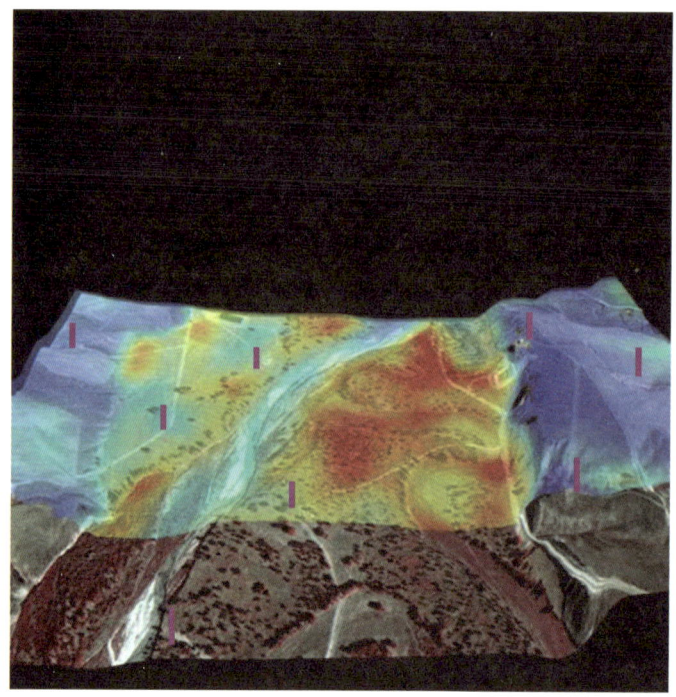

图 24.8　电导率图

然而，在地下水位较深的高地区域，导电区域通常显示存在部分溶解的盐沉积物或黏土层。在建造无衬砌蓄水池时，应避免这些导电区域，因为：①如果导电来自盐层，则盐会溶解在渗入水中，并使当地含水层退化；②如果导电来自黏土层，则黏土可能成为渗入水的不透水屏障。图 24.9 显示的是粉河盆地（PRB）某高地的直升机电磁（HEM）测量近地表电导率，其中高电导率区域（红色）表示浅层地下可能存在盐层或黏土层。

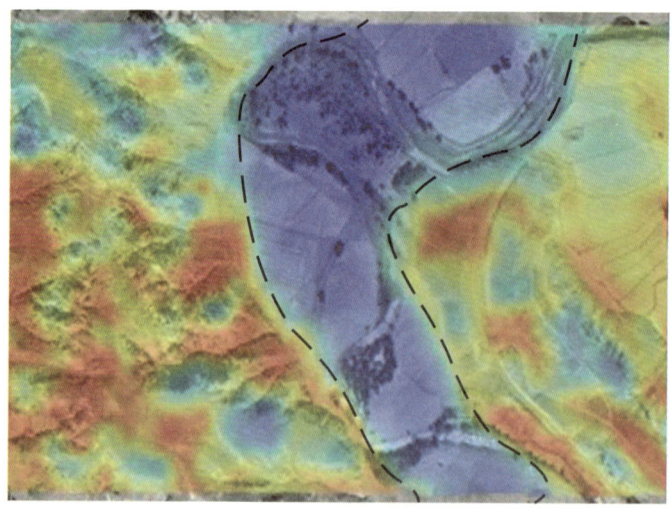

图 24.9　通格河段的电导率图

24.3 煤层气产出水处理

24.3.1 现行做法

煤层气井的产出水质量通常优于传统油气开采活动的产出水质量。在许多情况下，煤层气开采出的水无须处理或仅须少量处理即可得到有益利用或达到排放要求。怀俄明州煤层气生产所产出的水尤其如此。2008年12月，怀俄明州有54套处理设施正在使用离子交换、反渗透、石膏和加酸/注酸等技术处理煤层气产出水，以控制钡和钠的吸附率（SAR），项目的申请进展详见表24.2。

表24.2 截至2008年12月怀俄明州煤层气生产水处理设施现状

处理设备	运行中	建设中	审查中
离子交换	15	4	0
反渗透	2	1	2
石膏去除钡/SAR	34	0	0
加酸	1	5	0
土地申请	11	1	0
注入溶液石膏	1	0	0
纳米过滤	0	1	0
电容式海水淡化	0	1	0

注：由怀俄明州环境质量部的唐·费舍尔（Don Fischer）向粉河盆地跨机构工作组提交的数据。

这些工厂每天处理 955×10^4 gal 煤层气产出水，约占怀俄明州煤层气井产出水的10%[11]。90%的处理是为了降低总溶解固体（TDS）和钡和钠的吸附率（SAR），10%是为了去除钡。2008年，又新建了13座处理厂，其中包括一座纳米过滤厂和一座电容式海水淡化厂。

24.3.1.1 离子交换

洲际油气契约委员会（IOGCC）和奥尔咨询公司（ALL Consulting）[4]将离子交换描述为"一种可逆的化学反应，水中带正电或负电的离子被离子交换树脂中带类似电荷的离子取代。浸入水中的树脂可以是天然无机沸石，也可以是人工合成的有机树脂。当树脂上的置换离子耗尽时，可以给树脂补充更多的置换离子"。树脂再生的结果是产生一种高浓度废液，其中含有从处理过的水中去除的离子。在将废液注入回注井之前，有时会使用蒸发方法将废液进一步浓缩。或者，也可将废液蒸发干，然后在经批准可接收这些废物的垃圾填埋场，将这些固废处理掉。

离子交换技术已被用于去除产出水中的盐分、重金属、放射性核素和其他不需要的元素。在粉河盆地，离子交换主要用于去除钠和溶解固体（TDS）。除了去除悬浮固体或有机物（如果存在）之外，煤层气产出水在离子交换之前通常不需要预处理。不过，为了控制钠吸附率（SAR），可能需要用石膏或石灰石对水进行一些后处理，因为离子交换优先去除二价阳离子（Ca^{2+} 和 Mg^{2+}），而不是一价阳离子（Na^+）。

煤层气产出水离子交换处理系统分为两类：循环床和固定床。

（1）循环床处理技术。

最常用于煤层气产出水处理的离子交换处理系统是希金斯环路（Higgins Loop），这是一种连续逆流离子交换方法，发明于1951年，由塞文特伦特服务公司（Severn Trent Services）授权给EMIT使用[12]。截至2008年12月，怀俄明州共有12座EMIT希金斯环路（Higgins Loop）离子交换处理厂投入运行，另有3座正在建设中[11]。据Beagle[13]报道，2009年11月，怀俄明州、蒙大拿州和科罗拉多州共有25个EMIT系统在运行。

CSM[5]将希金斯回路（Higgins Loop）描述为"一种连续逆流离子交换接触器，用于离子成分（主要是钠）在液相中分离。希金斯回路（Higgins Loop）的独特之处在于，它可以在处理过程中连续进行树脂再生，再生过程中系统停机时间极短"。实际上，处理过程是半连续的，因为处理过程会短时间暂停，以便将树脂逐步"脉冲"通过再生环路，再生环路是一个垂直的圆柱形环路，由蝶阀分隔成4个工作区段。图24.10所示的工作区段包括：脉冲区（A）、再生区（B）、吸附区（C）和反冲洗区（D）。

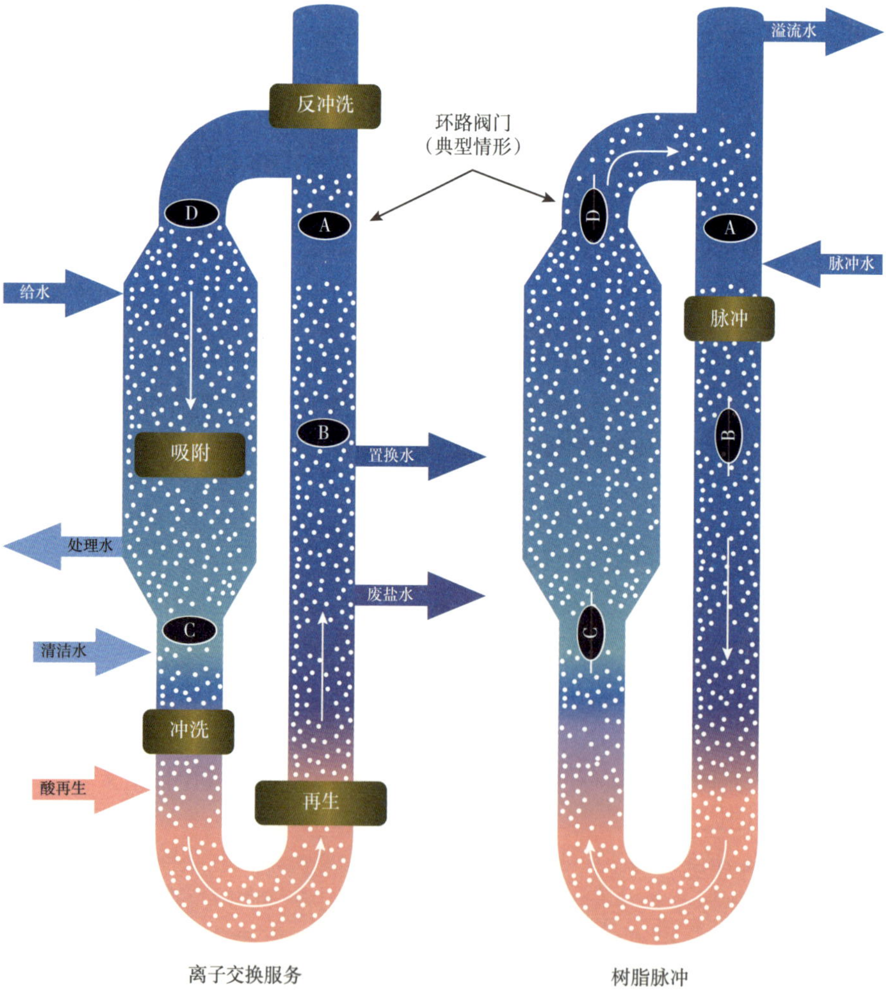

图24.10　EMIT希金斯回路示意图

以下是根据EMIT网站[12]提供对希金斯环路运行情况描述的信息。

  煤层气产出水进入希金斯环路的吸附区（C区，图24.10），该吸附区含有强酸阳离子树脂。在这里，产出水中的阳离子被吸附到树脂上，同时释放出氢离子（H^+）。通常情况下，该树脂可提取煤层气产水中95%的阳离子。

  在希金斯环路的再生区（B区，图24.10），用盐酸对富集有产出水中阳离子的树脂进行再生。氢离子置换树脂中的阳离子，使树脂再生，并产生酸性盐水废液，其中含有从产出水中去除的阳离子。这种废水约占总排水量的1%，通常先与石灰石接触进行中和，然后再注入深井进行处理。再生树脂在重新进入吸附区之前，会用水冲洗以去除其孔隙中的酸性物质。

  当吸附区的树脂饱和阳离子时，流向希金斯环路的煤层气流会暂时中断，以便通过与液流相反方向的环路对树脂床进行"脉冲"。当树脂脉冲完成后，液体重新开始流动。

由于并不总是需要去除95%的阳离子才能满足排放限制，因此煤层气产出的部分水会绕过离子交换处理过程，在下游与处理过的水重新混合。这样就可以使更多的产出水满足排放或其他用途的要求，而无须增加处理厂的处理量。

德雷克（Drake）工艺是第二种带有循环树脂床的离子交换处理系统，已经在粉河盆地进行了煤层气产出水处理先导测试[14]。获得专利的德雷克工艺采用由3个处理步骤组成的回路：①一个流化床接触器，将采出水中的阳离子加载到树脂上；②一个分离器，将处理过的水从加载的树脂中分离出来；③一个再生步骤，在该步骤中加入硫酸使树脂恢复并重新利用。试验装置每天可处理361000gal煤层气产出水。据报道，阳离子去除率为93%，水回收率为97%。此外，还形成高浓度Na_2SO_4盐水或盐[5]。

（2）固定床离子交换。

怀俄明州环境质量部提供的信息[15]表明，2008年怀俄明州有3家非EMIT离子交换处理厂在处理煤层气的产出水。其中一家工厂使用生物技术公司往复式离子交换技术（Eco-Tec Recoflo）压缩床离子交换系统，该系统设计用于处理$150×10^4$gal/d（36000bbl/d）的煤层气产出水[5]。该系统使用3个独立的压缩床塔，其中包括一个初级阳离子床、一个阴离子床和一个精加工阳离子床。阳离子和阴离子的离子交换树脂的再生分别需要H_2SO_4和NaOH。往复式离子交换（Recoflo）系统采用的压缩床技术具有床高短、树脂体积小、树脂交换负荷低、树脂细密和循环时间短等特点[15]。传统的固定床离子交换系统通常需要运行10~20h，再生需要几个小时，而往复式离子交换（Recoflo）压缩床技术的运行时间不到30min，再生时间不到7min。生物技术公司（Eco-Tec）[16]声称，这种操作方式只利用了树脂上最易接近的交换点，从而最大限度地提高了离子交换和再生过程的交换率。与传统的离子交换工艺相比，往复式离子交换（Recoflo）压缩床所需空间更小，流动性更好。阳离子和阴离子的去除率超过90%。水回收率尚未报道，但可能低于纯阳离子离子交换系统所声称的97%。

罗门哈斯公司在粉河盆地进行了为期6个月的煤层气产出水离子交换处理厂示范展示[15]。尽管有关阿纳达科石油公司（Anadarko Petroleum）该示范项目的信息公布得很少，但认为该厂在固定床配置中采用了罗门哈斯公司先进的安伯帕克（Amberpack）树脂。

24.3.1.2 反渗透技术

  反渗透（RO）是一种利用压力迫使液体通过直径小于0.0001μm的膜处理工艺。反渗透膜允许水分子和其他水合半径较小的离子通过，但会阻止或抑制大多数煤层气产出水中需要去除的成分通过。由于反渗透膜会结垢和堵塞，反渗透膜很少作为独立的处理工艺。在处理煤层气产出水的时候，反渗透之前要先进行一些处理，去除微粒、石油碳氢化合物、铁和成垢阳离子。此外，还需要添加化学剂来调节 pH 值、控制垢的形成和抑制微生物增长。

西门子公司在粉河盆地为加拿大石油公司（Petro-Canada）建成了两套反渗透设备，用于处理煤层气的产出水。威特基（Wild Turkey）工厂主要用于去除钠，设计产能为每天 $500×10^4$gal（每天 119000bbl），自 2006 年 5 月起开始运行。威特基（Wild Turkey）工厂包括（1）用于曝气、固相沉积和增容的进水池；（2）用于去除悬浮固体的介质过滤；（3）使用 6 个包含 6m 长筒式过滤器的橇装设备进行一级反渗透处理；（4）使用 6 个装有 4m 长筒式过滤器的橇装设备进行二级反渗透处理（盐水回收）；（5）混合系统，将处理过的水和未处理过的水按比例混合，使钠浓度符合排放标准。添加的化学剂包括：（1）注入聚合物进行固体絮凝；（2）注入氯气以控制微生物增长；（3）在反渗透之前加入硫酸氢盐，以去除可能使反渗透膜降解的过量氯；（4）在反渗透阶段注入酸性物质，以防止 $CaCO_4$（水垢）的形成；（5）控制硅垢的防垢剂；（6）在反渗透阶段加入更多杀菌剂。

将处理过程中产生的废水送入蒸发池。尽管当入口水中的二氧化硅超过设计上限值时曾出现过结垢问题，但该处理厂还是成功地符合了钠排放许可上限值 325mg/L[17]。

2008 年，加拿大石油公司与西门子公司签订了处理米切尔—德鲁（Mitchell Draw）煤层气产出水的合同。工厂的处理能力为 $302.4×10^4$gal/d（$7.2×10^4$bbl/d），其设计与威特基（Wild Turkey）工厂类似，如图 24.11 所示。

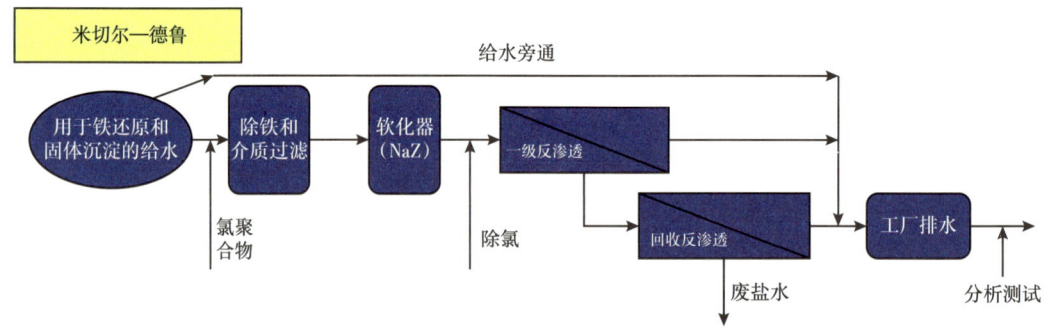

图 24.11　西门子反渗透（RO）处理系统示意图

不过，米切尔—德鲁（Mitchell Draw）处理厂在反渗透处理之前进行了离子交换预处理，以去除多价阳离子（结垢离子）。增加离子交换预处理可减少防垢剂的需求，并且不用再添加酸液。没有了酸的进入可使污水处理厂在进入水的自然高 pH 值下运行，从而给处理带来 3 个潜在的好处：（1）残余有机物在高 pH 值下更易溶解，从而降低了膜堵塞的可能性；（2）硼以硼酸盐（相对于硼酸）的形式存在，这种形式更容易被反渗透膜截流；（3）硅酸盐在高 pH 值下更易溶解，降低了反渗透膜上形成硅垢的可能性[18]。截至 2009 年 11 月，米切尔—德鲁（Mitchell Draw）处理厂尚未对水进行处理，因此，用离子交换代替加酸来控制水垢的好处尚未得到长期、全面运行的证实。

24.3.2　新兴处理技术：煤层气产出水处理的未来？

正在开发和试验的新处理技术似乎可以用于煤层气产出水的处理。虽然没有一种技术可以经济地处理所有类型的煤层气产出水，但鉴于水质及其用途的广泛性，一些新兴技术将填补现有技术无法解决的处理技术空白。例如，电容式去离子技术可提供便携式、低成本的处理系统，可在单个井场运行，然后易于搬迁以满足其他地区的处理任务需求，从而改变集中处理的趋势。其他技术则利用低品位余热，经济地处理某些含煤盆地产出的盐水/超咸水。以前，人们认为这种水是无法处理的，只能花费巨资将它们注入深部地层。有了新的膜蒸馏技术，处理成本可能会与深层注入成本相竞争，处理或注入的决策可能会受到处理后水的价值影响。随着膜寿命、通量和选择性的飞速发展，使用膜处理煤层气产出水的项目预计会越来越多。现在介绍3种类型的处理技术，预计将对煤层气产出水处理在商业规模上进行评估。

24.3.2.1 电容式去离子技术

在电容去离子处理过程中，煤层气水在带正电和负电的多孔碳电极之间流动。需要处理的水中带电离子被吸引到带相反电荷的电极表面。离子固定在电极表面，而水（除去电吸附的离子）则流经并流出处理单元。过一阶段之后，当电极表面充满离子时，水流停止，极化消除，将离子释放到小量废水中，在蒸发池中浓缩与否都可以，然后将废水注入深层。处理单元再生后，极性与前一个处理周期相反，恢复需要处理的地层水的流动。

2008年，阿卡（Aqua）EWP在怀俄明州的一个煤层气产区展示了一套日处理410bbl的电容式去离子处理系统[19]。如图24.12所示，该系统由两个并联的电容式去离子单元组成，运行了12个月，成功去除80%的总溶解固体（TDS），水的回收率达83%。

图24.12　阿卡（Aqua）EWP电容式去离子处理系统

作者提到，在示范的煤层气田项目中，产出水的总溶解固体（TDS）在 1200μg/g 到 2500μg/g 之间。不过，作者没有具体说明处理设备测试时产出水的总体溶解固体（TDS）或钠含量。唯一需要的预处理是使用 30μm 过滤器去除给水中的微粒。需要使用钙进行后处理，以使钠吸收比（SAR）达到 3 的要求。

Atlas 等[19]推测，总溶解固体（TDS）较高的水可以通过增加串联处理单元（或降低通过单元的流速）用电容去离子法处理。Aqua EWP 的网站[20]认为，总溶解固体（TDS）高达 35000μg/g 的水可以用电容去离子法处理。然而，Oren[21]并不同意这一观点，他认为海水盐度较高时电荷差效率的降低会使电容式去离子法变得没有经济价值。Oren 还指出，用电容去离子法淡化海水的成本将高于反渗透法的成本。

电容去离子法在处理煤层气产出水方面确实有其优势，因为煤层气产水的总溶解固体（TDS）值通常在经济上可行的处理范围之内。与离子交换和反渗透相比，电容式去离子法的优势包括：（1）投资和运行维护成本低。（2）系统占地面积小，可移动，便于移动以满足不断变化的产出水处理需求。（3）系统可重新配置，以处理总溶解固体（TDS）较高的水或提高水回收率。（4）该系统不需要化学剂，但每半年需要用柠檬酸对处理单元进行一次清洗。（5）该系统只需最低限度的预处理和后处理。

24.3.2.2 膜蒸馏法

目前，对盐度高于海水的产出水的处理方法仅限于热蒸馏法或经过大量预处理和后处理的反渗透法。因为资本成本和运行维护成本都很高，目前超高浓度盐水的处理成本高昂。膜蒸馏（MD）可能是未来处理高浓度盐度水的方法，因为它的运行温度比传统蒸馏方法低，压力比传统压力驱动膜分离工艺低[21]。此外，与反渗透膜（RO）90%~95% 的典型截留率相比，疏水性微孔蒸馏膜对离子、大分子、胶体、细胞和其他非挥发性化合物的截流率接近 100%。由于膜蒸馏公司的膜具有疏水性，不会被水溶液润湿，因此膜的堵塞问题较少。然而，某些化合物的过饱和可能发生在液体/蒸汽边界处，从而导致结垢。

膜蒸馏工艺（MD）可在跨膜最小温差为 20°C 的条件下进行[21]。这样就可以使用廉价的低品位热源（通常是其他工艺产生的废热），包括太阳能。由于煤层气的产地通常是煤炭开采和燃煤发电的地区，因此，热电厂可能成为煤层气产出水进行膜蒸馏处理所需的低品位热源。此外，热电厂还需要对锅炉和洗涤塔的排放水以及灰渣池中的上清液进行水处理。未来，热电厂可能还需要处理 CO_2 捕集和压缩产生的冷凝水。因此，将膜蒸馏（MD）水处理厂与热电厂位置并置可实现协同效应。

24.3.2.3 压力驱动膜工艺技术的改进

反渗透处理（RO）通常可去除煤层气产出水中 99% 以上的污染物。为了达到排放标准，通常需要更多的设施来处理产出水。在这种情况下，将未经处理的水会绕过处理厂，与经过处理的水混合，以满足排放水中规定的总溶解固体（TDS）值或钠值。这样就增加了工厂的吞吐量。不过，纳滤可能是一种替代方法。纳滤膜对二价阳离子的截留率超过 99%，但对一价阳离子的截留率低于 90%[5]。反渗透膜 99% 的离子去除率和纳滤膜 90% 的离子去除率之间的差异可能会被纳滤膜较低的能源消耗成本和较低的压力要求所抵消。未来，用于煤层气产出水处理的纳滤技术可能会越来越多，尤其是在膜技术不断改进的情况下更是如此。

参 考 文 献

[1] U.S. EPA. Update on EPA's clean water act review of the coalbed methane (CBM) extraction sector. In: Presentation at the 2009 International petroleum and biofuels environmental conference, Houston, TX, November 5, 2009. http://ipec.utulsa.edu/Conf2009/Papers%20received/Johnston_7.pdf.

[2] ALL Consulting. Handbook on coalbed methane produced water, 2003. http://www.gwpc.org/ e-library/ documents/general/Coalbed%20Methane%20Produced%20Water%20Manage ment%20and%20 Beneficial%20Use%20Alternatives.pdf.

[3] Produced Water Management Information. http://www.netl.doe.gov/technologies/pwmis/.

[4] IOGCC and ALL Consulting. A guide to practical management of produced water from onshore oil and gas operations in the United States, 2006. http://iogcc.publishpath.com/ Websites/iogcc/pdfs/2006-Produced-Water-Guidebook.pdf.

[5] Colorado School of Mines. An integrated framework for treatment and management of produced water. In: Technical assessment of produced water treatment technologies. 1st ed. RPSEA Project 07122-12, 2009. http://www.aqwatec.com/research/projects/ Tech_Assessment_PW_Treatment_Tech.pdf.

[6] Cath T Y. Emerging technologies for the treatment of CBM produced water. In: Presentation at the 16th annual petroleum and biofuels environmental conference, Houston, TX, November 3-5, 2009. http://ipec.utulsa.edu/Conf2009/Papers%20received/ Cath_Emerging.pdf.

[7] EPA. Personal Communication with David Rectenwald of EPA UIC Program. November, 2009.

[8] Big Cat Energy. www.bigcatenergy.com/ARID-Solution.aspx.

[9] U.S. EPA. Frequently asked questions about UIC Class V Wells. http://www.in.gov/indot/ div/pubs/ waterway/Appendix_G-5_EPA_Frequently_Asked_Questions_About_UIC_ Class_V_Wells.pdf.

[10] Wheaton J. Evaluation of coalbed-methane infiltration ponds for produced water manage- ment, biennial report of activities and programs, July 1, 2004–June 30, 2006. Compiled by the staff of the Montana Bureau of Mines and Geology, 2006. http://www.mbmg.mtech. edu/biennial-2006/p73-74_br-2006.pdf.

[11] Fischer D. Summary of coalbed natural gas produced water treatment and management facilities, Powder River Basin, In: Presentation before Powder River Basin Interagency Working Group, April, 2009. http://www.wy.blm.gov/prbgroup/.

[12] EMIT. Description of higgins loop technology, 2010. http://www.emitwater.com/higgins_loop.html.

[13] Beagle D. CBM produced water management in the Powder River Basin of Wyoming and Montana, Montana. In: Presentation at 16th annual petroleum and biofuels environmental conference, Houston, TX, November 3-5, 2009. http://ipec.utulsa.edu/Conf2009/Papers% 20received/Beagle_CBM.pdf.

[14] Drake Water Technologies. Drake process, 2010. http://www.drakewater.com/5401.html.

[15] Wyoming Department of Environmental Quality. Personal Communication with Dennis Lamb. October 21, 2009.

[16] Hausz L. Evolution of counter-current ion exchange for industrial water treatment. http:// www.eco-tec.com/pdf/Eco-Tec-%20Evolution%20of%20Counter%20Current%20Ion% 20Exchange1.pdf.

[17] Hook T A. Innovative Technology for the treatment of coal-bed-methane produced water. In: Presentation at 14th annual petroleum and biofuels environmental conference, Houston, TX, November 6-9, 2007. http://ipec.utulsa.edu/Conf2007/Papers%20received/ Hook_73.pdf.

[18] Welch J. Coalbed methane produced water-an evolution in treatment. In: Presentation at the 16th annual petroleum and biofuels environmental conference, Houston, TX, November 3-9; 2009. http://ipec.utulsa.edu/Conf2009/Papers%20received/Welch.pdf.

[19] Atlas R, Wendell JH. Low-power capacitive deionization method shows promise for the treatment of coalbed methane produced water. World Oil 2008, 229(4).
[20] Aqua EWP. http://www.aquaewp.com/coalbedmethane.php.
[21] Oren Y. Capacitive deionization(CDI)for desalination and water treatment-past, present and future(a review). J Desalinat, 2008, 228: 10–29.

25 初步集输和中间增压

摩根·H. 莫瑟

莫瑟资源咨询有限责任公司，摩根敦，西弗吉尼亚州，美国

25.1 简介

煤层气和煤矿甲烷的开采是美国天然气生产不可或缺的一部分，2017 年煤层气的年产量为 $9800×10^8 ft^3$。开采前排水和计划脱气的煤层气通常质量很高，在进入管道集气系统前只需将煤层气压缩和脱水至 $7 lb/10^6 ft^3$ 的常规要求。去除煤层气中水汽的标准做法与使用高压乙二醇吸收系统的传统天然气处理方法相同。

从煤层中采出的煤层气通常含有 CO_2，导致气体无法进入气体输送管道。有几种技术可用于去除 CO_2，其中胺溶剂技术是最常用的去除 CO_2 的技术。

从采空或废弃采煤区生产的煤层气气体受到氮污染，同时还含有少量 CO_2 和水蒸气。技术规范一般要求总惰性气体含量低于 4%。用于脱氮的技术包括低温分馏、碳基吸附、膜和分子门；其中分子门是最常用的煤层气脱氮技术[1]。

25.2 集气系统

设计工程师应掌握煤层气藏的一些基础知识，这样有助于将天然气输送到市场所需的井口设备和集输管线的优化设计。影响煤层气井初始和长期产量的因素主要包括：煤层深度、煤层初始天然气饱和度以及井距。煤层气井完井后，还需要考虑其他因素，以最大限度地发挥煤层气井的潜力。煤层气井投产后，应尽快将井口压力降至接近于零。脱水设备的类型和大小、井口压缩机和干燥设备的设计都有助于降低井口压力。

25.3 脱水（去除水蒸气）

无论是煤层开采前还是开采后，由于储层低温、低压，因此从这种条件的煤层中产生的气体自然都会饱和水。由于煤层气井的压力较低，气体中含有较高浓度的水；但经过压缩和冷却后，水会以冷凝液体的形式从煤层气中大量分离和脱离出来。图 25.1 是集气系统的脱水装置组成图。

从煤层中提取的天然气质量高，重烃含量低，主要由甲烷组成，可能只需要在天然

气处理过程中脱水并把水去除即可。管道允许的天然气中含水量规定因地而异，但一般来说，天然气中允许的最大含水量为每百万立方英尺含 7 lb 的水，约 150μg/g；在洛基山脉和加拿大温度较低的地区，对气中含水量的要求更为严格，即每百万立方英尺含 4 lb 水或 85μg/g。

图 25.1　脱水设备

正确的集气管道设计非常重要。如果最初的管道工程设计不当，将来进行必要的变更时，付出的代价非常昂贵。图 25.2 是典型的集气管道布置图，图 25.3 是煤矿甲烷气井井口。

图 25.2　典型的集气管线

图 25.3　煤矿甲烷气井井口

事实证明，井口设备的战略性投资决策有利于降低运营成本和减少停机时间。额外的资本支出包括每个井口的自动化、仪器仪表、压缩机和干燥设施费用。

煤层气集气管线进行工程设计需要使用节点软件。该软件可预测压力和流量，预测值与实际值的误差在 3% 的范围内。煤层甲烷集气施工通常采用聚乙烯管道；与钢管相比，聚乙烯管的安装成本更低，而且聚乙烯管还能防止腐蚀性甲烷气体的损坏。

25.4　煤层气压缩

每一个煤层气项目的成功运行都包括大量的压缩工作。煤层气中使用的主要压缩技术是往复式压缩机和油封螺杆压缩机。其他压缩技术，如液环式、离心和干式螺杆也在不同的煤层气田找到了用武之地，但并没有得到广泛应用[2]。

当煤层气从煤层中开采出来后，用压缩机增压到一个更高的出口压力，这样就可以输送并进入煤层气销售管道。根据经验，这些管道的工作压力一般在 600~800psig 之间。甲烷气体中的水在经过压缩和随后的冷却之后，每克甲烷气流中的含水量将降至几千微克。水会在压缩和冷却温度下凝结，这是决定气流中残留水浓度的关键因素。

设计工程师必须考虑到系统的灵活性，以避免可能影响煤层气设备运行的潜在挑战。结垢和腐蚀都会造成产量下降，以及导致长时间停产。

图 25.4 是宾夕法尼亚州西南部煤层气集气系统西段的地图。该系统由连接在一起的裸眼水平井井和已经采空的井组成，将天然气输送到一个处理厂。黑色实线代表直径在 6in 到 10in 之间的集输管线。整个系统使用 SDR-11 级聚乙烯管道，设计的管道最大工作

压力为 160psig。整体设计是利用节点分析软件模型完成的。该软件模拟了天然气经过压缩机、调节器、阀门和各种配套设施时的压降和流量。该模型对整个集气管道各节点的流量和压力进行了预测，实际压力和流量与模型预测值相差不超过 3%[3]。

图 25.4　构成管网的集输管线图（深色线）

集气系统一般是根据与天然气生产商或为其服务的运输方签订的合同购入或修建的。这些合同一般都有一定服务期限的条款，它与天然气生产商大部分气井的经济寿命相近。从战略上讲，拥有此类合同和现有的集输系统，为合同到期后寻求与现有煤层气生产商竞争的第三方造成了进入市场的巨大障碍。

煤层气生产商一般会与第三方签订合同，对集输系统进行预防性以及日常维护，并在必要或适当时进行维修和更换。这些第三方还会根据适用法规或条例的要求，对集输系统和其他资产进行例行和必要的检查。

外部涂层和阴极保护系统均可用于防止外部腐蚀。对这些系统进行持续监测和测试，并记录结果，以确保及早发现可能出现的任何问题。煤层气生产商还会安排专业安全人员为员工提供职业安全与健康管理局（OSHA）要求的必要培训。

参 考 文 献

[1] Mitariten M. Coalbed and coal mine methane gas purification. In: Thakur P, et al., editors. Coal bed methane: from prospect to pipeline. Elsevier, 2014: 201–218.

[2] Simpson D A, Lea J F, Cox J C. Coal bed methane production. In: Paper presented SPE 80900, March, 2003.

[3] Leidecker M V. Production engineering design. In: Thakur P, et al., editors. Coal bed methane: from prospect to pipeline. Elsevier, 2014: 185–199.

26 煤层气井封堵

摩根·H. 莫瑟

莫瑟资源咨询有限责任公司，摩根敦，西弗吉尼亚州，美国

26.1 引言

煤矿安全与健康管理局（MSHA）现在要求煤矿经营者制定"矿井穿越方案"，并将它作为通风方案和图件要求的一部分，该方案适用于煤层气井及常规气井[1]。无论使用地下井眼，还是地面完钻的水平多分支煤层气井，煤矿经营者必须在其"矿井穿越方案"中说明将使用什么样的材料来封堵这些井眼，以及与地下井眼或水平分支相交之前应采取的其他安全预防措施。如果矿山经营者的通风计划没有得到煤矿安全与健康管理局所在地区管理办公室的批准，则不能向地下脱气井筒或水平分支井段中注水，那么必须使用其他的替代方案。水泥浆主要用于封堵地下水平脱气井眼。然而，事实证明，在水平井眼中泵送水泥浆时，有时无法有效充填整个井眼和侧钻井眼中的所有空隙[2]。导致水泥浆部分失效的原因包括：(1) 井眼中的地层水稀释了水泥浆中的水泥；(2) 水泥浆在混合和泵送过程中产生的热量和摩擦力导致压力升高，无法充填整个井眼及其侧钻井眼；(3) 水泥在固化或凝固时的固有收缩[3]。因此，用水泥浆封堵的地下井眼在煤矿开采及长壁穿越采煤时会出现工作面着火和耽误生产的情况。

26.2 制定矿井穿越开采前井眼封堵方案

任何在煤层中或以煤层为目标的定向井眼或水平井段，井眼的长度和高程变化都是矿井穿越前封堵井眼或煤层水平段必须考虑的主要因素。下面以问题的形式列出了其他因素，在回答这些必答问题后，才能根据具体井眼或煤层水平段的条件，有针对性地设计凝胶化学混合物。

26.2.1 从井眼或煤层水平段采出的水的数量和化学性质如何？

在煤层气生产期间，应计量并记录井眼或水平段的产水量（通常称为产出水），并与封堵井筒前的产水情况进行比较。这将才能够确定煤层是否有效排水。尤其重要的是，无论采用何种封堵方法或介质，都必须收集封堵前产出水的水样并进行水化学分析，因为它可能会对堵塞材料有效封堵井眼或水平段产生不利影响或妨碍井筒或水平段有效封堵。

26.2.2 煤层是否通过井眼或煤层水平段充分脱气？

煤层中可能含有处于原始储层压力下的煤层气。在开发煤层的时候，或在煤层中钻直井或水平井时，就会形成一个低压降，煤层中的甲烷气体就会变成自由气，并向低压的井眼或者矿井入口处流动。因此，煤层中甲烷的原位压力一般会随着矿井入口或井眼的有效泄气半径延伸而降低，这取决于煤层的渗透性和其他煤层气储层参数。在封堵之前，必须测量井眼或煤层水平段的"关井"时的煤层气压力。不同类型的封堵材料具有不同的剪切强度。如果井眼或煤层水平段"关井"时的煤层气压力仍与井眼或水平段（或煤层气井）刚完钻时测得的"关井"时原始煤层气压力比较接近，则说明煤层尚未有效脱气。因此，封堵材料在凝固或固化后的剪切强度必须能够承受封堵后煤层中天然气的压力，否则用于封堵井眼的材料可能会在矿井穿越时从井眼中挤出。

26.2.3 是否已消除了钻遇顶板或者底板中的岩段？

与周围岩层相比，煤层的井壁稳定性通常较好。如果煤层上部或下部的岩层是含有黏土和页岩的风化弱沉积岩，并且与井眼或者煤层水平段相交，那么在钻井过程中或钻井完成后，该段岩石可能会滑动或坍塌。如果钻井中的岩层坍塌或脱落，黏度较低的材料更有可能流经部分堵塞或坍塌的岩段。

26.2.4 如果用侧钻来消除顶板和底板中钻遇的岩段，封堵材料会不会填充废弃的侧钻井眼？

为了使水平井眼或煤层水平段位于煤层中，侧钻井已经广泛采用；这也就使得封堵井眼和煤层中水平段变得更加困难。与黏度较高的封堵材料相比，黏度较低的封堵流体更容易流入顶板和底板的侧钻井眼中。

26.3 用于封堵脱气井眼和煤层中水平段的主要介质材料

26.3.1 注水

在矿井穿越煤层之前，可用注水方式临时封堵用于煤层脱气的井眼。

优点：成本最低；供应充足；易于泵注，可从井口注入，无须在井眼中安装套管。

缺点：无法控制水的最终去向，因为水会寻找阻力最小的路径流动，包括沿着煤层的天然裂缝系统进入煤层；无法准确预测所需水量，因为无法控制注入水的流动路径，也无法控制水可能流经的距离；在矿井穿越煤层期间和采煤之后，无法将水保持在井眼内，从而为甲烷的流动提供了通道；根据井眼和煤层的高程变化，井眼内的水可能会对开采条件产生不利影响。

26.3.2 水泥浆

水泥浆一直是矿井穿越煤层前用于封堵脱气井眼的主要材料。

优点：水泥浆固化后是一种具有良好抗压强度和高密度的固体。

缺点：水泥浆难以长距离泵送；在固化过程中收缩可能会达 10%；有时候可能无法固化或达到封堵的目的，这取决于井眼中的水量以及水的化学性质。

26.3.3 聚合物凝胶

自 2004 年 4 月以来，聚合物凝胶一直是目标钻井公司（Target Drilling）在矿井穿越煤层前用于封堵煤矿内脱气井眼和煤层气井水平段的主要介质。

优点：聚合物凝胶可通过直径相对较小的导管从直井长距离泵送至矿井内水平井眼的井口；聚合物凝胶的固化时间可调，可以对聚合物凝胶加压并将它挤入煤层裂缝中，迫使天然气和水回到地层。

缺点：聚合物凝胶混合物的固化程度可能会受到井眼中与之混合的水的化学性质不利影响，除非严格遵守针对产出水化学性质设计特定凝胶化学混合物的流程，包括在产出水中进行凝胶混合物取样试验，以验证凝胶的固化程度；必须使用饮用水与凝胶化学剂混合；如果饮用水温度过高，则会导致凝胶混合物过早固化；凝胶化学剂混合是一个烦琐的过程，需要有丰富的化学品以及混合和泵送设备经验；固化的聚合物凝胶的剪切强度极低。

26.4　聚合物凝胶技术演变

目标钻井公司（Target Drilling Inc.）为阿尔法 NR（Alpha NR）、煤层气开发公司（Coal Gas Recovery，LLC）在阿尔法的坎伯兰煤炭资源公司（Cumberland Coal Resources，LP）和绿宝石煤炭资源公司（Emerald Coal Resources，LP）的煤矿以及其他煤矿客户在煤层中钻了 230 口、深度大于 4000ft 的矿井内水平脱气井眼和 50 口煤层气水平分支井。为了寻找矿井穿越煤层前注水或用水泥浆封堵井眼的替代方法，目标钻井公司（TDI）向混凝土建筑材料公司（CCM）寻求技术支持和经验，以期开发一种使用聚合物凝胶来替代注水或注水泥浆封堵井眼的方法。一般来说，设计的凝胶体黏度与水相似，因此可以长距离泵送，并在特定设计的时间内固化为半固态；半固态可保持 6 个月以上。这种专利的凝胶混合物，设计为黏度相对较低的液体，剪切黏度为 1000mPa·s，这样它就能像水一样流过用钢缆从地表悬挂的 1.25in 塑料光管，顺着垂直井眼流下，然后水平流向地下水平井眼的井口。从地表到地下水平井口，凝胶通过塑料光管的泵送距离可达 2mile。当井眼充满凝胶并产生一定压力时，凝胶将挤入并渗入煤炭的天然裂缝系统，迫使天然气和水回到煤层的天然裂缝中。最后，当水溶性凝胶混合物在"设置固化时间"内固化成半固体的不溶性凝胶时，井眼内壁会形成一层表皮，减少天然气和水回流到井眼中，如图 26.1 所示。

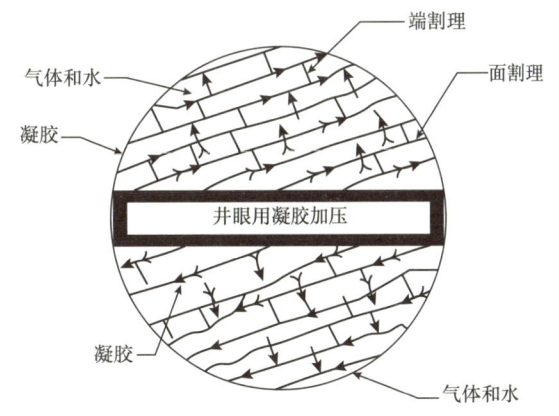

图 26.1　聚合物凝胶使得天然气和水回到煤层割理裂缝中

26.5 凝胶的化学成分说明

CCM 公司开发了一种人造的、无机金属交联聚合物凝胶专利产品，其成分包括：（1）质量分数为 97%~99% 的水；（2）质量分数为 2%~3% 的液态高分子水溶性、部分水合的聚丙烯酰胺聚合物产品（PHPA），称为 VMA-007；（3）质量分数小于 0.5% 的强力铬离子 XLR-C，用于"交联"或络合聚丙烯酰胺材料（VMA 007），使聚丙烯酰胺从水溶性变为不溶于水；（4）质量分数小于 0.25% 的液体加速剂和调节剂，用于控制反应速率（Activator-M）。简单地说，就是让分子长度超过 200×10^4 的聚丙烯酰胺与水发生水合作用，形成类似于一碗面条的混合物。然后，根据混合物的设计，在设定的时间内，三价铬离子会附着在面条之间的结合点上，从而形成像煮得过头的面条。CCM 公司聘请了一家独立实验室，根据混合、泵送、凝固和保持半固态所需的时间，在其实验室内进行测试，得出凝胶混合物所需各个成分的浓度。

表 26.1 是一份关于金属交联聚合物凝胶混合物的数据文件，其结构类似于材料安全数据表（MSDS），但并非真正的材料安全数据表。

表 26.1 金属交联聚丙烯酰胺凝胶材料信息安全数据表

章节编号	金属交联聚丙烯酰胺凝胶
1. 产品标识	专利混合物
2. 成分	无害
3. 危害标识	浅绿色至粉蓝色凝胶，无明显气味
4. 急救措施	眼睛接触——水冲洗；皮肤接触——肥皂和水；摄入——医生；吸入——新鲜空气；人工呼吸
5. 国家防火规范	健康 = 0；可燃性 = 0；反应性 = 0；特殊危险 = 无
6. 意外释放措施	穿戴个人防护设备，用吸附材料清除
7. 处理和储存	远离热源和不相容物质
8. 个人防护	耐化学个人防护装备
9. 物理和化学特性	pH 值：6~9；SG 值：1.00~1.05g/mL；不溶于水；沸点：> 100°C；凝固点：0°C；浅灰色至蓝绿色凝胶体，无气味
10. 稳定性和反应性	不会发生危险的聚合反应
11. 拓扑信息	无相关信息
12. 生态信息	无相关信息
13. 处置	不属于 RCRA 危险品。根据监管机构的规定弃置
14. 运输	主要危险类别/部门：不受限制
15. 监管信息	OSHA 危险通报状态：无危险
16. 其他相关信息	HMIS 评级：健康 = 1；易燃性 = 0；反应性 = 0

由于在现场混合时会产生细微差别，因此很难制定出准确的材料安全数据表（MSDS）。在刚开始使用凝胶封堵地下脱气井眼之前，当地劳动力安全委员会、矿山管理层、MSHA 第 2 区代表、MSHA 毒理学家、CCM 和 TDI 的代表们举行了会议。这些会议得出结论是，采用的凝胶成分、混合凝胶成分和固化凝胶成分都是无毒或有害的。施工的时候，对 TDI 的人员进行了充分的培训，以安全处理、混合和泵送凝胶成分。最终的凝胶混合物，无论是黏稠的液体还是固化的半固体状态，都不会造成危害，也不会在当地工人接触到它时危及他们的安全和健康。值得注意的是，这种凝胶混合物产品组合是专门为这种封堵应用开发的，目的是克服使用改性瓜尔胶的不足之处。这种材料可以防止细菌的破坏，长期稳定不腐烂。其他天然凝胶系统（瓜尔胶和低成本油田增黏剂）由食品类材料组成，可能会产生细菌破坏问题和长期稳定性问题。

26.6　实验室和地面凝胶试验

在封堵地下水平井眼之前，进行了实验室测试和现场试验。凝胶混合物可根据凝固时间、温度、所需泵送工序和设定黏度的不同组合进行修改。实验室测试的目的是模拟用于封堵地下水平井眼的各种凝胶混合配方。实验室测试成功的主要标准是，基于事先已经测得的 pH 值的水，开发出以下性质的产品：（1）黏度为 500~1000mPa·s 的凝胶液体，流动性好，可用于泵送数千英尺的距离；（2）与其他成分混合后，凝胶固化时间为 5~8h；（3）固化凝胶的黏度约为 20000mPa·s。使用一台布拉福德（Bradford）可编程黏度计绘制凝胶试验的诱导、生成、成胶和固化周期图。

随后，利用实验室结果设计一种可代表水平井眼成胶的凝胶混合物，将其混合并泵入铺设在地面上的 200ft 3in 直径的高密度聚乙烯管（HDPE）中，该管与 3in 三通管和较短的 3in 高密度聚乙烯管段相连接，以模拟钻入顶板的废弃侧钻井眼，并用图 26.2 所示的封闭式 3in 阀门封住。

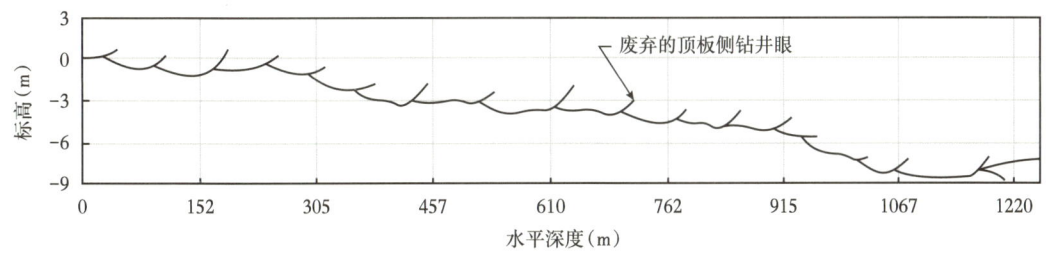

图 26.2　典型的有废弃侧钻段的地下水平井眼

在高密度聚乙烯管壁上定期钻直径为 16in 的孔，以模拟煤层中面割理和端割理系统。设计的两种凝胶混合物在不同的日期泵入高密度聚乙烯管网中。第一种凝胶混合物在环境温度为 60°F 的高密度聚乙烯管道中 7h 固化，接近设计的 5h 成胶时间。第二种泵入高密度聚乙烯管道的凝胶混合物，按比例应该在 60°F 下 1h 内成胶或固化，但由于大风大雨天气的原因，环境气温约为 40°F，凝胶 12h 后才固化。因此，决定将第一种凝胶混合物的凝固或固化时间设计为 7~8h，用于封堵水平井眼。

26.7 水平井眼中的凝胶设计

表 26.2 给出了根据实验室和高密度聚乙烯管（HDPE）物模凝胶试验设计的水平井眼凝胶成分的最终用量，凝胶用 1000gal 水分批混合。由于可能出现与凝胶混合/泵送过程不相关的井下问题（如矿井风机停机），决定每次混合 1000gal 的凝胶，因为如果泵送程序必须终止，这时损失的混合凝胶最多为 2000gal；在混合 1000gal 的同时泵送 1000gal。如果一次混合封堵整个井眼的凝胶，损失量可能超过 20000gal。

根据计算得出的凝胶混合量，安全系数为 2，以便（1）封堵井眼，包括侧钻井眼；（2）迫使凝胶进入煤层的裂缝系统，置换其中的天然气和水；（3）在水平井口形成 100psi 的最大凝胶压力，在井眼内壁形成一层表皮，减少天然气和水向井眼回流。金属交联聚丙烯酰胺凝胶混合物的一个非常好的优点是，该凝胶混合物具有吸附或黏附一切物质的亲和力。井眼中凝胶的压力不能超过 100psi，因为安装在煤层侧壁的套管经过了 100psi 压力测试。水平井眼中没有安装将凝胶混合物输送到水平井眼末端的输送管线。重要的是，要测试用于混合凝胶的水样的 pH 值，以便 CCM 公司根据需要对凝胶成分的浓度进行最后的调整。

表 26.2 每批凝胶的成分

凝胶成分	按重量计体积		按液体计体积	
	kg	lb	L	gal
水	3846	8480	3785	1000
VMA-007（手提袋）	78	173	76	20
XLR-C（蓝色桶）	155	41	15	4
活化剂 M（白色圆桶）	9	21	7	2

26.8 凝胶混合及泵送程序

在目标钻井公司（TDI）的工作人员查看了各凝胶成分的材料安全数据表（MSDS）和凝胶的信息安全数据表（Information Safety Data Sheet）后，要求他们佩戴经批准的眼、手、脚化学个人防护设备。在前往每个垂直通风井眼地面凝胶现场之前，将 1.25in 高密度聚乙烯（HDPE）光管与电话呼叫器电缆一起悬挂在垂直通风井眼中，两者都连接在钢缆上并送入井内。如图 26.3 所示，电话寻呼器是一条从地面到垂直通风井眼底部和水平井口寻呼机的专用电话线，用于在凝胶施工过程中保持通信畅通。然后，将这根高密度聚乙烯光管连接到井下水平井口上，并在井口安装旁通三通、两个阀门和压力计。然后用水泵从地表将水通过该光管抽到水平井口，以检验光管有没有泄漏。对用来与凝胶成分混合的水样进行了测试，以确定 pH 值以及水中是否存在需要调整凝胶成分浓度的其他化学物质。

图 26.3 带有呼叫器的光管悬在垂直通风井眼并下入

聚丙烯酰胺聚合物 VMA-007 用手提袋装方式提供；铬Ⅲ金属交联剂添加剂用 55gal 桶提供，活化剂 M 调节剂/加速剂部分水合后用 3gal 桶提供。在泵送一批混合凝胶的同时，混合制备下一批凝胶。制备和混合一批凝胶的时间与泵送一批凝胶的时间相吻合，这样就可以实现连续的泵送操作，使混合的液态凝胶持续流入图 26.4 所示的井眼中。在每次将混合凝胶泵入光管之前，都要对样品进行黏度测量和记录。

图 26.4 一边分批混合凝胶和一边泵送凝胶混合物

26.8.1 地下井眼的封堵效果

利用第一代凝胶混合和泵送设备，使用金属交联聚丙烯酰胺凝胶对 5 个地下水平脱气井眼进行了有效封堵。所有井眼的封堵都是从地表通过悬挂在垂直通气井眼，并到达水平井眼的井口的塑料光管，按照前面所述的混合和泵送程序进行凝胶混合和泵送来完成的。

凝胶直接从 1.25in 的塑料光管泵入直径为 4in 的井口管线，然后泵入地下 3.75in 的井眼。

"第二代凝胶混合设备"用于混合和泵送超过 412000gal 的凝胶，用来封堵 68 个地下水平井眼。这 68 个井眼与开发段运输巷平行，因此在长壁工作面推进整个水平井眼段之前，每个井眼都与长壁面相交数百次。事实证明，凝胶能非常有效地封堵井眼，从而几乎完全消除了因个别井眼内甲烷释放/积聚而造成的生产延误（非生产时间减少了 99.0% 以上）。

用金属交联聚丙烯酰胺凝胶封堵的前两个井眼是 B1-5 和 B1-6 井，如图 26.5 和图 26.6 所示。长壁工作面开采到这两个钻孔的末端时，发现两口井的趾端都充满了凝胶，包括侧钻井眼，甲烷含量为零，没有给长壁生产造成延误。凝胶的固化时间设计为 7h。

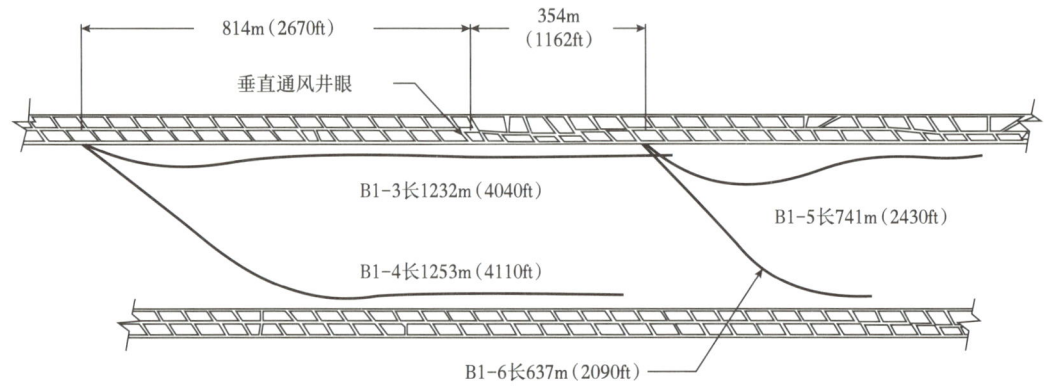

图 26.5　用金属交联聚丙烯酰胺凝胶封堵的长壁面中的 B-1 井眼

图 26.6　长壁采煤工作面顺利切割 B1-5 井

最后实际泵入 73 个地下井眼的凝胶量为 412000gal，是 73 个井眼（包括所有侧钻井）计算用量的 1.80 倍。正如当初预期的那样，随着井眼充填凝胶，泵压逐渐上升。当水平井口压力达到 +50psi 且每个井眼的体积至少是计算体积的 1.50 倍时，停止泵送。当长壁采煤机到达 B1-5 井眼时，发现该井眼充满了固化凝胶。在采煤机穿越该段后，井眼中固化凝胶的脱落量最小。在井眼内壁顶部凝胶脱落的地方，凝胶形成了一层薄薄的表皮，黏在内壁上。在长壁采煤机工作面最初接触被凝胶封堵的 B1-5 井眼时，产出的天然气和水都很少。大家一致认为 B1-5 和 B1-6 井眼封堵是一项重大成功，因为这些井眼没有给正常生产造成耽误。因此，几个月后决定用凝胶堵塞 B1-3 和 B1-4 井眼（图 26.7）。

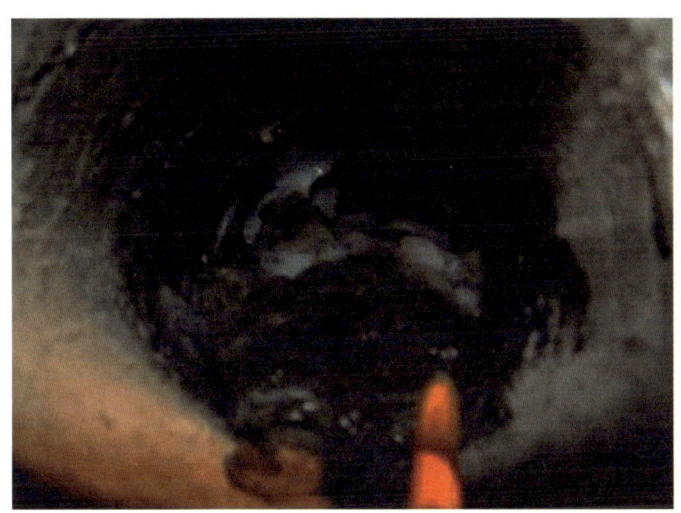

图 26.7　交联聚合物凝胶在井壁上形成表皮

26.8.2　B2 井眼的封堵效果

如图 26.8 所示，B2-5 和 B2-6 是长壁采煤区内用凝胶封堵的井眼，从地表到井眼趾端的封堵总长度超过 3km（10000ft）。这两个井眼的实际凝胶用量是井眼体积（包括侧钻井眼）的 1.99 倍。B2-3、B2-4 和 B2-1 井眼的重叠可能会影响到实际泵注的凝胶量，总计为计算井眼体积（包括侧轨）的 1.66 倍，此外，在注入凝胶时平均井口压力为 53psi 条件下，井口附近的煤壁也会造成泄漏。同样，B2-1 井的凝胶泵送量仅为计算井眼容积的1.14 倍（包括侧钻井眼），井口附近的煤壁出现凝胶泄漏，井口凝胶压力为 58psi。B2 长壁采煤区内的井眼要么充满凝胶，要么凝胶在井眼内壁形成了一层表皮。因此，B2 长壁采煤区没有因 B2 长壁采煤区内井眼产气而中断。

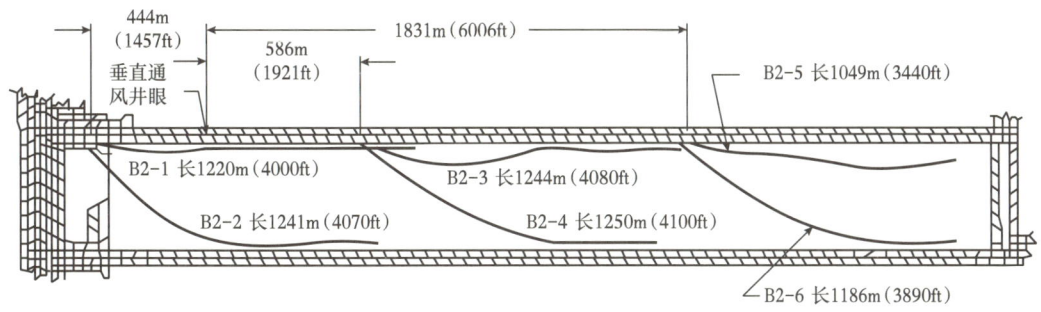

图 26.8　B2 长壁采煤区内的井眼

在这段时间内，继续对凝胶封堵的混合方法和泵送程序进行修改和改进，以堵塞这 73 个井眼中的其余井眼。如果需要在炎热的夏季对井眼进行封堵，通常在夜间进行，以避免夏季白天的烈日和高温。夏季气温较高，缩短了凝胶在凝固成半固态之前的泵送时间。对其余 68 个井眼进行封堵时，其中的一项改进是混合用水完全使用饮用水，而不是可能含有大量细菌的溪水。在阿尔法 NR（Alpha NR's）的坎伯兰矿山和翡翠矿山的剩余的 68 个地下井眼中，封堵的结果与 B-1 和 B-2 长壁采煤区一致。

26.8.3 封堵从地面钻进的煤层气井及面临的新挑战

目标钻井公司（TDI）与煤田经营者签订合同，利用交联聚合物凝胶封堵 3 口地面钻进的煤层气水平井。这些水平井既有单一井眼的，也有双井眼的，在生产期间产出了不同数量的气体和地层水，但没有完全排出煤层中的天然气和水。目标钻井公司（TDI）使用的凝胶剂和"第二代凝胶混合设施"曾成功封堵过超过 73mile 的地下井眼。这些煤层气井的井眼直径较大，因此比一般的地下井眼需要更多的凝胶。目标钻井公司（TDI）假定成功封堵地下井眼的凝胶混合方法和混合泵送程序也适用于地面煤层气井。

目标钻井公司（TDI）对每批混合的凝胶取了几个样进行分析，结果表明大多数样本都已固化或成胶。不幸的是，当煤田经营者开采这些封堵的煤层气井水平段时，他们遇到了未成胶的黏稠水，这些黏稠水受到地层中气体压力和地面煤层气井弯曲段中的未成胶的水的静水压力作用。煤矿在处理这种情况时遇到了很大的困难，在他们能够封堵煤层水平段、让气体停止流动并恢复煤炭生产之前，耽误了煤炭生产。

经过多次会议讨论和数天对煤层水平段产出水进行测试，确定这些煤层气井的产出水中的总溶解固体（TDS）非常高（大于 20000mg/L）。高浓度的总溶解固体（TDS）会阻碍聚合物凝胶化学物质的交联，从而形成黏稠状态的水而不是固化的凝胶。虽然样本显示大多数批次的水都能正常凝胶，但这些固化凝胶样本表明"混合"水并未表现出不利的水化学性质。

26.8.4 凝胶重新配方及"第三代凝胶混合机器"

发现这些缺陷后，目标钻井公司（TDI）对使用凝胶混合物的聚合物封堵工艺重新进行了评估，并得出结论，即每个地下井眼或地面煤层气井都需要作为一个单独的对象进行评估，"不能采用一刀切的方法"。因此，目标钻井公司（TDI）和 CCM 公司制定了封堵地下井眼和煤层气井煤层水平段的新规程。该规程包括（1）测量封堵前 48h 的储层"关井压力"；（2）测量井口的产水量；（3）对产出水进行化学分析，检测溶解固体总量、pH 值和细菌浓度；（4）进行一些额外的测试，使凝胶混合物的固化特性与井眼条件相匹配。

根据采出水的化学分析结果，将调整水与化学剂的比例，在用于与凝胶化学剂混合的饮用水中增加最多 50% 的化学剂。无论是地下井眼还是地面煤层气井，我们都会在实验室完成大量测试，以便在每种应用中取得最佳效果。在最终确定化学成分混合比时需要考虑的重要因素包括固化率、混合和泵送黏度、凝胶泵送到井眼或煤层气井的管道、封堵井眼或煤层水平段所需的凝胶量、混合和泵送凝胶预计所需时间、化学剂、水温和环境空气温度。

同时，图 26.9 和图 26.10 所示的"第三代凝胶混合/泵送机器"显然需要更大能力，以同时混合和泵送凝胶,以满足封堵未来煤层气井的需要,这些井所需凝胶量可能是单个地下水平井眼的 5~10 倍。

图 26.9　第二代凝胶混合机器

图 26.10　DD-4 的第三代凝胶混合 / 泵送机器

此外,与 1.25in 光管相比,煤层气井需要通过更大内径的钻杆进行泵送,并直接进入煤层气井的水平段。这样就可以在一定时间内泵送更大体积的混合凝胶。此外,新型第三代凝胶混合 / 泵送设备需要具备在 8h 内完成封堵过程的能力,即使凝胶混合和泵送设备的任何部分发生机械故障的情况下也是如此。第三代凝胶机配有两个完全独立的凝胶混合和泵送系统。这两个系统既可独立使用,也可同时使用,泵送能力高达 180gal/min,并配备了 4 台 160hp 柴油发动机:其中两台发动机为两台 6×5 型离心混合泵提供动力,另外两台发动机为两台用于泵送混合凝胶的三缸泵提供动力。

26.8.5　使用连续采煤机或长壁采煤机安全穿越煤层的采煤技术

穿越地下矿井所钻的水平井眼或者地面煤层气水平井的采煤技术在过去 15 年中不断

发展。这种进步包括注水、水泥浆，以及在过去 15 年中使用聚合物凝胶封堵脱气井眼和煤层气井。煤矿经营者必须拥有经 MSHA 批准的煤层开采计划，该计划通常是煤矿通风计划的一部分。MSHA 可能会要求在采煤要穿越的任何井眼或煤层气井水平段位置制订针对性的开采计划。

通常情况下，煤矿经营者会在开始采煤前 2~6 个月与目标钻井公司（TDI）签订合同，用聚合物凝胶封堵井眼或地面煤层气井。当天然气和水的产量下降，储层压力下降至 20psi 以下时，用聚合物凝胶封堵地下水平井眼或地面煤层气井的效果最佳。然而，有时由于采煤计划的改变、进入地面钻井时间的延迟、获得许可证的延迟等原因，这是不可能的。因此，地下井眼或地面煤层气井可能没有足够的时间对储层进行充分的脱气和脱水。通常情况下，这些地下井眼和地面煤层气井在与采煤作业出现交叉后，这些井眼需要与地下采煤环境永久隔离。目标钻井公司（TDI）使用了几种不同类型的封隔器来实现永久隔离，下面对 3 种封隔器进行介绍。

26.8.5.1　机械封隔器

这种封隔器由两个 2in 钢套和夹在它们之间的一个胶筒组成。将钢套和胶筒插入井眼，通过机械挤压使胶筒变大。这种封隔器还配有一根流通管，以便在安装后能够继续生产气体。这种封隔器价格相对较低，如果有大量气体和水从井眼中流出，安装会比较困难和费时。这种封隔器的额定压力约为 50psi，具体取决于地层结构和胶筒的长度。更为重要的是，如果井眼不规则，封隔器就不符合井眼内径要求，这可能导致封隔器在膨胀时失效。

26.8.5.2　气动封隔器

这种封隔器也使用胶筒起到密封作用，可从许多油田或水井供应商那里购买到。胶筒在现场通过压缩空气或氮气充气。这种封隔器的安装比较复杂，因为需要压缩空气源，而且必须将管道连接到气动封隔器上才能充气膨胀。根据井眼直径和压力的不同，这种封隔器的成本从 1500 美元到 7000 美元不等。如果安装时距离安装点比较远，这些封隔器是安全的，但由于它们的充气压力为 300~1000psi，如果胶筒破裂，就会造成危险。压缩空气的突然释放会造成严重后果。如果充气过度，这些封隔器还会损坏煤层结构。如果封隔器与井眼内径不同心，或者井眼直径超过特定封隔器设计的充气直径，则封隔器与井眼内径不吻合。

26.8.5.3　灌浆袋封隔器

目标钻井公司（TDI）和 CGR 已研发出一种简单、经济有效的灌浆袋封隔器，它可以用来将采煤环境和与之相交的井眼或煤层水平段永久隔离（图 26.11）。它们由一根 1.0~2.0in 规格 80 级的 PVC 管或套管组成，可用作将来注水或注入凝胶的流通管。PVC 管上缠有小的聚氨酯灌浆袋。使用的灌浆袋数量仅受所用 PVC 管长度的限制。封隔器长度越长，接触面积越大，封隔器对作用在它上面的地层残余压力的抵抗力也就越大。所使用的灌浆袋和其他组件价格相对便宜，一个 10ft 的封隔器大约只需 600 美元。这种封隔器的最大优点是对于偏心或同心的井眼均适应。这种封隔器已在实验室和煤矿的地下井眼中进行过测试。在地层压力达到 100psi 时，灌浆袋封隔器的表现都非常好。水实际上是从煤壁中流出，而不是将灌浆袋封隔器从井眼或煤层水平段挤出。这种封隔器非常容易安装，而且安装速度很快，可以阻止残余气体的流动。图 26.12 显示的是一个工作状态的灌浆袋封隔器。

图 26.11　灌浆袋封隔器

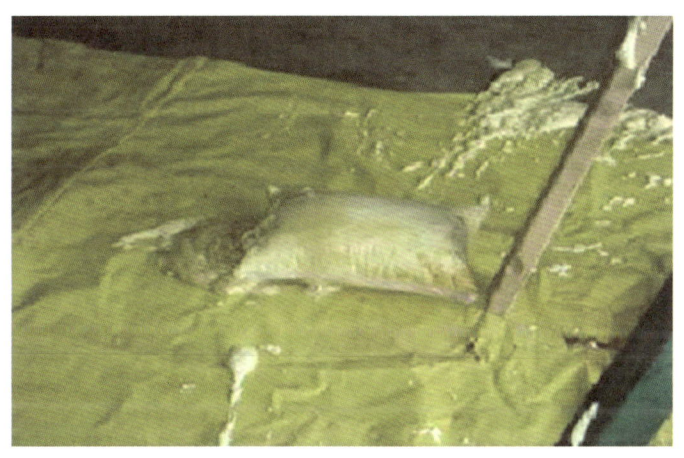

图 26.12　激活后的灌浆袋封隔器

其他可选方案包括尝试从地下再钻一个井眼与现有井眼或煤层水平段相交。这可能是一个不成功便成仁的提议。如果成功，则有可能将煤层气从已开采采煤区中的井眼或煤层水平段引开。第二种方法是尝试通过从地下钻出的新井眼来封堵现有井眼或煤层中水平段。可以用水、水泥或聚氨酯封堵井眼。但是，由于天然裂缝系统以及其他地质和采煤条件的影响，灌浆的流动方向并不总是可控的。

26.8.6　用新的凝胶机器混合和泵送新配制的凝胶封堵井眼和煤层气井的最新成果

自 2009 年 1 月以来，新配方的凝胶和第三代凝胶机器已用于封堵另外 33 口煤层气井和 24 个地下井眼。为封堵这些井眼和煤层气井水平段，共混合并泵送了 1039398gal 凝胶。采煤机已成功穿越 24 个地下井眼，未发生任何安全事故，也没有耽误煤炭正常生产。

26.8.6.1　DD-2 煤层气井

图 26.13 是 DD-2 煤层气井示意图。在右边的水平分支井测量深度 4630ft 的地方下入封隔器，使用新配方的凝胶封堵井眼底部 1000ft。将新配制的 1836gal 凝胶混合并通过钻

杆和封隔器泵入井眼中的最后 1000ft，并加压至 400psi。当该煤区用 3 个巷道进行开采时，该水平段被成功分为 4 截，但没有出现安全事故，发现了固化的凝胶。在右侧水平段趾端 1000ft 封堵 18 个月后，DD2 井仍在生产，并且已经生产了近 48 个月的天然气。该煤层气井还能继续生产 10 年。

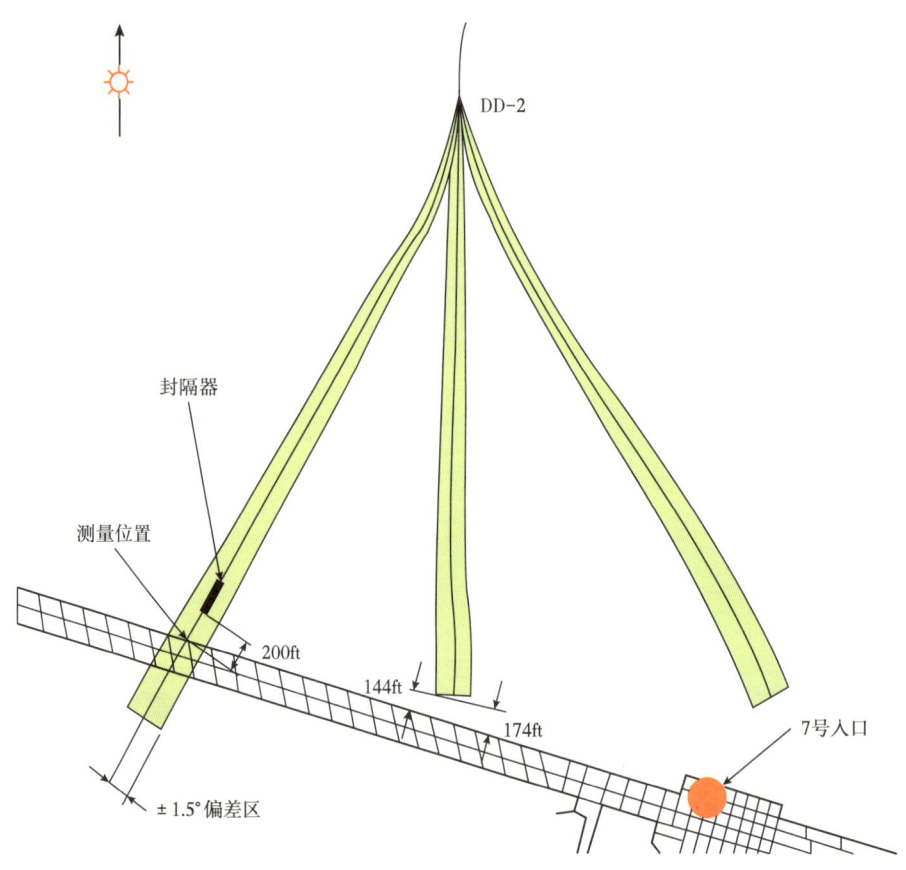

图 26.13　重新进入 DD-2 井右侧水平段及安装的封隔器

26.8.6.2　DD-4 煤层气井

DD-4 是一口有 3 个水平分支的煤层气井，在 2009 年 7 月用聚合物凝胶封堵之前，已经生产了两年的甲烷气体。在封堵之前，48h 内测得的关井压力为 23psi，产水量小于 1gal/min。将压缩空气泵入 DD-4 的垂直生产井中，同时在连接井的 7in 套管铣削掉一小段。在垂直井和连接井中都下入封隔器。通过封隔器堵住煤层中的 3 个分支水平井筒，共泵送了 38775gal 凝胶。最右侧的水平分支从起点到终点高程升高了 63ft。煤层两个不同的开发段共 19 次穿越 DD4 的 3 个水平分支井。除一次例外，其余采煤穿越都非常顺利。每次穿越水平段后，都会在每个水平段中安装气动封隔器，将水平段与采煤环境隔离开。在安装和给气动封隔器充气膨胀时，曾出现过封隔器胶筒破裂，导致一些煤屑流出水平段。这一事故引发了灌浆袋封隔器的开发。在井下发现并证实，注入 DD-4 井水平分支的压缩空气被煤层吸收，人为地增加了煤层的关井压力。这给穿越 DD-4 井进行采煤时封隔器的安装造成了一些困难。

26.8.6.3 DD-5 煤层气井

DD-5 是一口有 4 个水平分支的煤层气井,在 2009 年 12 月封堵之前,已经生产了两年的甲烷气。关井 48h 的压力为 18psi,目前已趋于平稳,出水量小于 1gal/min。再次向垂直井中泵入压缩空气,用来把铣削连接井中一小段 7in 套管时产生的碎屑循环出来,因为该斜井段的套管已经用水泥在煤层中固井。作为额外的预防措施,在封隔器膨胀之前,垂直井持续开井 3 天,以便在从地面封堵之前,将铣削过程中注入的压缩空气从煤层中排出。采煤过程中所有穿越 DD-5 分支水平段都使用灌浆袋封隔器进行封堵。采煤区内的 4 个分支水平段都钻遇三巷道煤层开发段。4 个不同的 DD-5 产气煤层水平段共被穿越 18 次。封堵过程中,混合和泵送的凝胶总量为 37350gal。这些工作都非常成功,造成的生产损失最小,没有发生任何安全事故。

26.9 结论

在开发和使用聚合物凝胶的 15 年中,我们汲取了许多经验教训,一共用了 1451398gal 的聚合物凝胶混合物,封堵了长达 182mile 的矿井内井眼和煤层水平段。最重要的经验是,每个井眼或煤层气井都是一个独立的个体,必须对其自身的特定参数进行评价,才能有效地使用聚合物凝胶进行封堵。根据新的采用聚合物凝胶封堵井眼或煤层水平段的规程,必须对这些参数进行评价并使用,以提高使用聚合物凝胶封堵井眼的成功率,从而确保矿井安全穿越。事实证明,灌浆袋封隔器的开发非常有效,可以取代充气式或机械式封隔器,用于封隔用聚合物凝胶封堵的煤层矿井内的井眼或水平井段。灌浆袋式封隔器的安装更加方便快捷,能够适应矿井内井眼或煤层水平段的偏心或同心等不同情形,封隔器可承受大于 100psi 的残余天然气压力,而且成本仅为几百美元。也许,聚合物凝胶不能解决封堵脱气井眼或煤层气井中水平段中的所有潜在技术问题;但是,事实证明,只要严格遵守正确的施工方案,聚合物凝胶是封堵地下井眼和煤层气井水平段的极佳替代品,而且非常有效。最后,将继续对聚合物凝胶的开发和制订的方案进行评估和分析,使其性能得到不断提高。我们的目标是提高矿井内和地面煤层气井脱气带来的效益,同时促进矿井的安全开采,保障矿井工人的安全和福利。

参 考 文 献

[1] Aul G, Cervik J. Grouting horizontal drainage holes in coal beds. US Bureau of Mines RI, 1979, 8843: 16.
[2] Kravits S J, Reilly J, Kirley J, et al. Cross-linked polymer gel plugs horizontal degas boreholes greater than 4000 feet long, In: 11th annual U.S. ventilation symposium, The Penn State University, June, 2006.
[3] US Department of Labor, Mine Safety and Health Administration. Program information bulletin no. P05-10, Ray McKinney, Administrator for Coal Mine Safety and Health, Effective date: May 5, 2005.

第 6 篇 煤层气处理与利用

27 煤层气集输、压缩和脱水工艺

约瑟夫·S.达米科

达米科技术公司,林西克姆,马里兰州;北美煤层甲烷论坛,摩根敦,西弗吉尼亚州;提高石油采收率研究所,卡斯珀,怀俄明州;创新技术中心,赫恩登,弗吉尼亚州,美国

煤炭是地球上最丰富的可利用化石燃料。的确是这样,人类文明最早是通过燃烧木材发展起来的,后来又因为煤炭资源丰富且能量更高,从而开始转向煤炭的利用。

煤炭是植物生命分解后形成的碳,可以追溯到 1 亿年前并延续至今。地球和太阳用了约 2.5 亿年的时间才生成煤炭、石油和天然气,因此我们必须认识到人类对能源的需求,并做好地球环境的管理者,合理有效地使用煤炭资源(图 27.1)。

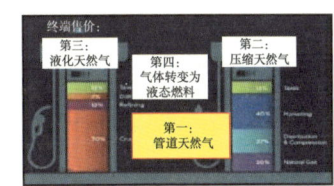

图 27.1 煤矿天然气(CMM)的加工和利用

27.1 世界化石燃料储量对比

煤炭、天然气和石油都是很好的化石能源。然而,我们不能忽视煤炭与其他能源相

比所具有的巨大规模优势。根据目前的需求消耗量，煤炭可使用 3000 年，天然气可使用 233 年，石油可使用 178 年。煤炭的供应量是其他两种能源的 10 倍以上（图 27.2）。

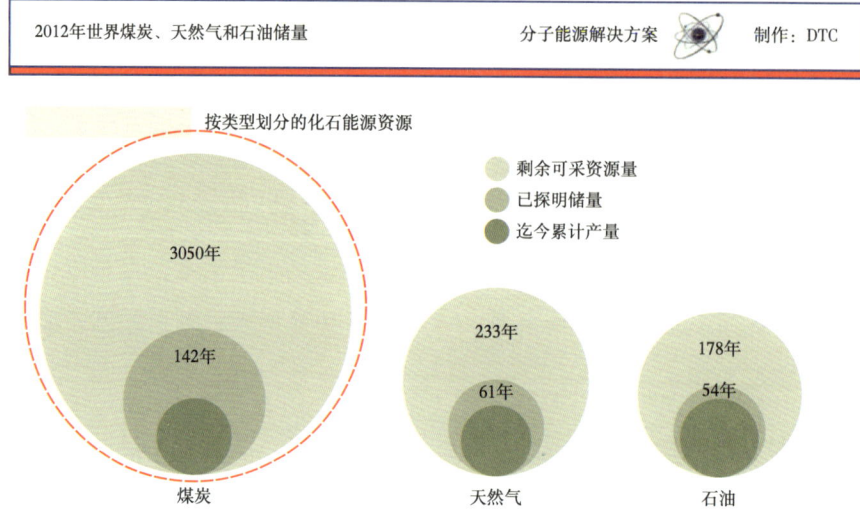

图 27.2　2012 年世界煤炭、天然气和石油储量

所有泡图均以预测的 2013 年产量为基础，用可持续生产年数表示。煤炭剩余可采资源总量的气泡大小仅供参考，与其他气泡大小不成正比。该图展示了截至 2011 年底的煤炭储量情况，以及截至 2012 年底的天然气和石油储量情况。
资料来源：美国地质调查局（2000, 2012b）；国际能源机构评估和分析

27.2　煤层气井型

煤炭开采在本质上就是破坏煤层的地质结构。通常情况下，这些煤层结构在地下呈层状分布，有的厚达数十英尺，有的只有几英尺。

图 27.3 清晰地展示了一个地下煤矿的剖面。值得注意的是，长壁采矿机械的工作面输送距离可长达 1/4mile（1320ft）。这项技术就是最好的机器化作业，它不仅能快速开采大量煤炭，还能释放大量吸附在原煤中等待解吸的天然气。

可以想象，在释放大量天然气的情况下开采煤炭，会有火灾和爆炸的危险。通常情况下，用大型通风机来排出煤矿中的甲烷气体，并将其释放到大气中。这是能源的巨大浪费，同时，CH_4 也是一种温室气体，比 CO_2 的影响严重 21 倍，会加剧全球变暖。因此，煤层气开采非常值得去做，这不仅是为了安全，同时也可以提高煤炭产量，销售处理过的洁净天然气而增加煤矿利润。

27.2.1　采空区煤层气井

从图 27.3 中可以看出，图中左侧就是煤矿采空区的直井。当长壁采矿机器从左向右缓慢移动，开采并运走 6~8ft 厚的煤层时，液压支架保护操作员和设备，而煤层顶板在其后面坍塌。顶板坍塌会释放出大量甲烷，而采空区所钻的煤层气直井通常是为了将煤层气排放到大气中。这种情况下的甲烷通常会混入一些空气，甲烷被稀释，它除了作为燃料气体外，很难有其他利用方法。

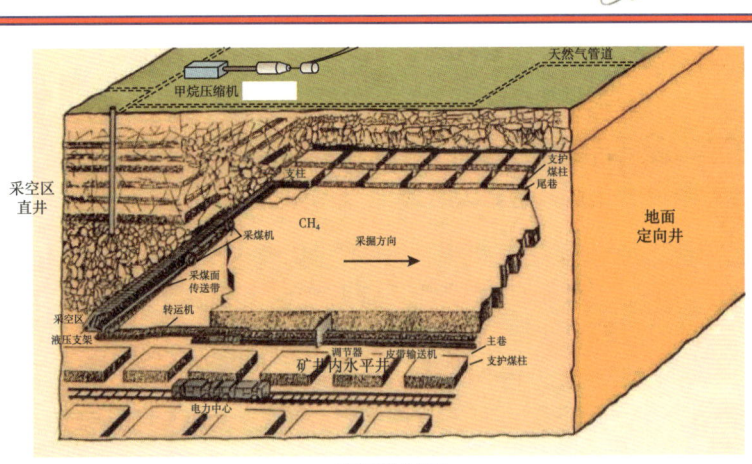

图 27.3 煤层气井类型

27.2.2 矿井内水平井

这种情况下，我们实际上是将水平钻井设备带入矿井内，开始采煤前在煤层中钻水平井，这样就可以在开采前对煤层进行脱气。在北阿巴拉契亚地区，CH_4 中约含有 12%~15% 的 CO_2。但是，煤层矿井内水平井及其相关管道有时候难以适应活跃的采矿环境。一些情况下，当管道内有 CH_4 流动时，而重型采矿设备在管道周围作业，安全是一个令人担忧的问题。这些问题都要引起工作人员的注意。

27.2.3 地面定向井

大约 15 年前，达米科技公司的合作伙伴目标钻井公司（Target Drilling）成功开发了地面定向钻井技术。地面定向井与矿井内的水平井相同，但长度更长，而且不会干扰采煤作业。煤层气产量更高，气体质量也更好（图 27.4）。

图 27.4 地面定向钻井

27.3 为什么开采和利用煤层气

开采煤层气最重要的一个原因是防止火灾和爆炸,从而保证煤矿生命和财产安全。在大范围煤田中进行脱气处理可防止停产,从而实现安全增产。通过煤层脱气,能使长壁采煤的产量提高 2%~10%,这相当于增加了数百万美元的利润。同时杜绝了能源浪费,避免了温室气体排放,从而使得煤矿开采人员成为"负责任的经营者"(图 27.5)。

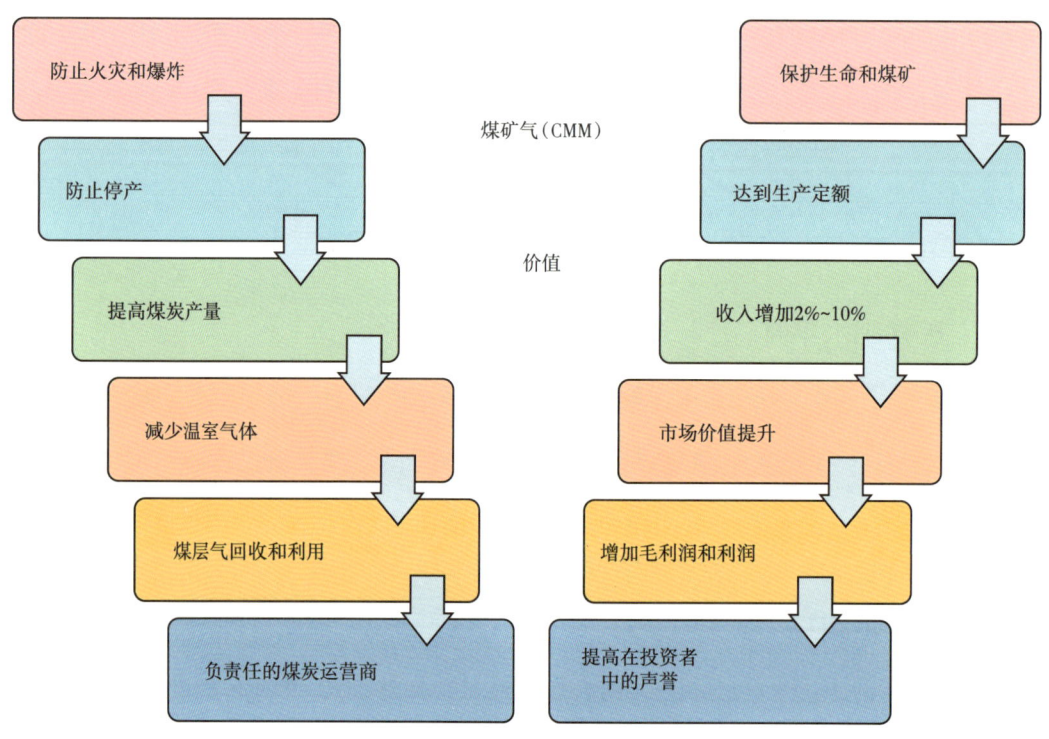

图 27.5　煤层气开发和利用的原因

27.3.1　不同来源甲烷的质量

表 27.1 是一个 5 列的表格,列出了矿井内水平井、采空区直井、地面定向井和管道气体样品分析结果。值得注意的是,采空区直井的氮气(N_2)浓度较高。

值得注意的是,矿井内水平井和地面定向井中的 CO_2 浓度很高(5%~18%)。由于 CO_2 与水分混合后具有腐蚀性,因此必须通过处理将其去除,因为管道要求 CO_2 的含量小于 2.5%。

同时也需要注意,所有气井都是饱和水的,必须对采出气进行脱水,最终将含水降至低于 7 lb/10^6ft^3 的水平。

对煤层气分子进行管理,尤其是从源头上开始重视,这一点非常重要。否则,将要支付比预期昂贵得多的天然气处理费用。

表 27.1　不同煤层气样品源的气体质量

气体组分	矿井内水平井	采空区直井	地面水平井	管道气
热量单位（Btu）	805~900	840~1000	910~980	970~1050
甲烷（CH_4）(%)	84~93	73~95	89~95	约 96
二氧化碳（CO_2）(%)	7~15	2~7	5~18	< 2.5
氮气（N_2）(%)	0.05~0.60	3~20	0.2~1.0	惰性气体
氧气（O_2）(%)	0.01~0.20	0.01~0.20	0.01~0.13	< 0.2
惰性气体总量（N_2+CO_2）(%)	7~16	5~27	5~19	< 4
水（H_2O）（$lb/10^6 ft^3$）	饱和	饱和	饱和	< 7
凝析油（gal/min）	< 0.2	约 1.2	< 0.2	< 0.2
其他	碳粉尘	C6+，CL2，BTX 碳粉尘	水	干燥、清洁

27.3.2　美国煤层气资源

美国是世界上煤炭和煤矿最集中的国家之一。由于煤炭资源丰富且生产成本低，煤炭已成为可靠、低成本、基础负荷电力的主要来源。在美国，阿巴拉契亚山脉、中西部和落基山脉一带盛产煤炭（图 27.6）。

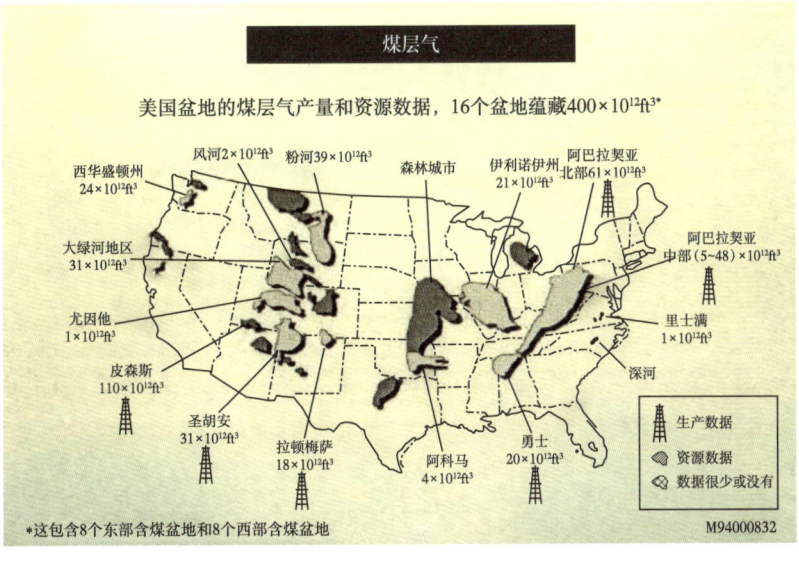

图 27.6　美国盆地的煤层气产量和资源量数据

27.3.3 井口煤层气脱水

由于煤层气含水饱和度高，因此在井口将煤层气压缩至 100psig 进行部分脱水是合理的。这样做的目的是使其露点降至 50°F，在井口对煤层气进行部分脱水。地面温度保持在 55°F，因此，即使集输管道在山上山下绵延数英里，煤层气在管道中凝结的水分也很少。同样重要的是，在每个井口增加仪表，对流量、压力、温度和 O_2 进行测量，以防漏气，避免出现可燃混合物（图 27.7）。

图 27.7　井口气体处理和控制

27.4　脱水工艺

乙二醇脱水与冷吸附的对比如图 27.8 所示。

图 27.8　乙二醇脱水与冷吸附脱水对比

27.4.1 乙二醇脱水

压缩天然气通过乙二醇塔，湿气在垂直喷淋塔中被乙二醇吸收。乙二醇再生必须通过燃气锅炉中加热来完成。这是一个动态过程，必须始终保持平衡。天然气行业使用这种方法已有 50 多年的历史。如果我们能消除天然气和煤燃烧过程中在附近产生的火焰，安全性就能得到更好的保障。在过去的 10 年中，美国环保局要求所有超过 $1×10^6 ft^3$ 的乙二醇脱水装置都必须配备一个沸腾乙二醇热氧化器，这是另一个燃烧过程，会增加处理工艺的成本、复杂性和风险。

27.4.2 冷吸附式脱水

压缩天然气通过一个冷却式热交换器，其中的大量水分被冷凝出来。然后，煤层气通过干燥剂吸附床，将剩余水分去除，达到管输要求，即小于 $7 lb/10^6 ft^3$。这是一种简单、直通式的没有移动部件的处理工艺。

达米科技公司（D'Amico Technologies Corporation）冷吸附式脱水工艺具有乙二醇系统无法比拟的战略性内在优势。由于其在压力下的冷却式冷凝能力，如果存在凝析油（NGL），则大部分凝析油将被除掉，直至达到最低的露点温度。通常情况下，这个温度是 40°F，如果再进行额外的冷却，温度可降至 25°F，这样就能脱除更多的凝析油（NGL）。与煤层气不同，页岩气等其他富含凝析油的天然气在进入输气管道之前必须去除凝析油（NGL）。进入输气管道的天然气的最大热值为 1100Btu。DTC 公司的冷吸附式脱水工艺是一个很好的乙二醇替代方案，尤其是在可能存在页岩气的情况下。二者成本大致相当。

28 煤层气处理及相关费用

约瑟夫·S.达米科

达米科技术公司，林西克姆，马里兰州；北美煤层甲烷论坛，摩根敦，西弗吉尼亚州；提高石油采收率研究所，卡斯珀，怀俄明州；创新技术中心，赫恩登，弗吉尼亚州，美国

28.1 达米科技术公司（DTC）天然气处理厂

图 28.1 显示的是一个达米科技术公司（DTC）煤矿甲烷气处理厂，设计处理能力为 $1\times10^7 ft^3$，位于一栋两层的绿色建筑内。该处理厂非常干净整洁，对社区环境也非常友好。

煤层气是美国的一种废弃能源，被捕获并加以利用，从而抵消从远方输送过来的类似能源。煤层气已成为一种美国的废弃能源来源，每年可替代 $25\times10^4 bbl$ 来自波斯湾石油。这相当于每年为 26000 个家庭供暖或每年 160000 辆汽车行驶的能耗，其抵消 CO_2 的量相当于每年种植 220000arce 的树木。显然，这样做可以减少大量温室气体排放，对环境有利。

$1\times10^7 ft^3$煤层气处理和现场控制设备	分子能源解决方案	制作：DTC

- 美国的废弃能源
- 每年可替代250000bbl波斯湾石油
- 节省的能源=每年为26000个家庭供暖
- 节省的能源=每年驾驶16×10^4辆汽车
- 抵消的二氧化碳排放量=22.2×10^4arce树木

图 28.1　$1\times10^7 ft^3$ 煤层气处理和现场控制设备

28.2 脱 CO_2

CO_2 是煤层气中除水分外必须处理和去除的最大杂质。通常，在阿巴拉契亚的地下煤矿中，CO_2 含量可高达 18%。管道规格要求 CO_2 含量小于或等于 2.5%，以保护输气管道不受腐蚀。水和 CO_2 在一定压力条件下会形成碳酸，具有很强的腐蚀性。

28.2.1 胺处理系统

胺处理系统多年来一直被用在胺喷淋塔中吸收 CO_2（如图 28.2 右侧所示）。要再生胺，必须在再生器中加热以去除 CO_2。这个过程需要大量热量，非常复杂。此外，它还需要流量保持稳定，在流量、压力或浓度发生变化时效果不佳。

图 28.2　脱 CO_2——分子膜与胺处理

28.2.2 分子膜处理系统

近年来，膜分离技术在去除天然气中的 CO_2 方面取得了很大的进步，变得高效、经济。它是一种直通式处理系统，就像吸管一样，适用煤矿甲烷（CMM）开采中的动态变化。唯一的缺点是，当膜被杂质堵塞时会失效。这个问题可以通过由冷却器、分离器、压力变化吸收器和大型活性碳床组成的预处理系统来避免。

如果膜处理系统设计得当，加上预处理，要比胺处理系统优越得多。

28.3 脱氮工艺

如果煤矿或煤层气井密封不严，就会有空气侵入煤层气井或煤层气井口压缩机的吸入口,这种情况可能是因为吸力过大造成的。必须尽可能从源头上解决空气的侵入问题。如果无法通过混合的办法来脱氮(N_2),那么就需要一个脱氮(N_2)厂来进行处理。

脱氮可以选择低温、变压吸附(PSA)或真空变压吸附(VPSA)工艺。每种脱氮(N_2)技术都有其固有的优点和缺点,采用时需仔细考虑(图28.3)。

图 28.3 脱氮装置

低温脱氮(N_2)技术通常用于流量大于$5×10^7 ft^3$的情形,但它是一种过度的处理方法。由于需要大量的低温制冷和进行大量的脱水(H_2O)、脱二氧化碳(CO_2)和脱氧(O_2)预处理,因此它是煤层气处理过程中最昂贵的步骤。

有两种替代低温脱氮的方法,成本更低,更可靠。它们是:

(1)真空变压吸附(VPSA):由达米科技术公司研发(D'Amico Technologies Corp.);

(2)真空变温吸附(VSA):由分子门公司研发(Molecular Gate)。

在考虑脱氮(N_2)时,甲烷回收率至关重要,在此予以说明:

低温脱氮(N_2):甲烷的回收率90%~95%。

DTC公司VPSA脱氮(N_2):甲烷的回收率85%~90%。

分子门公司VSA脱氮(N_2):甲烷回收率为75%~85%。

甲烷回收率非常重要,因为甲烷是我们"销售"的气体产品,因此甲烷回收率是决定盈利还是亏损的关键。

处理厂的任何启动/关停也很重要。煤层气和煤矿甲烷气总是受到流量和浓度变化的影响,包括完全停产,尤其是活跃煤矿的情况更是如此。

低温脱氮装置(NRU)不容易启动/停止。往往需要数小时或数天的时间来冷却制冷箱以便重新启动。因此，可靠的电力和天然气供应至关重要。

达米科技公司的低温脱氮装置（NRU）和分子门低温脱氮装置（NRU）不需要气体液化步骤，因此可以快速启动/停止（几分钟）。

28.4 煤层气加工应用指南

如表 28.1 所示，每种类型的气体处理设备都有一个应用指南。图中还显示了流量与分子杂质、设备类型的关系，还包括使用限制（表 28.2）。

表 28.1 气体处理设备应用指南

$10^6 ft^3$	N_2	O_2	H_2O	CO_2	H_2S
< 20	PSA	用 H_2 脱氧或 PSA	以上全部	分子膜或 PSA	Sulfatreat 脱硫技术
20~50	PSA/低温	用 CH_4 脱氧或 PSA	以上全部	以上全部	以上全部
> 50	低温	用 CH_4 脱氧	乙二醇	分子膜或胺	Solexol 分离技术

表 28.2 气体处理设备使用限制

管道	燃煤锅炉	燃气轮机/发动机	发电机
$400×10^3 ft^3/(d·mL)$	> 800Btu	> 600Btu	电力用户
费用 = 0.40 美元 /$10^3 ft^3$	共燃	检查氮氧化物（NO_x）排放量	或者附近有配电房

28.5 煤层气原料气杂质对成本的影响

表 28.3 将每种煤层气加工厂与各种分子杂质进行了比较，并就使用哪种加工厂提出了建议。表 28.3 还给出了每种分子杂质的设备投资成本，单位为美元 /$10^3 ft^3$ 原料气。

表 28.3 原料气杂质与成本的对比

空气	空气	水	其他	其他
氮气（N_2）	氧气（O_2）	水（H_2O）	二氧化碳（CO_2）	硫化氢（H_2S）
NRU	脱氧	脱水	一定量	很少
PSA	用 CH_4	冷凝脱水	分子膜	Sulfatreat 脱硫
低温	用 H_2	乙二醇	胺	Solexol 分离
		吸附	PSA	
1.00~1.40 美元 /$10^3 ft^3$	0.30~0.60 美元 /$10^3 ft^3$	0.05~0.15 美元 /$10^3 ft^3$	0.30~0.60 美元 /$10^3 ft^3$	0.10~0.40 美元 /$10^3 ft^3$

28.6 硫化氢

煤层气中偶尔会有少量硫化氢，尽管很少见。如果遇到 H_2S 的情形，图 28.4 可能会有所帮助。图中还显示了气体流量与 H_2S 浓度（以 mL/m^3 表示）的关系，以及应采用何种处理方法的建议。

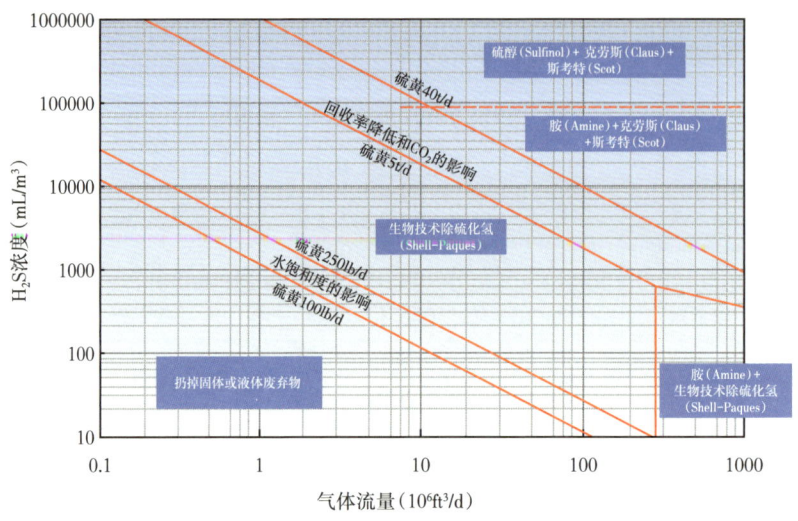

图 28.4　脱 H_2S 的技术选择

如果仅在一个井口位置发现 H_2S，则在浓度最高、流量最低的情形下进行处理。安全问题见表 28.4。

表 28.4　硫化氢安全问题

硫化氢	对人类生命的危害
$0.005mL/m^3$（$5L/m^3$）	人的鼻子可嗅到像臭鸡蛋一样的 H_2S
$100\sim150mL/m^3$	$2\sim15min$ 内失去嗅觉，暴露数小时可导致死亡
$700\sim1000mL/m^3$	迅速失去知觉并死亡

29 煤层气的利用与经济效益

约瑟夫·S.达米科

达米科技术公司，林西克姆，马里兰州；北美煤层甲烷论坛，摩根敦，西弗吉尼亚州；提高石油采收率研究所，卡斯珀，怀俄明州；创新技术中心，赫恩登，弗吉尼亚州，美国

在有效考虑煤层气（CBM）的利用之前，必须清楚地了解世界能源、其经济性，不幸的是，它还具有政治性。处理这个问题的最佳方法是忠实于你的科学本性。本章将介绍全球各种能源之间的关系，以及它们之间的经济关系。如果我们忠实于科学，不被宣传所左右，那么一条清晰的前进道路就会展现出来，这对地球也是有益的（图29.1）。

纵观全局	分子能源解决方案	制作：DTC

注意稀薄的蓝色大气层　　　　　　　注意稀薄的蓝色大气层

我们可以成为可靠的能源供应者，
同时也是环境的好管家

图29.1　着眼全局

29.1 化石燃料探明储量

化石燃料（碳氢化合物）包括煤、石油和天然气。了解各种能源的来源及其供需情况非常重要。只有这样，才能有效地考虑将煤层气转化为何种能源。

全球化石燃料的比较如图 29.2 所示，并且从图上可看出，美国的煤炭储量位居榜首，北美的石油储量位居第三，美国的天然气探明储量位居第四。探明的意思是已经发现并进入生产管线的储量。美国可能是世界上最大的化石燃料消费国，但它也有能源资源作为后盾。美国的石油和天然气并非总是如此。最近（过去 10 年）页岩气的发现和水平钻井与压裂技术的应用使美国得以实现这一目标，并减少了对波斯湾石油的依赖。

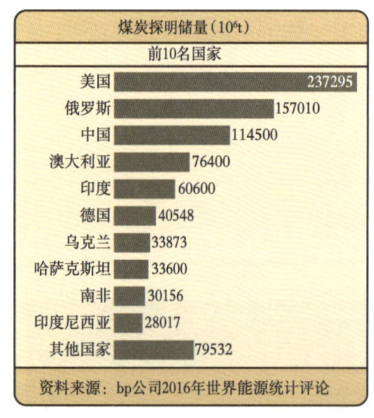
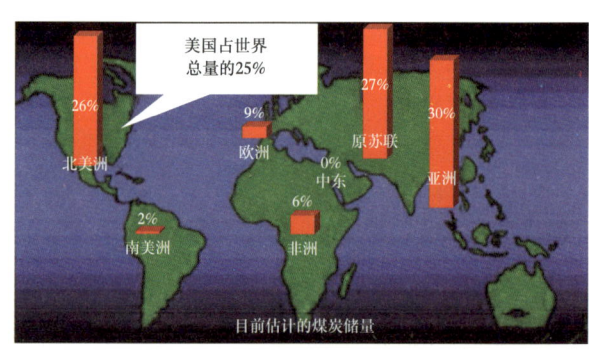
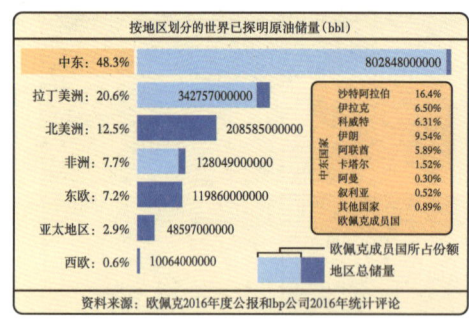
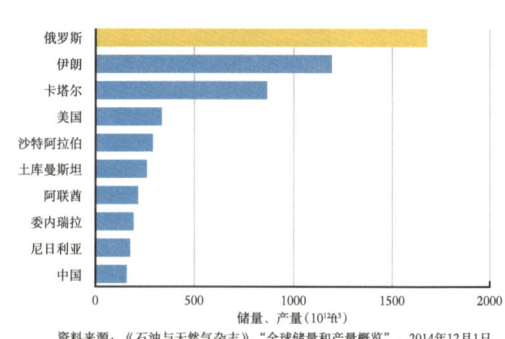

图 29.2　煤炭、石油和天然气的探明储量（2016 年）

29.2　燃料热值的对比

为了能正确比较一种化石燃料与另一种化石燃料的相对优势，则需要使用表 29.1 所示的燃料比较表。在比较的时候，要使用相同的单位，例如计算和使用时必须采用 10^6Btu。

表 29.1　各种燃料的热值比较

热值比较	$1.00×10^6$Btu	$24.0×10^6$Btu	$0.0916×10^6$Btu	$0.125×10^6$Btu	$0.139×10^6$Btu	$0.150×10^6$Btu	$0.003412×10^6$Btu
天然气 1000Btu/ft³	1000ft³	24.000ft³	91.600ft³	125.000ft³	139.000ft³	150.000ft³	3.412ft³
煤炭 12000Btu/lb	83.333lb	2.000lb	7.633lb	10.417lb	11.583lb	12.500lb	0.2843lb
丙烷 91600Btu/gal	10.917gal	262.009gal	1gal	1.365gal	1.517gal	1.638gal	0.0373gal
汽油 125000Btu/gal	8.000gal	192.000gal	0.733gal	1gal	1.112gal	1.200gal	0.0273gal
燃油 2 号 139000Btu/gal	7.194gal	172.662gal	0.659gal	0.899gal	1gal	1.079gal	0.0245gal
燃油 6 号 150000Btu/gal	6.666gal	160.000gal	0.611gal	0.833gal	0.927gal	1gal	0.0227gal
电力 3412Btu/（kW·h）	293.083kW·h	7033.998kW·h	26.846kW·h	36.635kW·h	40.739kW·h	43.962kW·h	1kW·h

29.3　美国能源消费

从图 29.3 中，我们可以直观地看到按能源来源划分的美国能耗结构。请注意，图中也包括了可再生能源。还值得注意的是，可再生能源只占美国能源消耗的 10%。美国和世界其他国家不可能在一夜之间就改用可再生能源，否则就会造成停电（混乱）、全球萧条和战争等严重后果。因此，必须采取科学合理的方法来对待能源消费。

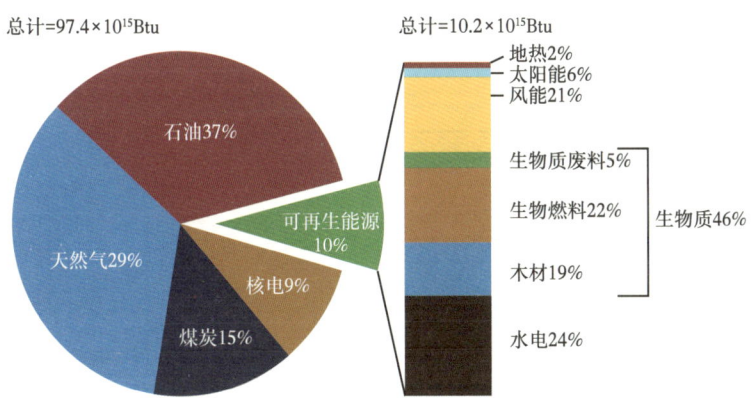

图 29.3　美国能源消耗

由于采用四舍五入，各能源类型之和可能不等于 100%。资料来源：美国能源信息署，《每月能源评论》，表 1.3 和表 10.1，2017 年 4 月的初步数据

图 29.4 简明扼要地介绍了美国能源的来源、使用方式和数量，以及能源的去向或使用方式。任何有科学背景的人只要快速浏览一下就会发现有些地方出了问题。请看大片蓝

色区域，天然气竟作为燃料气体用于发电。这本身就是错误的，因为我们有超过10倍于天然气储量且价格低廉的煤炭，它可用于大型基础负荷发电。

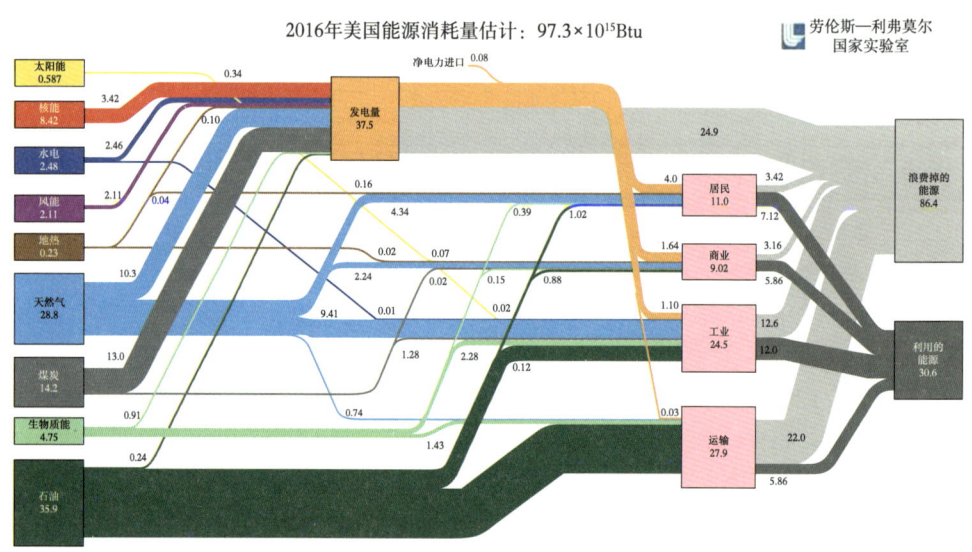

图 29.4　预测的 2016 年美国能源消耗

天然气是大自然提炼出来的纯甲烷分子，有时也有人为制造的，不宜随意燃烧以获取大量热量。表 29.2 列出了天然气（甲烷）的最佳用途。

表 29.2　天然气（甲烷）的最佳用途

排名	天然气（甲烷）的用途
第一	通过天然气管道向工业、商业和住宅等终端用户直接分配供热
第二	分布式直接供热的热效率最高，大于 90%。但如果通过中央天然气发电厂提供同样的热量，则需要两到三倍的天然气量
第三	直接用作化工原料的效率为 100%

29.4　热力学效率

如图 29.5 和表 29.3 所示，热力学效率非常重要，图中显示了用于产生一定量热量或功与燃料之间的关系。

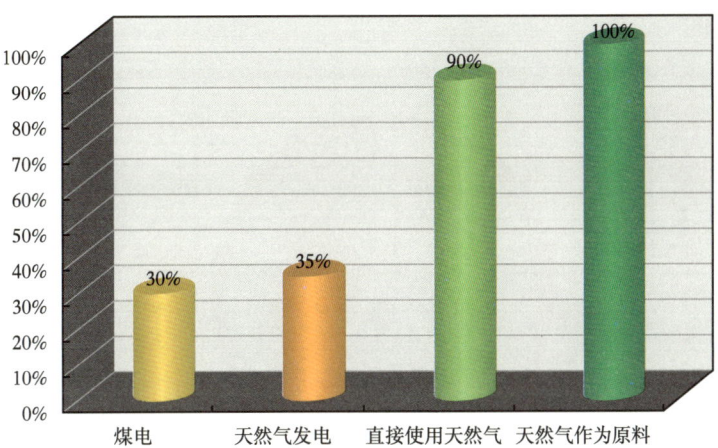

图 29.5　考虑转换损失后的热力学效率

表 29.3　考虑转换损失后的热力学效率

发电类型	说明	利用效率（%）
煤炭发电	典型的燃煤发电厂，无改进措施	30
天然气发电	标准天然气发电厂或联合循环天然气发电厂	35~40
燃气直接供热	天然气通过管道直接用于给需要的地方供热	90
天然气作为原料	天然气作为原料用于制造不同的化学产品	100

现在应该很清楚，天然气还有更高效、更好的用途。使用天然气发电的效率只有35%~40%，显然比不上使用天然气直接供热的90%效率或作为化工原料的100%效率。要产生同样的功或热量，大约需要3倍的天然气。

从煤层气利用圆环的底部开始，在除去水和灰尘等大部分杂质后，我们可以看到"发电"所需的加工量最少。

图29.6所示的煤层气利用要求"煤层气开发合作伙伴"具备以下实力，从而了解运营一个成功的煤层气项目所需具备的条件：

（1）煤炭开采原理。
（2）煤层气的来源。
（3）煤层气/煤矿的气体质量。
（4）煤层气压缩和脱水。
（5）天然气处理。
（6）产品气的利用。
（7）天然气或凝析油的销售。
（8）环境效益。
（9）加强矿山安全。
（10）增加煤炭产量。

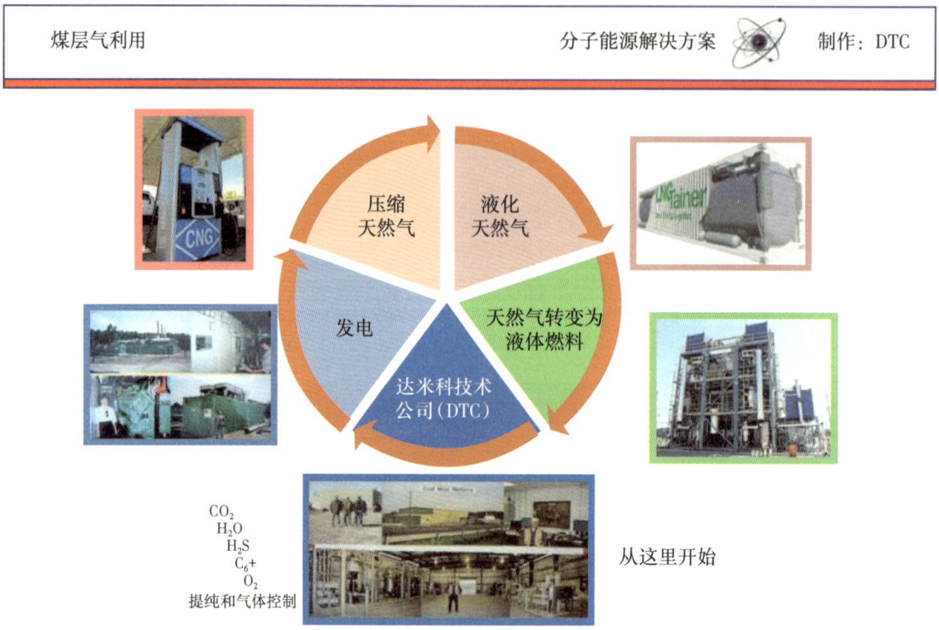

图 29.6　2016 年煤层气利用率

29.5　天然气发电

发电的经济性很大程度取决于能否找到合适的接入电网的地点。如图 29.7 所示，发电需要装在集装箱内的天然气发动机发电机。每个集装箱可发电 1MW，需要 $22.8×10^4 ft^3$ $1000Btu/ft^3$ 的天然气，发电投资为 1000000 美元 /MW，运营成本为 0.05 美元 /（kW·h）。

图 29.7　煤矿甲烷发电

29.6 煤层气变成管道天然气

由于阿巴拉契亚山脉沿线的天然气管道离煤矿非常近,因此对煤层气/煤矿甲烷进行进一步加工,去除水分、二氧化碳,最大限度地减少氮气和氧气进入天然气管道是最可靠和最具经济效益的终端使用方式。这应该是所有开发商的首选,因为其他终端用途均更为复杂,成本更高。只要成本和复杂程度降到最低,终端产品的货币价值就会成为最终影响因素。发电厂的热效率为30%~35%。直接使用的热效率为90%。

29.7 压缩天然气(CNG)

生产高价值产品的下一步是生产压缩天然气(CNG)。只要将煤层气/煤矿甲烷经过精加工和净化,达到管道天然气的品质。在压缩到3000psig(图29.8)之前,可能只需要除去煤层气中的一些水分和CO_2。

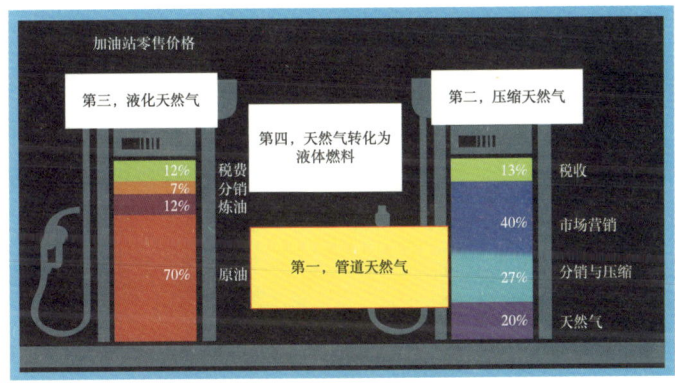

图29.8 加油(气)站的价格

表29.4中的表格给出了天然气成本,单位为美元/MMBtu(美元/10^3ft^3),并与天然气制汽油(GGE)价格进行对比。

表29.4 天然气成本

	天然气成本(美元/MMBtu)								
	2.00	3.00	4.00	5.00	6.00	7.00	8.00	9.00	10.00
汽油	0.26	0.39	0.52	0.65	0.78	0.90	1.03	1.16	1.29
柴油	0.29	0.44	0.59	0.73	0.88	1.03	1.17	1.32	1.47

注:不包括压缩电费。

图29.9显示了过去和未来压缩天然气与汽油加仑当量(GGE)两者的价值变化。

可以得出这样的结论:从销售管道天然气到销售压缩天然气,要想赚钱,必须视具体地点和合同而定。除非你是气站零售商,否则很难在利润如此微薄的情况下赚钱。但请记住，压缩天然气压缩站可以与分布式天然气管道相连，生产自己的压缩天然气。

对于拥有卡车车队的大公司来说，一个更好的方案是将自己的车队从使用汽油改装成使用自己供应的压缩天然气。现在，由于节省了汽油燃料，利润率会更高。

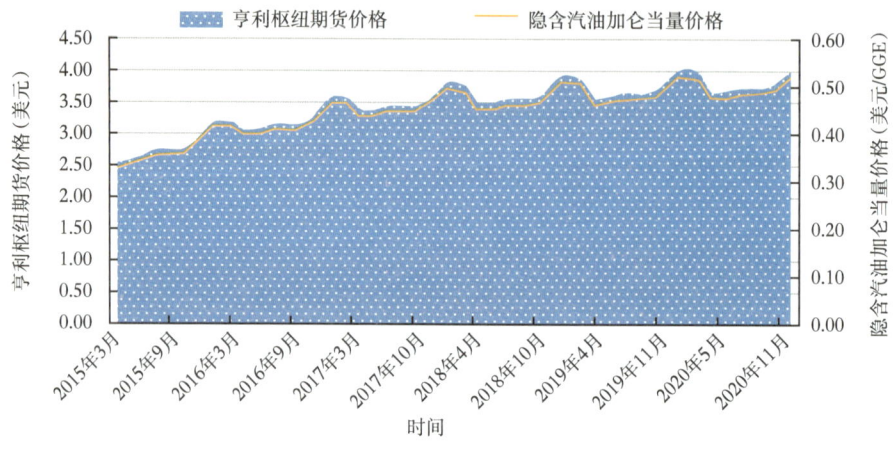

图 29.9　过去和未来的压缩天然气价值

29.8　液化天然气

一旦将煤层气提纯并压缩到管输要求，并进一步压缩到高压（3000psig），这时候就可以考虑制造液化天然气（LNG）产品了。液化天然气将需要进行额外的脱水处理，以防止温度降至低温时出现结冰，同时还需要脱除可能仍然存在的二氧化碳。H_2O 和 CO_2 都可以通过吸附工艺脱除。

如图 29.10 所示，液化天然气可以在当地用天然气生产，在当地液化，然后通过卡车或轮船运输到各地市场。

液化天然气(LNG)　　　　　　　　　　　分子能源解决方案 　　制作：DTC

图 29.10　运输液化天然气的卡车

如图 29.11 所示，液化成本约为 0.5 美元 /$10^3 ft^3$，而运输和再气化 / 储存成本约为 0.1 美元 /$10^3 ft^3$。显然，液化天然气具有额外的利润空间，但在营销以及与液化天然气买家谈判时必须非常谨慎。总之，与销售气态天然气相比，液化天然气的销售价格应能增加 0.50~1.00 美元。

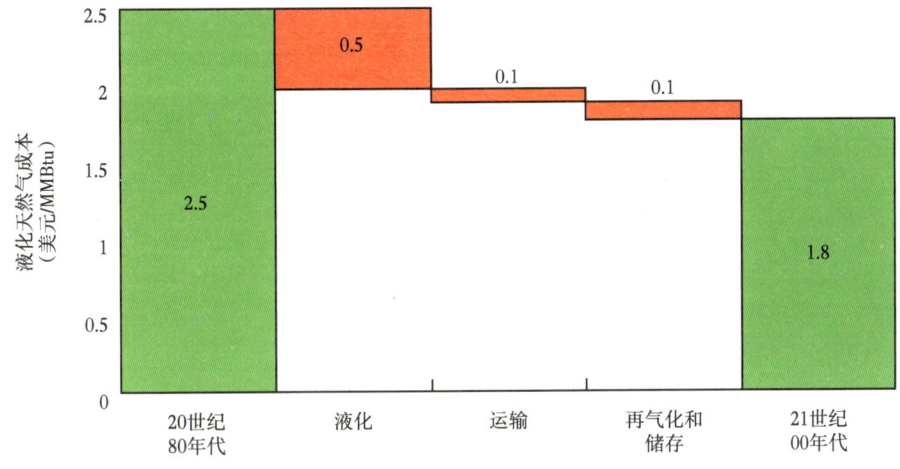

图 29.11 液化天然气的成本

液化天然气成本正在下降，不包括原料价格，可以经济地生产天然气，并以液化天然气的形式输送到美国，价格范围约为 2.50~3.50 美元 /MMBtu，主要取决于运输成本

29.9 天然气转化成液体燃料

天然气转化成液体燃料（GTL）的销售价值最高，但成本也最昂贵、最复杂。液体产品，如甲醇、柴油、汽油等，可采用费歇尔—托普斯工艺或其改良方法，如德国人在第二次世界大战期间所做的那样（图 29.12）。

如图 29.13 所示，天然气转化为液体燃料（GTL）工厂的规模通常相当大，以便融资资金能够解决复杂的工艺问题，通常需要数十亿美元。像天然气转化为液体燃料（GTL）这样的大型项目总是受到油气价格波动和时间的影响。由于其性质复杂、成本高昂、时间紧迫，要维持人们的兴趣可能会变得非常困难。项目回报很高，但风险也很大。

石油和天然气之间的市场价差（图 29.14）在研究建造天然气转化为液体燃料工厂可行性的时候非常重要。从历史上看，该图显示石油和天然气价格在 2010 年 1 月之前一直保持同步，在 2010 年 1 月之后，石油价格开始快速上涨，而天然气价格则保持在低位。

这其中有一些正常的供需原因，但也有一些地缘政治原因。2010 年 1 月至 2014 年 1 月本是考虑建造天然气转化为液体燃料（GTL）工厂的好时机，因为在此期间油价一直远高于气价。到了 2019 年的时候，行业似乎正在经历同样的石油 / 天然气市场价差，因为美国页岩气生产过剩，充斥市场。这种情况很可能会持续一段时间，直到过剩的天然气被消化或出口（至少再过 5 年）。

天然气转化为液体原料按照图 29.15 所示的复杂步骤进行。原料可以是天然气（可以跳过气化步骤）、煤或生物质。合成气必须通过蒸汽重整从天然气中制造氢气（H_2）来实现；如果使用煤作为原料，则需要气化步骤。现在必须除掉天然气中的硫、水和二氧化碳。费托合成（FT）工艺将氢气和一氧化碳结合成不同的液态烃。现在，我们已经准备好对蜡质产品进行加氢裂化，通过蒸馏进行分馏，生产出长烃链形式的中间馏分。

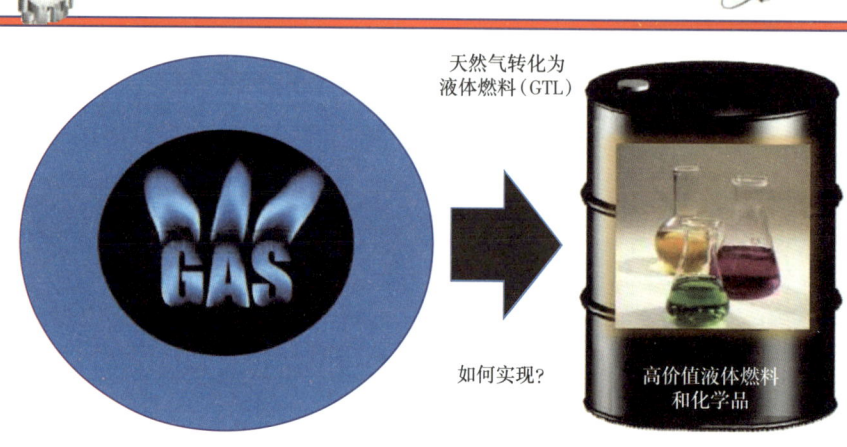

图 29.12　天然气转化为液体燃料

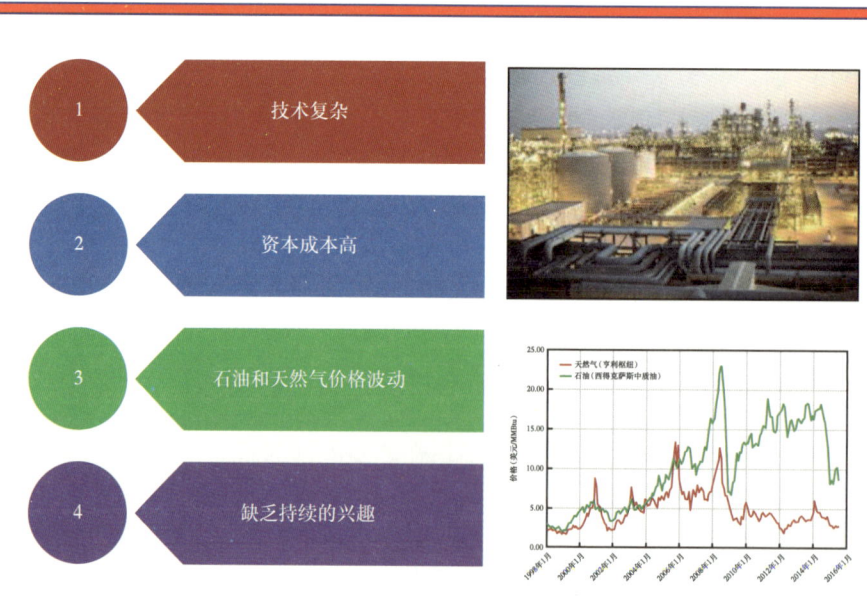

图 29.13　天然气转化为液体燃料的风险

第6篇 煤层气处理与利用

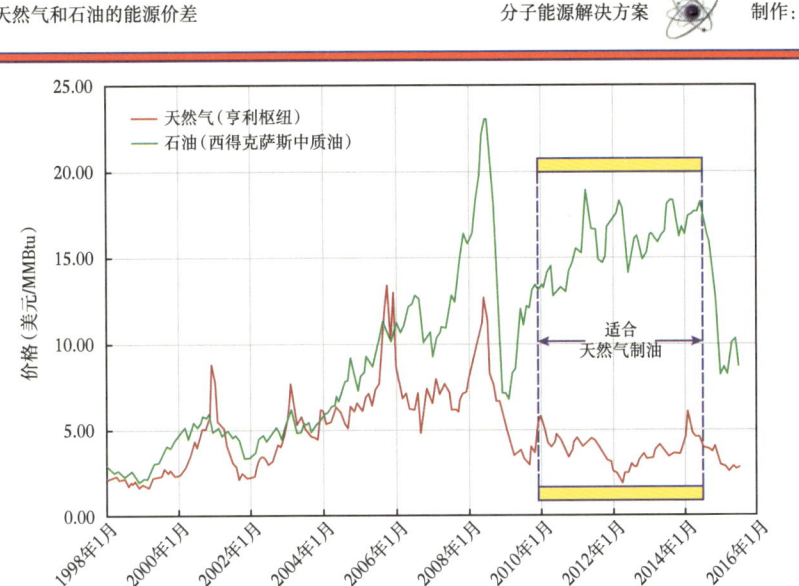

图 29.14 天然气和石油能源差价

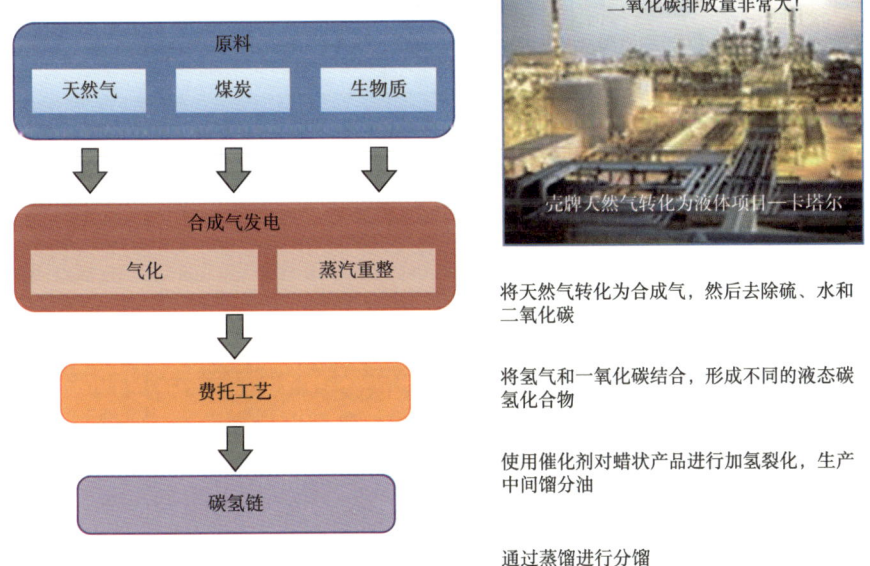

图 29.15 费托合成工艺

我们已经对超大型天然气转化为液体燃料（GTL）工厂的费托（FT）工艺进行了全面回顾。现在需要的是一种小型化的加氢裂化装置，以适应美国的煤层气和煤矿甲烷产量要求。

小型天然气转化为液体燃料（GTL）工厂是图29.16中列出的公司所做的相对较新尝试。威洛克斯（Velocys）和艾克赛乐吉（Accelergy）是其中非常优秀的公司，其他公司的技术也不错。

337

公司	国家	启动时间	能力	原料气	资本成本*
模块化GTL	USA	2012	100bbl/d	$1.5×10^6 ft^3/d$	$20×10^6$美元
美国—GTL	USA	2012	500bbl/d	$5×10^6 ft^3/d$	$30×10^6$美元
艾克赛乐吉(*) *CO_2回收与利用	USA	2010	8000bbl/d 2000bbl/d	$80×10^6 ft^3/d$ $20×10^6 ft^3/d$	$500×10^6$美元 $100×10^6$美元
紧凑型GTL	England	2000	1000bbl/d	$10×10^6 ft^3/d$	$45×10^6$美元
合成石油公司— 新能源集团	USA	1992	Bio-diesel		
威洛克斯	USA	2000	1000bbl/d	$10×10^6 ft^3/d$	$50×10^6$美元

*所有数值均为根据互联网文献得出的近似值

模块化GTL  美国—GTL  威洛克斯

图29.16 小型天然气转化为液体燃料的工厂

图29.17显示了天然气转化为液体燃料（GTL）流程图和每个步骤的成本。在考虑新建项目时，这些信息非常有价值，它将使项目始终保持正确的方向。

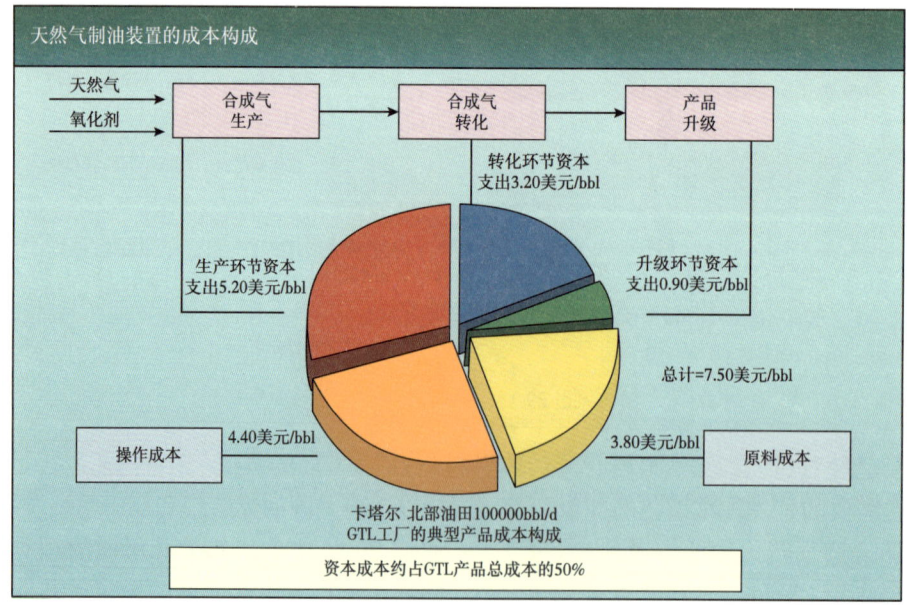

图29.17 大型天然气制油工厂的成本构成

第 6 篇　煤层气处理与利用

29.10　能源类型（美国）

图 29.18 显示的是美国各类型的能源。请记住，所有能源类型地位并不相同。要清楚地了解所有能源的供需情况及其成本。不要让宣传信息或其他不实言论左右你的选择，而是需要忠实于科学。

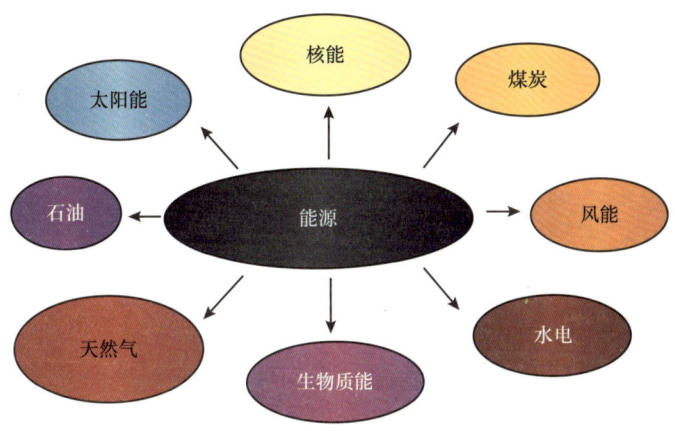

图 29.18　美国能源来源

如图 29.19 所示，该图表将帮助大家深入了解评估美国能源来源时必须考虑的特点和问题。

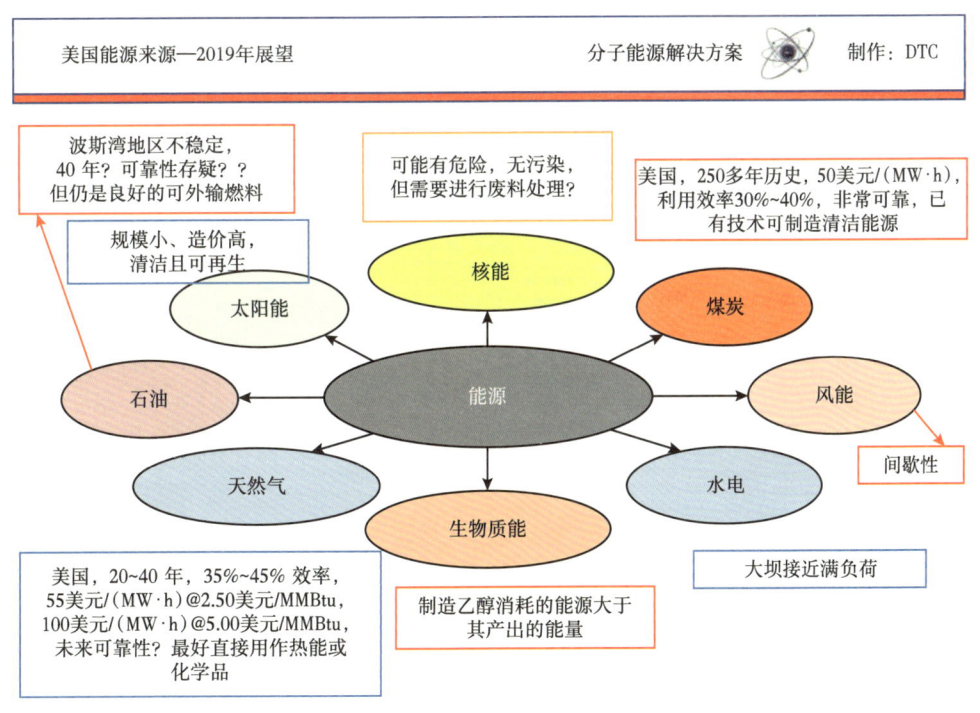

图 29.19　美国未来的能源类型

预计到 2026 年，天然气价格达到 5 美元/MMBtu，设想一下那时美国发电成本的走势将如何？届时，基本负荷电价很容易翻三番。美国会陷入萧条吗？如果电价上涨三倍，我们的制造业基础会发生什么变化？

那时，所有公用事业的投资回报率都有保障。联邦政府高度补贴风能、太阳能和乙醇。应该有一个公平的、具有成本效益的竞争环境，让公众看到真正的价值。尽管生产乙醇的能源平衡性不佳，但乙醇补贴仍在继续（图 29.20）。

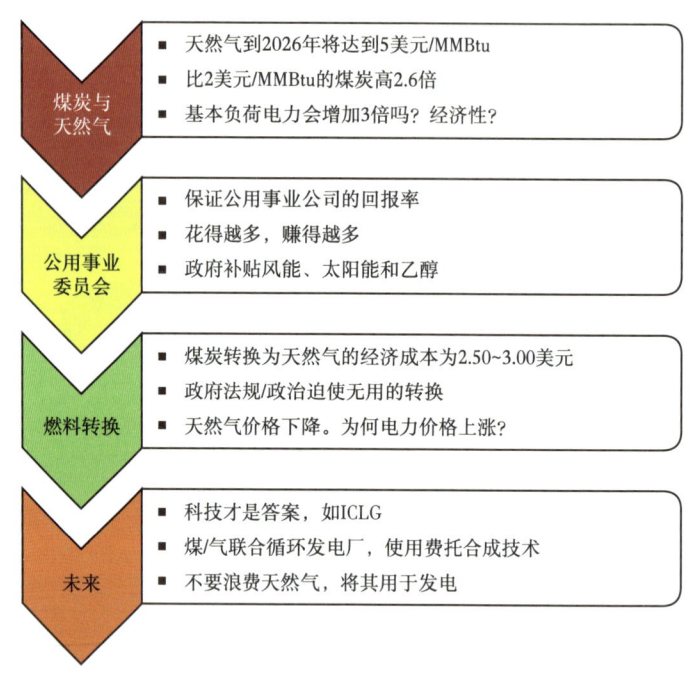

图 29.20　美国发电的展望

从煤炭到天然气的经济转换的价格点是可以预测的。为什么政府法规和政治迫使无用的煤改气？小心这些政治因素，而要多从科学和经济学层面加以理解。有趣的是，天然气价格一直在下降，为什么电价却在上升？

科技才是答案，我们绝不能浪费天然气，将其用于低效的分布式发电。在使用天然气时，应考虑利用效率高的直接燃烧取暖方式；同时，也不要忘记将天然气作为化学原料直接用于制造化学品等。